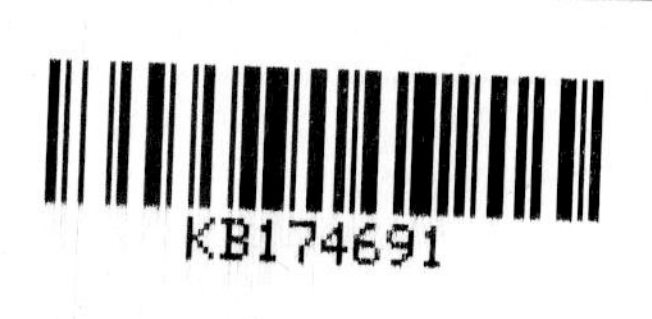
KB174691

大東地志

대동지지 4

전 라 도

초판 1쇄 인쇄 2023년 7월 17일
초판 1쇄 발행 2023년 7월 27일

지 은 이 이상태 고혜령 김용곤 이영춘 김현영 박한남 고성훈 류주희
발 행 인 한정희
발 행 처 경인문화사
편 집 김윤진 김지선 유지혜 한주연 이다빈
마 케 팅 전병관 하재일 유인순
출판번호 제406-1973-000003호
주 소 경기도 파주시 회동길 445-1 경인빌딩 B동 4층
전 화 031-955-9300 팩 스 031-955-9310
홈페이지 www.kyunginp.co.kr
이 메 일 kyungin@kyunginp.co.kr

ISBN 978-89-499-6734-9 94980
978-89-499-6740-0 (세트)
값 36,000원

영인본의 출처는 서울대학교 규장각한국학연구원(古4790-37-v.1-15/국립중앙도서관)에 있습니다.

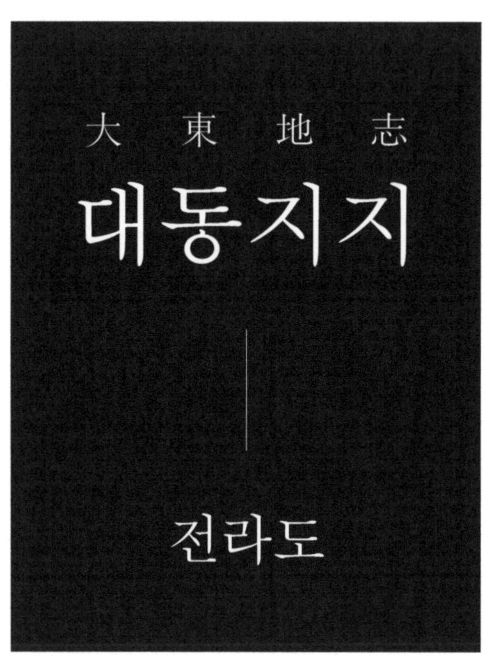

이상태 · 고혜령 · 김용곤 · 이영춘
김현영 · 박한남 · 고성훈 · 류주희

경인문화사

목 차
目 次

제1권 전라도 18읍 · 9

제2권 전라도 13읍 · 95

제3권 전라도 12읍 • 193

제4권 전라도 13읍 • 257

부록 • 347

원문 • 357

전라도

〈다른 호칭은 호남(湖南)이다〉

본래 마한(馬韓)의 땅이었는데, 후에 백제의 영토가 되었다. 백제 의자왕(義慈王) 20년(660)에 당(唐)나라 고종(高宗)이 소정방(蘇定方)을 보내어 신라와 함께 백제를 공격하여 멸망시키고 5도독부(五都督府)를 나누어 두었다.〈웅진(熊津)은 지금의 공주(公州)이다. 마한은 지금의 익산(益山)이다. 동명(東明)은 지금의 부여(夫餘)이다. 덕안(德安)은 지금의 은진(恩津)이다. 금련(金漣)은 지금 자세하지 않다〉 5도독부는 각각 주현(州縣)을 통치하였는데 추장을 뽑아 도독자사(都督刺史)·현령(縣令)을 삼아 다스렸다. 당나라 군사가 철군한 후에 그 지역은 모두 신라의 영역이 되었다. 신라 경덕왕(景德王) 16년(757)에 전주도독부(全州都督府)·무주도독부(武州都督府)를 본 전라도에 두고 군현을 다스리게 하였다. 신라 진성왕(眞聖王) 때에 후백제가 이곳에 근거하였다. 고려 태조(太祖) 19년(936)에 후백제를 멸망시켰다. 고려 성종(成宗) 14년(995)에 전주·영주(瀛州)·순주(淳州)·마주(馬州) 등의 주현을 강남도(江南道)로 삼고 광주(光州)·나주(羅州)·정주(靜州)·승주(昇州)·패주(貝州)·담주(潭州)·낭주(郎州) 등의 주현을 해양도(海陽道)로 삼았다. 고려 현종(顯宗) 9년(1018)에 강남도와 해양도를 합하여 전라주도(全羅州道)로 삼았다. 조선조에 들어와서 그대로 전라도라 칭하였다. 인조(仁祖) 때에 전남도라 고쳤다가 곧이어 옛 명칭을 복구하였다. 또 광남도(光南道)라 고쳤다가 곧 옛 명칭으로 복구하였다. 영조(英祖) 4년(1728)에 전광도(全光道)로 고쳤다가 13년(1737)에 다시 옛 명칭으로 복구하였다. 모두 56읍이다.

순영(巡營)〈전주부(全州府)에 있다〉

병영(兵營)〈강진현(康津縣)에 있다〉

좌수영(左水營)〈순천부(順天府)에 있다〉

우수영(右水營)〈해남현(海南縣)에 있다〉

방어영(防禦營)〈제주목(濟州牧)에 있다〉

토포영(討捕營)〈전영(前營)은 순천(順天), 좌영(左營)은 운봉(雲峯), 중영(中營)은 전주, 우영(右營)은 나주, 후영(後營)은 여산(礪山)에 있다〉

전주진(全州鎭)〈관하(管下)는 여산(礪山)·익산(益山)·김제(金堤)·고부(高阜)·금산(錦山)·진산(珍山)·만경(萬頃)·임피(臨陂)·금구(金溝)·함열(咸悅)·고산(高山)·옥구(沃溝)·정

읍(井邑)·용안(龍安)·태인(泰仁)·부안(扶安)·흥덕(興德)이다〉

나주진(羅州鎭)〈관하는 광주(光州)·장성(長城)·영광(靈光)·영암(靈岩)·고창(高敞)·무안(務安)·함평(咸平)·남평(南平)·무장(茂長)이다〉

제주진(濟州鎭)〈관하는 정의(旌義)·대정(大靜)·명월포(明月浦)이다〉

남원진(南原鎭)〈관하는 무주(茂州)·담양(潭陽)·순창(淳昌)·용담(龍潭)·임실(任實)·진안(鎭安)·장수(長水)·운봉(雲峯)·곡성(谷城)·옥과(玉果)·창평(昌平)〉

순천진(順天鎭)〈관하는 능주(綾州)·낙안(樂安)·보성(寶城)·동복(同福)·화순(和順)·구례(求禮)·광양(光陽)·흥양(興陽)이다〉

장흥진(長興鎭)〈관하는 진도(珍島)·강진(康津)·해남(海南)이다〉

법성포진(法聖浦鎭)〈옛날에는 고군산진(古群山鎭)의 관하였다〉

고군산진(古群山鎭)〈관하는 위도(蝟島)·군산포(群山浦)·검모포(黔毛浦)이다〉

사도진(蛇渡鎭)〈관하는 방답(防踏)·회령포(會寧浦)·지도(只島)·녹도(鹿島)·발포(鉢浦)이다〉

임치도진(臨淄島鎭)〈관하는 임자도(荏子島)·다경포(多慶浦)·목포(木浦)·지도(智島)·남도포(南桃浦)이다〉

가리포진(加里浦鎭)〈관하는 고금도(古今島)·신지도(薪智島)·어란포(於蘭浦))·마도(馬島)·금갑도(今甲島)·이진(梨津)이다〉

제1권

전라도 18읍

1. 전주부(全州府)

『연혁』(沿革)

본래 백제의 비사벌(比斯伐)이었다〈일설에는 바자화(比自火)라고도 한다. ○살펴보니, 창녕(昌寧)은 본래 신라 비자화인데 또는 비사벌이라고도 하였다. 신라 진흥왕(眞興王) 16년(555)에 하주(下州)를 두었다가 26년(565)에 혁파하였는데, 연혁과 읍호가 서로 같으니 의심스럽다〉 신라 진흥왕 16년(555)에 완산주(完山州)를 두었다가 26년(565)에 주를 폐지하였다.〈이같은 사실은 『삼국사기(三國史記)』에 실려있다. ○『고려사(高麗史)』 지지(地誌)에는 백제 위덕왕(威德王) 원년(554)에 완산주로 삼았다가 11년(564)에 주를 폐지하였다고 하였는데, 신라와 백제 두 나라의 연혁과 연도가 같으니 의심스럽다〉 신문왕(神文王) 5년(685)에 다시 완산주를 복구하고 총관(摠管)을 두었는데〈용원(龍元)으로 총관을 삼았다〉 완산정(完山亭)이라 칭하였다. 신라 경덕왕(景德王) 16년(757)에 전주도독부(全州都督府)라 고치고〈9주(九州)의 하나이다〉 군현을 통령하게 하였다.〈소경(小京) 1, 군(郡) 10, 현(縣) 31을 통령하였다. ○도독부는 현 3을 통령하였는데 금구(金溝)·두성(杜城)·고산(高山)이었다〉 효공왕(孝恭王) 4년(900)에 후백제의 견훤(甄萱)이 무주(武州)로부터 이동하여 이곳에 도읍을 정하였다. 견훤은 후에 그 아들 신검(神劍)에게 찬탈당하였다. 고려 태조 19년(936)에 신검을 토벌하여 평정하고〈도읍을 한 기간은 무릇 37년이다〉 안남도호부(安南都護府)로 고쳤다. 태조 23년(940)에 다시 전주로 복구하였다. 성종(成宗) 2년(983)에 목(牧)을 설치하였다.〈12목 중의 하나이다〉 성종 12년(993)에 승화절도안무사(承化節度按撫使)로 고쳤다. 성종 14년(995)에 전주순의군절도사(全州順義軍節度使)로 하여〈12주절도(州節度)의 하나였다〉 강남도(江南道)에 소속시켰다. 현종(顯宗) 9년(1018)에 안남대도호부(安南大都護府)로 승격시켰다. 현종 13년(1022)에 전주목(全州牧)으로 고쳤다.〈8목 중의 하나였다. ○속군은 1이니 금마(金馬)였다. 속현은 11이니 낭산(郎山)·옥야(沃野)·진안(鎭安)·우주(紆州)·고산(高山)·운제(雲梯)·마령(馬靈)·여량(礪良)·이성(利城)·이성(伊城)·함열(咸悅)이었다〉 충선왕(忠宣王) 2년(1310)에 지주사(知州事)로 강등하였다.〈여러 목을 도태시켰다〉 공민왕(恭愍王) 4년(1355)에 부곡(部曲)으로 강등시켰다.〈전라도 안렴사(安廉使) 정지상(鄭之祥)이 원(元)나라의 어향사(御香使) 야사불화(埜思不花)를 전주에 가두고 스스로 왕에게 나아가 아뢰니 왕이 깜짝 놀라 정지상을 순군옥(巡軍獄)에 하옥시키고 아울러 전주를 부곡으로 강등하였다〉 공민왕 5년(1356)에 다시 완산부로 복구하였다. 조선 태조 1년(1392)에 전주가 선계본원(璿系本源: 조선 왕실의 본관/역자주)이라 하여 완산부유수(完山府留守)로 승격시켰다. 태종(太宗) 3년(1403)에 전주부윤(全州府尹)으로 개정했다. 세조(世祖) 12년(1466)에 진(鎭)을 두었다.〈관하는 17읍이었다〉

「읍호」(邑號)

완산(莞山)〈고려 성종(成宗) 때 결정되었다〉

견성(甄城)

「관원」(官員)

부윤(府尹)〈관찰사(觀察使)가 겸한다〉·판관(判官)〈전주진병마절제도위(全州鎭兵馬節制都尉)·위봉산성수성장(威鳳山城守城將)·남고산성수성장(南固山城守城將)을 겸한다. ○만약 부윤을 별도로 두면 감하(減下)한다. 세종(世宗) 32년(1450)에 별도의 부윤을 두었다가 단종(端宗) 2년(1454)에 혁파하였다. 선조(宣祖) 34년(1601)에 다시 별도의 부윤을 두었다가 선조 40년(1607)에 혁파하였다. 효종(孝宗) 6년(1655)에 별도의 부윤을 다시 두었다가 현종(顯宗) 7년(1666)에 혁파하였다. 현종 11년(1670)에 다시 두었다가 영조(英祖) 32년(1756)에 혁파하였고 영조 35년(1759)에 다시 두었다〉이 각각 1명이다.

『고읍』(古邑)

옥야현(沃野縣)〈읍치로부터 서북쪽으로 70리에 있었다. 본래 백제 소력지(所力只)였다. 신라 경덕왕(景德王) 16년(757)에 옥야로 고쳐 금마군(金馬郡)의 영현(領縣)으로 하였다. 고려 현종 9년(1018)에 전주에 소속되었다. 명종(明宗) 6년(1176)에 감무(監務)를 두었다가 후에 다시 전주로 소속되었다〉

우주현(紆州縣)〈읍치로부터 북쪽으로 50리에 있었다. 본래 백제 우소제(于召諸)였다. 신라 경덕왕 16년(757)에 우주로 고쳐 금마군의 영현으로 하였다. 고려 현종 9년(1018)에 전주에 소속되었다〉

이성현(伊城縣)〈읍치로부터 서쪽으로 25리에 있었다. 본래 백제 두이(豆伊)였다. 또는 경무(經武)라고 하였다. 신라 경덕왕 16년(757)에 두성(杜城)으로 고쳐서 전주의 영현으로 하였다가 고려 태조 23년(940)에 이성으로 고쳤다. 현종 9년(1018)에 전주에 소속되었다〉

이성현(利城縣)〈읍치로부터 서쪽으로 75리에 있었다. 본래 백제 내리아(乃利阿)였다. 신라 경덕왕 16년(757)에 이성으로 고쳐 김제군(金堤郡)의 영현으로 하였다. 고려 현종 9년

(1018)에 전주에 소속되었다〉

『방면』(坊面)

부동면(府東面)〈읍치로부터 5리에서 끝난다〉

부서면(府西面)〈읍치로부터 5리에서 끝난다〉

부남면(府南面)〈읍치로부터 10리에서 끝난다〉

부북면(府北面)〈읍치로부터 7리에서 끝난다〉

봉상면(鳳翔面)〈읍치로부터 동북쪽으로 30리에서 시작하여 40리에서 끝난다〉

구이동면(龜耳洞面)〈읍치로부터 남쪽으로 30리에서 시작하여 50리에서 끝난다〉

우림곡면(雨林谷面)〈읍치로부터 서남쪽으로 10리에서 시작하여 20리에서 끝난다〉

조촌면(助村面)〈읍치로부터 북쪽으로 10리에서 시작하여 20리에서 끝난다〉

양량소면(陽良所面)〈본래 양량소(陽良所)였다. 읍치로부터 북쪽으로 110리부터 시작하는데, 130리부터는 연산(連山)의 남쪽, 진산(珍山)의 서쪽, 고산(高山)의 북쪽, 은진(恩津)의 동쪽에 월경(越境)해 있다〉

초곡면(草谷面)〈읍치로부터 동북쪽으로 10리부터 시작하여 20리에서 끝난다〉

소양면(所陽面)〈읍치로부터 동쪽으로 20리에서 시작하여 60리에서 끝난다〉

난전면(蘭田面)〈읍치로부터 남쪽으로 10리에서 시작하여 25리에서 끝난다〉

회포면(回浦面)〈읍치로부터 북쪽으로 20리에서 시작하여 25리에서 끝난다〉

용진면(龍進面)〈읍치로부터 동쪽으로 10리에서 시작하여 30리에서 끝난다〉

상관면(上關面)〈읍치로부터 동쪽으로 15리에서 시작하여 50리에서 끝난다〉

오백조면(五百條面)〈읍치로부터 북쪽으로 25리에서 시작하여 35리에서 끝난다〉

우동면(紆東面)〈읍치로부터 북쪽으로 30리에서 시작하여 50리에서 끝난다〉

우서면(紆西面)〈읍치로부터 북쪽으로 30리에서 시작하여 35리에서 끝난다〉

우북면(紆北面)〈읍치로부터 북쪽으로 50리에서 시작하여 60에서 끝난다. 이상 3면은 우주(紆州)에 지역이다〉

이동면(伊東面)〈읍치로부터 서쪽으로 20에서 시작하여 25리에서 끝난다〉

이남면(伊南面)〈읍치로부터 서남쪽으로 20리에서 시작하여 30리에서 끝난다〉

이서면(伊西面)〈읍치로부터 서쪽으로 30리에서 시작하여 35리에서 끝난다〉

이북면(伊北面)〈읍치로부터 서쪽으로 20리에서 시작하여 30에서 끝난다. 이상 4개 면은 이성(伊城) 지역이다〉

이동면(利東面)〈읍치로부터 서쪽으로 50리에서 시작하여 60리에서 끝난다〉

이서면(利西面)〈읍치로부터 서쪽으로 50리에서 시작하여 80리에서 끝난다〉

이북면(利北面)〈읍치로부터 서쪽으로 50리에서 시작하여 70리에서 끝난다. 이상 3개 면은 이성(利城) 지역이다〉

동일도면(東一道面)〈읍치로부터 서북쪽으로 30리에서 시작하여 50리에서 끝난다〉

서일도면(西一道面)〈읍치로부터 서북쪽으로 50리에서 시작하여 60리에서 끝난다〉

남일도면(南一道面)〈읍치로부터 서북쪽으로 40리에서 시작하여 50리에서 끝난다〉

남이도면(南二道面)〈읍치로부터 서북쪽으로 50리에서 시작하여 70리에서 끝난다〉

북일도면(北一道面)〈읍치로부터 서북쪽으로 50리에서 시작하여 60리에서 끝난다〉

북이도면(北二道面)〈읍치로부터 서북쪽으로 60리에서 시작하여 80리에서 끝난다. 이상 6개 면은 옥야(沃野) 지역이다. ○이성(利城)의 3면은, 동쪽은 익산(益山)에 접하고 남쪽은 김제(金堤)·만경(萬頃)에 접하고 서쪽은 임피(臨陂)에 접하고 북쪽은 함열(咸悅)에 접한다. ○옥야의 6면은 남쪽은 사수(泗水)와 연하고 서쪽은 김제에 접한다〉

낭산면(郎山面)〈읍치로부터 서북쪽으로 20리에서 시작하여 35리에서 끝난다〉

귀산면(歸山面)〈읍치로부터 서남쪽으로 20리에서 시작하여 40리에서 끝난다. ○경명향(景明鄕)은 읍치의 북쪽으로 100리에 있었다. 두모촌소(豆毛村所)는 이성(利城)지역에 있었다〉

『산수』(山水)

건지산(乾止山)〈북대리(北大里)에 있다. ○세상에 전하기를 국조(國朝)의 선계분묘(先系墳墓: 조선왕실 선조들의 무덤/역자주)가 소재한 곳이라 하였다. 그러므로 영조 6년(1730)에 감사로 하여금 백성들의 무덤을 모두 옮기게 하고 10리를 한정하여 봉표(封標)하고 금양(禁養: 짐승을 키우거나 벌목을 하지 못하게 함/역자주)하였다〉

완산(完山)〈남삼리(南三里)의 작은 산이다. 일설에는 남복산(南福山)이라고 한다. 읍을 설치한 이후로 벌목과 채취를 금지하였다〉

고덕산(高德山)〈혹은 고달산(高達山)이라고도 한다. 읍치로부터 동남쪽으로 10리에 있다. ○보광사(普光寺)·남고사(南高寺)가 만경대(萬景臺) 뒤에 소재한다〉

무악산(毋岳山)〈읍치로부터 서남쪽으로 30리에 있다. 금구(金溝)·태인(泰仁)과의 경계이다〉

청량산(淸涼山)〈또는 원암산(圓岩山)이라고도 한다. 읍치로부터 동북쪽으로 40리에 있다. 삼층의 폭포가 있다〉

서방산(西方山)〈읍치로부터 동북쪽으로 35리에 있다. 고산(高山)과의 경계이다〉

가연산(可連山)〈읍치로부터 서쪽으로 10리에 있다. 건지산(乾止山)이 이곳에 이르러 끊어진다〉

서고산(西高山)〈읍치로부터 서쪽으로 15리에 있다〉

정각산(正覺山)〈읍치로부터 남쪽으로 30리에 있다. 임실(任實)과의 경계이다〉

태봉산(胎封山)〈읍치로부터 남쪽으로 20리의 귀이동면(龜耳洞面)에 있다. 예종(睿宗)의 태를 안장하였다〉

사자산(獅子山)〈읍치로부터 동쪽으로 50리에 있다. 진안(鎭安)·임실(任實)과의 경계이다〉

발산(鉢山)〈읍치로부터 동쪽으로 3리에 있다〉

종남산(終南山)〈읍치로부터 동북쪽으로 40리에 있다. ○송광사(松廣寺)가 있다〉

대둔산(大芚山)〈읍치로부터 동북쪽으로 120리에 있다. 양량소면(陽良所面)·진산(珍山)·연산(連山)과의 경계이다〉

황방산(黃方山)〈읍치로부터 서쪽 방향에 있는 고산(高山)의 서쪽 지맥에 있다〉

옥성산(沃城山)〈또는 연주산(連珠山)이라고도 한다. 읍치로부터 서북쪽으로 70리의 옥야창(沃野倉) 북쪽 2리에 있는 외로운 산으로 들판 중에 우뚝 솟아있다. 산 위에 기이한 바위가 있는데 간악암(干樂岩)이라고 한다. 그 위에 50여 명이 앉을 수 있다〉

기린봉(麒麟峯)〈읍치로부터 동쪽으로 60리에 있다. 산 위에 작은 연못이 있다〉

황화대(黃華臺)〈읍치로부터 서쪽으로 4리에 있다. 놀며 구경할 만한 명승지가 있다〉

황학대(黃鶴臺)〈읍치로부터 남쪽으로 5리에 있다. 석봉이 깎은 듯이 서있고 큰 내가 둘러 있다〉

만경대(萬景臺)〈읍치로부터 남쪽으로 6리의 고덕산(高德山) 북쪽 산기슭에 있다. 석봉(石峰)이 기이하고 수려한데 모습이 층층구름과 같다. 그 위에 수 십 인이 앉을 수 있다. 4면에 산림이 울창하고 석벽이 그림과 같다. 서쪽으로 군산도(群山島)가 바라보인다. 북쪽으로는 용화성(龍華城)을 마주하고 동남으로는 태산(太山)을 지고 있어 기상이 매우 높다. ○백제 의자왕(義慈王) 10년(650)에 고구려의 반룡사(盤龍寺)의 승 보덕(普德)이 남쪽의 완산 고대산(孤大山)으로 이주하였다. ○반룡사는 지금 상원(祥原)의 반룡산에 있는 절이다. 고대산은 즉 고덕산(高德山)이다〉

봉황암(鳳凰岩)〈읍치로부터 서쪽으로 4리에 있다. 바위 아래에 연못이 있다〉

【서산(西山)과 곤지산(坤止山)이 있다】

「영로」(嶺路)

웅치(熊峙)〈읍치로부터 동쪽으로 47리에 있다. 진안(鎭安)으로 통하는 대로이다〉

탄현(炭峴)〈읍치로부터 북쪽으로 60리에 있다. 여산(礪山)으로 통하는 대로이다〉

이치(梨峙)〈양양소면(陽良所面)에 있다. 진산(珍山)과의 경계이다〉

여현(礪峴)〈읍치로부터 동남쪽으로 42리에 있다. 임실(任實)과의 경계이다〉

소치(掃峙)〈읍치로부터 동남쪽으로 45리에 있다. 임실(任實)로 통하는 대로이다〉

유점치(鍮店峙)·색장치(塞墻峙)〈유점치(鍮店峙)와 색장치는 모두 읍치로부터 남쪽으로 50리에 있다. 임실(任實)과의 경계이다〉

헌현(軒峴)〈읍치로부터 남쪽으로 25리에 있다. 순창(淳昌)·담양(潭陽)으로 통하는 대로이다〉

이치(履峙)·귀신치(歸信峙)〈이치와 귀신치는 모두 읍치로부터 서남쪽으로 30리에 있다. 금구(金溝)와의 경계이다〉

백여치(白如峙)〈읍치로부터 서남쪽으로 60에 있다. 태인(泰仁)과의 경계이다〉

○사수강(泗水江)〈원류는 용담(龍潭)에서 나온다. 주화산(珠華山) 서북쪽으로 흘러 고산현 (高山縣) 동쪽에 이른다. 오른쪽으로 불명산천(佛明山川)·운제산천(雲梯山川)을 지나고 다시 꺾여서 서남으로 흘러가 전주부의 북쪽 20리에 이르러 안천(雁川)의 양정포(良正浦)가 된다. 삼례역(參禮驛) 앞에 이르러 왼쪽으로 추천(楸川)을 지나 횡탄(橫灘)이 된다. 서쪽으로 흘러 삼례(三禮)의 동천(東川)을 지나 김제·익산 양 읍의 경계에 이르러 회포(回浦)가 되는데 바다의 조수물이 이곳까지 도달한다. 오른쪽으로 익산의 춘포(春浦)를 지나는데 사수(泗水)라 칭한다. 우락암(于樂岩)을 경유하여 오른쪽으로 황등천(黃登川)을 지나 이성창(利城倉)에 도달한다. 이성을 지나 동창(東倉)을 경유하여 신창진(新倉津)에 이른다. 오른쪽으로 임피(臨陂)의 전천(前川)을 지나 입석(立石)을 경유하여 봉산(鳳山)의 길곶(吉串) 북으로 나가 군산포(群

山浦) 해구로 들어간다〉

추천(楸川)〈원류는 여현(礪峴)에서 나온다. 서북으로 흘러 만마동(萬馬洞)을 지나 부 동남의 포성(抱城)에 도달해 흘러가 남천(南川)이 된다. 서쪽으로 꺾여 북쪽으로 가련산(可連山)에 이르고 소천(潇川)을 지나 추천(楸川)이 된다. 오른쪽으로 대야천(大也川)을 지나 북쪽으로 삼례역에 이르러 안천(雁川)에 합류한다. ○남천(南川)은 중종 4년(1509)에 냇물을 막기 위해 돌을 쌓았는데 길이가 6,000척이다〉

대야천(大也川)〈원류는 웅치(熊峙)에서 나와 서북으로 흘러 오른쪽으로 송광천(松廣川)을 지나 위곡(韋谷)에 이른다. 상관천(上關川)을 지나 서쪽으로 추천(楸川)에서 합류한다. 그 하류는 오백주(五百洲)가 된다〉

삼천(三川)〈혹은 병천(幷川)이라고도 한다. 읍치로부터 남쪽으로 40리에 있다. 유점치(鍮店峙)를 나와 고덕산(高德山)·무악산(毋岳山)의 물과 합하여 소천(潇川)이 된다. 북쪽으로 흘러 추천(楸川)에 들어간다〉

안천(雁川)〈읍치로부터 북쪽으로 20리에 있다〉

횡탄(橫灘)〈읍치로부터 서쪽으로 30리에 있다. 추천(楸川)·대야천(大也川)·안천(雁川)이 합쳐서 흐르는 곳은 바다의 조수물과 통하여 상선들이 많이 정박한다〉

율담(栗潭)〈안천(雁川)의 북쪽에 있다. 동쪽으로 고산(高山)을 끼고 있으며 서쪽으로는 양정포(良正浦)와 연접해 있다. 남쪽에 대천(大川)이 있는데 논이 비옥하고 모두 관개한다. 쌀[출도(秫稻)]·물고기·게·생강·저포·대나무·감 등의 물산이 풍부하다〉

덕지(德池)〈읍치로부터 북쪽으로 10리에 있다. 부의 지세가 서북 방향이 텅비고 또 결함이 있어서 서쪽으로는 가련산(可連山)으로부터 동쪽으로는 건지산(乾止山)에 이르기까지 커다란 축대를 쌓아 그 결함을 막았다. 주위가 9,073척이다. ○연못의 근처 땅은 큰 벌판 중에 평평하면서 넓적하여 지리가 아주 아름답다〉

공덕지(孔德池)〈읍치로부터 서쪽으로 60리에 있다. 주위는 8,830척이다〉

굴연(掘淵)〈읍치로부터 동쪽으로 4리에 있다. 돌기둥 6개가 있는데 세상에서 전해지기는 연못에 세웠던 정자의 기둥이라고 한다〉

동자포(童子浦)〈이성(利城)의 고현(古縣)에 있다〉【제언(堤堰)이 59이다】

『형승』(形勝)

좌측은 숭산(崇山)이 둘러싸고 우측은 커다란 평지가 넓게 펼쳐있다. 북쪽은 비단결 같은 강물을 두르고 남쪽은 노령(蘆嶺)을 한계로 한다. 전야가 넓고 물산이 풍부하여 한 도의 도회처(都會處)이며 나라 남쪽의 웅번(雄藩)이다.

『성지』(城池)

읍성(邑城)〈국초에 축조하였는데 영조 10년(1734)에 개축하였다. 주위는 2,618보이다. 치성(雉城: 성벽에 달라붙은 적을 공격하기 위해 일정거리마다 툭 튀어나오게 만든 성벽/역자주)이 11이고 옹성(甕城: 성문의 수비를 견고하게 하기 위해 문 앞에 둥그렇게 축조한 성벽/역자주)이 1이다. 포루가(砲樓)가 12이고 성문이 4이다. 우물이 113이고 참호로 이용되는 연못이 1이다〉

위봉산성(威鳳山城)〈읍치로부터 동북쪽으로 40리의 주봉산(珠峯山) 서쪽에 있다. 숙종 1년(1660)에 축성하였는데 주위는 5,097파(把: 토지면적의 단위로 1파는 한줌의 소출이 나오는 토지임/역자주)이다. 포루가 11이고 성문이 4이다. 암문(暗門: 은밀한 왕래를 위해 으슥한 곳에 만든 문/역자주)이 8이고 우물이 45이다. 연못은 9이다. ○수성장(守城將)은 본부의 판관(判官)이 겸한다. 별장(別將)이 1명이다. ○소속된 읍은 진안(鎭安)·임실(任實)·고산(高山)·익산(益山)·김제(金堤)·금구(金溝)이다. ○행궁(行宮)이 1이고 사찰이 14이다. 소금이 산출되는 산이 1이고 창고가 8이다. 산성의 중앙에 도솔봉(兜率峯)과 커다란 폭포가 있다〉, 남고산성(南固山城)〈읍치의 남쪽으로 5리의 고덕산(高德山)에 있다. 산성의 위에 오래된 석성이 있었는데 순조 13년(1813)에 개축하였다. 주위가 2,693보이다. 포루가 4이고 동쪽 문과 서쪽 문의 2문이 있다. 암문(暗門)이 3이고 우물이 7이다. 연못이 2이고 개울이 1이다. ○수성장은 본부의 판관이 겸한다. 별장이 1명이며 승장(僧將)이 2명이다. 사찰이 4이고 창고가 2이다〉

만마관(萬馬關)〈읍치로부터 동남쪽으로 40리 떨어진 만마동(萬馬洞)에 있다. 남원대로(南原大路)와 통한다. 순조 13년(1813)에 축성하고 관문을 설치하였으며 누(樓)가 있다. 좌성(左城)은 38파(把)이고 우성(右城)은 39파(把)이다. ○수문장은 1명이다〉

고성(古城)〈읍치로부터 북쪽으로 5리에 있다. 후백제의 견훤 때에 축성하였는데 토성의 남은 유적지가 있다〉

『영아』(營衙)

감영(監營)〈조선 초에 설치했다〉

「관원」(官員)

관찰사(觀察使)〈병마수군절도사(兵馬水軍節度使)·순찰사(巡察使)·전주부윤(全州府尹)을 겸한다〉·도사(都事)·중군(中軍)〈토포사(討捕使)를 겸한다〉·심약(審藥)·검율(檢律)이 각 1명씩이다. ○중영(中營)〈인조 때에 설치했다. ○중영장(中營將)은 토포사 1명을 겸한다. ○속오(束伍)의 속읍(屬邑)은 전주(全州)·김제(金堤)·고부(古阜)·진안(鎭安)·임실(任實)·금구(金溝)·만경(萬頃)·부안(扶安이)다. 토포(討捕)의 속읍은 태인(泰仁)·정읍(井邑)이다〉가 있다.

『창고』(倉庫)

창(倉)이 3이고, 고(庫)가 1이다.〈본 읍에 있다〉

십고(十庫)〈감영(監營)에 있는데, 성 안에 소재한다〉

옥야창(沃野倉)〈읍치로부터 서쪽으로 70리에 있다〉

이성창(利城倉)〈읍치로부터 서쪽으로 60리에 있다〉

우주창(紆州倉)〈읍치로부터 북쪽으로 30리에 있다〉

봉상창(鳳翔倉)〈읍치로부터 동북쪽으로 40리에 있다〉

외성창(外城倉)〈읍치로부터 동쪽으로 30리에 있다〉

내성창(內城倉)〈위봉산성(威鳳山城)에 있다〉

양량소창(陽良所倉)〈읍치로부터 동북쪽으로 1백20리에 있다〉

『역참』(驛站)

삼례도(參禮道)〈읍치로부터 북쪽으로 30리에 있다. ○속역(屬驛)은 12이다. ○찰방(察訪)이 1명이다〉

반석역(半石驛)〈읍치로부터 남쪽으로 3리에 있다. 옛날에는 반석(班石)이라고 하였다〉

앵곡역(鸎谷驛〈읍치로부터 서쪽으로 30리에 있다. 옛날에는 장곡(長谷)이라고 하였다〉【창(倉)이 3이다】

『진도』(津渡)

신창진(新倉津)〈읍치로부터 서쪽으로 70리에 있다. 남쪽으로 김제(金堤)와 20리 거리이다〉

사천진(沙川津)〈횡탄(橫灘) 아래에 있다〉

『교량』(橋梁)

남천교(南川橋)〈읍치로부터 남쪽으로 2리에 있다〉

추천교(楸川橋)〈읍치로부터 북쪽으로 10리에 있다〉

대조원교(大棗院橋))〈읍치로부터 서쪽으로 30리에 있다〉

최남교(最南橋)〈읍치로부터 서남쪽으로 30리에 있다〉

『토산』(土産)

대나무·닥나무·옻나무·뽕나무·감·석류·생강〈양정포(良正浦)에서 산출된다〉·벌꿀·위어(葦魚)·붕어·게이다.

『장시』(場市)

남문외(南門外)의 장날은 2일이다. 서문외(西門外)의 장날은 7일이다. 북문외(北門外)의 장날은 4일이다. 동문외(東門外)의 장날은 9일이다. 봉상(鳳翔)의 장날은 5일과 10일이다. 삼례(參禮)의 장날은 3일과 8일이다. 옥야(沃野)의 장날은 4일과 9일이다. 이북(利北)의 장날은 1일과 6일이다. 인천(仁川)의 장날은 2일과 7일이다.

『누대』(樓臺)

호경루(護慶樓)〈남천(南川)의 옆에 있다. 큰 개울이 누의 아래를 휘돈다. 여러 산들이 동남쪽에 늘어서 있다. 큰 들이 광활하며 밭들이 비단처럼 얽혀있다〉

만화루(萬化樓)〈위와 같다.)

진남루(鎭南樓)〈공관(公館)의 후원에 있다〉

공북루(拱北樓)〈읍치로부터 서북쪽으로 5리에 있다〉

매월정(梅月亭)〈객관(客館)의 동북쪽에 있다〉

『묘전』(廟殿)

조경묘(肇慶廟)〈전주부의 성 동문(東門) 안쪽 경기전(慶基殿)의 북쪽에 있다. 영조 47년(1771)에 건축했다〉에는 국조시조위판(國朝始祖位版)을 봉안했다〈성은 이씨이고 이름은 한(翰)이다. 신라 때 사공(司空)의 관직을 역임했다. 배필은 김씨로서 군윤(軍尹) 김은의(金殷義)의 따님이다. 신라 태종(太宗)의 10세손이다. 봄과 가을의 가운데 달 상순(上旬: 1일에서 10일 사이/역자주) 중에서 택일하여 제사를 지낸다. ○영(令)·별검(別檢)이 각 1명이다〉

○경기전(慶基殿)〈부의 성 남문(城南門) 안에 있다. 태종 10년(1410)에 건축했다. 광해군 6년(1614)에 중건하였다〉에는 태조대왕의 어진(御眞: 초상화/역자주)을 봉안했다.〈선조 임진왜란 때에 정읍(井邑) 내장산(內藏山)의 은밀한 곳에 옮겨 모셨다가 아산현(牙山縣)에 옮겨 모셨으며 또 강화부(江華府)에 옮겨 모셨다. 또한 영변(寧邊) 묘향산(妙香山)의 보현사(普賢寺)에 옮겨 모셨다가 광해군 6년(1614)에 본 경기전에 다시 모셨다. 인조 14년(1636)에 전란으로 인하여 무주(茂朱)의 적상산성(赤裳山城)에 옮겨 모셨다가 후에 본전에 다시 모셨다. 제향의 의식은 영희전(永禧殿)과 동일하다. ○영(令)·참봉(參奉)이 각 1명이다〉

『사원』(祠院)

화산서원(華山書院)〈선조 무인년(11년, 1578)에 건축했다. 효종 무술년(9년, 1658)에 사액(賜額)하였다〉에는 이언적(李彦迪)〈문묘(文廟)에 보인다〉·송인수(宋麟壽)〈청주(淸州)에 보인다〉를 모시고 있다.

『전고』(典故)

고려 현종(顯宗) 1년(1010)에 왕이 거란병(契丹兵)을 피하여 남쪽으로 순행하다가 앵곡역(鸎谷驛)에서 숙박하게 되었다. 절도사(節度使) 조용겸(趙容謙) 등이 왕을 잡아 옆에 끼고 호령을 하고자 도모하여 흰색의 깃발을 모자에 꽂고 북을 울리며 진군하였다. 지채문(智蔡文)이 성을 폐쇄하고 굳게 지키자 적이 감히 들어오지 못했다.〈거란병이 물러가자 왕이 나주(羅州)에서 돌아가던 길에 전주에서 7일을 머물렀다〉 명종(明宗) 12년(1182)에 전주의 기고(旗鼓) 죽동(竹同) 등이 요역을 독촉하는 것이 번거롭고 가혹한 것을 괴롭게 여겨 관의 종들과 불평분자들을 모아서 난을 일으켜 사록(司錄) 진대유(陳大有)를 축출하였다. 안찰사(按察使) 박유보(朴惟甫)가 이해를 들어 깨우쳤으나 따르지 않았다. 이에 도내의 모든 병력을 발하여 토벌하였다. 적들이 성을 폐쇄하고 굳게 지키니 성을 공격하여도 40여 일을 함락되지 않았다. 적이 평정된 후에 성과 참호를 부수어 낮추었다. 고종(高宗) 23년(1236)에 몽골의 병사들이 전주(全州)·고부(古阜)의 지역에까지 도달하였다. 이때 부녕(扶寧) 사람 김공렬(金公烈)이 고란사(高蘭寺) 산 길에 복병을 설치했다가 요격하여 몽골병 20여 기를 죽였다. 고종 40년(1253)에 몽골의 기마병 300여기가 전주의 성남(城南) 반석역(斑石驛)에 이르자 별초지유(別抄指諭) 이주(李柱)가 공격하여 반 이상을 죽였다. 원종(元宗) 11년(1270)에 삼별초(三別抄)가 병력을 나누어 전주를 포위하였다가 김방경(金方慶)이 이르렀다는 소식을 듣고는 드디어 포위를 풀고 갔다. 원종 13년(1272)에 삼별초가 전주를 공격하여 부윤 공유(孔愉)를 잡았다. 우왕(禑王) 2년(1376)에 왜적 300여기가 전주를 함락시켰다. 전주목사(全州牧使) 유실(柳實)은 왜적과 싸워 패배하였다. 왜적이 귀신사(歸信寺)에 물러나 주둔하고 있을 때 유실이 다시 공격하여 물리쳤다. 우왕 4년(1378)에 왜적이 또 전주를 분탕질하였다. 우왕 9년(1383)에 왜적이 장차 전주를 공격하고자 하니, 전주부원수(全州副元帥) 황보림(皇甫琳)이 여현(礪峴)에서 싸워 물리쳤다. 창왕(昌王) 때에 왜적이 전주를 공격하여 관청을 불질렀다.

○조선 선조(宣祖) 25년(1592) 7월에 왜적이 금산(錦山)〈이때 초토사(招討使) 고경명(高敬命)이 금산에서 전사하였다〉으로부터 웅치(熊峙)를 넘어 장차 전주를 범하려고 하였다. 권율(權慄)이 판관(判官) 이복남(李福男), 의병장 황박(黃璞), 김제군수(金堤郡守) 정담(鄭湛) 등을 보내 험지에 근거하여 왜적들을 맞아 싸우게 하였다. 전라감사(全羅監司) 이광(李洸)은 병력을 보내 전투를 도왔다. 왜적의 선봉 수천명이 곧바로 전진하니 김복남 등이 죽음을 무릅쓰고 혈투를 벌이니 왜적이 패배하여 퇴각하였다. 다음날 왜적이 대대적으로 병력을 동원하여 이르니 산과 골짜기에 가득하였고 포성이 우레와 같았다. 김복남 등이 힘을 다해 싸웠으나 대적할 수 없어서 후퇴하였다. 황박의 의병들은 무너져서 김복남의 군대에 쓸려 들어왔다. 정담은 힘껏 싸워 적장을 활로 쏘아 죽이니 적들이 무너져 퇴각하였다. 얼마 뒤에 나주(羅州)의 군대가 무너졌는데, 갑자기 왜적의 병사들이 사방에서 포위해 들어오니 정담의 의병들이 무너졌다. 정담과 종사(從事) 이봉(李葑)이 전사하였다. 김복남은 후퇴하여 안덕원(安德院)〈전주부의 동쪽 10리에 있다〉에 주둔하였다. 왜적은 대비가 있는 것을 알고 감히 고개를 넘지 못하고 정지하였다.〈왜적들은 웅치전투에서 전사한 시체들을 모아서 길 옆에 몇몇의 커다란 무덤을 만들었다. 무덤 위에는 조선국의 충의로운 사람들을 조문한다라고 썼다〉 왜적은 웅치의 승리로 인하여 또 병력을 대거 동원하여 이치(梨峙)를 범하고자 하였다. 권율은 금산으로 병력들을 진

군하여 전쟁을 독려하였다. 동복현감(同福縣監) 황진(黃進)이 현의 병력들을 동원하여 위대기(魏大器)·공시억(孔時億) 등과 함께 고개에 자리를 잡고 대대적으로 전투를 벌였다. 왜적은 절벽을 타고 올라왔다. 황진은 나무에 의지하여 탄환을 막으며 하루종일 서로 전투를 벌여 왜적을 대패시켰다. 왜적은 무기를 모두 버리고 패주하였는데, 시체가 골짜기에 가득하였으며 흐르는 냇물이 모두 핏빛이었다. 이날 황진은 탄환에 맞아 조금 사기가 꺾였다. 권율이 장사들을 독려하여 뒤를 이었으므로 대승을 거둘 수 있었다. 왜적 사이에느 조선의 삼대첩을 칭할 때 이치를 최고로 친다고 하였다. 선조 25년(1592) 9월 왜적이 전주를 침범하자 전라감사 이광이 금구(金溝)로 숨어버려 많은 병사들이 흩어져 버렸다. 왜적은 배후를 습격당할까 의심하여 그날 밤으로 무주(茂州)·금산(錦山)으로 되돌아갔다. 선조 30년(1597) 8월 진우충(陳愚衷)이 연수병(延綏兵) 2,000명을 거느리고 전주에 진주하여 남원(南原)을 성원하며 교룡산성(蛟龍山城)을 파하여 온 힘을 다하여 전주부 읍성을 지켰다. 왜적은 남원의 승리를 말미암아 곧바로 전주를 향해 진격하였다. 이에 진우충의 병사들이 크게 무너져 달아났다. 왜적의 장수 가토 기요마사[가등청정(加藤淸正)]이 곧바로 진격하여 금강(錦江)을 건너고 우키다 히데이에(우희다수가[宇喜多秀家)]와 고니시 유키나가[소서행장(小西行長)]은 다시 남원으로 내려갔다. 왜적의 장수 시마쓰 요시히로[도진의홍(島津義弘)]은 순창(淳昌)과 담양(潭陽)으로 향하였는데, 지나는 곳은 완전히 초토화시켰다. 인조(仁祖) 5년(1627)에 후금(後金)의 병사가 침략하자 왕세자에게 명하여 전주에 남하하여 주둔하며 군사들을 위무하게 하였다.

2. 여산도호부(礪山都護府)

『연혁』(沿革)

본래 백제의 지량초(只良肖)였다. 신라 경덕왕(景德王) 16년(757)에 여량(礪良)이라 고치고 덕은군(德殷郡)의 영현으로 하였다. 고려 현종(顯宗) 9년(1018)에 전주에 소속시켰다. 고려 공양왕(恭讓王) 3년(1391)에 감무(監務)를 두었는데, 낭산(朗山)의 임무를 아울러 보게 하였으며 또한 공촌(公村)·피제(皮堤)의 권농사勸農使)를 겸하게 하였다. 조선 태조 5년(1396)에 낭산으로써 여산에 소속시켰다. 정종(定宗) 2년(1400)에 여산으로 이름을 고쳤다. 세종 18년(1436)에 여산이 원경왕후(元敬王后) 민씨(閔氏: 태종의 왕비)의 외향(外鄕: 외가의 고향)이라고 하여 군으로 승격시켰다.〈충청도에 옮겨서 예속시켰다가 세종 26년(1444)에 본 전라도에 돌려서 예속시켰다〉 숙종(肅宗) 25년(1699)에 정순왕후(定順王后) 송씨(宋氏)〈단종(端宗)의 왕후〉이 관향(貫鄕: 본관)이므로 도호부(都護府)로 승격시켰다.

「읍호」(邑號)

여양(礪陽)·호산(壺山)

「관원」(官員)

도호부사(都護府使)〈전주진관병마동첨절제사(全州鎭管兵馬同僉節制使)·후영장(後營將)·토포사(討捕使)를 겸한다〉는 1명이다.

『고읍』(古邑)

낭산현(朗山縣)〈읍치로부터 서쪽으로 8리에 있었다. 본래 백제의 알야산(閼也山)이었다. 신라 경덕왕(景德王) 16년(757)에 야산(野山)으로 바꾸어 금마군(金馬郡)의 영현으로 하였다. 고려 태조 23년(940)에 낭산으로 고쳤다. 현종(顯宗) 9년(1018)에 전주에 소속시켰다. 공양왕(恭讓王) 3년(1391)에 여량감무(礪良監務)로 하여금 낭산의 업무를 겸하게 하였다. 조선 태조 5년(1396)에 여산으로 소속시켰다〉

『방면』(坊面)

부내면(府內面)〈읍치로부터 5리에서 끝난다〉

천동면(川東面)〈읍치로부터 동쪽으로 5리에서 시작하여 10리에서 끝난다〉

천서면(川西面)〈읍치로부터 서쪽으로 5리에서 시작하여 10리에 끝난다〉

서이면(西二面)〈읍치로부터 10리에서 시작하여 20리에서 끝난다〉

서삼면(西三面)〈읍치로부터 20리에서 시작하여 30리에서 끝난다〉

서사면(西四面)〈읍치로부터 15리에서 시작하여 20리에서 끝난다〉

북일면(北一面)〈읍치로부터 서북쪽으로 20리에서 시작하여 30리에서 끝난다〉

북삼면(北三面)〈읍치로부터 10리에서 시작하여 20리에서 끝난다〉【북이면(北二面)은 지도에 있다】

합선면(合先面)〈읍치로부터 북쪽으로 10리에서 시작하여 20리에서 끝난다〉

피제면(皮堤面)〈본래 피제부곡(皮堤部曲)이었다. 읍치로부터 북쪽으로 15리에서 시작하

여 25리에서 끝난다〉

공촌면(公村面)〈본래 공촌부곡(公村部曲)이었다. 읍치로부터 북쪽으로 10리에서 시작하여 20리에서 끝난다〉

「산수」(山水)

호산(壺山)〈혹은 천호산(天壺山)이라고도 하고 혹은 문수산(文殊山)이라고도 한다. 읍치로부터 동쪽으로 10리에 있으며 고산(高山)과의 경계이다. ○문수사(文殊寺)가 있다〉

용화산(龍華山)〈혹은 미륵산(彌勒山)이라고도 한다. 읍치로부터 서남쪽으로 20리에 있으며 익산(益山)과의 경계이다〉

군입산(軍入山)〈읍치로부터 남쪽으로 12리에 있다. 고려 태조가 후백제의 견훤을 정벌할 때 이곳에 군사를 주둔시켰다〉

화산(花山)〈읍치로부터 서북쪽으로 30리에 있다. 산이 강에 임하였는데, 고개가 우뚝하여 자못 기이한 모습을 하고 있다〉

채운산(彩雲山)〈읍치로부터 서쪽으로 20리에 있으며, 은진(恩津)과의 경계이다〉

용암(龍巖)〈읍치로부터 서쪽으로 8리에 있다〉

작원(鵲原)〈읍치로부터 북쪽으로 20리에 있으며, 은진(恩津)의 경계이다〉

「영로」(嶺路)

문치(門峙)〈읍치로부터 동쪽으로 10리에 있으며 고산로(高山路)이다〉

탄현(炭峴)〈읍치로부터 남쪽으로 10리에 있으며 전주로(全州路)이다〉

향령(香嶺)〈읍치로부터 동북쪽으로 10리에 있으며 은진(恩津)과의 경계이다〉

○독자천(篤子川)〈원류는 문수산(文殊山) 서북으로부터 나온다. 읍치로부터 남쪽으로 1리를 흘러 은진(恩津) 강경포(江景浦)로 들어간다〉

누항(漏項)〈읍치로부터 동쪽으로 7리에 있다. 고산(高山) 지역으로부터 흘러오는 냇물이 서쪽으로 흘러가서 호산(壺山)의 산기슭으로 흘러 들어가 서쪽 기슭에 이르러 냇물의 구멍이 된다. 구멍의 넓이는 1장(丈)남짓이다. 세상에서는 용추(龍湫)라고 한다〉

나암포(羅岩浦)〈읍치로부터 서북쪽으로 20리에 있다. 은진(恩津) 강경포(江景浦) 아래로 들어간다〉**【제언(堤堰)이 12이다】**

『성지』(城池)

낭산고현성(朗山古縣城)〈토성이며 주위는 3,900척이다. 천(泉)이 2이다〉

피제고성(皮堤古城)〈읍치로부터 북쪽으로 15리에 옛 터가 있다〉

『영아』(營衙)

후영(後營)〈인조(仁祖) 때에 설치했다. ○후영장(後營將) 겸토포사(兼討捕使) 1명은 본 여산부의 부사가 겸임한다. ○소속 읍은 여산(礪山)·임피(臨陂)·옥구(沃溝)·함열(咸悅)·용안(龍安)·익산(益山)·고산(高山)·진산(珍山)·금산(錦山)·용담(龍潭)이다〉

『창고』(倉庫)

읍창(邑倉)

나암창(羅岩倉)〈나암포(羅岩浦)에 소재한다〉

『역참』(驛站)

양재역(良在驛)〈읍치로부터 북쪽으로 6리에 있다〉

『교량』(橋梁)

선교(船橋)〈읍치의 남천(南川)에 있다〉

신교(新橋)〈읍치로부터 남쪽으로 4리에 있다〉

『토산』(土産)

대나무·닥나무·옻나무·뽕나무·비석·게·붕어이다.

『장시』(場市)

읍내(邑內)의 장날은 10일과 6일이다.

『누정』(樓亭)

황화정(皇華亭)〈지금의 황화대(皇華臺)로서 읍치로부터 북쪽으로 11리에 있는데 충청도

와 전라도의 경계이다. 본 전라도에 새로 부임하는 감사가 전임감사와 업무를 인수인계하는 장소이다〉

『사원』(祠院)

죽림서원(竹林書院)〈인조(仁祖) 병인년(1626)에 건설하였다. 현종(顯宗) 을사년(1665)에 왕이 편액을 하사하였다〉에는 조광조(趙光祖)·이황(李滉)·이이(李珥)·성혼(成渾)·김장생(金長生)·송시열(宋時烈)〈모두 문묘(文廟)에 보인다〉을 모시고 있다.

『전고』(典故)

신라 진지왕(眞智王) 3년(578)에 백제 알야산성(閼也山城)과 합쳤다.

○고려 현종(顯宗) 2년(1011)에 왕이 전주를 출발하여 여양현(礪陽縣)에 머물렀다. 우왕(禑王) 2년(1376)에 왜구가 낭산현(朗山縣)을 노략질하였는데, 원수 유영(柳濚)과 전주목사 유실(柳實)이 힘껏 싸워서 왜적들을 격퇴시키고 30여 명을 사살하였으며, 왜적들이 빼앗은 소와 말 200여 필을 다시 되찾았다.

○조선 선조(宣祖) 30년(1597)에 왜적이 여산을 함락시켰다.

3. 익산군(益山郡)

『연혁』(沿革)

본래 백제 금마지(今麻只)였다. 백제 무강왕(武康王) 때에 성을 쌓고 별도(別都)를 두어 금마저(金馬渚)라고 칭하였다. 당(唐)나라가 백제를 멸망시키고는 마한도독부(馬韓都督府)를 두어〈5도독부(五都督府)의 하나였다〉 다른 군현들을 관할하게 하였다. 신라 문무왕(文武王) 13년(673)에 고구려의 종실(宗室) 안승(安勝)을〈'신당서(新唐書)'에는 안순(安舜)이라고 하였다〉 이곳에 봉하여 보덕왕(報德王)으로 삼았다. 신문왕(神文王) 4년(684)에 보덕(報德)의 반란을 토벌하여 평정하였다. 경덕왕(景德王) 16년(757)에 금마군(金馬郡)을〈영현이 3이니 옥야(沃野)·우주(紆州)·야산(野山)이었다〉을 고쳐서 전주에 소속시켰다. 고려 현종(顯宗) 9년에(1018) 그대로 소속시켰다. 충선왕(忠宣王) 후 5년(1313)에 지익주사(知益州事)로 승격시켰다.〈원나라 순제(順帝)의 황후 기씨(奇氏) 외조인 이공수(李公遂)의 고향이었기 때문이었다〉 조선 태종(太宗) 13년(1413)에 익산으로 고쳤다. 세조 때에 군수(郡守)로 고쳤다.

「읍호」(邑號)

마주(馬州)

「관원」(官員)

군수(郡守)는〈전주진관병마동첨절사(全州鎭管兵馬同僉節制使)를 겸임한다〉는 1명이다.〈조선 초에는 지익주군사(知益州郡事)였다. ○혹은 이르기를 조선후(朝鮮侯) 기준(箕準)이 남쪽으로 천도하여 이곳으로 와서 마한(馬韓)이라 칭하였다고 하는데, 이것은 매우 잘못된 것이다. 이에 대하여는 문화현(文化縣)에 자세하다〉

『방면』(坊面)

군내면(郡內面)〈읍치로부터 3리에서 끝난다〉

제석면(帝釋面)〈읍치로부터 동쪽으로 5리에서 시작하여 15리에서 끝난다〉

춘포면(春浦面)〈읍치로부터 남쪽으로 20리에서 시작하여 30리에서 끝난다〉

두촌면(豆村面)·두천면(豆川面)·지석면(支石面)〈두촌면·두천면·지석면은 모두 읍치로부터 서쪽으로 10리에서 시작하여 20리에서 끝난다〉

사제면(蛇梯面)〈읍치로부터 서쪽으로 15리에서 시작하여 20리에서 끝난다〉

율촌면(栗村面)〈읍치로부터 서쪽으로 20리에서 시작하여 25리에서 끝난다〉

구장천면(九丈川面)〈읍치로부터 서북쪽으로 15리에서 시작하여 25리에서 끝난다〉

미륵면(彌勒面)〈읍치로부터 북쪽으로 7리에서 시작하여 20리에서 끝난다. ○흑석부곡(黑石部曲)은 남쪽으로 15리에 있었다〉

『산수』(山水)

건자산(乾子山)〈읍치로부터 북쪽으로 1리에 있다〉

도순산(都順山)〈세속에서 이른바 시다산(施茶山)이라고 하는 산이다. 읍치로부터 동쪽으로 5리에 있다〉

당산(唐山)〈읍치로부터 서쪽으로 10리에 있다〉

용화산(龍華山)〈혹은는 미륵산(彌勒山)이라고 한다. 읍치로부터 북쪽으로 10리에 있으며 여산(礪山)과의 경계이다. ○미륵사(彌勒寺)는 백제의 무강왕(武康王)이 왕비 선화부인(善化夫人)과 함께 이곳에 행차하여 이 절을 창건했는데, 미륵상 3개와 대석탑(大石塔)을 조성했다고 한다. 신라의 진평왕(眞平王)이 여러 기술자들을 보내서 그것을 도와주었다고 한다. ○사자사(獅子寺)는 백제의 무강왕(武康王) 때에 세웠다. 양 옆에 두 개의 바위가 마치 벽처럼 서있다. 받침돌이 없어서 바위 사이의 작은 홈들을 따라서 올라가야 한다〉

팔봉산(八峯山)〈읍치로부터 서쪽으로 15리에 있다〉

삼기산(三箕山)〈읍치로부터 서북쪽으로 20리에 있다〉

춘포산(春浦山)〈읍치로부터 서쪽으로 17리에 있는 큰 들판의 작은 산이다〉

장군봉(將軍峯)〈용화산 남쪽 바위에 구멍이 있는데 기름 여러 말이 들어갈 정도의 크기이다. 세속에서 등잔석(燈盞石)이라고 한다〉

석장동(石檣洞)〈읍치로부터 서쪽으로 10리에 있는데, 오래된 절의 석장(石檣)이 우뚝 솟아 있다〉

쌍정평(雙亭坪)〈읍치로부터 남쪽으로 20리에 있다〉

「영로」(嶺路)

탄현(炭峴)〈읍치로부터 동북쪽으로 20리에 있으며 여산로(礪山路)이다〉

동변치(東邊峙)〈읍치로부터 동남쪽으로 5리에 있으며 전주로(全州路)이다〉

내산치(內山峙)〈읍치로부터 동북쪽으로 5리에 있으며 여산로이다〉

○춘포(春浦)〈읍치로부터 서남쪽으로 15리에 있다. 원류는 용화산(龍華山)의 서남쪽에서 나와서 전주의 사수강(泗水江)으로 흘러 들어간다〉

횡탄(橫灘)〈혹은 사탄(斜灘)이라고도 한다. 춘포(春浦)의 남쪽 사수강(泗水江)에 있는데, 전주 조항에 보인다〉

황등제(黃登堤)〈혹은 구교제(龜橋堤)라고도 하는데, 읍치로부터 서쪽으로 20리에 있다. 길이는 900보이고, 넓이는 25리로서 관개하는 지역이 매우 넓다〉

장연(長淵)〈춘포(春浦의 북쪽에 있다〉

상시연(上矢淵)〈읍치로부터 서쪽으로 15리에 있다〉

마룡지(馬龍池)〈오금사(五金寺) 남쪽 100여 보에 있다〉

왕궁정(王宮井)〈읍치로부터 남쪽으로 5리에 있는데, 옛날 궁궐터이다〉【제언(堤堰)은 27이다】

『성지』(城池)

고성(古城)〈용화산(龍華山) 위에 있는데, 백제의 무강왕(武康王)이 쌓았다. 주위는 3,900척이고 안에 샘물이 있다. 뒤사람들이 기준성(箕準城)이라고 하는데, 이는 잘못된 것이다〉

보덕성(報德城)〈읍치로부터 서쪽으로 1리에 있는데 겨우 그 터만이 남아 있다. 고구려의 종실 안승(安勝)이 도읍했던 곳인데, 남쪽에 오금사(五金寺)가 있다〉

『창고』(倉庫)

읍창(邑倉)이 2이다.

『교량』(橋梁)

상한교(上漢橋)·하한교(下漢橋)〈상한교·하한교는 모두 남천(南川)에 있다〉

입석교(立石橋)〈춘포(春浦)에 있는데 김제로(金堤路)이다〉

금천교(錦川橋)〈서쪽 도로인데 함열(咸悅)과 통한다〉

『토산』(土産)

대나무·닥나무·붕어·게·백어(白魚)·삼속(三粟)이다.

『장시』(場市)

읍내의 장날은 2일과 7일이고, 입석(立石)의 장날은 1일과 6일이다.

『능묘』(陵墓)

쌍릉(雙陵)〈오금사봉(五金寺峯)의 서쪽으로 수백보되는 곳에 있다. 백제의 무강왕(武康王)과 그의 왕비가 묻힌 왕릉이다. ○『고려사(高麗史)』에 이르기를 "후조선(後朝鮮) 무강왕(武康王)과 그 왕비의 능이다. 일설에는 백제 무왕(武王)의 능이라 한다."고 하였다. ○『고려사(高麗史)』를 살펴보니 무강왕(武康王)을 지칭하여 기준(箕準)이라 하였으니 이는 매우 잘못된 것이다〉

『사원』(祠院)

화산서원(華山書院)에는〈효종(孝宗) 갑오년(5년: 1654)에 건축하고 현종(顯宗) 임인년(3년: 1662)에 편액을 하사하였다〉 김장생(金長生)·송시열(宋時烈)을〈모두 문묘(文廟)에 보인다〉 모시고 있다.

『전고』(典故)

신라 문무왕(文武王) 9년(669)에 고구려 수림성(水臨城)의 사람 대형(大兄) 검모잠(劒牟岑)이〈신라의 책에는 대장(大長) 겸모잠(鉗牟岑)이라고 하였다〉 고구려를 부흥시키고자 하여 잔민들을 수합하여 궁모성(窮牟城)으로부터 패강(浿江) 남쪽에 이르러 당나라 관리를 죽이고 신라로 향하였다.【수림(水臨)과 궁모(窮牟) 2성은 둘 다 자세하지 않다】서해(西海) 사치도(史治島)에 이르러〈인천(仁川) 덕물도(德物島)의 동쪽에 있다〉 옛 고구려의 종실 안승(安勝)을 맞이하여 한성(漢城)에 이르러 군(君)으로 삼고 소형(小兄) 다식(多式) 등을 신라에 보내 번병(藩屛: 바깥 울타리/역자주)이 되고 싶다고 하였다. 문무왕 13년(673)에 안승을 금마저(金馬渚)에 보내 고구려보덕왕(高句麗報德王)으로 봉하였다. 문무왕은 보덕왕에게 쌀, 말, 비단 등을 주고 형의 딸로서 처를 삼게 하였다. 신라 신문왕(神文王) 2년(682)에 안승을 불러 소판(蘇判)으로 삼았다. 신문왕 3년(683) 안승의 친족 중에 대문(大文)이라고 하는 사람이 금마저에 머물면서 모반하였다가 죽음을 당하였다. 대문의 나머지 무리들이 관리를 죽이고 보덕성(報德城)에 근거하여 또 반란을 일으켰다. 신문왕 4년(684)에 장수에게 명하여 반란민들을 토벌하게 하였는데, 당주(幢主: 신라시대 중앙의 군부대 사령관/역자주) 핍실(逼實)이 전투 중에 죽었지만 마침내 그 성을 함락시켰다. 그 무리들은 나라의 남쪽에 옮기고 그들이 머물던 곳을 금마군(金馬郡)으로 삼았다. ○고려 명종(明宗) 7년(1177)에 전라도안찰사(全羅道按察使)가 미륵산(彌勒山)의 도적들이 항복했다고 보고하였다. 충숙왕(忠肅王) 16년(1329)에 도적들이 금마군의 무강왕릉을 도굴하였다. 공민왕(恭愍王) 원년(1352)에 왜적이 전라도를 노략질하니 지익주사(知益州事) 김휘(金輝) 등이 해군을 거느리고 공격하였으나 이기지 못하였다. 우왕(禑王) 4년(1378)에 왜적이 다시 익주를 노략질하였다.

4. 김제군(金堤郡)

『연혁』(沿革)

본래 백제의 벽골(碧骨)이었다. 당(唐)나라가 백제를 멸망시키고 벽성(辟城)으로 고쳐서 고사주(古四州)에 소속된 현으로 하였다. 신라 경덕왕(景德王) 16년(757)에 김제군으로 고치고〈소속된 현이 4이니 평고(平皐)·만경(萬頃)·무읍(武邑)·이성(利城)이었다〉 전주에 소속시켰다. 고려 현종(顯宗) 때에 그대로 소속시켰다가 인종(仁宗) 21년(1143)에 현령을 두었다.〈소속된 현이 1이니 평고(平皐)였다〉 조선 태종 3년(1403)에 지군사(知郡事)로 승격시켰다.〈중국에 들어간 환관 한첩목아(韓帖木兒)의 요청으로 승격시켰다〉 세조 12년(1466)에 군수(郡守)로 고쳤다.

「관원」(官員)

군수(郡守)가〈전주진관병마동첨절제사(全州鎭管兵馬同僉節制使)를 겸임한다〉 1명이다.

『고읍』(古邑)

평고현(平皐縣)〈읍치로부터 동쪽 25리에 있었다. 본래 백제 수동산(首冬山)이었는데, 신라 경덕왕(景德王) 16년(757)에 평고로 고치고 김제군(金堤郡)에 영현으로 하였다. 고려 현종(顯宗) 때에 전주에 소속시켰다가 인종(仁宗) 때에 다시 김제에 소속시켰다〉

『방면』(坊面)

읍내면(邑內面)〈읍치로부터 사방 5리에서 끝난다〉

무촌면(毋村面)〈읍치로부터 동쪽으로 20리에서 시작하여 30리에서 끝난다〉

월산면(月山面)〈읍치로부터 남쪽으로 5리에서 시작하여 10리에서 끝난다〉

입천면(立川面)〈읍치로부터 남쪽으로 5리에서 시작하여 15리에서 끝난다〉

부량면〈읍치로부터 남쪽으로 20리에서 시작하여 30리에서 끝난다〉

대정면(大井面)〈읍치로부터 동쪽으로 10리에서 시작하여 15리에서 끝난다〉

개토면(介吐面)〈읍치로부터 동쪽으로 20리에서 시작하여 25리에서 끝난다〉

홍산면(洪山面)〈읍치로부터 서남쪽으로 15리에서 시작하여 20리에서 끝난다〉

대촌면(代村面)〈읍치로부터 서남쪽으로 5리에서 시작하여 15리에서 끝난다〉

반산면(半山面)〈읍치로부터 서쪽으로 15리에서 시작하여 20리에서 끝난다〉

식포면(食浦面)〈읍치로부터 서쪽으로 20리에서 시작하여 30리에서 끝난다〉

백석면(白石面)〈읍치로부터 북쪽으로 10리에서 시작하여 20리에서 끝난다〉

목연면(木淵面)·마천면(馬川面)〈목연면·마천면은 모두 읍치로부터 북쪽으로 20리에서 시작하여 30리에서 끝난다. 본래 마천소(馬川所)였다〉

연산면(延山面)〈읍치로부터 북쪽으로 15리에서 시작하여 25리에서 끝난다〉

공동(公洞)〈읍치로부터 북쪽으로 20리에서 시작하여 30리에서 끝난다〉

회포면(回浦面)〈읍치로부터 북쪽으로 30리에서 시작하여 40리에서 끝난다〉

금굴면(金堀面)〈읍치로부터 북쪽으로 30리에서 시작하여 40리에서 끝난다. ○명량향(鳴良鄕)은 읍치로부터 서쪽으로 20리에 있었고, 제현향(堤見鄕)은 읍치로부터 남쪽으로 1리에 있었으며, 재남소(才南所)는 읍치로부터 동쪽으로 30리에 있었다〉【생건면(生巾面)은 읍치로부터 서쪽으로 5리에서 시작하여 10리에서 끝난다】

『산수』(山水)

명량산(鳴良山)〈읍치로부터 서쪽으로 20리에 있다. 외로운 봉우리가 우뚝하게 하늘로 솟아있는데, 그 아래는 동진(東津)에 임해 있다〉

승가산(僧伽山)〈읍치로부터 동북쪽으로 10리에 있다. ○홍복사(興福寺)가 있다〉

용두동(龍頭洞)〈읍치로부터 남쪽으로 2리에 있다〉

대평(大坪)〈세속에서는 김제만경옥야회미평((金堤萬頃沃野澮尾坪)이라고 부른다. 동쪽으로는 전주·금구(金溝)와 떨어져 있고, 서쪽으로는 만경(萬頃)·부안(扶安)과 떨어져 있으며, 남쪽으로는 태안(泰安)·고부(古阜)와 떨어져 있고, 북쪽으로는 익산(益山)·함열(咸悅)과 떨어져 있다. 동진(東津)이 대평의 중앙을 관통하는데 수백리에 이어져서 아득히 끝이 보이지 않는다〉

○회포(回浦)〈읍치로부터 동북쪽으로 30리에 있다. 전주의 횡탄(橫灘) 아래로 흘러가 큰 벌판을 관통하고 서쪽으로 흘러 이성(利城)의 고현계(古縣界)에 다다라서 신창진(新倉津)이 된다〉

동진포(東津浦)〈옛날에는 장수(漳水) 또는 식장포(息漳浦)라고도 하였다. 읍치로부터 서쪽으로 25리에 있는데 부안(扶安)의 경계이다〉

태극포(太極浦)〈읍치로부터 서쪽으로 17리에 있다. 원류는 태인(泰仁)의 상두산(象頭山)·

무악산(毋岳山) 등의 여러 산에서 나온다. 서쪽으로 흘러 벽골제(碧骨堤)를 지나 호포(狐浦)가 된다. 서남쪽으로 흘러 식포(食浦)에 들어가는데, 곧 동진(東津)의 상류이다. 조수(潮水)가 매우 심하다〉

호포(狐浦)〈읍치로부터 남쪽으로 10리에 있다〉

장신포(長信浦)〈읍치로부터 북쪽으로 30리에 있는데, 회포(回浦)의 서쪽 5리이다〉

율포(栗浦)〈회포(回浦)의 아래인데, 그 아래가 신창포(新倉浦)가 된다〉

벽골제(碧骨堤)〈읍치로부터 남쪽으로 15리에 있다. 금구(金溝)의 무악산(毋岳山)과 태인(泰仁)의 상두산(象頭山) 물이 이 벽골제에서 모인다. 관개하는 지역이 매우 넓은데, 벽골제의 물이 이르는 곳은 토지가 모두 비옥하다. 동진(東晋) 초에 백제가 벽골제를 처음 쌓기 시작하였다. 신라 원성왕(元聖王) 6년(790)에 시중(侍中) 김종기(金宗基)로 하여금 증축하게 하였는데, 전주 등 7읍의 인민들을 징발하여 역을 일으켰다. 고려 현종(顯宗)·인종(仁宗) 때에 수축하였으나 후에는 폐지되었다. 조선 태종 때에 수축하였으나 후에 폐지되었는데, 조선 중엽에 이르러 또 수축하였다. 벽골제의 길이는 2,600보이며 둘레는 80리이다. 연근[연빈(蓮蘋)]·마름[능(菱)]·가시연[검(芡)]·순채[순(蓴)]·물고기·게 등이 산출된다〉

대제(大堤)〈읍치로부터 서쪽으로 1리에 있다. 둘레는 13,024척이다〉【제언(堤堰)이 61개이다】

『성지』(城池)

고성(古城)〈읍치로부터 서쪽으로 1리에 있는데, 성산(城山)이라고도 한다. 겨우 터만 남아 있다〉

『창고』(倉庫)

창(倉)이 2개〈읍내에 있다〉이다.

사창(社倉)〈읍치로부터 동쪽으로 20리에 있다〉

해창(海倉)〈읍치로부터 서쪽으로 20리에 있다〉

『역참』(驛站)

내재역(內才驛)〈읍치로부터 남쪽으로 10리에 있다〉

『진도』(津渡)

동진(東津)〈읍치로부터 서쪽으로 25리에 있는데, 부안(扶安) 경계의 대로이다〉

신창진(新倉津)〈읍치로부터 북쪽으로 20리에 있는데, 전주 지역이다〉

『교량』(橋梁)

재남교(才南橋)〈읍치로부터 동쪽으로 30리에 있는데 삼례로(參禮路)이다〉

화교(禾橋)〈읍치로부터 서북쪽으로 15리에 있는데, 만경(萬頃)으로 통하는 대로이다〉

포교(浦橋)〈읍치로부터 남쪽으로 15리에 있다〉

『토산』 (土産)

연근[연(蓮)]·마름[능(菱)]·가시연[검(芡)]·순채[순(蓴)]·모시·붕어·게이다.

『장시』(場市)

읍내(邑內)의 장날은 2일과 7일이고, 재남(才南)의 장날은 3일과 8일이며, 원기(院基)의 장날은 1일과 6일이고, 송정(松亭)의 장날은 5일과 10일이다.

『전고』(典故)

고려 우왕(禑王) 6년(1380)에 원수(元帥) 지용기(池湧奇)가 왜적과 더불어 명량향(鳴良鄕)에서 싸워 포로로 잡힌 100여인을 빼앗았다. 우왕 7년(1381)에 왜적이 김제(金堤)를 노략질하였다. 창왕(昌王) 때에도 왜구가 김제를 노략질하였다.

5. 고부군(古阜郡)

『연혁』(沿革)

본래 백제의 고사부리(古沙夫里)였다. 당(唐)나라가 백제를 멸망시키고 고사주(古四州)를 두었다.〈소속된 영현은 5이니, 평왜현(平倭縣)·대산현(帶山縣)·벽성현(辟城縣)·좌찬현(佐贊縣)·순모현(淳牟縣)이었다. ○평왜현은 본래 고사부리촌(古沙夫村)이었다〉 신라 경덕왕(景

德王) 16년(757)에 고부군으로 고치고〈영현은 3이니, 부녕현(扶寧縣)·희안현(喜安縣)·상질현(尙質縣)이었다〉 전주에 소속시켰다. 태조 23년(940)에 영주자사(瀛州刺史)로 고쳤다가 광종(光宗) 2년(951)에 부(府)로 승격시켰다. 현종(顯宗) 9년(1018)에 다시 고부군으로 하였다.〈소속된 영군은 하나였는데 태산군(泰山郡)이었으며, 영현이 6이었는데 보안현(保安顯)·부령현(扶寧縣)·정읍현(井邑縣)·인의현(仁義縣)·상질현(尙質顯)·고창현(高敞縣)이었다〉 충렬왕(忠烈王) 때에 영광군(靈光郡)에 병합했다고 곧바로 다시 복구하였다. 조선은 그대로 따라했다. 영조 41년(1765)에 치소(治所)를 구읍의 성남(城南) 1리로 옮겼다.

「관원」(官員)

군수(郡守)가〈전주진관병마동첨절제사(全州鎭管兵馬同僉節制使)를 겸한다〉 1명이다.

『방면』(坊面)

동부면(東部面)〈읍치로부터 5리에서 끝난다〉

남부면(南部面)〈읍치로부터 5리에서 시작하여 15리에서 끝난다〉

서부면(西部面)〈읍치로부터 10리에서 끝난다〉

북부면(北部面)〈읍치로부터 10리에서 시작하여 15리에서 끝난다〉

오금면(梧琴面)〈읍치로부터 읍치의 동쪽 방향에 있다〉

달천면(達川面)〈읍치로부터 동쪽 방향에 있다〉

우덕면(優德面)〈읍치로부터 동쪽 방향에 있다〉

답내면(沓內面)〈오금면(梧琴面)·달천면(達川面)·우덕면(優德面)·답내면은 모두 읍치로부터 10리에서 시작하여 20리에서 끝난다〉

우일면(雨日面)〈본래 우일부곡(雨日部曲)이었다〉

벌미면(伐未面)〈읍치로부터 동쪽에 있다〉

수금면(水金面)〈본래 수금향(水金鄕)이었다. 우일면(雨日面)·벌미면(伐未面)·수금면은 모두 읍치로부터 동쪽으로 20리에서 시작하여 30리에서 끝난다〉

덕림면(德林面)〈본래 덕림소(德林所)였다〉

거마면(巨亇면)〈읍치로부터 서북쪽에 있다. 덕림면·거마면은 모두 읍치로부터 10리에서 시작하여 20리에서 끝난다〉

궁동면(宮洞面)〈읍치로부터 북쪽으로 10리에서 시작하여 15리에서 끝난다〉

백산면(白山面)〈읍치로부터 북쪽으로 20리에서 시작하여 30리에서 끝난다〉

소정면(所井面)〈읍치로부터 남쪽으로 10리에서 시작하여 15리에서 끝난다〉

성포면(聲浦面)〈읍치로부터 남쪽으로 10리에서 시작하여 30리에서 끝난다〉

장순면(長順面)〈읍치로부터 동쪽으로 30리에서 시작하여 35리에서 끝난다〉

부안면(富安面)〈본래 부안향(富安鄕)이었다. 읍치로부터 서쪽으로 30리에서 시작하여 50리에서 끝나는데, 부안(扶安)의 서남 경계와 흥덕(興德) 서북 경계에 넘어가 있다. 북쪽으로는 변산(邊山)을 등뒤에 두고 있으며 서쪽으로는 큰 바다를 접하고 있다. ○황조향(荒調鄕)은 읍치로부터 남쪽으로 30리에 있었다. 음성향(音聲鄕)은 읍치로부터 남쪽으로 18리에 있었다. 모조부곡(毛助部曲)은 읍치로부터 남쪽으로 30리에 있었다. 독변소(禿邊所)는 읍치로부터 남쪽으로 20리에 있었는데, 즉 모조리(毛助里)이다〉

『산수』(山水)

두승산(斗升山)〈옛날에는 도순산(都順山)이라고도 하였으며 또는 영주산(瀛州山)이라고도 하였다. 두승산의 북쪽 지맥을 천태산(天台山)이라고 한다. 읍치로부터 남쪽으로 5리에 구봉(九峯)이 있는데, 그 중의 하나를 국사봉(國師峯)이라고 하는 바 산세가 우뚝하다〉

수광산(水光山)〈읍치로부터 서쪽으로 15리에 있다〉

덕성산(德星山)〈읍치로부터 동쪽으로 30리에 있다〉

정토산(淨土山)〈읍치로부터 동쪽으로 30리에 있는데, 태인(泰仁)과의 경계이다〉

계동산(桂東山)〈읍치로부터 남쪽으로 25리에 있다〉

망제산(望帝山)〈읍치로부터 동쪽으로 10리에 있다. 이상의 다섯 산은 모두 평야에 있는 작은 산이다〉【송봉산(松封山: 소나무를 벌목하지 못하게 금지한 산/역자주)이 2이다】

「영로」(嶺路)

조리치(條里峙)〈읍치로부터 서쪽으로 15리에 있는데 부안(富安)으로 통하는 중로(中路)이다〉

율치(栗峙)〈읍치로부터 남쪽에 있는데, 흥덕(興德)과의 경계이다〉

○해(海)〈읍치로부터 서쪽으로 40리에 있다〉

모천(茅川)〈읍치로부터 동쪽으로 15리에 있다. 정읍(井邑)의 치천(鴟川) 아래로 흘러가서 왼쪽으로 두승산(斗升山)의 물을 지나간다. 태인(泰仁)의 이평(梨坪)에 이르러 오른쪽으로 대각천(大角川)을 지난다. 눌제천(訥堤川)에 이르러 북쪽으로 흘러 부안(扶安)의 동진강(東津

江)이 된다〉

눌제천(訥堤川)〈눌천(訥川)에 축대를 쌓아 호수를 만들었는데, 방죽의 길이기 1,200보이고 둘레는 40리이다. 원류는 흥덕(興德)의 반등산(半登山) 율치(栗峙)에서 나온다. 북쪽으로 흘러 고부군의 서쪽 8리에 이르러 눌제천이 된다. 백산(白山)의 북쪽에 이르러 모천(茅川)과 합쳐진다〉

우일천(雨日川)〈읍치로부터 동쪽으로 15리에 있다〉

작천(鵲川)〈읍치로부터 남쪽으로 30리에 있다〉

울교천(鬱橋川)〈읍치로부터 동쪽으로 25리에 있다〉

저천(猪川)〈읍치로부터 남쪽으로 10리에 있다〉

대포(大浦)〈읍치로부터 북쪽으로 10리에 있는데, 눌제천(訥堤川) 아래로 흐른다. 조수가 왕래한다〉

삼포(三浦)〈읍치로부터 서쪽으로 35리에 있는데, 부안(富安)과 붙어있다〉【제언(堤堰)은 24이다】

「도서」(島嶼)

죽도(竹島)〈부안곶[富安串]의 서쪽 무장(茂長) 선운포(禪雲浦)의 바다로 들어가는 입구에 있다〉

『성지』(城池)

읍성(邑城)〈둘레는 2,369척이다. 우물이 3이다〉

두승산고성(斗升山古城)〈둘레는 10,812척이다. 커다란 골짜기에 걸쳐져 있다〉

『창고』(倉庫)

읍창(邑倉)

해창(海倉)〈읍치로부터 서북쪽으로 20리에 있는데, 부안현(扶安縣)의 줄포(茁浦)이다〉

『역참』(驛站)

영원역(瀛原驛)〈읍치로부터 북쪽으로 10리에 있다〉

『교량』(橋梁)

쌍교(雙橋)〈읍치로부터 북쪽으로 18리에 있다〉

노교(蘆橋)〈읍치로부터 북쪽으로 15리의 대포(大浦)에 있다〉

눌제교(訥堤橋)〈읍치로부터 서쪽으로 10리에 있다〉

중교(中橋)〈읍치로부터 서쪽으로 15리에 있다〉

평교(平橋)〈읍치로부터 북쪽으로 30리에 있다〉

연교(蓮橋)〈읍치로부터 남쪽으로 20리에 있다〉

구중교(九重橋)〈읍치로부터 남쪽으로 15리에 있다〉

불우교(佛隅橋)〈읍치로부터 남쪽으로 20리에 있다〉

두지교(斗池橋)〈읍치로부터 동쪽으로 20리에 있다〉

『토산』(土産)

대나무·닥나무·뽕나무·감·석류·차·물고기 10여 종류가 있다.

『사원』(祠院)

정충사(旌忠祠)에는〈인조 임신년((10년, 1632)에 세웠다. 효종 정유년(8년, 1657)에 편액을 하사하였다〉 송상현(宋象賢)〈개성(開城)에 보인다〉·신호(申浩)〈남원(南原)에 보인다〉·김준(金俊)〈자(字)는 징언(澄彦)이며 언양(彦陽) 사람이다. 인조 정묘년(5년, 1627)에 전사했다. 관직은 안주목사(安州牧使)를 역임했으며 좌찬성(左贊成)에 증직되었다. 시호(諡號)는 장무(壯武)이다〉을 모시고 있다.

『전고』(典故)

백제 온조왕(溫祚王) 36년(18)에 고사부리성(古沙夫里城)을 쌓았다.

○고려 고종(高宗) 23년(1236)에 몽골병들이 고부에 도달하였다. 우왕(禑王) 2년(1376)에 왜적이 고부 등 여러 현을 노략질하였다. 병마사(兵馬使) 유실(柳實)이 추격하여 공격하였는데, 부령(副令) 김현백(金玄伯)과 사인(舍人) 민중행(閔中行)이 전사하였다. 유실이 물러나 주둔하니 왜적이 밤을 틈타 포위하자 병사들이 놀라 무너졌다. 유실은 간신히 몸을 빼내 도주하였다.

○조선 선조 26년(1593) 7월에 왜적이 고부군을 침범하자 군수 왕경조(王景祚) 등이 궤멸되어 도주하였다.

6. 금산군(錦山郡)

『연혁』(沿革)

본래 백제의 진내(進乃)였다.〈혹은 진잉을(進仍乙)이라고 하였다〉 신라 경덕왕(景德王) 16년(757)에 진례군(進禮郡)으로 바꾸고〈소속된 영현이 3이었는데, 이성(伊城)·주천(舟川)·청거(淸渠)였다〉 전주에 소속시켰다. 고려에서는 이를 그대로 따랐다. 고려 현종(顯宗) 9년(1018)에 현령(縣令)으로 강등하였다.〈소속된 속현이 5였는데, 부리(富利)·청거(淸渠)·주계(朱溪)·무풍(茂豊)·진동(珍同)이었다〉 충렬왕(忠烈王) 31년(1305)에 지금주사(知錦州事)로 승격시켰다.〈본 현의 사람 김신(金侁)이 원나라에 벼슬하여 요양행성참정(遼陽行省參政)이 되어 고려에 공이 있었기 때문이었다〉 조선 태종 13년(1413)에 금산군으로 고쳤다.〈수령은 지군사(知郡事)였다〉 세조 때에 군수(郡守)로 고쳤다.

「읍호」(邑號)

경양(景陽)

금계(錦溪)

「관원」(官員)

군수(郡守)는〈전주진관병마동첨절제사(全州鎭管兵馬同僉節制使)를 겸한다〉 1명이다.

『고읍』(古邑)

부리현(富利縣)〈읍치로부터 동남쪽으로 60리에 있었다. 본래 백제의 두시이(豆尸伊)였는데, 혹은 부시이(富尸伊)라고도 하였다. 당(唐)나라가 백제를 멸망시키고 순지(淳遲)로 고치고 노산주(魯山州)의 영현으로 하였다. 신라 경덕왕(景德王) 16년(757)에 이성(伊城)으로 고쳐서 진례군(進禮郡)의 영현으로 하였다. 고려 태조 23년(940)에 부리현(富利縣)으로 고쳤다가 현종(顯宗) 9년(1018)에 원래대로 영현으로 하였다. 명종(明宗) 5년(1175)에 감무(監務)를 두었다가 뒤에 금산현에 소속시켰다〉

『방면』(坊面)

군일면(郡一面)〈읍치로부터 10리에서 끝난다〉

군이면(郡二面)〈읍치로부터 5리에서 끝난다〉

동일면(東一面)〈읍치로부터 5리에서 시작하여 40리에서 끝난다〉

서일면(西一面)〈읍치로부터 5리에서 시작하여 20리에서 끝난다〉

서이면(西二面)〈읍치로부터 5리에서 시작하여 20리에서 끝난다〉

군북면(郡北面)〈읍치로부터 10리에서 시작하여 50리에서 끝난다〉

남일면(南一面)〈읍치로부터 5리에서 시작하여 30리에서 끝난다〉

남동면(南東面)·남서면(南西面)〈남동면·남서면은 모두 읍치로부터 남쪽으로 50리에서 끝난다〉

부동면(富東面)〈읍치로부터 동쪽으로 20리에서 시작하여 50리에서 끝난다〉

부남면(富南面)〈읍치로부터 동남쪽으로 30리에서 시작하여 70리에서 끝난다〉

부서면(富西面)〈읍치로부터 동쪽으로 5리에서 시작하여 30리에서 끝난다〉

부북면(富北面)〈읍치로부터 남쪽으로 10리에서 시작하여 40리에서 시작한다. 이상 위의 4면, 즉 부동면(富東面)·부남면(富南面)·부서면(富西面)·부북면(富北面)은 부리고현(富利古縣)이다. ○대곡소(大谷所)는 읍치로부터 동남쪽으로 60리에 있었다〉

『산수』(山水)

소산(所山)〈읍치로부터 북쪽으로 2리에 있다. ○변응정(邊應貞)이 순절한 곳이다〉

진약산(進藥山)〈읍치로부터 남쪽으로 7리에 있다. 동쪽 봉우리 아래에 돌구멍이 있는데, 4~5걸음 들어가면 물소리가 굉장하게 들린다. 그 깊이를 측량할 수 없다. 산과 물이 중첩하여 골짜기와 계속이 깊고 험하다. 절이 4~5군데 있다〉

서대산(西臺山)〈읍치로부터 북쪽으로 50리에 있는데, 진산(珍山)·옥천(沃川)과의 경계이다. 산봉우리가 높고 둥글게 우뚝 솟아있다〉

주화산(珠華山)〈읍치로부터 남쪽으로 40리에 있다. 용담(龍潭)·고산(高山)과의 경계인데 몹시 험하다〉

신음산(神陰山)〈읍치로부터 동북쪽으로 30리에 있다〉

병산(屛山)〈읍치로부터 서쪽으로 35리에 있다〉

금성산(錦城山)〈읍치로부터 북쪽으로 10리에 있다〉

월봉산(月峯山)〈혹은 월농봉(月濃峯)이라고도 한다. 진악산(進藥山)의 서쪽 지맥이다. 금산군으로부터 30리에 있다〉

월영산(月影山)〈혹은 언령산(彦靈山)이라고도 한다. 읍치로부터 동쪽으로 20리에 있다〉

조종산(祖宗山)〈읍치로부터 남쪽으로 5리에 있다〉

취병협(翠屛峽)〈읍치로부터 동쪽으로 20리에 있다〉

계진평(桂珍坪)〈읍치로부터 서쪽으로 5리에 있다〉

연곤평(延昆坪)〈조헌(趙憲)의 700의사가 순절한 곳이다〉

와은평(臥隱坪)〈고경명(高敬命)이 순절한 곳이다. 비석이 있다〉

와여평(瓦余坪)〈임란 시의 승병장 영규(靈圭)가 순절한 곳이다〉

의총(義塚)〈종용사(從容祠) 옆에 있다. 읍치로부터 북쪽으로 10리에 있는 의병들이 전사한 곳에는 비석을 세웠다〉

골남리(骨南里)〈읍치로부터 북쪽으로40리에 있다. 서쪽에는 서협(西峆)의 험함이 있고, 동쪽에는 신음(神陰)의 견고함이 있으며, 북쪽에는 금천(金川)의 험한 길이 있고, 남쪽에는 구항(鳩項)의 고개가 있으며 가운데에는 골남(骨南)·보광(普光) 등의 커다란 촌락이 있다. 사방의 산이 병풍처럼 둘러싸고 3개의 냇물이 합하여 흘러 둘레가 가히 60리가 된다〉

「영로」(嶺路)

송치(松峙)〈남쪽의 용담로(龍潭路)이다〉

송원치(松院峙)〈북쪽의 진산로(珍山路)이다〉

골남치(骨南峙)〈골남리(骨南里)에 있는데, 옥천로(沃川路)이다〉

백자치(柏子峙)〈서쪽의 고산로(高山路)이다〉

금산천(錦山遷)〈월영(月影)과 신음(神陰)이 동서로 대치하여 있는데, 양쪽의 언덕이 푸른 것이 마치 병풍과 같다. 비단 같은 물길이 그 사이를 구비구비 흐른다. 병풍처럼 우뚝한 골짜기가 언덕에 연해있다. 암석이 옥천(沃川)의 양산창(陽山倉)으로부터 옥천(沃川)까지 연이어 있다〉

○광석강(廣石江)〈읍치로부터 동쪽으로 30리에 있다. 무주(茂朱) 소이진(召爾津)의 아래로 흘러갔다가 굽이돌아서 북쪽으로 옥천(沃川)과의 경계에 이르러 호탄(虎灘)·적등강(赤登江)이 되니 즉 금강(錦江)의 원류이다〉

제원천(濟原川)〈원류는 월봉(月峯)에서 나온다. 동쪽으로 흐르다가 금산군 남쪽에 이르러 금천(錦川)이 된다. 금산군의 북쪽 7리에 이르러 기린천(麒麟川)이 되었다가 오른쪽으로 신천(新川)을 지나고 제원역(濟原驛)을 경과하여 취병협(翠屛峽)에 이르러 후천(後川)이 되어 광석도(廣石渡)에 들어간다〉

신천(新川)〈읍치로부터 동쪽으로 8리에 있다. 원류는 주화산(珠華山)에서 나오는데, 북쪽으로 흘러 기사천(麒斯川)이 된다〉

고천(古川)〈원류는 상지곡(上旨谷)에서 나온다. 읍의 뒷부분을 감돌아 신천(新川)에 합류한다. ○이상의 여러 하천으로 말미암아 좌우의 전토가 기름지고 관개하는 것도 쉽다. 아울러 수석(水石)의 아름다움이 있다〉【제언(堤堰)은 13이다】

『성지』(城池)

읍성(邑城)〈고려 공양왕(恭讓王) 1년(1389)에 지주사(知州事) 설미수(偰眉壽)가 쌓았다. 주위는 1,045척이고, 샘이 4이다〉

『창고』(倉庫)

읍창(邑倉)이 2이다.

외창(外倉)【창(倉)이 1이다】

『역참』(驛站)

제원도(濟原道)〈읍치로부터 동쪽으로 10리에 있다. ○소속된 역이 4이다. ○찰방(察訪)이 1명이다〉【금남원(錦南院) 읍치로부터 동쪽으로 70리에 있으며 가정자원(柯亭子院)은 동남쪽으로 30리에 있다】

『진도』(津渡)

소이진(召爾津)〈읍치로부터 동남쪽으로 48리에 있다. 무주(茂朱)와의 경계이다〉

광석진(廣石津)〈읍치로부터 동쪽으로 30리에 있다. 소이진과 광석진은 겨울에는 다리로 다니고 여름에는 배로 다닌다〉

『교량』(橋梁)

읍천천교(邑前川橋)〈읍치로부터 남쪽으로 1리에 있다〉

신천교(新川橋)〈읍치로부터 동쪽으로 7리에 있다〉

『토산』(土産)

송이버섯[송심(松蕈)]·석이버섯[석심(石蕈)]·잣[해송자(海松子)]·벌꿀이다.【읍내의 장날은 2일과 7일이고, 제원(濟原)의 장날은 1일과 6일이며, 대곡(大谷)의 장날은 4일과 9일이다】

『누정』(樓亭)

영벽루(暎碧樓)〈「영벽루기(暎碧樓記)」에 이르기를 "서쪽은 대진(臺鎭)이고 북쪽은 진약창(進藥敞)이라. 남서쪽은 대둔(大芚)의 여러 산들이 병풍처럼 둘러쳐 있고 금천(錦川)의 물이 서쪽에서부터 와서 접한다. 후에 물을 끌어서 연못을 만드니 산수의 빛깔이 바다처럼 찬란하게 푸르다."고 하였다〉

취향정(翠香亭)〈금산군(錦山郡)이 동쪽 누문(樓門) 연못 안에 있다〉

선유정(仙遊亭)〈남산(南山)에 있다〉

【금남원(錦南院)·동본사(東本祠)·정자원(亭子院)이 읍치로부터 동남쪽 30리에 있다】

『사원』(祠院)

성곡서원(星谷書院)에는〈광해군 정사년(9년, 1617)에 세웠다. 현종(顯宗) 계묘년(4년, 1663)에 편액을 하사하였다〉 김신(金侁)〈금산(錦山) 사람이다. 고려 원종(元宗) 갑술년(15년, 1274)에 일본을 정벌하다가 일기도(一岐島)에서 전사하였다. 원나라에서 참정(參政)에 임명하였다. 고려에서는 좌군병마사(左軍兵馬使)의 관직을 역임하였다〉·윤택(尹澤)〈자는 중덕(仲德)이고 호는 율정(栗亭)이다. 본관은 무송(茂松)이다. 관직은 정당문학(政堂文學)을 역임하였으며 시호는 문정(文貞)이다〉·길재(吉再)〈선산군(善山郡)에 보인다〉·김정(金淨)〈청주(淸州)에 보인다〉·고경명(高敬命)〈광주(光州)에 보인다〉·조헌(趙憲)〈김포(金浦)에 보인다〉을 모시고 있다.

○종용사(從容祠)에는〈인조 정해년(1647)에 세우고 현종(顯宗) 계묘년(1663)에 편액을 하사하였다〉 고경명(高敬命)·조헌(趙憲)〈고경명과 조헌은 위에 보인다〉·고인후(高因厚)〈광

주(光州)에 보인다〉·변응정(邊應貞)〈자는 문숙(文叔)이고 본관은 원주(原州)이다. 관직은 전라수사(全羅水使)를 역임하였으며, 병조판서에 추증되었다. 시호는 충장(忠壯)이다〉·유팽로(柳彭老)·안영(安瑛)〈유팽로와 안영은 광주(光州)에 보인다〉·이광륜(李光輪)〈자는 중임(仲任)이고 본관은 여주(驪州)이다. 관직은 문소전참봉(文昭殿參奉)을 역임하였고 집의(執義)에 추증되었다〉·조완기(趙完基)〈옥천(沃川)에 보인다〉·한순(韓楯)〈자는 자한(子閑)이고 본관은 청주(淸州)이다. 남평현감(南平縣監)으로 금산(錦山)에서 전사하였다. 병조판서에 추증되었으며 시호는 의장(懿壯)이다〉·제봉좌막(霽峯佐幕: 제봉은 고경명의 호이며 좌막은 군참모라는 의미로서 제봉좌막은 고경명의 군참모라는 뜻임/역자주)·중봉좌막(重峯佐幕: 중봉은 조헌의 호이며 좌막은 군참모라는 의미로서 중봉좌막은 조헌의 군참모라는 뜻임/역자주)·제봉사졸(霽峯士卒: 제봉은 고경명의 호이므로 제봉사졸은 고경명이 거느렸던 병사들을 의미함/역자주)·중봉사졸(重峯士卒: 중봉은 조헌의 호이므로 중봉사졸은 조헌이 거느렸던 병사들을 의미함/역자주)·승 영규(僧靈圭)〈별도의 사당에 향사되는데 밀양(密陽)에 보인다〉·승 영규의 사졸(靈圭士卒)을 모시고 있다.

『전고』(典故)

신라 진덕왕(眞德王) 2년(648)에〈백제 의장왕(義慈王) 8년(648)이다〉 신라의 장군 김유신(金庾信)이 진례(進禮) 등 9성을 도륙하고 9,000여 급을 목베고 600인을 사로잡았다.

○고려 우왕(禑王) 6년(1380)에 왜적이 거듭 침략해 들어와서 금주(錦州)를 분탕질하여 성읍이 텅 비었다.

○조선 선조 25년(1592)에 왜적이 들어와 노략질하니 전부사(前府使) 고경명(高敬命)과 학유(學諭) 유팽로(柳彭老)가 함께 의병을 일으켜 6,000여 인을 얻어 북쪽으로 진군하여 여산(礪山)에 진을 쳤다. 왜적들이 호남지역을 공격하려 한다는 소식을 듣고 진산(珍山)으로 병력을 이동하니 왜적들이 금산(錦山)으로 물러나 머물렀다. 고경명 등이 방어사(防禦使) 곽영(郭嶸)과 함께 고개를 넘어 험지에 들어갔다가 곧바로 금산성(錦山城) 밖으로 육박해 들어갔다. 곽영은 북문(北門)을 공격하고 고경명은 서문(西門)을 공격하였다. 왜적들이 전병력으로 성을 나와 공격하니 의병이 크게 무너졌다. 고경명과 그의 아들 고인후(高因厚) 그리고 유팽로 및 종사(從事) 안영(安瑛)이 모두 전사하였다. 고경명의 휘하 중 의사(義士)가 흩어진 무리를 불러모아 800여 명을 얻고 순화(順和) 사람으로서 전부사(前府使)인 최경회(崔慶會)를 추대하

여 장군으로 삼으니 호남 사람들이 많이 따라와 합류하였다. 의병장 조헌(趙憲)은 고경명이 패전하여 전사했다는 소식을 듣고는 의승장(義僧將) 영규(靈圭)와 더불어 병사들을 인솔하여 곧바로 금산에 이르렀다. 금산성 밖 10리에 진을 치고 하루종일 육박하여 전투를 벌이니 왜적은 3번 진군하였다가 3번 다 패주하였다. 조헌의 군대는 화살이 다하여 병사들이 모두 맨 손으로 육박전을 벌였다. 조헌과 그 아들 조완기(趙完基) 그리고 승장 영규 등 700명이 동시에 전사하였다. 남평현감(南平縣監) 한순(韓楯)도 전사하였다.〈조헌의 문인이 700시신을 수습하여 무덤 하나를 만들고 칠백의사총(七百義士塚)이라고 표시하였다. 그 옆에 돌을 세우고 일군순의비(一軍殉義碑: 모든 군사들이 의를 위하여 죽은 것을 기리는 비석/역자주)라고 썼다. ○고려 공민왕(恭愍王) 10년(1361)에 홍건적의 난을 당하여 상장군(上將軍) 조천주(趙天柱)가 안주(安州)에서 전사하였는데, 조헌은 조천주의 8세손이다〉 해남현감(海南縣監) 변응정(邊應貞)은 조헌이 패전하여 전사했다는 소식을 듣고 즉시 병사들을 움직여 홀로 진격하여 금산성 아래에 도착하여 격투를 벌이다가 전사하였다. 금산에 주둔하던 왜적들은 관군이 연이어 올까 의심이 들자 무주(茂州)·옥천(沃川)으로 후퇴하여 주둔하였는데, 병영을 불태우고 밤에 몰래 영남을 향해 갔다. 이로부터 감히 다시는 호남을 침범하지 못했으니 호남사람들은 조헌 등의 공을 장휴양(張睢陽)에게 견줄 수 있다고들 하였다.

7. 진산군(珍山郡)

『연혁』(沿革)

본래 백제의 진동(珍同)이었다. 신라 경덕왕(景德王) 16년(757)에 황산군(黃山郡)의 소속 군현으로 하였다. 고려 현종(顯宗) 9년(1018)에 진례현(進禮縣)에 소속시켰다가 공양왕(恭讓王) 2년(1390)에 고산감무(高山監務)로 하여금 와서 겸하게 하였다. 조선 태조 2년(1393)에 지진주사(知珍州事)로 승격시켰다.〈진주(珍州)의 만인산(萬仞山)에 왕의 태를 안장하였기 때문이었다〉 태종 13년(1413)에 진산군으로 고쳤다.

「읍호」(邑號)

옥계(玉溪)

「관원」(官員)

군수(郡守)는〈전주진관병마동첨절제사(全州鎭管兵馬同僉節制使)를 겸임한다〉 1명이다.〈옛 현의 터가 지금의 읍치 서남쪽 10리에 있다〉

『방면』(坊面)

군내면(郡內面)〈읍치로부터 5리에서 끝난다〉

동일면(東一面)〈읍치로부터 20리에서 시작하여 35리에서 끝난다〉

동이면(東二面)〈읍치로부터 20리에서 시작하여 40리에서 끝난다〉

남일면(南一面)〈읍치로부터 5리에서 시작하여 15리에서 끝난다〉

남이면(南二面)〈읍치로부터 10리에서 시작하여 20리에서 끝난다〉

서면(西面)〈읍치로부터 5리에서 시작하여 15리에서 끝난다〉

북면(北面)〈읍치로부터 10리에서 시작하여 40리에서 끝난다. ○원산향(猿山鄕은 읍치로부터 동쪽으로 30리에 있었다. 금악소(金岳所)는 읍치로부터 동쪽으로 30리에 있었다. 동계소(銅界所)는 읍치로부터 북쪽으로 15리에 있었다. 횡정소(横程所)가 있었다〉

『산수』(山水)

대둔산(大芚山)〈읍치로부터 서북쪽으로 15리에 있는데, 고산(高山)과 연산(連山)과의 경계이다. 산이 높고 웅장한데, 위에 돌로된 봉우리가 족자처럼 늘어서 있다. ○대둔사(大芚寺)가 있다〉

도솔산(兜率山)〈읍치로부터 서쪽으로 20리에 있는데, 연산과의 경계이다〉

오대산(五臺山)〈혹은 옥녀봉(玉女峯)이라고도 한다. 읍치로부터 서쪽으로 40리에 있다. 도솔산과 오대산은 대둔산과 서로 연이어 있다〉

엄정산(嚴正山)〈읍치로부터 남쪽으로 10리에 있다〉

서대산(西臺山)〈읍치로부터 동쪽으로 40리에 있는데, 금산(錦山)과 옥천(沃川)과의 경계이다〉

천비산(天庇山)〈읍치로부터 북쪽으로 30리에 있다〉

만인산(萬仞山)〈읍치로부터 동북쪽으로 30리에 있다. 산 위에 성봉(星峯)·토후봉(土厚峯)·수심봉(水深峯)이 있는데 우뚝하고 기이하여 마치 연꽃과 같다〉

달왕산(達往山)〈읍치로부터 동쪽으로 20리에 있다〉

인대봉(仁大峯)〈읍치로부터 남쪽으로 15리에 있다〉

수심대(水心臺)〈읍치로부터 동쪽으로 5리에 있다. 중봉(重峯) 조헌(趙憲)이 세운 것이다〉, 삼가동(三嘉洞)〈남쪽으로 10리에 있다. 자연의 경치가 매우 아름답다〉

검동(釰洞)〈읍치로부터 북쪽에 있다〉

「영로」(嶺路)

이치(梨峙)〈읍치로부터 서쪽으로 10리에 있다. 전주·양량소면(陽良所面)·연산(連山)과의 경계인데, 대둔산(大芚山)의 남쪽이다〉

사목치(思睦峙)〈읍치로부터 동쪽으로 40리에 있으며 옥천로(沃川路)이다〉

송원치(松院峙)〈읍치로부터 동쪽으로 15리에 있으며 금산(錦山)과의 경계이다〉

차치(車峙)〈읍치로부터 동쪽으로 20리에 있다〉

방현(方峴)〈읍치로부터 서쪽에 있는데, 연산로(連山路)이다〉

장고치(長古峙)〈읍치로부터 서북쪽으로 20리에 있다. 연산과의 경계이다〉

신치(新峙)〈읍치로부터 북쪽으로 40리에 있다. 공주(公州)와의 경계이다〉

○청징연(淸澄淵)〈읍치로부터 남쪽으로 10리에 있다. 원류는 금산(錦山)의 월봉산(月峯山)에서 나온다. 북쪽으로 흘러 송원치(松院峙)의 물과 수심대(水心臺) 앞에서 합한다. 물이 깊어서 측량할 수 없다. 진산군의 동북에서 유포천(柳浦川)이 되는데, 용두촌(龍頭村)에 이르러 성천(省川)이 되며 공주 경계에 이르러 갑천(甲川)이 된다〉

관전천(官田川)〈읍치로부터 동쪽으로 20리에 있다. 원류는 만인산(萬仞山)에서 나온다. 북쪽으로 흘러 서대산(西臺山)을 경유하고 옥천군(沃川郡)과의 경계에 이르러 서화천(西華川)이 되었다가 갑천으로 들어간다〉

병천(幷川)〈읍치로부터 동쪽으로 6리에 있다. 원류는 덕정리(德井里)에서 나온다. 북쪽으로 흘러 청징연(淸澄淵)으로 들어간다〉

『성지』(城池)

고성(古城)〈읍치로부터 북쪽으로 3리의 산 위에 있다. 주위는 4리이다〉

『창고』(倉庫)

읍창(邑倉)

『토산』(土産)

철·닥나무·옻나무·뽕나무·감·꿀·송이버섯[송심(松蕈)]이다.

『장시』(場市)

읍내의 장날은 1일과 6일이고, 동면(東面)의 장날은 3일과 8일이고, 서면(西面)의 장날은 5일과 10일이다.

『전고』(典故)

고려 우왕(禑王) 4년(1378)에 왜적이 진동(珍同)을 노략질하였다. 조선 선조 25년(1592)에 왜적이 진산(珍山)을 노략질하였다.

8. 만경현(萬頃縣)

『연혁』(沿革)

본래 백제의 두나지(頭奈知)였다.〈혹은 두내산(豆乃山)이라고도 하였다〉 당(唐)나라가 백제를 멸망시키고 순모(淳牟)로 바꾸어 고사주(古四州)의 소속 현으로 하였다. 신라 경덕왕(景德王) 16년(757)에 만경(萬頃)으로 바꾸어 김제군(金堤郡)의 소속 현으로 하였다. 고려 현종(顯宗) 9년(1018)에 임피현(臨陂縣)에 소속시켰다. 예종(睿宗) 1년(1106)에 감무(監務)를 두었다가 후에 현령(縣令)으로 승격시켰다. 조선은 그대로 따라했다가 광해군 12년(1620)에 김제군에 합했고〈흉년으로 백성들이 모두 흩어졌기 때문이었다〉 14년(1622)에 전주에 합했다가 인조 15년(1637)에 다시 복구하였다.

「읍호」(邑號)

두산(杜山)

「관원」(官員)

현령(縣令)이〈전주진관병마절제도위(全州鎭管兵馬節制都尉)를 겸임한다〉 1명이다.

『고읍』(古邑)

부윤현(富潤縣)〈읍치로부터 남쪽으로 13리에 있다. 본래 백제의 무근촌(武斤村)이었다. 신라 경덕왕(景德王) 16년(757)에 무읍(武邑)으로 바꾸어 김제군의 소속 현으로 하였다. 고려 태조 23년(940)에 부윤으로 바꾸었다. 현종(顯宗) 9년(1018)에 임피현에 소속시켰다가 후에 후에 만경으로 옮겨서 소속시켰다〉

『방면』(坊面)

현내면(縣內面)〈읍치로부터 9리에서 끝난다〉

남일면(南一面)〈읍치로부터 7리에서 시작하여 10리에서 끝난다〉

남이면(南二面)〈읍치로부터 8리에서 시작하여 15리에서 끝난다〉

상서면(上西面)〈읍치로부터 6리에서 시작하여 10리에서 끝난다〉

하일면(下日面)〈읍치로부터 서쪽으로 11리에서 시작하여 25리에서 끝난다〉

하이도면(下二道面)〈읍치로부터 서쪽으로 15리에서 시작하여 20리에서 끝난다〉

북면(北面)〈읍치로부터 2리에서 시작하여 7리에서 끝난다〉

군평면(群坪面)〈읍치로부터 서남쪽으로 15리에서 시작하여 25리에서 끝난다. ○이피산소(泥陂山所)는 읍치로부터 서쪽으로 15리에 있었다〉

『산수』(山水)

두산(杜山)〈읍치로부터 북쪽으로 2리에 있다〉

진봉산(進鳳山)〈혹은 망해산(望海山)이라고도 한다. 읍치로부터 서쪽으로 20리의 사수(泗水)가 바다로 들어가는 입구에 있다. 들판 중에 우뚝 솟아 있는데, 여러 봉우리들이 높직하다. 산 위에 낙명대(落明臺)가 있다〉

남산(南山)〈읍치로부터 남쪽으로 2리에 있다〉

와석산(臥石山)〈읍치로부터 북쪽으로 10리에 있다〉

입석산(立石山)〈와석산(臥石山)의 동쪽에 있는데, 전주와 이성(利城)이 경계이다〉

우산(牛山)〈읍치로부터 동쪽으로 □리에 있다. 이상의 모든 산은 큰 벌판의 높은 언덕이다〉

○해(海)〈읍치로부터 서쪽으로 30리에 있다〉

사수(泗水)〈읍치로부터 북쪽으로 15리에 있는데, 전주의 조항에 상세하다〉

수음포(愁音浦)〈읍치로부터 남쪽으로 15리에 있다〉

화포(火浦)〈읍치로부터 북쪽으로 7리에 있다〉

몽일포(夢一浦)〈읍치로부터 북쪽으로 8리에 있다〉

부포(釜浦)〈읍치로부터 서남쪽으로 10리에 있는데, 부안(扶安) 동진(東津)의 하류이다〉

나리포(羅利浦)〈수음포(愁音浦)의 서쪽에 있다〉

능제(陵堤)〈읍치로부터 동쪽으로 2리에 있는데, 주위는 18,100척이다〉【제언(堤堰)이 24이다】

「도서」(島嶼)

망지도(望地島)

허내도(許內島)

가외도(家外島)〈조수가 물러나면 육지와 연결된다〉

야미도(夜味島)〈망지도(望地島)·허내도(許內島)·가외도(家外島)·야미도 등의 섬들은 서해 중에 있다〉

길곶(吉串)〈읍치로부터 서쪽으로 30리에 있다〉

『성지』(城池)

읍성(邑城)〈주위는 2,820척이고, 옹성(甕城: 성문의 수비를 견고하게 하기 위해 문 앞에 둥그렇게 축조한 성벽/역자주)이 4이며 문이 3이고 우물이 6이다〉

고성(古城)〈읍성의 동쪽에 있다. 흙으로 쌓은 옛터가 있다. 연못이 2이다〉

『토산』(土産)

대나무·뽕나무·옻나무·연릉(蓮菱)·가시연[검(芡)]·순무[순(蓴)]·어물 15종이 있다.

『장시』(場市)

성내(城內)의 장날은 9일인데, 한달에 장이 세 번 선다. 성외(城外)의 장날은 4일인데, 한달에 장이 세 번 선다. 양지촌(陽之村)의 장날은 3일과 8일이다.

『교량』(橋梁)

수음교(愁音橋)〈김제(金堤)로 통하는 다리이다〉

배종교(白終橋)〈읍치로부터 남쪽으로 1리에 있다〉

웅교(熊橋)〈읍치로부터 북쪽으로 7리에 있다〉

산두교(山頭橋)〈읍치로부터 북쪽에 있다〉

『전고』(典故)

고려 충숙왕(忠肅王) 10년(1323)에 왜적이 회원(會原)의 조운선을 군산도(群山島)에서 약탈하였다. 또 추자도(楸子島) 등의 섬을 노략질하니 내부훈령(內府訓令) 송기(宋頎)를 전라도에 보냈는데, 송기가 왜적과 전투를 벌여 100여 급을 베었다. 우왕(禑王) 8년(1832)에 왜적의 배 50여척이 진포(鎭浦)의 바닷길에 들어왔다. 도원수(都元帥) 정지(鄭地)가 격파하여 패배시키고 왜적을 추격하여 군산도(郡山島)에 이르러 4척을 나포하였다. 창왕(昌王) 때에 왜적이 만경을 노략질하였다.

「고군산도진」(古群山島鎭)

본래 군산도진(群山島鎭)이었는데, 해랑적(海浪賊)에게 침략을 받아 옥구현(沃溝縣)의 북쪽 진포(鎭浦) 주변으로 옮겼다.〈지금의 군산진이다〉 인조 2년(1624)에는 구진(舊鎭)에다가 별장(別將)을 두고 고군산(古群山)이라고 칭하였다. 숙종 3년(1677)에 수군첨절제사(水軍僉節制使)로 승격시켰고, 순조 1년(1801)에 경계를 나누어 독진(獨鎭: 단독 진/역자주)으로 하였다.

「관원」(官員)

수군첨절제사(水軍僉節制使)가 1명이다.

「도서」(島嶼)

군산도(群山島)〈서해 바다 중에 있는데, 주위는 60리이다. 옆에 여러 섬들이 죽 늘어서서 물을 사이에 두고 서로 의지해있다. 그러므로 이름을 군산도라고 하였다. 섬 중에 차항(汊港)이 있어서 배를 정박시킬 수 있다. 무릇 왕래하는 조운선(漕運船)들은 이곳에서 항해에 적당한 바람을 기다린다. 온 섬이 모두 돌산인데 여러 봉우리들이 배후를 막고 좌위를 둘러싸고 있다. 앞에는 어장이 있어서 봄, 여름에 물고기를 잡을 때마다 상선들이 구름처럼 몰려들어 판매하니 거주민들이 많이 부유하고 후하다. 주민들의 가옥과 의복 그리고 음식이 성읍보다도 더

호화스럽고 사치스럽다. ○'명일통지(明一統志)'에 이르기를 "12봉우리가 마치 성처럼 연이어 있다. 옛날에는 객관(客館)이 있었는데 군산정(群山亭)이라고 하였다. 또 오룡묘(五龍廟)가 있다."고 하였다. '사예고(四裔考)'에서는 이르기를 "군산도에 이르러 비로서 평탄해진다."고 하였다〉

삼도(三島)〈진의 남쪽 해문(海門)의 오른쪽에 있는데, 조운선과 상선들이 오가며 머무는 곳이다〉

독도(獨島)〈진의 남쪽 해문의 왼쪽에 있다〉

와보도(蝸步島)〈진의 서쪽으로 1리에 있다〉

진구미도(津仇未島)〈진의 남쪽으로 1리에 있는데, 육지에 연이어 있다〉

난말도(蘭末島)〈12봉(十二峯)의 서쪽에 있는데, 진의 북쪽으로 25리이다. 옛날에 중국의 양자강이나 절강으로 가는 물길로서 이곳에 관(館)을 설치하여 바람을 살폈다〉

건근도(件斤島)〈진의 북쪽으로 나루를 넘어 15리에 있다〉

횡건도(橫建島)〈진의 북쪽으로 10리에 있다〉

애도(艾島)〈진의 동북쪽에 있다〉

방축구미도(防築仇未島)〈진의 북쪽으로 나루를 넘어 15리에 있다〉

심구미도(深仇未島)〈진의 동쪽으로 나루를 넘어 15리에 있다〉

모과구말도(毛果仇末島)〈진의 동쪽으로 나루를 넘어 10리에 있다〉

삭교도(槊橋島)〈혹은 신교리도(薪橋里島)라고도 한다. 진의 동쪽으로 나루를 넘어 6리에 있다〉

고지리도(古之里島)〈진의 서쪽으로 나루를 넘어 10리에 있다〉

갈다구미도(葛多仇未島)〈진의 남쪽으로 1리에 있는데, 육지와 연이어 있다〉

십이봉(十二峯)〈진의 북쪽으로 나루를 넘어 10리에 있다. 봉우리가 첩첩이 겹쳐서 큰 바다를 가로 막고 있다. 봉우리 아래에는 돌구멍이 있는데 반대쪽과 마주 통하여 마치 돌로 된 문과 같다〉

선유봉(仙遊峯)〈진의 서쪽으로 4리에 있다. 푸른 암석이 우뚝 솟아 그 형태가 마치 부용꽃과 같다. 봉우리 남쪽에 바위굴이 가로 뚫려 있는데, 그 상태가 마치 바다를 가로지른 다리와 같다. 조수가 몰려들면 1척의 배를 댈 수 있으며 조수가 물러나면 1,000명이 들어갈 수 있다〉

장자봉(莊子峯)〈혹은 장척도(長尺島)라고도 한다. 진의 서쪽으로 나루를 너머5리에 있다.

하나의 기암이 우뚝 솟아있는데, 바다 속의 석대(石臺)가 층층의 모습이고 돌 사이에서 샘물이 펑펑 솟아오른다. 5리쯤 너머의 횡건봉(橫建峯) 위에 또 장석(丈石)이 있어서 서로 마주보고 있다〉

월영대(月影臺)〈진의 동쪽으로 10리에 있다. 층층으로 된 봉우리와 기이한 암석들이 우뚝하게 서 있다. 봉우리 위에 돌을 쌓아서 대를 만들었다〉

망주암(望主岩)〈진의 안산(案山)으로서 북쪽으로 2리 떨어져 있다. 두개의 암석이 천길의 높이로 우뚝 솟아있는데, 사면이 마치 깎은 것 같다. 그 오른쪽에는 또 용출암(龍出岩)이 있는데, 구멍 하나가 가로 뚫려 있다. 바위 아래의 모래언덕 하나가 서쪽의 바다물을 막아서 스스로 긴 성을 이루고 있다. 세속에서는 십리명사(十里明沙)라고 하는데, 해당(海棠)과 서로 격하여 서있다〉

여기서(女妓嶼)〈모과구미도(毛果仇未島)의 앞에 있다〉

비도서(애도(艾島)의 앞에 있다〉【송봉산(松封山: 소나무를 벌목하지 못하게 금지한 산/역자주)이 6이다】

『창고』(倉庫)

진창(鎭倉)

군향창(軍餉倉)〈

『도리』(道里)

동본현(東本縣)〈진으로부터 130리에 있다〉

부안현(扶安縣)〈진으로부터 100리에 있다〉

남위도(南蝟島)〈진으로부터 90리에 있다〉

북옥구(北沃溝)〈진으로부터 120리에 있다〉

서천(舒川)〈진으로부터 250리에 있다〉【진해루(鎭海樓)가 있다】

9. 임피현(臨陂縣)

『연혁』(沿革)

본래 백제의 시산(屎山)〈혹은 피산(陂山)이라고도 하고 혹은 소도(所島)라고도 하였다〉 신라 경덕왕(景德王) 16년(757)에 임피군(臨陂郡)이라고 고치고〈소속된 영현은 3이었는데, 옥구현(沃溝縣)·회미현(會尾縣)·함열현(咸悅縣)이었다〉 전주에 소속시켰다. 고려는 그대로 따라하다가 고려 현종(顯宗) 9년(1018)에 현령(縣令)으로 강등시켰다.〈속현은 4였는데, 회미현(會尾縣)·부윤현(富潤縣)·옥구현(沃溝縣)·만경현(萬頃縣)이었다. 조선에서는 그대로 이어서 하였다.

「읍호」(邑號)

취성(鷲城)

임영(臨瀛)

「관원」(官員)

현령(縣令)이〈전주진관병마절제도위(全州鎭管兵馬節制都尉)이 1명이다.

『방면』(坊面)

현내면(縣內面)〈읍치로부터 5리에서 끝난다〉

동일면(東一面)〈읍치로부터 10리에서 시작하여 20리에서 끝난다〉

동이면(東二面)〈읍치로부터 5리에서 시작하여 10리에서 끝난다〉

남일면(南一面)〈읍치로부터 동이면과 마찬가지로 5리에서 시작하여 10리에서 끝난다〉

남이면(南二面)〈읍치로부터 10리에서 시작하여 20리에서 끝난다〉

남삼면(南三面)〈읍치로부터 5리에서 시작하여 20리에서 끝난다〉

남사면(南四面)〈읍치로부터 15리에서 시작하여 20리에서 끝난다〉

서삼면(西三面)〈읍치로부터 15리에서 시작하여 20리에서 끝난다〉

서사면(읍치로부터 20리에서 시작하여 30리에서 끝난다〉

북일면(읍치로부터 15리에서 시작하여 20리에서 끝난다〉

상북면(上北面)〈읍치로부터 5리에서 시작하여 15리에서 끝난다〉

하북면(下北面)〈읍칙로부터 5리에서 시작하여 15리에서 끝난다〉

북삼면(北三面)〈읍치로부터 15리에서 시작하여 20리에서 끝난다〉

『산수』(山水)

예산(芮山)〈읍치로부터 북쪽으로 4리에 있다. 형상이 마치 날아가는 봉황과 같다〉

오성산(五聖山)〈읍치로부터 서쪽으로 20리에 있다. 경치가 특히 수려하고 기이하다〉

취성산(鷲城山)〈읍치로부터 서쪽으로 4리에 있다〉

고산(孤山)〈혹은 공주산(公州山)이라고도 한다. 읍치로부터 북쪽으로 13리에 있다. 산 아래는 즉 진포(鎭浦)인데 거주민들이 즐비하다. 주민들은 어업으로 생업을 삼고 있다〉

남산(南山)〈읍치로부터 남쪽으로 5리에 있다〉

방아산(放牙山)〈읍치로부터 동쪽으로 10리에 있다〉

불지산(佛智山)〈읍치로부터 북쪽으로 20리에 있다〉【어래산(於來山)·구절산(九折山)·봉황산(鳳凰山)·대흥산(大興山)·건장산(建章山)이 있다】【송봉산(松封山: 소나무를 벌목하지 못하게 금지한 산/역자주)이 3이다】

○진포(鎭浦)〈읍치로부터 북쪽으로 20리에 있는데, 백마강(白馬江)의 하류이다〉

나리포(羅里浦)〈곧 진포(鎭浦)의 다른 이름이다. 동쪽으로는 함열(咸悅)의 웅포(熊浦)에 연접하고 서쪽으로는 옥구(沃溝)의 군산(群山) 앞 바다에 접한다〉

고사포(古沙浦)〈읍치로부터 남쪽으로 28리에 있는데, 옥구(沃溝)와의 경계이며 사수(泗水)의 하류이다〉

사수(泗水)〈읍치로부터 남쪽으로 20리에 있는데, 전주조항에 보인다〉

서지포(西支浦)〈혹은 서시포(西施浦)라고도 한다. 오성산(五聖山) 아래에 있는데, 강을 거슬러 이루어져 있으며 배들이 머무는 곳으로 이용된다〉

남천(南川)〈읍치로부터 남쪽으로 3리에 있는데, 원류는 취성산(鷲城山)으로부터 나와서 남쪽으로 흘러 사수(泗水)에 들어간다〉

고산제(孤山堤)〈읍치로부터 동쪽으로 5리에 있다〉【제언(堤堰)이 21이다】【당산천(唐山川)·용두천(龍頭川)·광법천(廣法川)이 있다】

『성지』(城池)

읍성(邑城)〈태종 9년(1409)에 쌓았는데, 주위는 952보이다. 옹성(甕城: 성문의 수비를 견고하게 하기 위해 문 앞에 둥그렇게 축조한 성벽/역자주)이 9, 곡성(曲城)이 1, 우물이 10, 연못이 2, 성문(城門)이 3이다〉

예산고성(芮山古城)〈오래된 터가 있다〉

『봉수』(烽燧)

불지산봉수(佛智山烽燧)

오성산봉수(五聖山烽燧)〈불지산(佛智山)·오성산은 둘 다 위에 보인다〉

『창고』(倉庫)

읍창(邑倉)〈읍내에 있다〉

신창(新倉)〈읍치로부터 남쪽으로 20리에 있다〉

해창(海倉)〈읍치로부터 서쪽으로 10리에 있는데, 본래 고려의 진성창(鎭城倉)으로서 12조창(十二漕倉) 중의 하나였다. 토성을 쌓았는데, 주위는 10여리이다〉

「혁폐」(革廢)

나리포진(羅里浦鎭)〈조선 경종(景宗) 2년(1722)에 공주(公州)에서 이곳 임피로 옮겼다. 나주(羅州)조항에 자세하게 보인다〉

『역참』(驛站)

소안역(蘇安驛)〈읍치로부터 서쪽으로 8리에 있다〉

『진도』(津渡)

신창진(新倉津)〈읍치로부터 남쪽으로 20리에 있는데, 사수(泗水)의 하류로서 금구(金區)·만경(萬頃)와 통한다. 전주(全州) 조항에 자세하다〉

나리포진(羅里浦鎭)〈한산(韓山)과 통한다〉

『교량』(橋梁)

갈마포교(渴馬浦橋)

장류평교(長柳坪橋)

영통평교(令通坪橋)

삽교(揷橋)

『토산』(土産)

대나무·닥나무·뽕나무·가시연[검(芡)]·게·붕어·백어(白魚)·정어(釘魚)·진어(眞魚)이다.

『장시』(場市)

읍내의 장날은 2일과 7일이고, 서시포(西施浦)의 장날은 3일과 8일이다

『단유』(壇壝)

미릉변(未陵邊)〈신라 때에 서해의 전쟁에서 전사한 병사들을 제사하기 위해 설치한 것인데 중사(中祀: 국가에서 지내는 제사 중에 중간규모의 제사/역자주)였다. 고려 때에 폐지하였다〉

『사원』(祠院)

봉암서원(鳳岩書院)에는〈현종(顯宗) 갑진년(5년, 1664)에 세웠으며 숙종(肅宗) 을해년(21년, 1695)에 편액을 하사하였다〉 김집(金集)〈문묘(文廟)에 보인다〉·김구(金絿)〈예산(禮山)에 보인다〉을 제향하고 있다.

『전고』(典故)

고려 공민왕(恭愍王) 7년(1358)에 왜적이 진성창(鎭城倉)을 노략질하였다. 우왕(禑王) 2년(1376)에 왜적이 임피현(臨陂縣)을 함락시키고 다리를 부수어 스스로 견고하게 하였다. 전주목사(全州牧使) 유실(柳實)이 몰래 다리를 만들어 도지휘사(都指揮使) 변안렬(邊安烈)이 병사를 거느리고 건널 수 있었다. 다리 주변에 복병을 두었으나, 왜적이 멀리서 바라보고 갑자기 공격해 와서 아군이 패주하였다.

10. 금구현(金溝縣)

『연혁』(沿革)

본래 백제의 구지지산(仇知只山)이었다. 당(唐)나라가 백제를 멸망시키고 당산(唐山)으로 고쳐서 노산주(魯山州)에 소속된 영현으로 하였다. 신라 경덕왕(景德王) 16년(757)에 금구(金溝)로 고쳐서 전주의 영현으로 삼았다. 고려 현종(顯宗) 9년(1018)에 그대로 소속시켰다가 명종(明宗) 즉위년(1170)에 현령(縣令)으로 승격시켰다.〈이의방(李義方)의 외향(外鄕: 외가쪽의 고향/역자주)이었기 때문이다. ○속현은 1이었는데, 거야현(巨野縣)이었다〉 조선에서는 그대로 따라 하였다.

「읍호」(邑號)

봉산(鳳山)

「관원」(官員)

현령(縣令이(〈전주진관병마절제도위(全州鎭管兵馬節制都尉)를 겸임한다〉 1명이다.

『고읍』(古邑)

거야현(巨野縣)〈읍치로부터 남쪽으로 15리에 있다. 본래 백제의 야서이(也西伊)였다. 신라 경덕왕(景德王) 16년(757)에 야서(野西)로 고쳐서 태산군(太山郡)에 속현으로 하였다. 고려 태조 23년(940)에 거야(巨野)로 고쳤다가 현종(顯宗) 9년(1018) 에 전주에 소속시켰다. 후에 김제(金堤)로 옮겼다가 또다시 금구로 옮겨서 소속시켰다〉

『방면』(坊面)

동도면(東道面)

서도면(西道面)〈동도면(東道面)·서도면은 모두 읍치로부터 5리에서 끝난다〉

동면(東面)〈읍치로부터 5리에서 시작하여 15리에서 끝난다〉

상면(上面)

하남면(下南面)〈상면(上面)·하남면은 둘 다 읍치로부터 5리에서 시작하여 10리에서 끝난다〉

일북면(一北面)

이북면(二北面)〈일북면(一北面)·이북면은 모두 5리에서 시작하여 20리에서 끝난다〉

하서면(下西面)〈읍치로부터 15리에서 시작하여 25리에서 끝난다〉

역양면(櫟陽面)〈읍치로부터 북쪽으로 7리에서 시작하여 20리에서 끝난다. ○고읍(古邑)은 지금의 치소(治所)로부터 북쪽으로 7리 떨어져 있었다〉

종정면(從政面)〈본래 종정부곡(從政部曲)이었다. 읍치로부터 남쪽으로 10리에서 시작하여 17리에서 끝난다〉,

초처면(草處面)〈읍치로부터 남쪽으로 10리에서 시작하여 20리에서 끝난다〉

수류면(水流面)〈남쪽으로 10리에서 시작하여 25리에서 끝난다. ○대율부곡(大栗部曲)은 읍치로부터 동쪽으로 6리에 있었다〉

『산수』(山水)

무악산(毋岳山)〈읍치로부터 동쪽으로 25리에 있는데, 전주와 태인(泰仁)과의 경계이다. ○금산사(金山寺)는 후백제의 왕 견훤(甄萱)이 창건하였다. 가는 냇물이 주위를 둘러싸고 있으며 골짜기가 매우 깊다. 절 안에는 누각이 우뚝한데 장육불상(丈六佛像)이 있다. ○고려 태조 18년(935)에 견훤이 그 어린 아들 금강(金剛)을 사랑하여 그를 후계자로 세우고자 하였다. 그러자 견훤의 장자 신검(神劍)이 그의 아버지를 금산사에 유폐하고 금강을 죽인 다음에 스스로 왕이 되었다. 견훤이 금산사에 3개월을 있다가 나주(羅州)로 도망하였고, 바닷길을 통하여 고려에 귀순하였다. 개성(開城) 조항에 자세하다〉

봉두산(鳳頭山)〈읍치로부터 동쪽으로 2리에 있는데, 왼쪽에는 양시산(楊翅山)이 있고 오른쪽에는 난산(卵山)이 있다〉

묘고산(妙高山)〈읍치로부터 동쪽으로 7리에 있다〉

굴선산(掘禪山)〈읍치로부터 남쪽으로 7리에 있다〉

상두산(象頭山)〈읍치로부터 남쪽으로 25리에 있는데, 태인(泰仁)과의 경계이다〉

황산(黃山)〈혹은 봉산(鳳山)이라고도 한다. 읍치로부터 서쪽으로 15리에 있다〉

구성산(九成山)〈읍치로부터 남쪽으로 10리에 있다〉

암광산(岩光山)〈읍치로부터 서남쪽으로 30리에 있다〉

개야산(開野山)〈읍치로부터 남쪽으로 25리에 있다〉

원평(院坪)〈읍치로부터 남쪽으로 20리에 있다〉

「영로」(嶺路)

귀신치(歸信峙)〈읍치로부터 동쪽으로 15리에 있는데 전주와의 경계이다〉

탄치(炭峙)〈읍치로부터 동쪽으로 10리에 있다〉

율치(栗峙)〈읍치로부터 남쪽으로 20리에 있다〉

○종정천(從政川)〈원류는 무악산(毋岳山)으로부터 나온다. 한줄기 물은 산아래 남쪽으로 흐르다가 서쪽으로 흐른다. 또 한줄기 물은 금구현을 지나 북서쪽으로 흐르고, 또 한줄기 물은 북쪽으로 흘러 역양(櫟陽)을 지나 홍동천굴곡(洪洞川屈曲)이 되었다가 안천(安川)이 되는데, 모두 종정면(從政面)에 모인다. 김제 지역에 이르러 모두 벽골제(碧骨堤)의 호포(狐浦)가 된다. 김제(金堤) 조항에 자세하다〉

선암천(仙岩川)〈읍치로부터 동쪽으로 2리에 있다〉【제언(堤堰)이 18이다】

『성지』(城池)

고성(古城)〈읍치의 북쪽으로 5리에 있다. 세속에서는 산성(山城)이라고 하는데, 봉우리에 옛터가 있다〉

『창고』(倉庫)

창(倉)이 3이다.〈모두 읍내에 있다〉

『교량』(橋梁)

학교(鶴橋)〈읍내에 있다〉

금천교(金川橋)〈읍치로부터 동쪽으로 10리에 있다〉

원평교(院平橋)

『토산』(土産)

대나무·닥나무·모시·옻나무·뽕나무·석류·생강·꿀·게·붕어이다.

『장시』(場市)

읍내의 장날은 3일과 8일이고, 원평(院平)의 장날은 1일과 6일이다.

11. 함열현(咸悅縣)

『연혁』(沿革)

본래 백제의 감물아(甘勿阿)였다. 당(唐)나라가 백제를 멸망시키고 노산(魯山)으로 바꾸어 노산주(魯山州)에 소속된 영현으로 하였다. 신라 경덕왕(景德王) 16년(757)에 함열로 고쳐서 임피군(臨陂郡)에 소속된 현으로 하였다. 고려 현종(顯宗) 9년(1018)에 전주에 소속시켰다가 명종(明宗) 6년(1176)에 감무(監務)를 두었다. 조선 태종 9년(1409)에 용안(龍安)과 합하여 안열(安悅)이라고 하였다가 태종 16년(1416)에 나누어서 각각 현감(縣監)을 두었다.

「읍호」(邑號)

함라(咸羅)

「관원」(官員)

현감(縣監)이〈전주진관병마절제도위(全州鎮管兵馬節制都尉)를 겸임한다〉 1명이다.

『방면』(坊面)

현내면(縣內面)〈읍치로부터 5리에서 끝난다〉

동일면(東一面)〈읍치로부터 5리에서 시작하여 10리에서 끝난다〉

동이면(東二面)〈읍치로부터 5리에서 시작하여 20리에서 끝난다〉

동삼면(東三面)〈읍치로부터 10리에서 시작하여 20리에서 끝난다〉

동사면(東四面)〈읍치로부터 10리에서 시작하여 20리에서 끝난다〉

남일면(南一面)〈읍치로부터 5리에서 시작하여 20리에서 끝난다〉

남이면(南二面)〈읍치로부터 7리에서 시작하여 15리에서 끝난다〉

서일면(西一面)〈읍치로부터 7리에서 시작하여 10리에서 끝난다〉

서이면(西二面)〈읍치로부터 5리에서 시작하여 10리에서 끝난다〉

북일면(北一面)〈읍치로부터 10리에서 시작하여 20리에서 끝난다〉

북이면(北二面)〈읍치로부터 10리에서 시작하여 15리에서 끝난다〉

북삼면(北三面)〈읍치로부터 10리에서 시작하여 20리에서 끝난다. ○대위향(大位鄕)은 읍치로부터 남쪽으로 6리에 있었다. 도평부곡(桃坪部曲)은 읍치로부터 북쪽으로 15리에 있었다〉

『산수』(山水)

함라산(咸羅山)〈읍치로부터 서쪽으로 2리에 있는데, 산의 서쪽에 흑산(黑山)이 있다〉

화산(花山)〈읍치로부터 북쪽으로 7리에 있다〉

말흘산(末訖山)〈읍치로부터 동쪽으로 15리에 있다〉

남당산(南堂山)〈읍치로부터 동남쪽에 있다〉

유방평(流芳坪)〈읍치로부터 남쪽으로 10리에 있는데, 임피(臨陂)·익산(益山)·전주와 통한다〉

상마평(相馬坪)〈읍치로부터 동쪽으로 15리에 있는데, 익산과 통한다〉

간교평(艮橋坪)〈읍치로부터 동쪽으로 10리에 있다〉

「영로」(嶺路)

척령(尺嶺)〈읍치로부터 서북쪽에 있는데 웅포(熊浦)와 통한다〉

율치(栗峙)〈읍치의 서로(西路)이다〉

○피포(皮浦)〈읍치로부터 북쪽으로 10리에 있다〉

웅포(熊浦)〈읍치로부터 서북쪽으로 10리에 있는데, 피포와 웅포는 합하여 진포(鎭浦)라고도 하지만 각각 달리 이름하기도 한다〉

묵지(墨池)〈함라산(咸羅山)의 서쪽에 있는데, 주위는 50척이고 매우 깊어서 검푸르다. 모래와 돌이 모두 검은데 용추(龍湫)라고도 한다〉

약정(藥井)〈읍치로부터 북쪽으로 10리에 있다〉【제언(堤堰)이 26이다】

『성지』(城池)

용산고성(龍山古城)〈조선 세종 22년(1440)에 현치(縣治: 현을 다스리는 현령이 머무는 치소/역자주)를 옮기기 위하여 쌓았지만 옮기지는 않았다. 주위는 3,603척이고 우물이 2이며 연못이 1이다〉【용산(龍山)은 읍치로부터 동쪽으로 5리에 있다】

『봉수』(烽燧)

소방산봉수(所防山烽燧)〈읍치로부터 서쪽으로 3리에 있다〉

『창고』(倉庫)

창(倉)이 2이다.〈읍내에 있다〉

해창(海倉)〈피포(皮浦)에 있다〉

성당창(聖堂倉)〈읍치로부터 북쪽으로 20리의 진포(鎭浦) 주변에 있다. 세종 10년(1428)에 용안(龍安)의 득성창(得成倉)에 가는 물길이 막혀서 피포로 옮겼다가 성종 18년(1487)에 이곳으로 나누어 옮겼다. ○남원(南原)·운봉(雲峯)·진산(珍山)·금산(錦山)·용담(龍潭)·고산(高山)·익산(益山)·함열(咸悅)의 8읍 전세(田稅)와 대동(大同)을 받아 한양까지 조운한다. ○함열현감(咸悅縣監)이 수령하여 한양에 납부한다〉

『역참』(驛站)

재곡역(才谷驛)〈읍치로부터 남쪽으로 1리에 있다. 사가원(四街院)은 읍치의 서쪽으로 14리에 있다〉

『진도』(津渡)

웅포진(熊浦津)〈한산(韓山)과 통한다〉

남당진(南堂津)〈읍치로부터 북쪽으로 18리에 있는데, 임천(林川)과 통한다〉

『교량』(橋梁)

간교(艮橋)〈교산(橋山)과 통한다〉

상마교(相馬橋)〈위에 보인다〉

마포교(馬浦橋)〈읍치로부터 남쪽으로 15리에 있다〉

『토산』(土産)

모시·닥나무·대나무·뽕나무·옻나무·수어(秀魚)·정어(釘魚)·금어(金魚)·위어(葦魚)·백어(白魚)·노어 鱸魚)·붕어이다.【토산물로 게와 순무[순(蓴)]가 있다】

『장시』(場市)

읍내의 장날은 3일과 8일이고, 웅포(熊浦)의 장날은 1일과 6일이며, 황등(黃登)의 장날은 5일과 10일이다.

『전고』(典故)

고려 우왕(禑王) 3년(1377)에 왜적이 함열을 거듭 노략질하였으며, 우왕 6년((1380)에 왜적이 또 함열을 노략질하였다.

12. 고산현(高山縣)

『연혁』(沿革)

본래 백제의 난등량(難等良)이었다. 신라 경덕왕(景德王) 16년(757)에 고산으로 바꾸어서 전주에 소속된 영현으로 하였다. 고려 현종(顯宗) 9년(1018)에 그대로 소속시켰다가 후에 감무(監務)를 두었다. 공양왕(恭讓王) 2년(1390)에 임진(任珍)을 겸하여 관할하다가 공양왕 3년(1391)에 운제(雲梯)도 또한 겸하여 관할하였다. 조선 태조 2년(1393)에 진주(珍州)를 분할하였다. 태종 13년(1413)에 현감(縣監)으로 바꾸었다.

「읍호」(邑號)

봉산(鳳山)

「관원」(官員)

현감(縣監)이〈전주진관병마절제도위(全州鎭管兵馬節制都尉)를 겸임한다〉 1명이다.

『고읍』(古邑)

운제현(雲梯縣)〈읍치로부터 북쪽으로 20리에 있었다. 본래 백제의 지벌지(只伐只)였는데, 달리는 지부지(只夫只)라고도 하였다. 신라 경덕왕(景德王) 16년(757)에 운제(雲梯)로 고쳐서 덕은군(德殷郡)에 소속된 현으로 하였다. 고려 현종(顯宗) 9년(1018)에 전주에 소속시켰다가 조선 태조 1년(1392)에 고산현으로 옮겨서 소속시켰다. ○읍호는 운산(雲山)이었다〉

『방면』(坊面)

현내면(縣內面)〈읍치로부터 10리에서 끝난다〉

동면(東面)〈읍치로부터 5리에서 시작하여 10리에서 끝난다〉

남면(南面)〈읍치로부터 5리에서 시작하여 10리에서 끝난다〉

서면(西面)〈읍치로부터 10리에서 시작하여 30리에서 끝난다〉

북면(北面)〈읍치로부터 5리에서 시작하여 30리에서 끝난다〉

운동면(雲東面)〈읍치로부터 북쪽으로 20리에서 시작하여 30리에서 끝난다〉

운서면(雲西面)〈읍치로부터 북쪽으로 20리에서 시작하여 30리에서 끝난다〉

운북면(雲北面)〈읍치로부터 북쪽으로 40리에서 시작하여 50리에서 끝난다. 운동면(雲東面)·운서면(雲西面)·운북면은 운제고현(雲梯古縣)이다〉

『산수』(山水)

비봉산(飛鳳山)〈읍치로부터 북쪽으로 2리에 있다〉

주화산(珠華山)〈읍치로부터 동쪽으로 45리에 있는데, 용담(龍潭)·진안(鎭安)·금산(錦山)과의 경계이다. 산의 밑 부분은 넓직하고 봉우리는 우뚝 솟아있는데, 골짜기가 첩첩하게 깊다. ○화암사(花岩寺)가 있다.)

도솔산(兜率山)〈읍치로부터 북쪽으로 35리에 있다. ○안심사(安心寺)가 있다〉

대둔산(大芚山)〈읍치로부터 북쪽으로 55리에 있는데, 연산(連山)·진산(珍山)과의 경계이다〉

불명산(佛明山)〈읍치로부터 북쪽으로 30리에 있는데, 은진(恩津)과의 경계이다〉

운제산(雲梯山)〈읍치로부터 북쪽으로 25리에 있다〉

문수산(文殊山)〈읍치로부터 서북쪽으로 30리에 있는데, 여산(礪山)과의 경계이다〉

운암산(雲岩山)〈읍치로부터 동쪽으로 18리에 있는데, 주화산(珠華山)의 서쪽 지맥이다. 층층으로 된 암석이 고기비늘처럼 늘어서 있는 것이 마치 구름이 일어나는 것 같다〉

천등산(天燈山)〈읍치로부터 북쪽으로 43리에 있다〉

왕사봉(王師峯)〈읍치로부터 동북쪽으로 30리에 있다〉

「영로」(嶺路)

탄현(炭峴)〈읍치로부터 동북쪽으로 50리에 있는데, 진산(珍山)으로 통하는 고개길이다. 진산의 이치(梨峙)로부터 20리 떨어져 있다〉

뉴치(杻峙)〈읍치로부터 동쪽으로 40리에 있는데, 용담(龍潭)과의 경계이다〉

가점(加岾)〈읍치로부터 동북쪽으로 35리에 있는데, 탄치(炭峙)로부터 15리 떨어져 있다. 용계성(龍溪城)이 그 동쪽에 있다〉

송치(松峙)〈읍치로부터 서쪽으로 20리에 있는데, 전주·우주(紆州)와 직접 마주 닿아 있는

경계이다〉

문치(門峙)〈읍치로부터 서북쪽으로 30리에 있는데, 여산과의 경계이다〉

오두치(烏頭峙)〈읍치로부터 남쪽으로 10리에 있는데, 전주와의 경계이다〉

용계현(龍溪峴)〈읍치로부터 북쪽으로 35리에 있다〉

만목치(萬木峙)〈읍치로부터 운제산(雲梯山)에 있는데 몹시 험하다〉

○남천(南川)〈읍치로부터 남쪽으로 3리에 있다. 불명산(佛明山)·운제산(雲梯山)·주화산(珠華山)의 물이 고산현의 동쪽에서 모여 서남쪽으로 흘러가다가 전주경계에 이르러 안천(雁川) 양정포(良正浦)가 된다. 이 부분은 사수강(泗水江) 조항에 자세하다〉

불명산천(佛明山川)〈원류는 불명산에서 나온다. 남쪽으로 흐르다가 옥포역(玉泡驛)을 지나 고산현 동쪽에 이르러 남천(南川)과 합류한다〉

운제산천(雲梯山川)〈원류는 운제산으로부터 나온다. 남쪽으로 흘러 운제고현(雲梯古縣)을 통과하고 고산현의 동쪽에 이르러 남천(南川)에 합류한다〉

주화산천(珠華山川)〈주화산의 서남쪽 지류들이 모두 모여서 서쪽으로 흘러가다가 고산현의 동쪽에 이르러 남천(南川)에 들어간다〉

옥계(玉溪)〈읍치로부터 동북쪽으로 50리에 있는데, 원류는 대둔산(大芚山)의 서쪽 이치(梨峙)에서 나오고 용계천(龍溪川)으로 흘러 들어간다〉

용계(龍溪)〈읍치로부터 북쪽으로 40리에 있는데, 원류는 주화산(珠華山)의 북쪽 탄현(炭峴)으로부터 나온다. 물이 서북쪽으로 흘러 은진(恩津)의 경계로 들어가는데 은진 조항에 자세하다〉

용추(龍湫)〈읍치로부터 동쪽으로 10리에 있다〉

용연(龍淵)〈운제고현(雲梯古縣)의 동쪽으로 15리에 있다. 스스로 분출하여 연못이 되는데 주위가 1리이다〉【제언(堤堰)이 5이다】

『성지』(城池)

용계고성(龍溪古城)〈용계(龍溪) 위에 있는데 탄현(炭峴)의 서쪽과 10리 떨어져 있다. 서북쪽으로는 연산(連山)의 경계와 30리 떨어져 있다. 성의 주위는 1,014척이다〉

『창고』(倉庫)

읍창(邑倉)

산창(山倉)〈위봉산성(威鳳山城)에 있다〉

『역참』(驛站)

옥포역(玉泡驛)〈읍치로부터 북쪽으로 20리에 있다〉

『교량』(橋梁)

세심교(洗心橋)

봉림교(鳳林橋)

호함교(虎頷橋)

거사교(居士橋)

『토산』(土產)

대나무·닥나무·옻나무·뽕나무·모시·감·석류·송이[송심(松蕈)]·석이버섯[석심(石蕈)]·벌꿀·흑토(黑土)〈읍치로부터 서쪽으로 30리에 있는 괘금리(掛金里)에서 출토된다〉이다.

『장시』(場市)

상장(上場)의 장날은 9일인데, 한달에 장이 세 번 선다. 하장(下場)의 장날은 4일인데, 한달에 장이 세 번 선다.

『누정』(樓亭)

봉서루(鳳棲樓)〈읍내에 있다〉

삼기정(三奇亭)〈옛터가 있다. 읍치로부터 동쪽으로 5리에 작은 언덕이 있는데, 절벽이 칼로 벤 듯이 서있다. 그 아래에 장천(長川)이 있는데, 맑은 물이 휘감아 돌고 있다. 그 서쪽은 평평하다〉

『전고』(典故)

고려 우왕(禑王) 6년(1380)에 왜적이 운제(雲梯)·고산(高山)을 노략질하였다.

13. 옥구현(沃溝縣)

『연혁』(沿革)

본래 백제의 마서량(馬西良)이었다. 신라 경덕왕(景德王) 16년(757)에 옥구로 고쳐서 임피군(臨陂郡)에 소속된 현으로 하였다. 고려 현종(顯宗) 9년(1018)에 그대로 속하게 하였다가 조선 태조 6년(1396)에 진(鎭)을 설치하고 병마사(兵馬使)로 하여금 판현사(判縣事)를 겸하게 하였다. 세종 5년(1423)에 첨절제사(僉節制使)로 바꾸었다가 후에 현감(縣監)으로 바꾸었다.

「읍호」(邑號)

옥산(玉山)

「관원」(官員)

현감(縣監)이〈전주진관병마절제도위(全州鎭管兵馬節制都尉)를 겸한다〉 1명이다.

『고읍』(古邑)

회미현(澮尾縣)〈읍치로부터 동남쪽으로 15리에 있었다. 본래 백제의 부부리(夫夫里)였는데, 신라 경덕왕(景德王) 16년(757)에 회미로 고쳐서 임피군(臨陂郡)에 소속된 현으로 하였다. 고려 현종(顯宗) 9년(1018)에 그대로 속하게 하였다가 조선 태종 3년(1403)에 옥구로 옮겨서 소속하게 하였다. ○읍호는 연강(連江)이라고 하였다〉

『방면』(坊面)

동면(東面)〈읍치로부터 10리에서 끝난다〉

서면(西面)〈읍치로부터 10리에서 끝난다〉

북면(北面)〈읍치로부터 5리에서 시작하여 20리에서 끝난다〉

장제면(長梯面)〈읍치로부터 동쪽으로 10리에서 시작하여 20리에서 끝난다〉

정지산면(定只山面)〈읍치로부터 남쪽으로 7리에서 시작하여 20리에서 끝난다〉

박지산면(朴只山面)〈읍치로부터 남쪽으로 5리에서 시작하여 15리에서 끝난다〉

풍촌면(豊村面)〈읍치로부터 동쪽으로 10리에서 시작하여 20리에서 끝난다〉

미제면(米堤面)〈읍치로부터 서쪽으로 10리에서 시작하여 20리에서 끝난다〉

『산수』(山水)

발이산(鉢伊山)〈북리(北里)에 있다〉

사자산(獅子山)〈읍치로부터 서남쪽으로 10리에 있다〉

우방산(于房山)〈읍치로부터 서쪽으로 20리에 있다〉

도진산(刀津山)〈읍치로부터 북쪽으로 20리에 있다〉

대암산(大岩山)〈읍치로부터 남쪽으로 10리에 있다〉

월하산(月下山)〈읍치로부터 남쪽으로 10리에 있다〉

남산(南山)〈읍치로부터 남쪽으로 2리에 있다〉

신덕산(新德山)〈읍치로부터 동쪽으로 2리에 있다〉

설림산(雪林山)〈읍치로부터 북쪽으로 20리에 있다〉

오봉산(五峯山)〈읍치로부터 남쪽으로 10리에 있다〉

칠성산(七星山)〈읍치로부터 서쪽으로 15리에 있다〉

옥산(玉山)〈읍치로부터 동쪽으로 1리에 있다. 이상의 모든 산들은 봉우리가 높직하면서도 평평한 산들이다〉

자천대(紫遷臺)〈서해안(西海岸)에 있다. 지세가 평평하며 자연경관이 아름답다〉【송봉산(松封山: 소나무를 벌목하지 못하게 금지한 산: 역자주)이 6이다】

「영로」(嶺路)

기령(岐嶺)〈읍치로부터 서쪽으로 3리에 있다〉

지경치(地境峙)〈읍치로부터 동쪽으로 15리에 있는데, 임피(臨陂)와의 경계이다〉

○해(海)〈읍치로부터 서쪽으로 20여 리에 있다〉

진포(鎭浦)〈읍치로부터 북쪽으로 20리에 있는데, 백마강(白馬江) 하류의 바다로 들어가는 곳이다〉

고사포(古沙浦)〈읍치로부터 남쪽으로 25리에 있는데, 전주 사수(泗水)가 바다로 들어가는 곳이다. 임피(臨陂) 조항에 보인다〉

미제(米堤)〈읍치로부터 서북쪽으로 10리에 있는데, 주위는 10,910척이다〉【제언(堤堰)이 14이다】

「도서」(島嶼)

오식도(筽食島)〈소를 키우는 목장이 있다〉

내초도(內草島)

가내도(加乃島)

비응도(飛鷹島)

함개도(含介島)〈이상의 모든 섬들은 옥구현의 서쪽 바다에 있다〉

『성지』(城池)

읍성(邑城)〈중종(中宗) 19년(1524)에 개축하였는데, 주위는 3,330척이고 옹성(甕城: 성문의 수비를 견고하게 하기 위해 문 앞에 둥그렇게 축조한 성벽/역자주)이 4이며 샘물이 6이다〉

회미고현성(澮尾古縣城)〈주위는 3,490척이다〉

박지산성(朴只山城)〈읍치로부터 동쪽으로 10리에 옛터가 있는데, 지세가 험하면서 좁다〉

『진보』(鎭堡)

군산포진(群山浦鎭)〈읍치로부터 북쪽으로 20리에 있다. 진포 주변에 있던 만경(萬頃) 군산진(群山鎭)이 해적들에게 자주 침략을 당하였으므로 이곳으로 옮기고 수군만호(水軍萬戶)로 하였다. 숙종(肅宗) 26년(1700)에 첨사(僉使)로 승격시켰는데, 성지(城池)는 지금 폐지되었다. ○수군첨절제사(水軍僉節制使)가 1명이다〉【창(倉)이 3이다】

『봉수』(烽燧)

화산봉수(花山烽燧)〈읍치로부터 서쪽으로 25리에 있다〉

『창고』(倉庫)

창(倉)이 3이다.〈읍내에 있다〉

해창(海倉)〈군산포(群山浦)에 있다〉

군산창(群山倉)〈군산진(群山鎭) 옆에 있다. 성종(成宗) 18년(1487)에 용안(龍安)의 득성창(得成倉)을 나누어서 이곳으로 옮겼다. ○옥구(沃溝)·전주(全州)·진안(鎭安)·장수(長水)·금구(金溝)·태인(泰仁)·임실(任實)의 7읍에서 거두는 전세(田稅)와 대동미(大同米)를 한양으로 조운(漕運)한다. ○군산첨사(群山僉使)가 전세와 대동미의 수령과 납입을 감독한다〉

『진도』(津渡)

용당진(龍堂津)〈읍치로부터 북쪽으로 20리에 있는데, 넓직하여 10여 리가 되며 서천군(舒川郡)과 통한다〉

『교량』(橋梁)

경장리교(京場里橋)〈읍치로부터 북쪽으로 15리에 있다〉

『토산』(土産)

모시·대나무·생강·차·물고기 20종이다.

『장시』(場市)

읍내의 장날은 3일과 8일이고, 지경(地境)의 장날은 1일과 6일이며 경장리(京場里)의 장날은 5일과 10일이다.

『전고』(典故)

고려 공민왕(恭愍王) 9년(1360)에 왜구가 회미(澮尾)·옥구(沃溝)를 노략질하였다. 우왕(禑王) 2년(1376)에 왜구가 진포(鎭浦)를 노략질하였으며 우왕 6년(1380)에 왜선 500척이 진의 포구에 들어와 주변의 고을로 흩어져 들어가 노략질을 자행하니 시체가 산야를 덮었다. 원수(元帥) 나세(羅世), 심덕부(沈德符), 최무선(崔茂宣) 등이 진포에 이르러 화포를 사용하여 왜선을 불지르니 불타 죽은 자가 매우 많았으며 바다에 이르러 죽은 자도 또한 아주 많았다. 왜적들은 사로잡은 포로들을 모조리 죽였다.〈배에서 달아난 적과 해안으로 올라간 적들이 합세하여 이산현(利山縣)·영동현(永同縣)을 분탕질하였다〉 왜적은 진포(鎭浦)에서의 패배로부터 주변의 주군을 공격하여 함락시키고 노략질을 자행하였는데, 적의 세력이 매우 성하여 경상도, 전라도, 충청도의 연해지역 사람들이 모두 도망가 텅텅 비게 되었다. 왜적들의 노략질이 있은 이래로 이처럼 심한 적이 없었다. 우왕 10년(1384)에 왜적이 진포에 들어 왔는데, 작은 배에다가 포로로 잡은 부녀자 25명을 실어 보냈다. 우왕 14년(1388)에 왜선 80여 척이 진포에 와서 정박하고 주변의 고을을 노략질하였다.

14. 정읍현(井邑縣)

『연혁』(沿革)

본래 백제의 정촌(井村)이었다. 신라 경덕왕(景德王) 16년(757)에 정읍으로 고쳐서 태산군(太山郡)에 소속된 영현으로 하였다. 고려 현종(顯宗) 9년(1018)에 고부군(古阜郡)에 소속시켰다가 후에 감무(監務)를 두었다. 조선 태종 13년(1413)에 현감(縣監)으로 고쳤다.

「읍호」(邑號)

초산(楚山)

「관원」(官員)

현감(縣監)이〈전주진관병마절제도위(全州鎭管兵馬節制都尉)를 겸한다〉 1명이다.

『방면』(坊面)

현내면(縣內面)〈읍치로부터 5리에서 끝난다〉

동면(東面)〈읍치로부터 7리에서 시작하여 30리에서 끝난다〉

남일면(南一面)〈읍치로부터 5리에서 시작하여 15리에서 끝난다〉

남이면(南二面)〈읍치로부터 13리에서 시작하여 27리에서 끝난다〉

서일면(西一面)〈읍치로부터 10리에서 시작하여 27리에서 끝난다〉

서이면(西二面)〈읍치로부터 8리에서 시작하여 15리에서 끝난다〉

북일면(北一面)〈읍치로부터 7리에서 시작하여 15리에서 끝난다〉

북이면(北二面)〈읍치로부터 10리에서 시작하여 30리에서 끝난다. ○답곡부곡(沓谷部曲)은 읍치로부터 동쪽으로 20리에 있었다. 수곡부곡(水谷部曲)이 있었다〉

『산수』(山水)

내장산(內藏山)〈읍치로부터 동쪽으로 30리에 있는데, 우뚝우뚝한 고개들이 꽉 들어차서 첩첩이 늘어서 있다. ○영은사(靈隱寺)가 있으며 또한 오암(五庵)이 있다〉

오봉산(五峯山)〈읍치로부터 남쪽으로 20리에 있다〉

반등산(半登山)〈읍치로부터 서남쪽으로 30리에 있는데, 흥양(興陽)·고창(高敞)·장성(長城)과의 경계이다〉

칠보산(七寶山)〈읍치로부터 동북쪽으로 10리에 있는데, 태인(泰仁)과의 경계이다〉

입암산(笠岩山)〈읍치로부터 남쪽으로 30리에 있는데, 장성(長城)과의 경계이다〉

응산(鷹山)〈읍치로부터 북쪽으로 7리에 있다〉

초산(楚山)〈읍치로부터 남쪽으로 1리에 있다〉

망부석(望夫石)〈읍치로부터 북쪽으로 10리에 있다〉

「영로」(嶺路)

노령(蘆嶺)〈읍치로부터 남쪽으로 30리에 있는데, 장성(長城)과의 경계이며 남쪽으로 통하는 대로이다〉

소노령(小蘆嶺)〈읍치로부터 서남쪽으로 30리에 있는데, 홍덕(興德)과의 경계이다〉

아요현(阿要峴)〈읍치로부터 동남쪽으로 7리에 있다〉

안치(鞍峙)〈읍치로부터 북쪽으로 13리에 있는데, 태인(泰仁)과의 경계이다〉

적치(赤峙)〈읍치로부터 서북쪽으로 10리에 있는데, 고부(高阜)와 통한다〉

입치(笠峙)〈읍치로부터 서로(西路)이다〉

둔월치(屯月峙)〈읍치로부터 동쪽으로 20리에 있는데, 순창(淳昌)의 경계이다〉

갈치(葛峙)〈읍치로부터 둔월치와 마찬가지로 동쪽으로 20리에 있다〉

율치(栗峙)〈읍치로부터 서쪽으로 30리에 있는데, 홍덕(興德)과의 경계이다〉

우사치(牛死峙)〈순창(淳昌)의 경계이다〉

○치천(鴟川)〈읍치로부터 남쪽으로 1리에 있다. 원류는 내장산(內藏山)으로부터 나오는데 서쪽으로 흐르다가 정읍현의 북쪽 10리에 이르러 북천(北川)과 합류한다〉

목제천(木梯川)〈읍치로부터 남쪽으로 10리에 있다. 원류는 입암산(笠岩山)으로부터 나온다. 북쪽으로 흘러 치천(鴟川)을 지나 정읍현의 북쪽에 이르러 북천(北川)이 된다〉

북천(北川)〈읍치로부터 북쪽으로 10리에 있는데, 서북쪽으로 흘러 고부군(高阜郡)의 모천

(茅川)이 된다. 부안(扶安) 동진강(東津江) 조항에 상세하다〉

노령천(蘆嶺川)〈원류는 크고 작은 노령(蘆嶺)으로부터 나온다. 동북쪽으로 흘러 목제천(木梯川)과 합류한다〉

금천(金川)【제언(堤堰)이 14이다】

『방수』(防守)

노령보(蘆嶺堡)〈노령(蘆嶺)의 길이 깊고 험해서 옛날에는 도적들이 무리를 지어 대낮에 살인과 약탈을 하였으므로 여행객들이 지나가지를 못했다. 중종 15년(1520)에 보(堡)를 설치하고 방수(防守)하였는데, 나중에 폐지하였다〉

『창고』(倉庫)

창(倉)이 5이다.〈읍내에 있다〉

산창(山倉)〈장성(長城) 입암산성(笠岩山城)에 있다〉

『역참』(驛站)

천원역(川原驛)〈읍치로부터 남쪽으로 25리에 있다. ○영지원(迎支院)은 읍치로부터 서쪽으로 5리에 있었다〉

『교량』(橋梁)

장교(長橋)〈북천(北川)에 있다〉

『토산』(土産)

대나무·닥나무·모시·감·석류·생강·벌꿀·붕어·게이다.

『장시』(場市)

읍내의 장날이 2일과 7일이고 천원(川院)의 장날이 1일과 6일이다.

『사원』(祠院)

고암서원(考岩書院)에는〈숙종 을해년(21년, 1695)에 세우고 같은 해에 편액을 하사하였다. 묘정비(廟庭碑)가 있다〉 송시열(宋時烈)〈문묘(文廟)에 보인다〉·권상하(權尙夏)〈충주(忠州) 조항에 보인다〉를 모시고 있다.

『전고』(典故)

고려 우왕(禑王) 6년(1380)에 왜적이 정읍현을 노략질하였는데, 원수(元帥) 지용기(池湧奇)가 격퇴하였다. 우왕 13년(1387)에 왜적이 정읍현을 노략질하였다.

15. 용안현(龍安縣)

『연혁』(沿革)

본래 함열현(咸悅縣)의 도내산은소(道乃山銀所)였다.〈혹은 창산소(倉山所)였다고 한다〉 고려 충숙왕(忠肅王) 8년(1321)에 용안현으로 승격하였다.〈상인백(上人伯) 안부개(安夫介)가 원(元)나라에 있으면서 고국에 공을 세웠기 때문이었다〉 공양왕(恭讓王) 3년(1391)에 전주에 소속된 현 풍제(豊堤)를 용안으로 옮겨서 소속시켰다. 조선 태종 9년(1409)에 함열현(咸悅縣)과 합하여 안열현감무(安悅縣監務)로 하였다가 태종 13년(1403)에 현감(縣監)으로 고쳤다. 태종 16년(1406)에 다시 나누어서 두 개의 현으로 하였다.

「읍호」(邑號)

칠성(七城)

「관원」(官員)

현감(縣監)이〈전주진관병마절제도위(全州鎭管兵馬節制都尉)를 겸한다〉 1명이다.

『고읍』(古邑)

풍제(豊堤)〈읍치로부터 동쪽으로 5리에 있었는데, 지금의 당하리(堂下里)이다. 본래 전주에 소속된 현이었는데, 고려 공양왕(恭讓王) 3년(1391)에 용안으로 옮겨서 소속시켰다. ○읍호(邑號)는 풍성(豊城)이었다〉

『방면』(坊面)

현내면(縣內面)〈읍치로부터 3리에서 끝난다〉

동면(東面)〈읍치로부터 3리에서 시작하여 10리에서 끝난다〉

남면(南面)〈읍치로부터 3리에서 시작하여 10리에서 끝난다〉

북면(北面)〈읍치로부터 3리에서 시작하여 10리에서 끝난다. ○창산소(倉山所)는 읍치로부터 동쪽으로 10리에 있었다〉

『산수』(山水)

무산(毋山)〈읍치로부터 북쪽으로 1리에 있다〉

칠성산(七城山)〈읍치로부터 북쪽으로 3리에 있는데, 무산(毋山)의 후면 지맥이다〉

용두산(龍頭山)〈읍치로부터 북쪽으로 8리에 있는데, 산의 형태가 하늘로 곧바로 솟아 있다. 수서산(水澨山) 남쪽에 우등봉(牛滕峯)이 있는데, 봉우리 아래에 자명암(自明菴)이 있다〉

무학산(舞鶴山)〈읍치로부터 북쪽으로 10리에 있다〉

채운산(彩雲山)〈읍치로부터 동북쪽으로 10리에 있는데, 하나의 봉우리가 벌판 중에 우뚝 솟아 있다. 봉우리 위에 양음영천(養陰靈泉)이 있는데, 여산(礪山)·은진(恩津) 조항에 보인다〉

광두산(廣頭山)〈읍치로부터 동쪽으로 10리에 있다〉

황산(黃山)〈읍치로부터 북쪽으로 10리에 있는데, 돌산이 강가에 우뚝 솟아 있다. 은진(恩津)의 강경리(江景里)와 작은 포구를 사이에 두고 떨어져 있는데 촌락이 매우 번성하다〉

○청포(菁浦)〈읍치로부터 북쪽으로 10리의 백마강(白馬江) 하류에 있는데, 이곳으로부터 바다로 흘러 들어간다. 진포(鎭浦)라고 통칭하기도 한다〉

용두포(龍頭浦)〈읍치로부터 동쪽으로 5리에 있다. 원류는 익산(益山)의 미륵산(彌勒山)에 나와 북쪽으로 흐르다가 굴정포(掘井浦)·창산포(倉山浦)가 되어 강으로 들어간다〉

금두포(金頭浦)〈읍치로부터 북쪽으로 5리에 있다〉【제언(堤堰)이 7이다】

『성지』(城池)

읍성(邑城)〈주위는 4,240척이며 우물이 5, 연못이 1이다〉

『봉수』(烽燧)

광두원봉수(廣頭院烽燧)〈읍치로부터 동쪽으로 13리에 있다〉

『창고』(倉庫)

읍창(邑倉)

○득성창(得成倉)〈금두포(金頭浦)에 있다. 조선 초기에 창성(倉城)을 쌓고 전주(全州)·남원(南原) 등 19읍의 전세(田稅)를 받아서 한양으로 조운(漕運)했다. 성종 18년(1487)에 함열(咸悅) 성당창(聖堂倉)과 옥구(沃溝) 군산창(群山倉)으로 나누어 옮겼다〉

『진도』(津渡)

청포진(菁浦津)〈임천군(林川郡)과 통한다〉

『교량』(橋梁)

광두교(廣頭橋)〈읍치로부터 동쪽으로 8리에 있다〉

운교(雲橋)〈읍치로부터 동쪽으로 4리에 있다〉

판교(板橋)〈읍치로부터 서쪽으로 3리에 있다〉

완포교(薍浦橋)〈읍치로부터 북쪽으로 5리에 있다〉

굴정포교(掘井浦橋)가

『토산』(土産)

수어(秀魚)·위어(葦魚)·백어(白魚)·금어(錦魚)·붕어·게이다.

『장시』(場市)

완포(薍浦)의 장날은 2일과 7일이다.

『전고』(典故)

고려 우왕(禑王) 2년(1376) 6월에 왜적이 풍제(豊堤)를 노략질하였다.

16. 태인현(泰仁縣)

『연혁』(沿革)

본래 백제의 대시산(大尸山)이었다. 당(唐)나라가 백제를 멸망시키고 대산(帶山)으로 고쳐서 고사주(古泗州)에 소속된 현으로 하였다. 신라 경덕왕(景德王) 16년(757)에 태산군(太山郡)으로 고치고〈혹은 태산(泰山)이었다고도 하고 혹은 대산(大山)이었다고도 한다. ○소속된 현은 3이니, 빈성현(斌城縣)·정읍현(井邑縣)·야서현(野西縣)이었다〉 전주에 소속시켰다. 고려 현종(顯宗) 9년(1018)에 고부군(古阜郡)에 소속시켰다가 후에 현으로 강등시키고 감무(監務)를 두었다. 조선 태종 9년(1409)에 인의현(仁義縣)을 옮겨서 소속시키고 아울러서 태인(泰仁)으로 명칭을 바꾸었으며 치소(治所)를 거산역(居山驛)으로 옮겼다.〈옛날의 치소는 현의 서쪽으로 20리에 있었다〉 태종 13년(1413)에 현감(縣監)으로 고쳤다.

「관원」(官員)

현감(縣監)이〈전주진관병마절제도위(全州鎭管兵馬節制都尉)를 겸한다〉 1명이다.

『고읍』(古邑)

인의현(仁義縣)〈읍치로부터 서쪽으로 10리에 있었다. 본래 백제의 빈굴(賓屈)이었는데, 신라 경덕왕(景德王) 16년(757)에 빈성(斌城)으로 고치고 태산군(太山郡)에 소속된 현으로 하였다. 고려 태조 23년(940)에 인의현으로 고쳤으며 현종(顯宗) 9년(1018)에 고부군(古阜郡)에 소속시켰다. 후에 태산감무(太山監務)로 하여금 인의의 업무를 겸하여 맡게 하였다가 후에 나누어서 현감을 두었다. 조선 태종 9년(1409)에 태인으로 옮겨서 합병시켰다〉

『방면』(坊面)

현내면(縣內面)〈읍치로부터 10리에서 끝난다〉

동촌면(東村面)〈읍치로부터 3리에서 시작하여 20리에서 끝난다〉

남촌면(南村面)〈읍치로부터 10리에서 시작하여 30리에서 끝난다〉

서촌면(西村面)〈읍치로부터 10리에서 시작하여 20리에서 끝난다〉

북촌면(北村面)〈읍치로부터 15리에서 시작하여 25리에서 끝난다〉

옹지면(甕池面)〈읍치로부터 동쪽으로 4리에서 시작하여 15리에서 끝난다〉

고현내면(古縣內面)〈읍치로부터 동남쪽으로 20리에서 시작하여 30리에서 끝난다〉

산내면(山內面)〈읍치로부터 동남쪽으로 30리에서 시작하여 70리에서 끝난다〉

산외면(山外面)〈읍치로부터 동쪽으로 20리에서 시작하여 40리에서 끝난다〉

인곡면(仁谷面)〈읍치로부터 북쪽으로 10리에서 시작하여 15리에서 끝난다〉

감산면(甘山面)〈읍치로부터 북쪽으로 15리에서 시작하여 20리에서 끝난다〉

사곡면(沙谷面)〈읍치로부터 서북쪽으로 25리에서 시작하여 30리에서 끝난다〉

은기동면(銀器洞面)〈읍치로부터 서북쪽으로 17리에서 시작하여 30리에서 끝난다〉

용산면(龍山面)〈읍치로부터 서북쪽으로 30리에서 시작하여 40리에서 끝난다〉

거산면(居山面)〈읍치로부터 남쪽으로 10리에서 끝난다〉

흥천면(興天面)〈읍치로부터 서쪽으로 5리에서 시작하여 15리에서 끝난다. ○나향(羅鄕)은 읍치로부터 서쪽으로 10리에 있었으며, 능향(綾鄕)은 읍치로부터 동쪽으로 10리에 있었고 도전부곡(桃田部曲)은 읍치로부터 동쪽으로 30리에 있었다. 개문부곡(開門部曲)은 읍치로부터 동쪽으로 40리에 있었으며 대곡부곡(大谷部曲)은 읍치로부터 동쪽으로 25리에 있었다〉

『산수』(山水)

양진산(養眞山)〈혹은 죽사산(竹寺山)이라고도 한다. 읍치로부터 북쪽으로 20리에 있다〉

상두산(象頭山)〈읍치로부터 동쪽으로 15리에 있는데, 금구(金溝)와의 경계이다〉

운주산(雲住山)〈읍치로부터 남쪽으로 30리에 있다. 남봉(南峯)의 석 벽에 굴이 있다〉

무악산(毋岳山)〈읍치로부터 동쪽으로 30리에 있는데, 전주(全州)·금구(金溝)와의 경계이다〉

운암산(雲岩山)〈읍치로부터 동쪽으로 30리에 있는데, 임실(任實)과의 경계이다〉

묵방산(墨方山)〈읍치로부터 동남쪽으로 45리에 있다〉

칠보산(七寶山)〈읍치로부터 동남쪽으로 25리에 있다〉

회문산(回文山)〈읍치로부터 동남쪽으로 60리에 있는데, 임실(任實)·순창(淳昌)과의 경계이다〉

시산(詩山)〈읍치로부터 동쪽으로 20리에 있는데, 태산고읍(太山古邑)의 자리이다〉

백산(柏山)〈읍치로부터 북쪽으로 10리에 있다〉

덕성산(德星山)〈읍치로부터 서남쪽으로 20리에 있는데, 고부(古阜) 조항에 보인다〉

유상대(流觴臺)〈고현내면(古縣內面)에 있다〉

이평(梨坪)〈서쪽으로 10리에 있다〉

「영로」(嶺路)

천치(穿峙)〈읍치로부터 동남쪽으로 30리에 있는데, 순창로(淳昌路)이다〉

정치(鼎峙)〈읍치로부터 동북쪽으로 15리에 있는데, 금구로(金溝路)이다〉

안치(鞍峙)〈읍치로부터 남쪽으로 30리에 있는데, 정읍로(井邑路)이다〉

운암치(雲岩峙)〈읍치로부터 동쪽으로 30리에 있는데, 임실로(任實路)이다〉

사슬치(沙瑟峙)〈읍치로부터 동남쪽으로 50리에 있는데, 순창로(淳昌路)이다〉

백여치(白如峙)〈읍치로부터 동쪽으로 30리에 있는데, 전주(全州)와의 경계이다〉

뉴치(杻峙)·구절치(九折峙)〈뉴치(杻峙)와 구절치는 모두 남로(南路)이다〉

○대각천(大角川)〈원류는 상두산(象頭山)에서 나온다. 서쪽으로 흘러 태인현의 북쪽 10리에 이르러 견천(犬川)·호천(虎川)이 된다. 태인현의 서쪽 10리에 이르러서 왼쪽으로 남천(南川)을 통과하여 대각천이 된다. 이평(梨坪)을 통과하여 고부(古阜)의 모천(茅川)에 모인다〉

남천(南川)〈읍치로부터 남쪽으로 5리에 있다. 상두산(象頭山)·묵방산(墨坊山)·운주산(雲住山) 등 여러 산의 물들이 합쳐져서 서쪽으로 흘러 대각천(大角川)으로 들어간다〉

벽골제(碧骨堤)〈읍치로부터 북쪽으로 20리에 있는데, 김제(金堤) 조항에 자세하다〉

우두제(牛頭堤)〈읍치로부터 서쪽으로 20리에 있다〉

연지(蓮池)〈읍치로부터 태인현의 남쪽에 있다〉【제언(堤堰)이 30이 이다】

『성지』(城池)

인의고현(仁義古縣)〈흙으로 쌓은 옛터가 있다〉

『창고』(倉庫)

창(倉)이 3이다.〈읍내에 있다〉

남창(南倉)〈고현내면(古縣內面)에 있다〉

산창(山倉)〈읍치로부터 남쪽으로 60리에 소재한 장성(長城)·입암산성(笠岩山城)에 있다〉

『역참』(驛站)

거산역(居山驛)〈읍치로부터 남쪽으로 1리에 있다〉

『교량』(橋梁)

태거교(泰居橋)〈읍치로부터 남쪽으로 5리에 있다〉

장탄교(長灘橋)〈읍치로부터 서쪽으로 5리에 있는데, 태거교(泰居橋)·장탄교는 둘 다 남천(南川)의 하류에 있다〉

호천교(虎川橋)〈읍치로부터 북쪽으로 5리에 있는데, 호천(虎川)의 하류이다〉

『토산』(土産)

대나무·닥나무·옻나무·뽕나무·숫돌·감·석류·모시·생강·차·벌꿀·게이다.

『장시』(場市)

읍내의 장날은 5일과 10일이고, 용두(龍頭)의 장날은 1일과 6장이며, 고현내(古縣內)의 장날은 3일과 8일이며, 엄지(嚴池)의 장날은 4일과 9일이다.

『누정』(樓亭)

청현루(聽絃樓)

진남루(鎭南樓)

피향정(披香亭)

관덕정(觀德亭)

『사원』(祠院)

남고서원(南皐書院)에는〈선조(宣祖) 정축년(10년, 1577)에 세웠으며, 숙종(肅宗) 을축년(11년, 1685)에 편액을 하사하였다〉 이항(李恒)〈자(字)는 恒之)이고 호(號)는 일재(一齋)이며 성주(星州)가 본관인 사람이다. 관직은 장악원 정(掌樂院正)을 역임하였다〉·김천일(金千鎰)〈진주(晉州) 조항에 보인다〉을 모시고 있다.

무성서원(武城書院)에는〈광해군(光海君) 을묘년(1615)에 세웠으며 숙종 병자년(1696)에 편액을 하사하였다〉 최치원(崔致遠)〈문묘(文廟) 조항에 보인다. 신라 때에 태산태수(太山太守)가 되었다〉·신잠(申潛)〈자는 원량(元亮)이고 호는 영천자(靈川子)이며 고령(高靈)이 본관인 사람이다. 관직은 상주목사(尙州牧使)를 역임하였다〉·정극인(丁克仁)〈자는 가택(可宅)이고 호는 불우헌(不憂軒)이며 영광(靈光)이 본관인 사람이다. 관직은 정언(正言)을 역임하였으며 예조참판(禮曹參判)에 추증되었다〉·송세림(宋世琳)〈자는 헌중(獻仲)이고 호는 눌암(訥庵)이며 여산(礪山)이 본관인 사람이다. 관직은 교리(校理)를역임하였다〉을 모시고 있다.

『전고』(典故)

고려 우왕(禑王) 2년(1376)에 왜구가 태산(泰山)을 노략질하였다. 우왕 7년(1381)에 왜구가 인의(仁義)을 노략질하였으며, 창왕(昌王) 때에도 왜구가 인의를 노략질하였다.

○조선 영조(英祖) 4년(1728)에 역적 이인좌(李麟佐) 등이 청주(淸州)를 함락시켰는데, 본 태인현의 현감(縣監) 박필현(朴弼賢)은 역적 중의 우두머리로서 제2대장(第二大將)이라고 칭하였다. 박필현이 근왕(勤王: 위험에 빠진 왕을 구원하는 것/역자주)한다고 사칭하고는 본 태인현의 병력 1,000명을 급히 동원하여 곧바로 청주로 가고자 하니 관리(官吏)와 군졸들이 모두 흩어져 버렸다. 박필현이 그 아들 박사제(朴師齊)와 함께 상주(尙州)로 도주하자 영장(營將) 한속방(韓涑方)이 군사를 거느리고 전투를 하였는데, 변이 있을까 우려하여 박필현과 그 아들 박사제를 함께 목베었다.

17. 부안현(扶安縣)

『연혁』(沿革)

본래 백제의 개화(皆火)였다.〈혹은 융발(戎發)이었다고도 한다〉 신라 경덕왕(景德王) 16년(757)에 부녕(扶寧)으로 고쳐서 고부군(古阜郡)에 소속된 현으로 하였다. 고려 현종(顯宗) 9년(1018)에 그대로 속하게 하였다가 후에 감무(監務)를 두고 보안(保安)의 업무를 겸하게 하였다. 우왕(禑王) 12년(1386)에 나누어서 보안감무(保安監務)를 두었다. 조선 태종 14년(1414)에 다시 보안(保安)을 합하여 소속하게 하였다가 태종 15년(1415)에 다시 분할하였다. 그러나 그해 8월에 다시 합하였다가 다음해인 16년(1416) 7월에 다시 분할하였고 12월에 다시 합하였으며 부안으로 칭호를 바꾸었다. 태종 17년(1417)에 홍덕진(興德鎭)을 부안현에 옮기고 병마사(兵馬使)로 하여금 판현사(判縣事)를 겸하게 하였다. 세종 5년(1423)에 첨절제사(簽節制使)로 바꾸었다가 후에 현감(縣監)으로 고쳤다.〈옛날의 치소(治所)는 지금의 치소로부

터 서쪽으로 3리에 있었다〉

「읍호」(邑號)

낭주(浪州)

부풍(扶風)

「관원」(官員)

현감(縣監)이〈전주진관병마절제도위(全州鎭管兵馬節制都尉)를 겸한다〉 1명이다.

『고읍』(古邑)

보안현(保安縣)〈읍치로부터 남쪽으로 30리에 있었다. 본래 백제의 흔양매(欣良買)였다. 신라 경덕왕(景德王) 16년(757)에 희안(喜安)으로 고쳐서 고부군(古阜郡)에 소속된 현으로 하였다. 고려 태조 23년(940)에 보안으로 고쳤다. 현종(顯宗) 9년(1018)에 그대로 소속되게 하였다가 후에 부녕감무(扶寧監務)로 하여금 보안의 업무를 겸하게 하였다. 이후의 내용은 위에 보인다〉

『방면』(坊面)

동도면(東道面)〈읍치로부터 5리에서 끝난다〉

서도면(西道面)〈읍치로부터 10리에서 끝난다〉

남상면(南上面)〈읍치로부터 10리에서 끝난다〉

남하면(南下面)〈읍치로부터 10리에서 시작하여 20리에서 끝난다〉

상동면(上東面)〈읍치로부터 10리에서 끝난다〉

하동면(下東面)〈읍치로부터 5리에서 시작하여 15리에서 끝난다〉

상서면(上西面)〈읍치로부터 10리에서 시작하여 20리에서 끝난다〉

하서면(下西面)〈읍치로부터 10리에서 시작하여 30리에서 끝난다〉

일도면(一道面)〈읍치로부터 북쪽으로 10리에서 끝난다〉

이도면(二道面)〈읍치로부터 북쪽으로 10리에서 시작하여 20리에서 끝난다〉

염소면(鹽所面)〈읍치로부터 서쪽으로 10리에서 시작하여 15리에서 끝난다〉

소산면(所山面)〈읍치로부터 남쪽으로 15리에서 시작하여 25리에서 끝난다〉

건선면(乾先面)〈읍치로부터 남쪽으로 30리에서 시작하여 50리에서 끝난다〉

입상면(立上面)〈읍치로부터 남쪽으로 25리에서 시작하여 35리에서 끝난다〉

입하면(立下面)〈읍치로부터 남쪽으로 30리에서 시작하여 40리에서 끝난다〉

좌산내면(左山內面)〈읍치로부터 서쪽으로 35리에서 시작하여 70리에서 끝난다〉

우산내면(右山內面)〈읍치로부터 서쪽으로 35리에서 시작하여 60리에서 끝난다. ○고촌향(鼓村鄕)은 읍치로부터 남쪽으로 27리에 있었다. 신덕소(申德所)는 읍치로부터 동쪽으로 5리에 있었다〉

『산수』(山水)

변산(邊山)〈읍치로부터 서쪽으로 30리에 있다. 혹은 능가산(楞伽山)이라고도 하고 혹은 영주산(瀛州山)이라고도 한다. 산이 수백리에 연이어 있는데, 삼면이 바다를 둘러싸고 있다. 산이 웅장하며 우뚝하고 천 개의 산봉우리와 만 개의 골짜기가 줄줄이 연이어서 깊고도 깊다. 층층으로 된 바위와 깎아지른 듯한 절벽 그리고 깊은 골짜기와 언덕에는 모두가 낙낙장송이 하늘을 찌를 듯 서있다. 고려 때부터 지금에 이르기까지 궁궐을 짓거나 선박을 건조하는 재목은 이 산에서 산출된다. 좋은 토지가 많으며 산 밖에는 또한 물고기 잡는 어부와 소금 굽는 사람들이 많이 있다. 서쪽으로는 군산(群山) 위도(蝟島)를 마주하고 있는데, 좋은 바람을 만나 곧바로 출항하면 중국과도 또한 그렇게 멀지 않다. 산 속에는 밤나무가 많은데, 또한 전죽(箭竹)이 삼처럼 빽빽한 것이 해변가의 장관이다. ○우금암(禹金岩)이 산꼭대기에 있는데, 바위의 몸체가 둥글며 큰데, 바라보면 눈처럼 희다. 바위 아래에는 3개의 굴이 있는데, 각각 작은 암자가 있다. 바위 위는 평탄하여 올라가서 사방을 조망할 수 있다. ○마천대(摩天臺)와 망해대(望海臺)는 모두 높은 곳에 있어서 올라가 임하는 곳이다. ○용추(龍湫)는 서쪽으로 50리에 있다. ○소래사(蘇來寺)는 서남쪽으로 50리에 있는데, 신라의 승려 혜구(惠丘)가 창건한 것이다. ○실상사(實相寺)는 용추(龍湫)의 동쪽에 있다. ○한암사(閑岩寺)는 서쪽으로 2리에 있는데, 그 뒤에 우금암(禹金岩)이 있다. ○임해사(臨海寺)는 검모포(黔毛浦)에 있다. ○선계사(仙溪寺)는 서쪽으로 20리에 있다. ○월명암(月明庵)과 영은암(靈隱岩)은 둘 다 산의 북쪽에 있다. 암자의 서쪽에는 폭포가 있다. ○원효암(元曉庵)은 만길 산꼭대기에 있는데, 돌계단으로 된 가느다란 길을 통해 올라간다. ○불사의방장(不思議方丈)에는 나무 사다리가 있는데, 그 높이가 100척이나 된다. 나무 사다리를 통해 내려가면 방장(方丈)에 도착하게 되는데, 그 아래는 모두 측량할 수 없는 골짜기이다. 쇠줄로 건물을 매달고 바위에다가 고정시켜 놓았다〉【송봉산(松封山:

소나무를 벌목하지 못하게 금지한 산/역자주)이 변산(邊山)에 있다】

행안산(幸安山)〈읍치로부터 서쪽으로 5리에 있다. 고려 말에 변안렬(邊安烈)이 이곳에서 왜구를 격파하였다〉

석불산(石佛山)〈읍치로부터 서쪽으로 20리에 있는데, 해환산(海環山)의 북쪽이다〉

묵방산(墨方山)〈읍치로부터 남쪽으로 25리에 있다〉

도동산(道洞山)〈읍치로부터 남쪽으로 5리에 있다〉

장지산(藏智山)〈읍치로부터 남쪽으로 30리에 있다〉

파산(巴山)〈읍치로부터 남쪽으로 25리에 있다〉

상소산(上蘇山)〈읍치로부터 동북쪽으로 1리에 있다〉

종정산(終正山)〈읍치로부터 남쪽으로 7리에 있다〉

거절산(巨節山)〈읍치로부터 남쪽으로 40리에 있다〉

수양산(首陽山)〈읍치로부터 서쪽으로 15리에 있다〉

도소산(道所山)〈읍치로부터 서쪽으로 5리에 있다〉

망기산(望氣山)〈읍치로부터 동쪽으로 3리에 있다〉

○해(海)〈읍치로부터 서쪽으로 70리와 북쪽으로 10리에 있다〉

동진강(東津江)〈혹은 통진(通津)이라고도 하고 혹은 장수(漳水)라고도 한다. 원류는 정읍(井邑)의 내장산(內藏山)에서 나온다. 서쪽으로 흘러 치천(鴟川)이 되는데, 정읍현(井邑縣)을 경과하여 서쪽으로 입암산(笠岩山)의 목제천(木梯川)을 통과한다. 북쪽으로 흘러 고부(古阜)의 모천(茅川)이 되고, 이평(梨坪)에 이르러 태인(泰仁)의 대각천(大角川)과 모인다. 백산(白山)에 이르러서는 고부(古阜)의 눌제천(訥堤川)과 모였다가 김제(金堤)의 식포(食浦)에 이르러 태극포천(太極浦川)과 모인다. 부안현의 동쪽 15리에 이르러 동진(東津)이 되는데 만경(萬頃) 군평면(群坪面)을 경과하여 서쪽으로 흐른다. 바다로 들어가는 곳을 덕달포(德達浦)라고 한다〉

가야포(加耶浦)〈읍치로부터 서쪽으로 15리에 있는데, 원류는 거절산(巨節山)으로부터 나온다. 북쪽으로 흘러 바다로 들어간다〉

사포(沙浦)〈읍치로부터 서쪽으로 20리에 있는데, 원류는 변산(邊山)으로부터 나온다. 북쪽으로 흘러 바다로 들어간다〉

제안포(濟安浦)〈읍치로부터 남쪽으로 50리에 있는데, 흥덕(興德)의 사진포(沙津浦) 아래이다. 사진포의 아래를 흘러 검모포(黔毛浦)가 되고 또 토포(土浦)가 되는데 서쪽으로 큰 바다와 연이어 있다〉

유포(柳浦)〈읍치로부터 남쪽으로 40리에 있는데, 흥덕(興德)의 오천(烏川) 하류이며 제안포(濟安浦)의 상류이다〉

장신포(長信浦)〈읍치로부터 서쪽으로 25리에 있다〉

덕달포(德達浦)〈읍치로부터 북쪽으로 20리에 있다〉

굴포(掘浦)〈읍치로부터 서쪽으로 25리에 있다〉【제언(堤堰)이 50이며 동보(垌洑)가 6이다】

「도서」(島嶼)

위도(蝟島)〈주위는 35리이다. 청어(靑魚)가 산출된다. 매년 봄과 여름에 전국에서 선박들이 모여든다〉

왕등도(王登島)〈상도(上島)와 하도(下島)의 두 섬이 있는데, 위도(蝟島)의 서쪽에 있다. 섬의 사면은 모두 돌 벽으로서 선박이 정박할 곳이 없다. 섬에는 닥나무와 칡넝쿨이 있다〉

계화도(界火島)〈읍치로부터 서북쪽으로 30리에 있는데, 조수가 물러가면 육지와 연이어져서 도보로 걸어다닌다. 물고기 잡는 민가가 많으며 섬 주변에는 바위가 불쑥 솟아 있는데, 그 꼭대기가 평평하여 가히 100인이 앉을 수 있다. 옥구(沃溝)의 여러 산들과 군산(群山)이 쭉 나열되어 있어서 진실로 장관을 이루고 있다〉

두리도(豆里島)〈읍치로부터 서북쪽에 있다〉

웅연도(熊淵島)〈읍치로부터 서남쪽으로 60리에 있는데, 조수가 물러가면 육지와 연이어진다〉

호도(虎島)〈혹은 범도(凡島)라고도 하는데, 읍치로부터 서북쪽의 바다에 있다〉

구도(鳩島)〈혹은 비량도(飛梁島)라고도 한다. 읍치로부터 북쪽의 바다에 있는데 주위가 20리이다〉

만좌서(晩坐嶼)〈읍치로부터 서쪽의 바다에 있다〉

『성지』(城池)

읍성(邑城)〈중종(中宗) 때에 개축했는데, 주위는 16,458척이다. 우물과 샘물이 16이며, 성문이 4이다. 남문을 취원루(聚遠樓)라고 하는데, 서쪽으로 변산(邊山)을 마주하고 있으며 북쪽으로는 큰 바다가 바라다 보이고 동남쪽으로는 너른 벌판이다〉

고읍성(古邑城)〈읍치로부터 서쪽으로 3리에 있는데, 주위가 1,500척이며 샘물이 6이다〉

우금성(禹金城)〈우금암(禹金岩)으로부터 시작하여 산의 양쪽 기슭을 따라가다가 동(洞)에서 합쳐진다. 주위는 10리인데 묘암사(妙岩寺)가 그 중에 있다〉

고루(古壘)〈보안고현(保安古縣)의 남쪽 7리 길 옆에 있다. 조선 초에 진(鎭)을 두었을 때에는 방수군(防守軍)이 이곳에 주둔하였다〉

『진보』(鎭堡)

위도진(蝟島鎭)〈읍치로부터 서쪽의 바다에 있는데, 물길로 50리에 있다. 숙종(肅宗) 8년(1682)에 진창(鎭倉) 2를 설치했다. ○수군동첨절제사(水軍同僉節制使)가 1명이다〉

검모포진(黔毛浦鎭)〈읍치로부터 남쪽으로 50리에 있다. 성지(城池)는 지금 폐지되었는데, 창(倉)이 2이다. 수군만호(水軍萬戶)가 1명이다〉

「혁폐」(革廢)

격포진(格浦鎭)〈읍치로부터 서쪽으로 70리에 있었다. 즉 변산(邊山)의 서쪽 지맥이 큰 바다에서 소진되는 곳이었다. 조수물이 불어나면 호수가 되지만 조수물이 물러나면 육지가 된다. 인조(仁祖) 때에 처음으로 진(鎭)을 설치하고 별장(別將)을 두었다가 효종(孝宗) 4년(1653)에 성을 쌓았으며 후에 감영(監營)에 소속시키고 제방을 쌓아 물을 저장했다. 헌종(憲宗) 9년(1843)에 폐지했다〉

고군영(古軍營)〈장신포(長信浦)의 남쪽에 있었다. 조선 초에 부안현에다가 진(鎭)을 설치했을 때에 영(營)을 설치했던 곳이었다〉

『봉수』(烽燧)

계화도봉수(界火島烽燧)〈위에 보인다〉

월고리봉수(月古里烽燧)〈읍치로부터 서쪽으로 70리에 있는데, 격포(格浦) 폐진(廢津)의 서쪽이다〉

『창고』(倉庫)

창(倉)이 5이다.〈읍내에 있다〉

북창(北倉)〈읍치로부터 북쪽으로 10리에 있다〉

해창(海倉)〈읍치로부터 서쪽으로 30리에 있다〉

사창(社倉)〈읍치로부터 남쪽으로 30리에 있다〉

『역참』(驛站)

부흥역(扶興驛)〈읍치로부터 서쪽으로 2리에 있다〉

『진도』(津渡)

동진(東津)〈읍치로부터 동쪽으로 15리에 있는데, 김제(金堤)·전주(全州)와 통한다〉

『교량』(橋梁)

동진교(東津橋)〈2곳이다〉

대교(大橋)〈읍치로부터 서쪽으로 10리에 있다〉

중교(中橋)〈읍치로부터 서쪽으로 10리에 있다〉

장교(長橋)〈읍치로부터 남쪽으로 10리에 있는데, 동진(東津)의 상류이다〉【망월루(望月樓)·후선루(候仙樓)·남문(南門)이 있다】

『토산』(土産)

대나무·옻나무·뽕나무·닥나무·모시·감·호도·잣[해송자(海松子)]·녹용·송이버섯[송심(松蕈)]·해물 15종이다.

『장시』(場市)

읍상(邑上)의 장날은 2일과 7일이고, 읍하(邑下)의 장날은 4일과 9일이며, 신치(申峙)의 장날은 1일과 6일이고 호치(胡峙)의 장날은 4일과 9일이다. 장전포(長田浦)의 장날은 5일과 10일이며 동진(東津)의 장날은 3일과 8일이다.

『전고』(典故)

고려 공민왕(恭愍王) 7년(1358)에 왜적이 검모포(黔毛浦)를 침략하여 전라도의 조운선을 분탕질하였는데, 우리 군사들이 패배하였다. 우왕(禑王) 2년(1376)에 왜적의 선박 50여 척이 와서 웅연(熊淵)에 정박하고 적현(狄峴)을 넘어 부녕현(扶寧縣)을 노략질하였는데, 동진교(東

津橋)를 망가뜨려서 우리 군사들이 진격하지 못하게 하였다. 상원수(上元帥) 나세(羅世)가 변안열(邊安烈) 등과 함께 밤에 다리를 세우고 군사를 나누어 협공하였다. 왜적의 보병과 기병 1,000여명이 행안산(幸安山)에 올라가니 우리나라 군사들이 사면에서 공격하였다. 왜적이 패주하여 크게 이겼다. 우왕 7년(1381)에 왜적이 보안(保安)을 노략질하였다.

18. 흥덕현(興德縣)

『연혁』(沿革)

본래 백제의 상칠(上漆)이었다.〈혹은 상촌(上村)이었다고도 한다〉 당(唐)나라가 백제를 멸망시키고 좌찬(佐贊)으로 고쳐서 고사주(古四州)에 소속된 현으로 하였다. 신라 경덕왕(景德王) 16년(757)에 상질(尙質)로 고쳐서 그대로 고부군(古阜郡)에 소속된 현으로 하였다. 고려 현종(顯宗) 9년(1018)에 그대로 소속시켰다가 후에 장덕현감무(章德縣監務)로 고쳐서 고창(高敞)까지 겸임하게 하였다. 충선왕(忠宣王)이 즉위하여 흥덕(興德)으로 고쳤다.〈장덕현감무가 왕의 이름인 장(璋)과 같은 음이었으므로 이를 고친 것이었다〉 조선 태종 1년(1401)에 나누어서 고창(高敞)을 두고 흥덕현에 진(鎭)을 설치했는데, 병마사(兵馬使)로 하여금 판현사(判縣事)를 겸하게 하였다. 태종 17년(1417)에 부안현(扶安縣)으로 진을 옮기고 이어서 현감(縣監)으로 고쳤다.

「읍호」(邑號)

흥성(興城)

「관원」(官員)

현감(縣監)〈전주진관병마절제도위(全州鎭管兵馬節制都尉)를 겸한다〉이 있다.

『방면』(坊面)

현내면(縣內面)〈읍치로부터 5리에서 끝난다〉

일동면(一東面)〈읍치로부터 10리에서 시작하여 15리에서 끝난다〉

이동면(二東面)〈읍치로부터 5리에서 시작하여 20리에서 끝난다〉

일남면(一南面)〈읍치로부터 3리에서 시작하여 15리에서 끝난다〉

이남면(二南面)〈읍치로부터 10리에서 시작하여 20리에서 끝난다〉

일서면(一西面)〈읍치로부터 7리에서 시작하여 15리에서 끝난다〉

이서면(二西面)〈읍치로부터 3리에서 시작하여 20리에서 끝난다〉

북면(北面)〈읍치로부터 5리에서 시작하여 20리에서 끝난다. ○좌향(坐鄕)은 읍치로부터 동쪽으로 8리에 있었다. 남조향(南調鄕)은 남쪽으로 13리에 있었으며 북조향(北調鄕)은 북쪽으로 10리에 있었다〉

『산수』(山水)

반등산(半登山)〈옛날에는 방등산(方等山)이라고 하였다. 읍치로부터 남쪽으로 15리에 있는데, 장성(長城)·정읍(井邑)·고창(高敞)과의 경계이다. 산의 남쪽에는 용추(龍湫)가 있다〉

화시산(火矢山)〈읍치로부터 서쪽으로 10리에 있는데, 고창(高敞)과의 경계로서 반등산(半登山)의 서쪽 지맥이다. 북쪽 지맥은 소요산(逍遙山)이다〉

소요산(逍遙山)〈혹은 서산(西山)이라고도 하는데, 읍치로부터 남쪽으로 15리에 있다. 산에 험준한 고개와 깎아지른 듯한 골짜기가 있다. 북쪽 산기슭에 구암(龜岩)·구인암(九仞岩)·명옥대(鳴玉坮)·유선대(遊仙臺)가 있다. ○수월사(水月寺)·연기사(烟起寺)가 있다〉

수산(秀山)〈읍치로부터 남쪽으로 10리에 있는데, 산세가 우뚝하게 솟아올라 휘휘 도는 모양이다〉

왕륜산(王輪山)〈읍치로부터 남쪽으로 10리에 있다〉

빈월산(賓月山)〈읍치로부터 읍치로부터 남쪽으로 10리에 있다〉

벽오봉(碧梧峯)〈혹은 백어봉(白魚峯)이라고도 하는데, 반등산(半登山)의 서쪽 지맥이다〉

입봉(笠峯)〈읍치로부터 남쪽으로 10리에 있다〉

호암(壺岩)〈읍치로부터 서쪽으로 20리에 있는데, 장연(長淵)에 돌이 마치 호롱병처럼 서있다〉

고려곡(高麗谷)〈읍치로부터 남쪽으로 5리에 있다〉【송봉산(松封山: 소나무를 벌목하지 못하게 금지한 산/역자주)이 7이다】

「영로」(嶺路)

소노령(小蘆嶺)〈읍치로부터 동쪽으로 15리에 있는데, 동쪽의 대노령(大蘆嶺)과 8리 떨어져 있다〉

굴치(屈峙)〈읍치로부터 서남쪽으로 15리에 있는데, 무장(茂長)과 통한다〉

율치(栗峙)〈읍치로부터 동쪽으로 15리에 있는데, 정읍(井邑)과의 경계이다〉

배풍치(陪風峙)〈읍치로부터 동북쪽으로 5리에 있다〉

○해(海)〈읍치로부터 서쪽으로 25리에 있다〉

사진포(沙津浦)〈읍치로부터 서쪽으로 6리에 있는데, 원류는 반등산(半登山)에서 나온다. 북쪽으로 흘러 사진포·제안포(濟安浦)가 되는데 소금을 만드는 염전과 물고기를 기르는 어장이 있어서 상선이 많이 몰려든다〉

선운포(禪雲浦)〈읍치로부터 서쪽으로 20리에 있는데, 무장(茂長)과의 경계이며 장연(長淵)의 하류이다〉

해천(蟹川)〈읍치로부터 남쪽으로 10리에 있는데, 사진포(沙津浦)의 상류이다〉

오천(烏川)〈읍치로부터 동쪽으로 7리에 있는데, 원류는 수산(秀山)에서 나온다. 북쪽으로 흘러 제안포(濟安浦)로 들어간다〉

장연(長淵)〈고창(高敞) 서교천(黍橋川)의 하류로서 즉 선운포(禪雲浦)의 상류이다. 토지가 매우 기름지다〉

연지(蓮池)〈읍내에 있다〉【제언(堤堰)이 36이다】

「도서」(島嶼)

죽도(竹島)〈선운포(禪雲浦)가 바다로 들어가는 곳에 있다. 섬의 서쪽에 계란암(鷄卵岩)이 있다〉

『성지』(城池)

읍성(邑城)〈배풍치(陪風峙) 위에 있었는데, 주위는 3,000척이었다. 임진왜란 이후에 성밖으로 옮겼다〉

오태성(嗚泰城)〈읍치로부터 서쪽으로 3리에 있다〉

고성(古城)〈읍치로부터 동쪽으로 15리에 있다〉

『창고』(倉庫)

읍창(邑倉)

해창(海倉)〈사진포(沙津浦)의 동쪽에 있다〉

『교량』(橋梁)

각고교(脚高橋)〈읍치로부터 서쪽으로 10리에 있다〉

장교(長橋)〈읍치로부터 동북쪽으로 10리에 있다〉

오천교(烏川橋)〈읍치로부터 동쪽으로 5리에 있다〉

석교(石橋)〈읍치로부터 서쪽으로 7리에 있다〉

『토산』(土産)

대나무·옻나무·닥나무·뽕나무·감·차·어물 10여 종류이다.

『장시』(場市)

읍내(邑內)의 장날은 4일과 9일이다

『전고』(典故)

고려 우왕(禑王) 2년(1376)에 왜적이 흥덕(興德)을 노략질하였다.

제2권

전라도 13읍

1. 나주목(羅州牧)

『연혁』(沿革)

본래 백제의 발라(發羅)였는데, 후에 죽군성(竹軍城)으로 고쳤다. 당(唐)나라가 백제를 멸망시키고 대방주(帶方州)를 설치했는데,〈소속된 현이 6이었는데, 지류현(至留縣)·군나현(軍那縣)·도산현(徒山縣)·반나현(半那縣)·죽군현(竹軍縣)·포현현(布賢縣)이었다〉 유인궤(劉仁軌)를 자사(刺史)로 삼았다. 후에 그 땅을 신라에 귀속시켰다. 신라 신문왕(神文王) 5년(685)에 통의군(通義郡)으로 고쳤다가 경덕왕(景德王) 16년(757)에 금산군(錦山郡)으로 고쳐서〈혹은 금성(錦城)이라고 하였다. ○다스리는 영현(領縣)이 3이었는데, 회진현(會津縣)·여황현(艅艎縣)·철야현(鐵冶縣)였다〉 무주(武州)에 소속시켰다. 신라 진성왕(眞聖王) 때에 견훤에게 빼앗겼는데, 얼마 되지 않아 군의 사람들이 궁예(弓裔)에게 귀부하였다. 궁예가 왕건(王建)〈고려의 태조이다〉에게 명령하여 정기대감(精騎大監)이 되어 해군을 거느리고 공격하여 그 땅을 취하도록 하였다. 고려 태조 23년(940)에 나주(羅州)로 고쳤다가 성종(成宗) 2년(983)에 목(牧)을 두었고〈12목(牧)의 하나였다〉 성종 14년(995)에 나주진해군절도사(羅州鎭海軍節度使)로 삼았다.〈12주(州) 절도사의 하나였다〉 현종(顯宗) 1년(1010)에 거란을 피하여 남쪽으로 순행하다가 나주에 이르러 10여 일을 머무르다 거란이 패배하자 왕이 환도하였다. 현종 9년(1018)에 나주목(羅州牧)으로 고쳤다.〈8목(牧)의 하나였다〉 ○소속된 군이 5였는데, 무안군(務安郡)·담양군(潭陽郡)·곡성군(谷城郡)·낙안군(樂安郡)·남평군(南平郡)이었다. 소속된 현은 11이었는데, 철야현(鐵冶縣)·반남현(潘南縣)·안노현(安老縣)·복룡현(伏龍縣)·원율현(原栗縣)·여황현(艅艎縣)·창평현(昌平縣)·장산현(長山縣)·회진현(會津縣)·진원현(珍原縣)·화순현(和順縣)이었다〉 충선왕(忠宣王) 2년(1310)에 지주사(知州事)로 강등하였다가〈여러 주(州)를 도태시켰다〉 공민왕(恭愍王) 5년(1356)에 다시 목(牧)으로 복구하였다. 조선은 그대로 따라 하다가 세조 12년(1466)에 진(鎭)을 설치하였다.〈관하의 10읍 중에서 진원현(珍原縣)을 감소시켰다〉 인조 때에는 금성현감(錦城縣監)으로 강등했다가 후에 다시 승격하였는데, 영조 4년(1728)에 현(縣)으로 강등했다가 13년(1748)에 다시 승격하였다.

「읍호」(邑號)

금성(錦城)〈고려 성종(成宗) 때에 정해진 것이다〉

「관원」(官員)

목사(牧使)가〈나주진병마첨절제사(羅州鎭兵馬僉節制使)를 겸한다〉 1명이다.

『고읍』(古邑)

반남현(潘南縣)〈읍치로부터 남쪽으로 40리에 있었다. 본래 백제의 반나부리(半奈夫里)였다. 당(唐)나라가 백제를 멸망시키고 반나(半那)로 고쳐서 대방주(帶方州)에 다스리는 영현으로 하였다. 신라 경덕왕(景德王) 16년(757)에 반남군(潘南郡)으로 고쳤는데, 영현(領縣)으로는 야노현(野老縣)·곤미현(昆湄縣)의 2개 현이 있었다. 고려 초에 현으로 강등했다가 현종(顯宗) 9년(1018)에 나주에 내속(來屬)되었다〉

복룡현(伏龍縣)〈읍치로부터 북쪽으로 30리에 있었다. 본래 백제의 고마산(古麻山)이었다. 당나라가 백제를 멸망시키고 용산(龍山)으로 고쳤으며, 신라 경덕왕 16년(757)에 무주(武州)의 영현으로 하였다. 고려 태조 23년(940)에 복룡(伏龍)으로 고쳤다가 현종(顯宗) 9년(1018)에 나주에 내속(來屬)되었다〉

안로현(安老縣)〈읍치로부터 남쪽으로 30리에 있었다. 본래 백제의 아로곡(阿老谷)이었는데, 당나라가 백제를 멸망시키고 노신(鹵辛)으로 고쳐서 동명주(東明州)의 영현(領縣)으로 현으로 하였다. 신라 경덕왕 16년(757)에 야로(野老)로 고쳐서 반남군(潘南郡)의 영현으로 하였다. 고려 태조 23년(940)에 안로(安老)로 고쳤다가 현종(顯宗) 9년(1018)에 나주에 내속되었다〉

회진현(會津縣)〈읍치로부터 서쪽으로 25리에 있었다. 본래 백제의 두혜(豆肹)였는데, 당나라가 백제를 멸망시키고 죽군(竹軍)으로 고쳐서 대방주(帶方州)의 영현(領縣)으로 하였다. 신라 경덕왕 16년(757)에 회진(會津)으로 고쳐서 금산군(錦山郡)의 영현으로 하였다. 고려 현종 9년(1018)에 그대로 속하게 하였다〉

여황현(艅艎縣)〈읍치로부터 북쪽으로 40리에 있었다. 본래 백제의 수천(水川)이었는데, 혹은 수입이(水入伊)라고도 하였다. 신라 경덕왕 16년(757)에 여황(艅艎)으로 고쳐서 금산군(錦山郡)의 영현으로 하였다. 고려 현종 9년(1018)에 그대로 속하게 하였다〉

압해현(押海縣)〈압(押)은 혹은 압(壓)으로 쓰기도 하였다. 읍치로부터 서남쪽으로 40리에 있었다. 본래 백제의 아차산(阿次山)이었는데, 신라 경덕왕 16년(757)에 압해군(壓海郡)으로 하였다. 영현(領縣)이 3이었는데, 갈도현(碣島縣)·염해현(鹽海縣)·안파현(安波縣)이었다. 고려 초에 나주목으로 옮겨서 소속되었다가 고려 현종 9년(1018)에 영광군(靈光郡)에 속군(屬郡)으로 되었고 후에는 다시 나주목으로 옮겨서 소속되었다. 후에 왜적으로 말미암아 그 지역을 상실하고 이주민들이 이곳에서 거주하게 되었다. ○고읍의 터가 압해도(押海島) 중에 남아 있다〉

장산현(長山縣)〈읍치로부터 남쪽으로 20리에 있었다. 본래 백제의 거지산(居知山)이었는데, 혹은 굴지산(屈知山)이라고도 하였다. 신라 경덕왕 16년(757)에 안파(安波)로 고쳐서 압해군(押海郡)의 영현으로 하였다. 고려 태조 23년(940)에 장산(長山)으로 고쳤는데, 혹은 안릉(安陵)이라고도 하였다. 현종 9년(1018)에 나주목으로 옮겨서 소속되었다가 후에 왜적으로 말미암아 그 지역을 상실하고 이주민들이 이곳에서 거주하게 되었다. ○고읍의 터가 장산도(長山島) 중에 남아 있다〉

영산현(榮山縣)〈읍치로부터 남쪽으로 10리에 있었다. 본래 흑산도(黑山島) 사람들이 왜적을 피하여 육지로 나가 남포강(南浦江) 가에서 거주하면서 그곳을 영산현이라고 하였다. 고려 공민왕(恭愍王) 12년(1363)에 군(郡)으로 승격하였다가 조선 초에 나주목으로 옮겨서 소속되었다〉

『방면』(坊面)

동부면(東部面)

서부면(西部面)〈동부면과 서부면은 둘 다 읍내에 있다〉

복암면(伏岩面)〈읍치로부터 동쪽으로 10리에서 시작하여 20리에서 끝난다〉

삼가면(三加面)〈읍치로부터 동쪽으로 20리에서 시작하여 30리에서 끝난다〉

상곡면(上谷面)〈읍치로부터 남쪽으로 15리에서 시작하여 20리에서 끝난다〉

신촌면(新村面)〈읍치로부터 남쪽으로 10리에서 시작하여 15리에서 끝난다〉

지량면(知良面)〈읍치로부터 남쪽으로 15리에서 시작하여 25리에서 끝난다〉

전왕면(田旺面)〈읍치로부터 남쪽으로 20리에서 시작하여 30리에서 끝난다〉

지죽면(枝竹面)〈읍치로부터 남쪽으로 25리에서 시작하여 40리에서 끝난다〉

비음면(非音面)〈읍치로부터 남쪽으로 30리에서 시작하여 40리에서 끝난다〉

마산면(馬山面)〈읍치로부터 남쪽으로 30리에서 시작하여 40리에서 끝난다〉

세화면(細花面)〈읍치로부터 남쪽으로 30리에서 시작하여 45리에서 끝난다〉

반남면(潘南面)〈읍치로부터 남쪽으로 35리에서 시작하여 50리에서 끝난다〉

금마면(金磨面)〈본래 금마부곡(金磨部曲)있었는데, 안로고현(安老古縣)에 있었다. 읍치로부터 50리에서 시작하여 70리에서 끝난다〉

종남면(終南面)〈본래 종남향(從南鄕)이었다. 옛날에는 종의남(從義南)이라고 하였다. 읍치로부터 50리에서 시작하여 60리에서 끝난다〉

원정면(元亭面)〈읍치로부터 동남쪽으로 40리에서 시작하여 50리에서 끝난다〉

시랑면(侍郎面)〈읍치로부터 서쪽으로 15리에서 시작하여 20리에서 끝난다〉

모계면(茅界面)〈읍치로부터 서쪽으로 20리에서 시작하여 25리에서 끝난다〉

수다면(水多面)〈본래 수다소(水多所)였는데, 혹은 횡산(橫山)이라고도 하였다. 읍치로부터 서쪽으로 20리에서 시작하여 30리에서 끝난다〉

금안면(金岸面)〈읍치로부터 서쪽으로 30리에서 시작하여 40리에서 끝난다〉

용문면(用文面)〈읍치로부터 서쪽으로 25리에서 시작하여 30리에서 끝난다〉

우곡면(紆谷面)〈읍치로부터 서남쪽으로 20리에서 시작하여 30리에서 끝난다〉

오산면(吾山面)〈읍치로부터 서남쪽으로 30리에서 시작하여 40리에서 끝난다〉

공수면(空樹面)〈읍치로부터 서남쪽으로 40리에서 시작하여 45리에서 끝난다〉

두동면(豆洞面)〈읍치로부터 서남쪽으로 45리에서 시작하여 55리에서 끝난다〉

거평면(居平面)〈본래 거평부곡(居平部曲)이었는데, 회진고현(會津古縣)에 있었다. 읍치로부터 30리에서 시작하여 45리에서 끝난다〉

곡강면(曲江面)〈읍치로부터 서남쪽으로 45리에서 시작하여 60리에서 끝난다〉

평리면(坪里面)〈본래 평구부곡(平邱部曲)이었다. 읍치로부터 북쪽으로 20리에서 시작하여 30리에서 끝난다〉

관동면(官洞面)〈읍치로부터 북쪽으로 25리에서 시작하여 30리에서 끝난다〉

오산면(烏山面)〈읍치로부터 북쪽으로 40리에서 시작하여 60리에서 끝난다〉

대화면(大化面)〈읍치로부터 북쪽으로 50리에서 시작하여 60리에서 끝난다〉

도림면(道林面)〈본래 손리향(孫利鄕)이었는데, 옛날에는 소산리(所山里)라고 하였다. 읍치로부터 북쪽으로 25리에서 시작하여 40리에서 끝난다〉

여황면(艅艎面)〈읍치로부터 북쪽으로 30리에서 시작하여 40리에서 끝난다〉

장본면(獐本面)〈읍치로부터 북쪽으로 40리에서 시작하여 50리에서 끝난다〉

적량면(赤良面)〈읍치로부터 북쪽으로 40리에서 시작하여 50리에서 끝난다〉

이로면(伊老面)〈읍치로부터 서북쪽으로 15리에서 시작하여 25리에서 끝난다〉

죽포면(竹浦面)〈읍치로부터 서쪽으로 30리에서 시작하여 35리에서 끝난다〉

삼향면(三鄕面)〈본래 군산(群山)·극포(極浦)·임성(任城)의 삼부곡(三部曲)으로서 무안현(務安縣) 남쪽 경계 안에 넘어 들어가 있었다. 읍치로부터 100리에서 시작하여 150리에서 끝난다〉

『산수』(山水)

금성산(錦城山)〈읍치로부터 북쪽으로 5리에 있는데, 산세가 아담하고 중후하면서도 기이하다. 산에는 월정봉(月井峯)·유마굴(維摩窟)·소재동(消災洞)이 있다. ○보광사(普光寺)는 북쪽으로 20리에 있는데, 신라 때에 창건한 것이다. 신왕사(神王寺)가 있다〉

덕룡산(德龍山)〈혹은 쌍계산(雙溪山)이라고도 하는데, 읍치로부터 동남쪽으로 60리에 있다. ○쌍계사(雙溪寺)는 70리 떨어져 있다〉

재신산(宰臣山)〈읍치로부터 남쪽으로 5리에 있다〉

시랑산(侍郎山)〈읍치로부터 서쪽으로 10리에 있다〉

용진산(湧珍山)〈읍치로부터 북쪽으로 40리에 있는데, 여황고현(艅艎古縣)이다〉

도야산(都野山)〈혹은 백야산(白也山)이라고도 하는데, 읍치로부터 북쪽으로 30리에 있다〉

가요산(歌謠山)〈읍치로부터 남쪽으로 10리에 있다〉

복룡산(伏龍山)〈읍치로부터 북쪽으로 34리에 있는데, 복룡고현(伏龍古縣)이다〉

칠봉산(七峯山)〈읍치로부터 북쪽으로 40리에 있다〉

어등산(魚登山)〈읍치로부터 북쪽으로 40리에 있다〉

오수산(五水山)〈읍치로부터 서북쪽으로 15리에 있다〉

나흑산(羅黑山)〈읍치로부터 서북쪽으로 15리에 있다〉

월정봉(月井峯)〈성의 서쪽에 있다〉

장원봉(壯元峯)〈성의 서북쪽에 있다〉

오도봉(五道峯)〈성의 서쪽에 있다. 월정봉(月井峯)·장원봉(壯元峯)·오도봉은 금성산(錦城山)의 서쪽 지맥으로서 주(州)의 성(城)을 빙 둘러싸고 있다〉【송봉산(松封山): 소나무를 벌목하지 못하게 금지한 산/역자주)이 2이다】

「영로」(嶺路)

영원치(嶺院峙)〈읍치로부터 남쪽으로 60리에 있는데, 영암(靈岩)과의 경계이다〉

죽령(竹嶺)〈읍치로부터 남쪽으로 40리에 있다〉

화소현(火所峴)〈읍치로부터 남쪽으로 30리에 있는데, 영암(靈岩)으로 통하는 대로이다〉

○해(海)〈읍치로부터 서쪽으로 100리에 있는데, 섬들이 죽 늘어서 있다〉

사호강(沙湖江)〈남평(南平)의 지석강(砥石江)과 광주(光州)의 황룡천(黃龍川)이 왕자대(王子臺) 아래에서 합하여서 서쪽으로 흘러가다가 나주의 동쪽 5리에 이르러 광탄(廣灘)이 된다. 다시 꺾여서 서남쪽으로 흐르다가 노자암(鸕鷀岩)에 이르러서 금강진(錦江津), 영산강(榮山江), 남포(南浦)가 된다. 다시 서쪽으로 흐르다가 왼쪽으로 송지천(松只川)을 지나 회포(回浦)가 되고 고막원(古幕院)이 이르러 오른쪽으로 작천(鵲川)을 지나 사호진(沙湖津)이 되는데, 무안(務安)과의 경계지역이다. ○앙암(仰岩)은 혹은 노자암(鸕鷀岩)이라고도 하는데 금강(錦江)의 남안(南岸)에까지 이른다. 그 아래의 물깊이는 측량할 수 없을 정도로 깊다. ○복암(伏岩)은 광탄(廣灘)의 서안(西岸)에 있다. ○흥룡사(興龍寺)는 금강진(錦江津)의 북쪽에 있는데, 고려 초에 고려 혜종(惠宗)이 탄생한 곳이라 하여 세운 절이다〉

작천(鵲川)〈읍치로부터 서쪽으로 30리에 있는데, 원류는 영광(靈光)의 고성산(高城山)에서 나온다. 남쪽으로 흘러 영광(靈光) 사창(社倉)을 지나 함평(咸平) 경계 지역으로 들어간다. 왼쪽으로 용진산(湧珍山)의 물을 지나고 오른쪽으로 함평(咸平) 감치(減峙)의 물을 지난다. 나주의 경계지역에 도착하여 작천이 되어서 사호강(沙湖江)으로 들어간다〉

송지천(松只川)〈읍치로부터 남쪽으로 15리에 있는데, 원류가 쌍계산(雙溪山)에서 나와서 북쪽으로 흐르다가 남포(南浦)로 들어간다〉

장성천(長成川)〈읍치로부터 북쪽으로 10리에 있는데, 원류는 도야산(都野山)에서 나온다. 남쪽으로 흐르다가 광탄(廣灘)으로 들어간다〉

정자천(亭子川)〈읍치로부터 서쪽으로 25리에 있는데, 원류는 금성산(錦城山)의 서남쪽에서 나온다. 남쪽으로 흐르다가 남포(南浦)로 들어간다〉

학교천(鶴橋川)〈읍치로부터 원류는 금성산(錦城山)에서 나오며, 남쪽으로 흐르다가 성중으로 들어와 동쪽 방향으로 광탄(廣灘)을 들어갔다 나왔다 한다〉

완사천(浣紗泉)〈읍치로부터 남쪽으로 1리에 있다〉

고막포(古幕浦)〈작천(鵲川)의 하류이다〉【제언(堤堰)이 107이다】【영산강(榮山江)은 조수와 통하므로 선박들이 몰려든다.】

「도서」(島嶼)

흑산도(黑山島)〈본래 우이도(牛耳島)였다. ○신라에서 당(唐) 나라에 조회하러 갈 때에는 모두 영암(靈岩) 바다에서 출발하여 1일이면 흑산도에 도착할 수 있었다. 홍의도(紅衣島)·가가도(可佳島)를 지나 동북풍을 만나 3일이면 태주(台州)에 도착했다. ○『송사(宋史)』에 이르기를 "명주(明州) 정해현(定海縣)의 바다에서 배를 출발하여 편풍을 만나게 되면 3일 만에 바다에 들어가고, 또 5일이면 흑산(黑山)에 도착해서 그 지역에 들어간다."고 하였다〉

대흑산도(大黑山島)〈흑산도(黑山島)의 서쪽에 있는데, 토지가 매우 비옥하다. 옛날에 사신들이 쓰던 관사(館舍)의 터가 남아 있다〉

홍의도(紅衣島)〈대흑산도(大黑山島) 서쪽에 있다〉

가가도(可佳島)〈홍의도(紅衣島)의 서북쪽에 있는데, 중국으로 들어가는 수로의 마지막 지역이다. 홍의도(紅衣島)와 가가도에는 사람들이 살고 있다〉

팔이도(八爾島)

안창도(安昌島)

하의도(荷衣島)

태이도(苔爾島)

도초도(都草島)

자라도(者羅島)

기좌도(其佐島)

수치도(愁致島)

사치도(沙致島)

대야도(大也島)

소지도(小智島)

반월도(半月島)

박지도(朴只島)

고하도(高下島)

달이도(達耳島)

사읍도(沙邑島)

압해도(押海島)〈압해고현(押海古縣)의 옛 터가 남아있다〉

송도(松島)

구슬도(仇瑟島)

우묵도(牛黙島)

소문도(蘇文島)

우개도(牛開島)

가란도(加蘭島)

장산도(長山島)〈장산고현(長山古縣)의 옛 터가 남아 있다〉

지도(智島)〈진(鎭)이 있다〉

자은도(慈恩島)〈고려 공민왕(恭愍王) 계축년(1373)에 하정사(賀正使: 중국의 천자에게 신년축하를 하기 위해 가던 사신/역자주) 주영찬(周英贊) 등이 탔던 배가 이 섬에서 난파하여 익사하였다〉

비이도(比爾島)

암타도(岩墮島)

신소도(新蔬島)

눌옥도(訥玉島)

태도(苔島)〈상태도(上苔島)와 하태도(下苔島)가 있다〉

장자도(長者島)

태사도(苔士島)

비금도(飛禽島)〈토지가 비옥하다〉

병간도(柄間島)

우도(牛島)

입막도(入幕島)

허사도(許沙島)

눌도(訥島)

막금도(莫今島)

얼매도(乻每島)

초란도(草蘭島)

여흘도(如屹島)

장병도(長柄島)

노도(露島)

역도(驛島)

나불도(羅佛島)

개도(介島)

노대도(魯大島)

기도(箕島)〈대기도(大箕島)와 소기도(小箕島)가 있다〉

죽도(竹島)

두리도(斗里島)〈상두리도(上斗里島)와 하두리도(下斗里島)가 있다〉

추엽도(芻葉島)

달도(達島)〈내달도(內達島)와 외달도(外達島)가 있다〉

경치도(景致島)

추래서(秋來嶼)

거사서(巨沙嶼)

마전서(麻田嶼)

개서(介嶼)

백화서(白花嶼)

송서(松嶼)

신소서(新蔬嶼)

소문서(蘇文嶼)【낙지도(落地島), 우악도(牛岳島), 광대도(廣大島), 장도(獐島), 매화도(梅花島), 주지도(注之島), 용출도(龍出島), 우첩도(牛疊島), 부소도(扶蘇島), 가사도(加沙島), 대배도(大拜島), 소배도(少拜島), 신도(薪島) 등은 지도에 있다】

『형승』(形勝)

북쪽으로는 금산(錦山)을 등뒤에 두고 있으며 남쪽으로는 영산강(榮山江)에 임해 있다. 푸른 바다가 오른쪽에서 넘실대고 있으며 너른 벌판이 앞쪽에 펼쳐 있다. 토지가 비단처럼 넓으며 사람과 물산이 번성하고, 나락 등의 곡식과 물산이 풍부하다.

『성지』(城池)

읍성(邑城)〈주위는 9,966척이다. 성문이 4이며 우물이 20이고 샘물이 12이며 연못이 2이

고 작은 개울이 1이다〉

금성산성(錦城山城)〈주위는 2,946척이다. ○서쪽, 남쪽, 북쪽의 3면은 험준한데, 동문 밖의 한 방면은 넓고 평평하여 적들이 들어오는 지역이 된다. 4개의 봉우리가 있는데, 동쪽은 노적봉(露積峯) 남쪽은 다복봉(多福峯) 서쪽은 오도봉(惡道峯) 북쪽은 정녕봉(定寧峯)인데 서로 상응하는 형세이다. 동북의 지맥이 서로 빙 둘러서 동구를 이루어 병사들을 숨길 수 있다. ○북쪽은 높고 남쪽은 얕아서 성의 형세가 한쪽으로 기울어져 있다. 성이 산의 허리를 둘러싸고 있어서 그 형세가 안과 밖을 구분하고 있으므로 서로 도와주는 형세가 되지 못하니 이것은 병가(兵家)에서 꺼리는 것이다. ○고려 현종(顯宗) 1년(1010)에 왕이 거란의 침략을 피하여 이곳에서 군대를 주둔시켰다. 원종(元宗) 11년(1270)에 삼별초(三別抄)가 반란을 일으켜 진도(珍島)에 근거하고 있었을 때 여러 현(縣)의 사람들이 금성(錦城)에 들어가 지켰는데, 삼별초가 공격하였어도 함락시키지 못했다〉

『영아』(營衙)

우영(右營)〈인조(仁祖) 때에 설치했다. ○우영장겸토포사(右營將兼討捕使)가 1명이다. 인조 19년(1641)에 능주목사(綾州牧使)로 하여금 토포사를 겸임하게 하였다가 현종(顯宗) 5년(1664)에 우영(右營)으로 옮겼다. ○속오군(束伍軍: 농민, 천민 등으로 충원한 예비병력의 일종/역자주)에 소속된 읍은 나주(羅州)·광주(光州)·능주(綾州)·영암(靈岩)·영광(靈光)·화순(和順)·남평(南平)·무안(務安)·함평(咸平)·무장(茂長)이다. 토포군(討捕軍)에 소속된 읍은 장성(長城)·고창(高敞)·흥덕(興德)이다〉

『진보』(鎭堡)

지도진(智島鎭)〈함평(咸平) 임치도(臨淄島)의 서해 바다에 있다. 숙종(肅宗) 8년(1682)에 진(鎭)을 설치했다. ○수군만호겸사복별장(水軍萬戶兼司僕別將)이 1명이다〉

흑산도진(黑山島鎭)〈우이도(牛耳島) 안에 있다. 처음에는 별장(別將)을 설치했었다. ○수군만호(水軍萬戶)가 1명이다〉【창(倉)이 2이다】

『봉수』(烽燧)

군산봉수(群山烽燧)〈읍치로부터 서쪽으로 150리에 있다〉

『창고』(倉庫)

창(倉)이 5이다.〈읍내에 있다〉

제민창(濟民倉)〈읍치로부터 서쪽으로 10리에 있다〉

동창(東倉)〈동쪽으로 30리에 있다〉

서창(西倉)〈서쪽으로 30리에 있다〉

남창(南倉)〈남쪽으로 40리에 있다〉

북창(北倉)〈북쪽으로 40리에 있다〉

삼향창(三鄕倉)〈삼향면(三鄕面)에 있다〉

고월창(孤月倉)〈남쪽으로 30리에 있는데, 마산면(馬山面)이다〉

산성창(山城倉)〈장성(長城) 입암산성(笠岩山城)에 있다〉

영산창(榮山倉)〈금강진(錦江津) 강가의 옛날 영산현(榮山縣) 터에 있다. 조선 초에 조창(漕倉: 조운할 곡식을 보관하기 위한 창고/역자주)을 설치하고 창고를 보호하기 위한 성을 축조하였다. 나주(羅州)·광주(光州)·순천(順天)·강진(康津)·진도(珍島)·낙안(樂安)·광양(光陽)·화순(和順)·남평(南平)·동복(同福)·흥양(興陽)·무안(務安)·능주(綾州)·영암(靈岩)·보성(寶城)·장흥(長興)·해남(海南) 등에서 거두어들인 전세를 이곳에 모았다가 한양으로 운송하였다. 중종(中宗) 7년(1512)에 조창(漕倉)을 영광(靈光)의 법성포(法聖浦)로 옮겨서 지금은 단지 강창(江倉)만이 있다〉

나리포창(羅里舖倉)〈제주도의 백성들을 접대하고 구제하기 위해 설치했다. 중종(中宗) 때에 공주(公州)에 설치했다가 경종(景宗) 때에 임피(臨陂)로 옮겼고 영조(英祖) 때에 군산(群山)에 소속시켰다가 다시 임피(臨陂)로 되돌렸다. 정조(正祖) 때에 본 나주의 제민창(濟民倉)으로 옮겨서 설치했다〉

『역참』(驛站)

청암도(靑岩道)〈읍치로부터 북쪽으로 5리에 있다. ○소속된 역이 11이다. ○찰방(察訪)이 1명인데, 장성(長城) 단암역(丹岩驛)에 옮겨서 주재한다〉

신안역(新安驛)〈읍치로부터 남족으로 33리에 있다〉

『목장』(牧場)

망운장(望雲場)〈영광(靈光) 망운면(望雲面) 지역에 있다. ○감목관(監牧官)이 1명이다〉【창(倉)이 4이다】

「속장」(屬場)

압해도장(押海島場)

장산도장(長山島場)

자은도장(慈恩島場)〈압해도장(押海島場), 장산도장(長山島場), 자은도장은 망운장(望雲場)에 소속되어 있다〉, 지도장(智島場)〈지도(智島)에 소속되어 있다〉

『진도』(津渡)

영강진(榮江津)〈고려 때에는 남포진(南浦鎭)이라고 하였다〉

제창진(濟倉津)

금강진(錦江津)〈제창진(濟倉津)과 금강진은 모두 읍치로부터 남쪽으로 10리에 있다〉

수다진(水多津)〈읍치로부터 서쪽으로 30리에 있다〉

회진강진(會津江津)〈읍치로부터 서남쪽으로 15리에 있다〉

죽포진(竹浦津)〈읍치로부터 서쪽으로 30리에 있다〉

오산진(吾山津)〈읍치로부터 서쪽으로 40리에 있다〉

몽탄진(夢灘津)〈읍치로부터 서남쪽으로 60리에 있다〉

종남진(終南津)〈읍치로부터 서남쪽으로 40리에 있다〉

『교량』(橋梁)

학교(鶴橋)〈성 안에 있다〉

영산교(榮山橋)〈영산진(榮山津)에 있는데, 매년 1차례씩 수리한다〉

고막교(古幕橋)〈고막포(古幕浦)에 있는데, 무안(務安)과 통한다〉

『토산』(土産)

황죽(篁竹)·전죽(箭竹)·닥나무·옻나무·뽕나무·모시·석류·비자나무·감·생강·차·미역·김·매산(莓山)·감태(甘苔)·황각(黃角)·소털·표고버섯[향심(香蕈)]·숫돌·복어(鰒魚)·해삼(海蔘) 등 어물 20여종이다.

『장시』(場市)

읍내의 장날은 2일과 7일이고 남문외(南門外)의 장날은 4일과 9일이다. 창흘(昌屹)의 장날은 5일과 10일이고 도마교(都馬橋)의 장날은 4일과 9일이다. 남창(南倉)의 장날은 2일과 7일이고 박산(朴山)의 장날은 5일과 10일이다. 초동(草洞)의 장날은 3일과 8일이고 용두(龍頭)의 장날은 3일과 8일이다. 도야(都也)의 장날은 1일과 6일이고 대야(大也)의 장날은 1일과 6일이다. 음산(陰山)의 장날은 1일과 6일이고 접의(接衣)의 장날은 1일과 6일이다.

『누정』(樓亭)

망화루(望華樓)

빙허정(憑虛亭)〈망화루(望華樓)와 빙허정은 모두 나주 안에 있다〉

장춘정(藏春亭)〈죽포(竹浦)의 서쪽에 있다〉

『단유』(壇壝)

남해신단(南海神壇)〈읍치로부터 남쪽으로 45리에 있는데, 중사(中祀: 국가에서 치르는 제사 중에서 중간 규모의 제사/역자주)에 실려 있다〉

금성산단(錦城山壇)〈고려 충렬왕(忠烈王) 3년(1277)에 본읍으로 하여금 금성산(錦城山)에 제사를 올리게 하였다. 조선에서는 금성산이 명산이라 하여 소사(小祀: 국가에서 치르는 제사 중 가장 작은 규모의 제사/역자주)에 실려 있다〉

용진단(龍津壇)〈금강(錦江) 북암(北岩)에 있는데, 앙암(仰岩)과 더불어 서로 마주보고 있다. 본읍에서 제사를 지낸다〉

『사원』(祠院)

경현서원(景賢書院)에는〈선조(宣祖) 계미년(16년, 1583)에 세우고 정미년(40년, 1607)에 편액을 하사하였다〉 김굉필(金宏弼)·정여창(鄭汝昌)·조광조(趙光祖)·이언적(李彦迪)·이황(李滉)〈김굉필·정여창·조광조·이언적은 모두가 문묘(文廟)에 있다〉·김성일(金誠一)〈안동(安東) 조항에 보인다〉·기대승(奇大升)〈광주(光州)에 보인다〉을 모시고 있다.

○월정서원(月井書院)에는〈현종(顯宗) 갑진년(5년, 1664)에 세우고 기유년(10년, 1669)에 편액을 하사하였다〉 박순(朴淳)〈개성(開城) 조항에 보인다〉·김계휘(金繼輝)〈호(號)는 황강(黃岡)이고 본관은 광주(光州)이다. 관직은 대사헌(大司憲)을 역임하였다〉·심의겸(沈義謙)〈호는 선재(選齋)이고 본관은 청송(青松)이다. 청양군(青陽君)에 봉해졌다〉·정철(鄭澈)〈호는 송강(松岡)이고 본관은 영일(迎日)이다. 관직은 좌의정(左議政)을 역임했다〉을 모시고 있다.

○반계서원(潘溪書院)에는〈숙종(肅宗) 을해년(21년, 1606)에 세우고 정축년(23년, 1697)에 편액을 하사하였다〉 박상충(朴尙衷)〈개성(開城) 조항에 보인다〉·박소(朴紹)〈합천(陜川) 조항에 보인다〉·박세채(朴世采)〈문묘(文廟: 성균관/역자주) 조항에 보인다〉·박필주(朴弼周)〈호는 여호(黎湖)이며 박소(朴紹)의 후손이다. 관직은 찬성(贊成)을 역임하였으며 문경공(文景公)의 시호(諡號)를 받았다〉을 모시고 있다.

○정렬사(旌烈祠)에는〈선조(宣祖) 병오년(39년, 1606)에 세웠으며 정미년(1607)에 편액을 하사하였다〉 김천일(金千鎰)·김상건(金象乾)·양산도(梁山濤)〈김천일·김상건·양산도는 모두 진주(晉州) 조항에 보인다〉·임회(林檜)〈자(字)는 공직(公直)이고 호는 관해헌(觀海軒)이며 본관은 평택(平澤)이다. 인조(仁祖) 갑자년(2년, 1624)에 광주목사(廣州牧使)로 있다가 이괄(李适)의 난에 해를 당하였다. 좌승지(左承旨)에 추증했다〉을 모시고 있다.

『전고』(典故)

신라 효공왕(孝恭王) 5년(901)에 후백제의 왕 견훤(甄萱)이 강양군(江陽郡)을 공격하였지만 함락시키지 못하자, 군사를 금성(錦城)의 남쪽으로 옮겨서 연변의 여러 부락을 약탈하고 돌아갔다. 효공왕 7년(903)에 태봉(泰封)의 왕 궁예(弓裔)가 왕건(王建)을 정기대감(精騎大監)으로 삼아서 해군을 거느리고 광주(光州) 지역에 이르러 금성군(錦城郡)을 공격해 함락시키고 10여 군현을 취하였는데, 군사를 나누어 주둔시키고 돌아갔다. 효공왕 13년(909)에 궁예가 왕건으로 하여금 정주(貞州)에서 전함을 수리한 후 군사 2,500을 거느리고 가서 공격하게 하니 왕건이 광주(光州)와 진도군(珍島郡)을 빼앗았다. 이어서 왕건이 고이도(皐夷島)에 도착하니 성중에서는 바라보기만 하고도 싸우지 않고 항복하였다. 왕건이 나주(羅州) 포구(浦口)에 도착하자 견훤이 직접 병사들을 거느리고 전함을 나열하여 목포로부터 덕진포(德眞浦)에 이르렀는데, 군세가 심히 성하였다. 왕건이 군사를 진군하여 급하게 공격하니 견훤의 군대가 조금 물러갔다. 이에 왕건은 바람을 타고 불화살을 어지럽게 쏘니 불타고 빠져서 죽은 자가 태반이나 되었으며 목을 벤 수자도 500여급이나 되었다. 견훤은 작은 배를 타고 도망갔다. 효공왕 14년(910)에 견훤이 몸소 기병과 보병 3,000명을 거느리고 나주성을 포위하였는데, 10일이 지나도록 포위를 풀지 않았다. 궁예가 해군을 출동하여 습격하자 견훤은 군대를 이끌고 후퇴했다. 신덕왕(神德王) 3년(914)에 왕건이 다시 해군을 거느리고 정주(貞州) 포구에 나아가 전선 70여 척을 수리한 후에 병력 2,000명을 싣고 나주에 도착하였는데, 백제와 바다의 도둑들이 감히 움직이지 못하였다.

○고려 현종(顯宗) 2년(1011) 정월에 왕이 광주(廣州)를 출발하여 비뇌역(鼻腦驛)을 넘었는데, 수행하던 장사들이 사방으로 흩어져 왕이 마침내 양성(陽城)으로 가서 사산현(蛇山縣)을 지나 천안부(天安府)에 도착하였다. 유종(柳宗) 등이 석파역(石坡驛)으로 갈 것을 주청하고 공돈(供頓)으로써 맞이하게 하였는데, 현종이 마침내 도망하여 파산역(巴山驛)에 도착하였다. 이때 관리들은 모두 달아나서 왕의 식사를 대지 못하였다. 고려 현종이 여양(礪陽)에 머물다가 삼례역(參禮驛)에 도착하였고 장곡역(長谷驛)에서 숙박하였다. 전주절도사(全州節度使) 조용겸(趙容謙) 등이 왕의 행차를 위협하였는데, 지채문(智蔡文)이 문을 걸어 잠그고 굳게 지키자 감히 들어오지 못하였다. 현종이 노령(蘆嶺)을 넘어 나주에 들어가자 하공진(河拱辰)이 글을 올려 거란의 병사들이 물러간 상황을 알렸다. 2월에 현종이 환궁하는 길에 복룡역(伏龍驛), 고부군(古阜郡), 금구현(金溝縣)에서 머물렀다가 공주(公州)에 돌아왔다.〈『송사(宋史)』를 살펴보니 이르기를 "거란이 강조(康兆)를 붙잡아 죽이자 고려의 왕 고순(高詢: 고려 현종/필자주)이 궁궐을 버리고 평주(平州)로 달아났다"고 하였는데, 이것은 『송사』가 나주를 오인하여 평주로 잘못 지칭한 것이다〉 고려 고종(高宗) 24년(1237)에 도적 이연년(李延年)〈율원(栗原) 사람이다〉이 율원(栗原)과 담양(潭陽)의 무뢰배들을 불러모아 해양(海陽) 등의 주현을 공격해 함락시켰다. 전라도지휘사(全羅道指揮使) 김경손(金慶孫)과 부사(副使) 최린(崔璘)이 나주로 들어가자 도적들이 나주성을 포위하였다. 김경손이 군사를 거느리고 전투를 독려하여 이연년의 목을 베자 적도가 크게 무너졌다. 고종 42년(1255)에 몽골의 차라대(車羅大)가 해군전선 70척을 거느리고 압해(押海)를 공격하고자 하여 전투를 독려하였다. 압해(押海)에서는 큰 배에 대포 2대를 두고 대비하였는데, 차라대는 다시 군함을 이동하여 공격하였다. 압해 사람들이 장소에 따라 대포를 설치하자 몽골이 드디어 물에서 공격할 도구들을 철파하였다. 원종(元宗) 11년(1270)에 삼별초(三別抄)가 나주를 공격하자 사록(四錄) 김응덕(金應德)이 관리들을 거느리고 금성산(錦城山)에 들어가 가시나무를 둘러싸서 목책을 만들고 대비하였다. 삼별초가 도착하여 포위하고 공격하자 김응덕 등은 상처를 싸매고 죽을 힘을 다해 지켰다. 삼별초는 성을 공

격하기를 무릇 7일 밤낮을 하였는데, 마침내 함락시키지 못하였다. 우왕(禑王) 2년(1376)에 왜적의 전선 20여 척이 전라도의 원수(元帥)가 머무는 군영을 노략질하고 또 영산(榮山)을 노략질하여 전함을 불태웠다. 왜적은 또 나주를 노략질하고 전선을 불태웠으며 또다시 민가를 불태우고 크게 약탈을 하였다. 우왕 7년(1381)에 왜적이 반남현(潘南縣)을 노략질하자 원수(元帥) 지용기(池湧奇)와 이을진(李乙珍)이 왜적과 더불어 전투를 벌여 격퇴하였으며 왜적의 전함 1척을 나포하여 불태우고 9급을 목베었다. 우왕 9년(1383)에 해도부원수(海道副元帥) 정지(鄭地)가 왜적을 공격하여 대파하였다.

○조선 선조 30년(1597)에 왜적의 장수 성친(盛親)이 나주에 들어왔다.

2. 광주목(光州牧)

『연혁』(沿革)

본래 백제의 노지(奴只)였는데, 후에 무진군(武珍郡)으로 고쳤다. 신라 문무왕(文武王) 17년(675)에 도독(都督)을 설치하였다.〈아찬(阿飡) 천훈(天訓)을 무진주도독(武診州都督)으로 삼았다〉 신문왕(神文王) 5년(685)에 총관(總管)으로 고쳤으며, 경덕왕(景德王) 16년(757)에 무주도독부(武州都督府)로 고쳐서〈구주(九州)의 하나였다〉 군현을 통괄하게 하였다.〈소속된 주(州)가 1이었고 군(郡)이 15였으며, 현(縣)은 43이었다. ○도독부(都督府)에 소속된 현이 3이었는데, 현확(玄確)·기양(祈陽)·용산(龍山)이었다〉 진성여왕(眞聖女王) 6년(892)에 견훤(甄萱)이 반란을 일으켜 이곳에 근거하고 후백제(後百濟)라고 칭하였다. 효공왕(孝恭王) 3년(899)에 견훤은 전주(全州)로 옮겨서 도읍하였다. 고려 태조 23년(940)에 광주(光州)로 고쳤으며 성종(成宗) 14년(995)에 자사(刺史)를 두었다가 후에 해양현령(海陽縣令)으로 강등하였다. 고종(高宗) 46년(1259)에 지익주사(知翼州事)로 승격하였다가〈공신 김인준(金仁俊)의 외향(外鄕)이었기 때문이었다〉 후에 광주목(光州牧)으로 승격하였다. 충선왕(忠宣王) 2년(1310)에 화평부(化平府)로 강등하였다가〈여러 목(牧)을 도태시켰다〉 공민왕(恭愍王) 11년(1362)에 무진부(茂珍府)로 고쳤고〈혜종(惠宗)의 이름을 피하여 무(武)의 글자를 무(茂)로 고쳤다〉 23년(1374)에 다시 광주목(光州牧)으로 하였다. 조선에서는 그대로 이어서 하다가 세종 12년(1430)에 무진군(茂珍郡)으로 강등시켰다.〈읍의 사람 노흥준(盧興俊)이 목사(牧使) 신보안(辛

保安)을 구타했기 때문이었다. 노홍준은 곤장을 치고 도형(徒刑: 강제노동을 부과하는 형벌/역자주)에 처하여 변방으로 보냈다〉 문종 1년(1451)에 다시 광주목(光州牧)으로 복구하였다가 성종 12년(1481)에 광산현감(光山縣監)으로 강등하였다.〈판관(判官) 우윤공(禹允功)이 화살에 맞았는데, 조정에서는 읍의 사람이 한 일이라 의심하여 현으로 강등하였다〉 연산군 7년(1501)에 다시 광주목(光州牧)으로 하였다가 인조 2년(1624)에 광산현(光山縣)으로 강등하였고, 인조 12년(1634)에 다시 광주목(光州牧)으로 승격하였다.

「읍호」(邑號)

익양(翼陽)

서석(瑞石)

「관원」(官員)

목사(牧使)가 〈나주진관병마동첨절제사(羅州鎭管兵馬同僉節制使)를 겸임한다〉 1명이다.

『방면』(坊面)

성내면(城內面)

기례면(奇禮面)

부동면(不動面)

공수면(公須面)〈성내면(城內面)·기례면(奇禮面)·부동면(不動面)·공수면은 모두 읍내에 있다〉

상대곡면(上大谷面)〈읍치로부터 동쪽으로 15리에서 시작하여 20리에서 끝난다〉

하대곡면(下大谷面)〈읍치로부터 동쪽으로 20리에서 시작하여 30리에서 끝난다〉

편방면(片方面)〈읍치로부터 동쪽으로 5리에서 시작하여 10리에서 끝난다〉

선도면(船道面)〈읍치로부터 남쪽으로 25리에서 시작하여 30리에서 끝난다〉

석제면(石堤面)〈읍치로부터 북쪽으로 25리에서 시작하여 28리에서 끝난다〉

덕산면(德山面)〈읍치로부터 북쪽으로 20리에서 시작하여 25리에서 끝난다〉

왕소지면(王所旨面)

천곡면(泉谷面)

우치면(牛峙面)〈왕소지면(王所旨面)·천곡면(泉谷面)·우치면은 모두 읍치로부터 북쪽으로 30리에서 시작하여 35리에서 끝난다〉

계촌면(界村面)〈읍치로부터 서쪽으로 30리에서 시작하여 35리에서 끝난다〉

소지면(所旨面)〈읍치로부터 서쪽으로 25리에서 시작하여 30리에서 끝난다〉

흑석면(黑石面)〈읍치로부터 서쪽으로 30리에서 시작하여 35리에서 끝난다〉

내정면(內丁面)〈읍치로부터 서쪽으로 20리에서 시작하여 25리에서 끝난다〉

당부면(當夫面)〈읍치로부터 서쪽으로 20리에서 시작하여 25리에서 끝난다〉

고내상면(古內廂面)〈읍치로부터 서쪽으로 30리에서 시작하여 35리에서 끝난다〉

군분면(軍盆面)〈읍치로부터 서쪽으로 15리에서 시작하여 20리에서 끝난다〉

독산면(禿山面)〈읍치로부터 서쪽으로 25리에서 시작하여 30리에서 끝난다〉

거치면(巨峙面)〈읍치로부터 서북쪽으로 25리에서 시작하여 35리에서 끝난다〉

대치면(大峙面)〈읍치로부터 서북쪽으로 25리에서 시작하여 35리에서 끝난다〉

마지면(馬池面)〈읍치로부터 서북쪽으로 20리에서 시작하여 25리에서 끝난다〉

황계면(黃界面)〈읍치로부터 북쪽으로 10리에서 시작하여 15리에서 끝난다〉

효반동면(孝反洞面)〈읍치로부터 남쪽으로 10리에서 시작하여 15리에서 끝난다〉

유등곡면(柳等谷面)〈읍치로부터 서남쪽으로 35리에 있다〉

동각면(東角面)〈읍치로부터 서남쪽으로 30리에서 시작하여 45리에서 끝난다〉

마곡면(馬谷面)〈읍치로부터 서남쪽으로 35리에서 시작하여 40리에서 끝난다〉

방하동면(方下洞面)〈읍치로부터 서남쪽으로 30리에서 시작하여 35리에서 끝난다〉

대지면(大枝面)〈읍치로부터 서남쪽으로 30리에서 시작하여 45리에서 끝난다〉

와곡면(瓦谷面)〈읍치로부터 서북쪽으로 15리에 있다〉

소고룡면(召古龍面)〈읍치로부터 서쪽으로 50리에서 시작하여 55리에서 끝난다〉

지한면(池漢面)〈읍치로부터 남쪽으로 15리에서 시작하여 20리에서 끝난다〉

갈전면(葛田面)〈읍치로부터 북쪽으로 50리에서 시작하여 55리에서 끝난다〉

칠석면(漆石面)〈읍치로부터 서남쪽으로 30리에서 시작하여 35리에서 끝난다〉

경양면(景陽面)〈읍치로부터 동쪽으로 10리에 있다〉

석보면(石保面)〈읍치로부터 동남쪽으로 25리에서 시작하여 35리에서 끝난다〉

미십보면(彌十保面)〈읍치로부터 동북쪽으로 25리에서 시작하여 30리에서 끝난다〉

옹정면(瓮正面)〈읍치로부터 남쪽으로 15리에서 시작하여 25리에서 끝난다〉

지동면(池洞面)〈읍치로부터 남쪽으로 20리에 있다〉

오치면(梧峙面)

부산면(釜山面)

도천면(陶泉面)〈○양고부곡(良苽部曲)은 읍치로부터 서쪽으로 15리에 있었으며, 경지부곡(慶旨部曲)은 서쪽으로 30리에 있었다〉【벽진부곡(碧津部曲)은 읍치로부터 20리에 있었다】

『산수』(山水)

양림산(陽林山)〈읍치로부터 서쪽으로 2리에 있다〉

분적산(粉積山)〈읍치로부터 남쪽으로 5리에 있다〉

삼각산(三角山)〈읍치로부터 북쪽으로 5리에 있다. ○십신사(十信寺)는 읍치로부터 북쪽으로 5리의 평지에 있는데, 범자비(梵字碑)가 있다〉

무등산(無等山)〈읍치로부터 동쪽으로 30리에 있는데, 화순(和順)·동복(同福)·창평(昌平)과의 경계이다. 신라 때에는 무진악(武珍岳)이라고 하였는데, 고려 때에는 서석산(瑞石山)이라고 불렀다. 하늘 높이 둥그렇게 솟은 봉우리가 우뚝하며 산 주변이 100여 리에 이른다. 무등산에 올라 바라보면 수백리의 산천이 다 눈 안에 들어온다. 무등산이 서쪽 절벽에 서조(石條) 수십개가 구름 위로 솟아올라 있는데, 높이가 100척이나 된다. 그 형태가 마치 홀을 꽂은 것 같기도 하고 비석을 세운 것 같기도 하다. 산의 형세가 몹시 웅장하여 능히 1도(一道)를 진압할 수 있다. 또한 석벽이 있는데, 길이가 수십리에 이르며 높이가 수십 장이나 된다. 돌의 무늬가 파도 같기도 하고 구름 같기도 한데 붉은 색과 흰 색이 서로 뒤섞여 있다. 또한 자연스럽게 만들어진 석실(石室)이 있다. ○주봉사(主峰寺)에는 바위 세 개가 있는데, 높이가 수백 척이나 되며 이름하여 삼존석(三尊石)이라고 한다. 또한 10대(臺)가 있는데, 송하대(送下臺)·광석대(廣石臺)·풍혈대(風穴臺)·장추대(藏秋臺)·청학대(青鶴臺)·송광대(松廣臺)·능엄대(楞嚴臺)·법화대(法華臺)·설법대(說法臺)·은신대(隱身臺)이다. ○풍혈대(風穴臺)는 절의 옆 석벽 아래에 있는데, 높이가 1척이다. ○사인암(舍人岩)이 있다. ○유명한 절과 암자가 10개 이다〉

불대산(佛臺山)〈읍치로부터 서북쪽으로 30리에 있는데, 장성(長城)과의 경계이다. 무등산(無等山)과 서로 마주하고 있다〉

건지산(乾止山)〈읍치로부터 남쪽으로 25리에 있다〉

어등산(魚登山)〈읍치로부터 서쪽으로 30리에 있다〉

금당산(金堂山)〈읍치로부터 서남족으로 15리에 있다〉

양림산(養林山)〈혹은 백우산(白牛山)이라고도 하는데, 읍치로부터 서북쪽으로 40리에 있다〉

고마산(顧馬山)〈혹은 가암산(架庵山)이라고도 하는데, 읍치로부터 서북쪽으로 30리에 있다〉

죽령산(竹嶺山)〈읍치로부터 서남쪽으로 30리에 있다〉

삼성산(三聖山)〈불대산(佛臺山)의 서쪽 지맥인데, 장성(長城)과의 경계이다〉

송작산(松雀山)〈읍치로부터 서쪽으로 20리에 있다〉

장원봉(壯元峯)〈읍치로부터 동쪽으로 5리에 있는데, 무등산(無等山)의 서쪽 지맥이다〉

왕조대(王祖臺)〈읍치로부터 서쪽으로 30리에 있는데, 고려 태조가 주둔했던 장소이다〉

왕자대(王子臺)〈읍치로부터 서남쪽으로 45리에 있는데, 신라 왕자가 주둔했던 장소이다. 축성대(築城臺)의 북쪽에 있다. ○살펴보니 신라 신무왕(神武王)이 왕이 되기 전 불우했을 시절에 화를 피하여 청해진(淸海鎭)의 대사(大使) 장보고(張保皐)에게 가서 의지하다가 무주도독(武州都督) 김양(金陽)과 함께 군대를 일으켜 난신을 목베고 반정(反正)하였다. 이곳이 바로 신무왕이 주둔했던 곳이다〉

견훤대(甄萱臺)〈읍치로부터 북쪽으로 15리에 있다. 견훤이 병력을 견주던 곳이다〉

명암(鳴岩)〈죽령산(竹嶺山)에 있는데, 높이가 10장이다〉

주검굴(鑄劒窟)〈무등산(無等山)에 있다〉

분토동(奔兎洞)〈읍치로부터 북쪽으로 15리에 있다〉

평장동(平章洞)〈읍치로부터 서북쪽으로 30리에 있는데, 신라 신무왕(神武王)이 후손이 이곳에서 거처하며 대대로 평장(平章)이 되었으므로 평장동이라 이름하였다〉

극락평(極樂坪)〈읍치로부터 서쪽으로 30리에 있다〉【성거산(聖居山)이 있다】【방목평(放牧坪)이 있다】

「영로」(嶺路)

판치(板峙)〈읍치로부터 남쪽으로 25리에 있는데, 화순(和順)과의 경계이다〉

장불치(獐佛峙)〈읍치로부터 동남쪽으로 □리에 있는데, 동복(同福)과의 경계이다〉

새성치(塞城峙)〈읍치로부터 북쪽으로 30리에 있는데, 장성(長城)과의 경계이다〉

거치(巨峙)〈읍치로부터 서북쪽으로 20리에 있다〉

저치(猪峙)〈읍치로부터 동쪽으로 20리에 있는데, 창평(昌坪)과의 경계이다〉

○진천(溱川)〈읍치로부터 서쪽으로 20리에 있는데, 담양(潭陽)의 창강(滄江)으로부터 흘러와서 광주와의 경계에 이르러 서남쪽으로 흐르다가 극락평(極樂坪) 황룡천(黃龍川)에 다다

른다. 북쪽으로부터 와서 모여서 극락강(極樂江)이 되는데, 곧 사호강(沙湖江)의 원류이다〉

황룡천(黃龍川)〈읍치로부터 서쪽으로 35리에 있는데, 장성(長城) 조항에 자세하다〉

구등천(九燈川)〈읍치로부터 서쪽으로 20리에 있는데, 원류는 성산(聖山)으로부터 나온다. 남쪽으로 흘러 진천(溱川)에 들어간다〉

건천(巾川)〈원류는 무등산(無等山)으로부터 나온다. 서북쪽으로 흘러 광주의 남쪽 5리를 지나 혈포(穴浦)로 들어가는데, 즉 진천(溱川)의 동쪽 갈래이다〉

혈포(穴浦)〈읍치로부터 북쪽으로 20리에 있다〉

용연(龍淵)〈읍치로부터 남쪽으로 25리에 있다〉【제언(堤堰)이 45이며 동보(垌洑)가 13이다】

『성지』(城池)

읍성(邑城)〈주위는 8,253척이다. 성문이 4이고 우물이 31이다〉

고성(古城)〈즉 무진도독(武珍都督) 시절의 성인데, 읍치로부터 북쪽으로 5리에 있다. 흙으로 쌓았으며 주위는 32,448척이다〉

고내상성(古內廂城)〈즉 고병영성(古兵營城)이다. 읍치로부터 서쪽으로 30리에 있는데, 주위는 1,681척이다〉

무등산고성(無等山古城)〈옛 터가 있다. 백제 때에 이 산에 성을 쌓아서 백성들이 이에 힘입어 편안하게 살 수 있었으므로 노래를 지어 불렀는데, 세속에서 무등산곡(無等山曲)이라고 한다〉

『창고』(倉庫)

창(倉)이 3이다.〈읍내에 있다〉

동창(東倉)〈읍치로부터 북쪽으로 20리의 천곡(泉谷)에 있다〉

서창(西倉)〈서남쪽으로 30리의 방하동(方下洞)에 있다〉

성창(城倉)〈북쪽으로 100리에 있는데, 장성(長城)의 입암산성(笠岩山城)이다〉

『역참』(驛站)

경양도(景陽道)〈읍치로부터 동쪽으로 8리에 있다. ○소속된 역이 6이다. ○찰방(察訪)이 1명이다〉

선암역(仙岩驛)〈서쪽으로 40리에 있다〉

『진도』(津渡)

생압진(生鴨津)〈읍치로부터 서쪽으로 30리에 있는데, 물이 줄어들면 다리를 설치한다〉

극락진(極樂津)〈옛날에는 벽진(碧津)이라고 하였다. 읍치로부터 서쪽으로 30리에 있는데, 겨울에는 다리를 설치한다〉

선암진(仙岩津)〈혹은 병화노진(幷火老津)이라도고 하는데, 읍치로부터 서쪽으로 40리에 있다〉

황룡진(黃龍津)〈읍치로부터 서쪽으로 40리에 있는데, 겨울에는 다리를 설치한다〉

공량교(孔樑橋)〈서쪽으로 30리에 있는데, 물이 불으면 배를 사용한다〉

『토산』(土産)

감·대추·밤·호도·석류·매화·황죽(篁竹)·전죽(箭竹)·닥나무·옻나무·뽕나무·차·철·붕어이다.

『장시』(場市)

읍대장(邑大場)의 장날은 2일과 7일이고, 읍소장(邑小場)의 장날은 4일과 9일이다. 선암(仙岩)의 장날은 3일과 8일이고, 용산(龍山)의 장날은 3일과 8일이다. 서창(西倉)의 장날은 5일과 10일이고 대치(大峙)의 장날은 3일과 8일이다.

『누정』(樓亭)

경호정(鏡湖亭)〈읍치로부터 동쪽으로 5리에 있다〉

공북루(拱北樓)〈읍치로부터 북쪽으로 5리에 있다〉

양고정(良苽亭)

풍영정(風詠亭)〈양고정(良苽亭)과 풍영정은 모두 읍치로부터 서쪽으로 20리에 있다〉

부용정(芙蓉亭)〈읍치로부터 서남쪽으로 30리에 있다〉

『단유』(壇壝)

무등산단(無等山壇)〈신라 시대에는 무진악(武珍岳)이라고 불렀는데, 명산(名山)으로써 소사(小祀: 국가에서 지내는 제사 중에 작은 규모의 제사/역자주)에 실려 있었다. 고려 원종(元

宗) 14년(1273)에 무등산에서 봄과 가을에 제사를 지내도록 명령하였다. 조선시대에는 본읍으로 하여금 봄과 가을에 제사를 지내게 하였다〉

용진연소단(龍津淵所壇)〈읍치로부터 서쪽으로 30리에 있다. 본읍으로 하여금 봄과 가을에 제사를 지내게 하였다〉

『사원』(祠院)

월봉서원(月峯書院)에는〈인조 병술년(1646)에 세웠으며 효종 갑오년(1654)에 편액을 하사하였다〉 기대승(奇大升)〈자(字)는 명언(明彦)이고 호(號)는 고봉(高峯)으로서 본관은 행주(幸州)이다. 관직은 부제학(副提學)을 역임하였으며 이조판서(吏曹判書)에 추증되었고 덕원군(德原君)에 봉해졌다. 시호(諡號)는 문헌(文憲)이다〉·박상(朴祥)〈자는 창세(昌世)이고 호는 눌재(訥齋)이며 본관은 충주(忠州)이다. 관직은 나주목사(羅州牧使)를 역임하였으며 이조판서(吏曹判書)에 추증되었다. 시호는 문간(文簡)이다〉·박순(朴淳)〈박상(朴祥)의 조카인데 개성(開城) 조항에 보인다〉·김장생(金長生)〈문묘(文廟)에 보인다〉·김집(金集)〈태묘(太廟)에 보인다〉을 모시고 있다.

○포충사(褒忠祠)에는〈선조 신축년(1601)에 세웠으며 계묘년(1603)에 편액을 하사하였다〉 고경명(高敬命)〈자는 이순(而順)이고 호는 제봉(霽峯)이며 본관은 장흥(長興)이다. 선조 임진년(1592)에 금산(錦山) 전투에서 순절하였다. 관직은 공조참의(工曹參議)이며 좌찬성(左贊成)에 추증되었다. 시호는 충렬(忠烈)이다〉·고종후(高從厚)〈진주(晉州) 조항에 보인다〉·유팽로(柳彭老)〈자는 군수(君壽)이고 호는 월파(月坡)이며 본관은 문화(文化)이다. 선조 임년(1592)에 금산(錦山) 전투에서 순절하였다. 관직은 학유(學諭)를 역임하였으며 좌승지(左承旨)에 추증되었다〉·고인후(高因厚)〈자는 선건(善建)이며 호는 학봉(鶴峯)으로서 고경명(高敬命)의 아들이다. 선조 임진년(1592)에 아버지와 함께 순절하였다. 관직은 성균관권지(成均館權知)를 역임하였으며 영의정(領議政)에 추증되었다. 시호는 의열(毅烈)이다〉·안영(安瑛)〈자는 원서(元瑞)이고 호는 사재(思齋)이며 본관은 순흥(順興)이다. 선조 임진년(25년, 1592)에 유팽로(柳彭老)와 함께 순절하였다. 좌승지(左承旨)에 추증되었다〉을 모시고 있다.

○의열사(義烈祠)에는〈선조 갑진년(37년, 1604)에 세웠으며 숙종 신유년(7년, 1681)에 편액을 하사하였다〉 박광옥(朴光玉)〈자는 경환(景瑍)이고 호는 회재(懷齋)이며 본관은 음성(陰城)이다. 관직은 봉상시 정(奉常寺正)을 역임하였으며 도승지(都承旨)에 추증되었다〉·김덕령

(金德齡)〈자는 경수(景樹)이고 본관은 광주(光州)이다. 선조 계사년(26년, 1593)에 의병장으로써 충용장군(忠勇將軍)에 임명되었다가 병신년(1596)에 감옥에서 사망하였다. 병조판서(兵曹判書)에 추증되었으며 시호는 충장(忠壯)이다〉·오두인(吳斗寅)〈파주(坡州) 조항에 보인다〉·김덕홍(金德弘)〈관직은 지평(持平)을 역임하였다〉·김덕보(金德普)〈관직은 집의(執義)를 역임하였다〉를 모시고 있다.

『전고』(典故)

신라 진성여왕(眞聖女王) 6년(892)에 완산(完山)에서 견훤(甄萱)이 후백제라고 칭하면서 반란을 일으키자 무주(武州)의 동남쪽에 있던 여러 군현들이 모두 항복하였다. 신라 효공왕(孝恭王) 13년(909)에 왕건(王建)이 해군으로써 무주(武州) 염해현(鹽海縣)에 머무르다가 견훤이 중국의 오(吳)나라와 월(越)나라에 보내는 배를 나포하여 돌아갔다. 왕건이 무주의 서남쪽에 있는 반남현(潘南縣)의 포구에 이르러 압해현(押海縣)의 해적 능창(能昌)을 잡아서 궁예(弓裔)에게 보냈는데, 궁예가 능창의 목을 베었다.

○고려 고종(高宗) 42년(1255)에 몽고의 홍복원(洪福源)이 해양(海陽)에 주둔하였으며, 고종 43년(1256)에는 몽골의 차라대(車羅大)가 해양(海陽) 무등산(無等山) 꼭대기에 주둔하면서 병사 1,000명을 보내 남쪽지방을 노략질하였다. 우왕(禑王) 4년(1378)에 왜구가 광주(光州)를 노략질하였으며 6년(1380)에는 왜구가 또 광주를 노략질하니 원수(元帥) 최공철(崔公哲) 등 아홉명의 장수를 보내 방어하게 하였다. 우왕 7년(1381)에 왜적이 지리산(智異山)으로부터 무등산(無等山)으로 도망해 들어가 주봉사(主峯寺)의 바위 사이에 목책(木柵)을 세웠는데, 그곳의 삼면이 깎아지른 듯한 절벽이고 오직 절벽사이의 작은 길 하나만으로 1명정도가 통할 수 있었다. 전라도도순문사(全羅道都巡問使) 이을진(李乙珍)이 결사대 100명을 모집하여 높고 작은 바위를 타고 불화살로 목책을 태웠다. 왜적들이 절벽에서 떨어져 죽은 자들이 몹시 많았으며 남은 적들은 바다로 달아나서 배를 타고 도망했다. 소윤(少尹) 나공언(羅公彦)이 추격하여 모조리 섬멸하였다. 고려 우왕 13년(1386)에 왜적이 광주(光州)를 노략질하였다. 창왕(昌王) 때에 왜적이 광주를 함락시키자 황보림(皇甫琳) 등에게 명령하여 여러 원수(元帥)를 거느리고 가서 구원하도록 하였다.

○조선 선조 30년(1597)에 왜적이 광주에 들어와 노략질하는 것이 더욱 심하였다. 그들의 장수가 탄 배가 진도(珍島)에 도착했는데, 그 배 위에서 왜적의 장수가 죽었다.

3. 장성도호부(長城都護府)

『연혁』(沿革)

본래 백제의 고시이(古尸伊)였다. 당(唐)나라가 백제를 멸망시키고 사반주(沙泮州)를 두었다.〈소속된 영현이 4였는데, 모지현(牟支縣)·무할현(無割縣)·좌노현(佐魯縣)·다지현(多支縣)이었다〉 신라 경덕왕(景德王) 16년(757)에 갑성군(岬城郡)으로 고치고〈소속된 영현이 2였는데, 삼계현(森溪縣)·진원현(珍原縣)이었다〉 무주(武州)에 소속시켰다. 고려 태조 23년(940)에 장성(長城)으로 고쳤으며 현종(顯宗) 9년(1018)에 영광군(靈光郡)에 소속시켰다가 고려 명종(明宗) 2년(1172)에 감무(監務)를 두었다. 조선 태종 13년(1413)에 현감(縣監)으로 고쳤다. 선조 정유년(30년, 1597)의 왜란 이후에 본 장성현과 진원현(珍原縣)이 모두 극심하게 피폐되었으므로 선조 33년(1600)에 진원현을 장성현과 합치고 치소(治所: 읍치가 소재한 곳/역자주)를 성자산(聖子山) 아래로 옮겼다.〈옛날의 치소는 장성도호부의 북쪽 20리 금오산(金鰲山) 아래에 있었다〉 효종 6년(1655)에 도호부(都護府)로 승격시켰다.

「읍호」(邑號)

오산(鰲山)

이성(伊城)

「관원」(官員)

도호부사(都護府使)가〈나주진관병마동첨절제사(羅州鎭管兵馬同僉節制使) 입암산성수성장(笠岩山城守城將)을 겸한다〉 1명이다.

『고읍』(古邑)

진원현(珍原縣)〈읍치로부터 남쪽으로 20리에 있었는데, 본래 백제의 구사진혜(邱斯珍兮)였다. 당(唐) 나라가 백제를 멸망시키고 귀단(貴旦)으로 고쳐서 분차주(分嵯州)에 소속된 현으로 만들었다. 신라 경덕왕(景德王) 16년(757)에 진원(珍原)으로 고쳐서 갑성군(岬城郡)에 소속된 현으로 하였다. 고려 현종(顯宗) 9년1018)에 나주(羅州)에 소속시켰다가 명종(明宗) 2년(1172)에 감무(監務)를 두었다. 조선 태종 13년(1413)에 현감(縣監)으로 고쳤는데, 선조 경자년(33년, 1600)에 장성도호부로 옮겨서 소속시켰다〉

『방면』(坊面)

읍동면(邑東面)〈읍치로부터 동남쪽으로 15리에 있다〉

읍서면(邑西面)〈읍치로부터 10리에서 끝난다〉

내동면(內東面)〈읍치로부터 남쪽으로 15리에서 시작하여 25리에서 끝난다〉

외동면(外東面)

남일면(南一面)

남이면(南二面)〈외동면(外東面)·남일면(南一面)·남이면은 모두 20리에서 시작하여 30리에서 끝난다〉

남삼면(南三面)〈읍치로부터 15리에서 시작하여 30리에서 끝난다〉

서일면(西一面)〈읍치로부터 15리에서 시작하여 20리에서 끝난다〉

서이면(西二面)〈읍치로부터 20리에서 시작하여 40리에서 끝난다〉

서삼면(西三面)〈읍치로부터 10리에서 시작하여 25리에서 끝난다〉

북일면(北一面)〈읍치로부터 15리에서 시작하여 30리에서 끝난다〉

북이면(北二面)〈읍치로부터 20리에서 시작하여 40리에서 끝난다〉

북상면(北上面)〈읍치로부터 15리에서 시작하여 40리에서 끝난다〉

북하면(北下面)〈읍치로부터 동북쪽으로 10리에서 시작하여 40리에서 끝난다〉

역면(驛面)〈읍치로부터 북쪽으로 5리에서 시작하여 10리에서 끝난다. ○마량부곡(馬良部曲)과 진원고현(珍原古縣)은 읍치로부터 서쪽으로 20리에 있었다〉

『산수』(山水)

성자산(聖子山)〈읍치로부터 동쪽으로 1리에 있다〉

금오산(金鰲山)〈읍치로부터 북쪽으로 20리에 있다〉

취령산(鷲靈山)〈읍치로부터 서쪽으로 25리에 있는데, 고창(高敞)과의 경계이다〉

백암산(白岩山)〈읍치로부터 동북쪽으로 40리에 있는데, 순창(淳昌)과의 경계이다. 기암괴석이 족자처럼 우뚝 솟아 있는데, 돌의 색이 모두 희다. 북쪽에는 영천굴(靈泉窟)이 있다. ○백양사(白羊寺)가 있다〉

반등산(半登山)〈읍치로부터 북쪽으로 40리에 있는데, 고창(高敞)·흥덕(興德)·정읍(井邑)·본 장성도호부의 4고을이 서로 교차하는 곳이다. ○수도사(修道寺)가 있다〉

입암산(笠岩山)〈읍치로부터 북쪽으로 40리에 있는데, 정읍(井邑)과의 경계이다. 산세가 높고 험준하다. 서쪽 봉우리 중에 바위가 있는데, 마치 사람이 삿갓을 쓴 것 같이 우뚝 솟아있다. 산의 남쪽에는 처용암(處容岩)이 있다〉

용두산(龍頭山)〈읍치로부터 서쪽으로 20리에 있다〉

불대산(佛臺山)〈읍치로부터 동남쪽으로 25리에 있는데, 광주(光州)와의 경계이다. 절과 암자가 5개이다〉

가리산(加利山)〈읍치로부터 동쪽으로 20리에 있다〉

신흥산(新興山)〈읍치로부터 북쪽으로 2리에 있다〉

죽림산(竹林山)〈읍치로부터 남쪽으로 25리에 있다〉

동산(桐山)〈읍치로부터 남쪽으로 15리에 있다〉

삼성산(三聖山)〈읍치로부터 남쪽으로 15리에 있는데, 불대산(佛臺山)과 서로 연이어 있다〉

청량산(淸凉山)〈읍치로부터 동쪽으로 20리에 있다〉

망점산(望岾山)〈읍치로부터 동쪽으로 10리에 있다〉

화산(花山)〈읍치로부터 북쪽으로 2리에 있다〉

가림산(佳林山)〈읍치로부터 동쪽으로 20리에 있다〉

난산(卵山)〈읍치로부터 서쪽으로 15리에 있다〉

성산(筬山)〈읍치로부터 남쪽으로 20리에 있다〉

문장산(文章山)〈읍치로부터 서쪽으로 15리에 있다〉

봉황산(鳳凰山)〈황룡천(黃龍川)의 서쪽에 있다〉

필암(筆岩)〈문장산(文章山) 아래에 있다〉

「영로」(嶺路)

노령(蘆嶺)〈읍치로부터 북쪽으로 40리에 있는데, 정읍(井邑)으로 통하는 대로이며 요해처이다〉

송현(松峴)〈고장성(古長城)의 서쪽으로 15리에 있는데, 고창(高敞)과의 경계이다〉

새성치(塞城峙)〈읍치로부터 동남쪽으로 30리에 있다〉

사라치(沙羅峙)〈읍치로부터 서쪽으로 20리에 있는데, 영광(靈光)과의 경계이다〉

곡도치(曲道峙)〈읍치로부터 동북쪽으로 40리에 있는데, 순창(淳昌)과의 경계이다〉

월은치(月隱峙)〈읍치로부터 북쪽으로 35리에 있는데, 정읍(井邑)과의 경계이다〉

목호치(木虎峙)〈읍치로부터 남쪽으로 15리에 있다〉

우현(牛峴)〈읍치로부터 북쪽으로 10리에 있다〉

배양치(白羊峙)〈월은치(月隱峙)이 동쪽에 있다〉

○황룡천(黃龍川)〈읍치로부터 서쪽으로 15리에 있다. 원류는 백암산(白岩山)과 입암산(笠岩山)으로부터 나온다. 창평(昌平) 갑향천(甲鄉川)을 지나 서남쪽으로 흐르다가 단암역(丹岩驛) 남쪽에 이르러 봉덕연(鳳德淵)이 된다. 서쪽으로 꺾여서 장성도호부의 서쪽을 휘돌고 또 남쪽으로 흘러 반연(般淵)이 된다. 가천(可川)을 지나 봉황연(鳳凰淵)이 된다. 선암역(仙岩驛)을 지나 극락평(極樂坪)의 왕자대(王子臺)에 이르러 광주(光州) 칠천(漆川)으로 들어가는데, 즉 사호강(沙湖江)의 위쪽이다〉

가천(可川)〈읍치로부터 북쪽으로 15리에 있는데, 원류는 노령(蘆嶺)의 서쪽에서 나온다. 서남쪽으로 흘러 고장성(古長城)을 지나고 봉황암(鳳凰岩)에 이른다. 문필천(文筆川)을 지나 황룡천(黃龍川)으로 들어간다〉

문필천(文筆川)〈읍치로부터 서쪽으로 15리에 있는데, 원류는 송현(松峴)에서 나온다. 동남쪽으로 흘러 가천(可川)에 들어간다〉

구등천(九登川)〈읍치로부터 동남쪽으로 25리에 있는데, 원류는 삼성산(三聖山)에서 나온다. 남쪽으로 흘러 광주(光州) 지역에 이르러 칠천(漆川)으로 들어간다〉

오항천(五項川)〈읍치로부터 진원(珍原)의 남쪽 18리에 있는데, 원류는 불대산(佛臺山)의 서쪽에서 나와 구등천(九登川)에 합류한다〉

봉덕연(鳳德淵)〈읍치로부터 북쪽으로 10리에 있다. 연못의 좌우 토지는 몹시 기름지다〉

반연(般淵)〈읍치로부터 서쪽으로 10리에 있는데, 문필천(文筆川)·가천(可川)·봉덕연(奉德淵)의 세곳 물들이 합쳐지는 곳이다〉

몽계(蒙溪)〈노산(蘆山) 속에 있는데, 폭포가 있다〉

영천(鈴泉)〈읍치로부터 동쪽으로 5리에 있다〉

용추(龍湫)〈읍치로부터 서쪽으로 20리에 있다〉

봉황지(鳳凰池)〈황룡천(黃龍川)의 서족에 있는데, 연못의 좌우에 있는 절벽 높이가 10여 척이나 된다〉

율곡지(栗谷池)〈읍치로부터 서쪽으로 5리에 있다〉

『성지』(城池)

입암산성(笠岩山城)〈읍치로부터 북쪽으로 40리에 있는데, 정읍(井邑)과의 경계이다. 옛 석성의 터가 있다. 선조 30년(1597)에 수축하였으며, 효종 4년(1653)에 개축하였다. 주위가 2,795보이며 포루(砲樓)가 4, 성문이 2, 암문(暗門: 성문중에서 눈에 띄지 않게 은밀한 곳에 만들어 놓은 문/역자주)이 3, 개울이 1, 연못이 9, 샘물이 14이다. ○수성장(守城將)은 본 장흥도호부사가 겸임한다. 별장(別將)이 1명이다. ○소속된 읍은 장성(長城)·광주(光州)·나주(羅州)·고창(高敞)·정읍(井邑)·태인(泰仁)이다. ○장경사(長慶寺)·인경사(仁慶寺)·흥경사(興慶寺)·고경사(高慶寺)·옥정사(玉井寺) 등 5개의 절이 있다. 승장(僧將)이 1명이다. ○창고는 6이다. ○산세는 우뚝하게 솟아 있는데, 정상이 4번 움푹 들어가고 4번 불쑥 솟아있다. 중관성(中寬城)은 그 산세를 이용하여 쌓았는데, 밖에서 바라보면 측량할 수가 없다. 내성(內城) 안은 사면이 막히는 곳이 없으며 연못의 물도 넉넉하여 10,000여 마리의 말을 먹일 수 있다. 험하고 굳건함은 금성(金城)에 미치지 못하나 형승은 그보다 더좋다. 동쪽, 남쪽, 북쪽의 3문은 적이 공격하기 좋은 장소이다. 입암(笠岩)의 한 방면은 노령(蘆嶺)의 큰 길을 굽어보고 있어서 그 형승이 더욱 기이하고 장관이다〉

장성고읍성(長城古邑城)〈읍치로부터 서북쪽으로 15리에 있는데, 주위는 2,100척이다. 우물이 3이다〉

진원고읍성(珍原古邑城)〈혹은 구진성(丘珍城)이라고 하는데, 읍치로부터 남쪽으로 15리의 불대산(佛臺山) 동쪽 산기슭에 있다. 주위는 1,400척이다. 우물이 3이고, 개울이 2이다〉

망점산고성(望岾山古城)〈읍치로부터 동북쪽으로 10리에 있다. 주위는 2,600척이며 연못이 1이다〉

이척성(利尺城)〈읍치로부터 남쪽으로 10리의 불대산(佛臺山) 서쪽 지맥에 있다. 주위는 1,520척이고 우물이 4이고 개울이 6이다〉

『창고』(倉庫)

읍창(邑倉)〈읍내에 있다〉

북창(北倉)〈읍치로부터 북쪽으로 20리에 있다〉

사창(社倉)〈읍치로부터 남쪽으로 20리에 있다〉

성창(城倉)〈입암산성(笠岩山城)에 있다〉

『역참』(驛站)

단암역(丹岩驛)〈읍치로부터 북쪽으로 10리에 있다. ○나주(羅州) 청암도(靑岩道) 찰방(察訪)이 이곳에 이동해 있다. ○소속된 역이 11이다〉

영신역(永申驛)〈읍치로부터 남쪽으로 20리에 있다〉

『토산』(土産)

대나무·전죽(箭竹)·닥나무·옻나무·뽕나무·모시·생강·차·감·석류·매화·비자나무·벌꿀이다.

『장시』(場市)

읍내(邑內)의 장날은 2일과 7일이고, 황룡(黃龍)의 장날은 4일과 9일이며, 율가마(栗駕馬)의 장날은 1일과 6일이고, 개천(介川)의 장날은 5일과 10이며, 덕치(德峙)의 장날은 3일과 8일이다.

『사원』(祠院)

필암서원(筆岩書院)에는〈선조 경인년(23년, 1590)에 세웠으며 현종(顯宗) 임인년(3년, 1662)에 편액을 하사하였다〉 김인후(金麟厚)〈문묘(文廟) 조항에 보인다〉를 모시고 있다.

『전고』(典故)

고려 고종(高宗) 42년(1255)에 장군(將軍) 송군비(宋君斐)가 해군을 거느리고 남하하니 몽골군이 공격하지 못하여 입암산성(笠岩山城)을 보존하였다. 몽골병은 군량이 다했을 것이라 생각하여 군대를 이끌고 성 아래에 이르렀다. 송군비가 정예병사들을 거느리고 힘껏 싸워 패주시켜 살상한 것이 매우 많았다. 우왕(禑王) 5년(1379)에 왜구가 진원(珍原)을 노략질하였고, 우왕 7년(1381)에 왜구가 장성(長城)을 노략질하였다.

4. 영광군(靈光郡)

『연혁』(沿革)

본래 백제의 무시이(武尸伊)였다. 당(唐)나라가 백제를 멸망시키고 모지(牟支)로 고쳐서 사반주(沙泮州)에 소속된 현으로 하였다. 신라 경덕왕(景德王) 16년(757)에 무령군(武靈郡)으로 고쳐서〈소속된 현이 3이었는데, 장사현(長沙縣)·무송현(茂松縣)·고창현(高敞縣)이었다〉 무주(武州)에 소속시켰다. 고려 태조 23년(940)에 영광(靈光)으로 고쳤다.〈속군(屬郡)이 2였는데, 장성군(長城郡)·압해군(壓海郡)이었다. 속현(屬縣)이 8이었는데, 함풍현(咸豊縣)·모평현(牟平縣)·장사현(長沙縣)·무송현(茂松縣)·해제현(海際縣)·삼계현(森溪縣)·임치현(臨淄縣)·육창현(陸昌縣)이었다〉 조선은 그대로 따라서 하였다. 인조 7년(1629)에 현(縣)으로 강등했다가〈군의 사람 이극규(李克揆)가 연루된 역옥(逆獄) 때문이었다〉 인조 16년(1638)에 다시 군으로 승격하였다. 영조 31년(1766)에 현으로 강등했다가〈군의 사람 이주(李澍)가 역적으로 죽었기 때문이었다〉 영조 40년(1775)에 다시 군으로 승격하였다.

「읍호」(邑號)

기성(箕城)

정주(靜州)

「관원」(官員)

군수(郡守)가〈나주진관병마동첨절제사(羅州鎭管兵馬同僉節制使)를 겸임한다〉 1명이다.

『고읍』(古邑)

삼계현(森溪縣)〈읍치로부터 동쪽으로 32리에 있었다. 본래 백제의 소비혜(所斐兮)였는데, 혹은 소을부(所乙夫)라고도 하였다. 신라 경덕왕(景德王) 16년(757)에 삼계(森溪)로 고쳐서 압성군(押城郡)에 영현(領縣)으로 삼았다〉

임치현(臨淄縣)〈읍치로부터 서쪽으로 26리에 있었다. 본래 백제의 고록지(古祿只)였는데, 혹은 개요(開要)라고도 하였다. 신라 경덕왕(景德王) 16년(757)에 염해(鹽海)로 고쳐서 압해군(押海郡)에 영현으로 하였다. 고려 태조 23년(940)에 임치(臨淄)로 고쳤다〉

육창현(陸昌縣)〈읍치로부터 남쪽으로 25리에 있었다. 본래 백제의 아로(阿老)였는데, 혹은 가위(加位)라고도 하였으며 혹은 하로(何老)라고도 하였으며 혹은 곡야(谷野)라고도 하였다. 지지(地志)에는 갈초(葛草)라고 하였다. 신라 경덕왕(景德王) 16년(757)에 갈도(碣島)로 고쳐서 압해군(押海郡)에 영현으로 하였다. 고려 태조 23년(940)에 육창(陸昌)으로 고쳤다. 이상이 산계현(森溪縣)·임치현(臨淄縣)·육창현의 3현은 현종(顯宗) 9년(1018)에 영광군으로 옮겨서 소속시켰다〉

『방면』(坊面)

동부면(東部面)

서부면(西部面)〈동부면(東部面)·서부면은 모두 읍치로부터 10리에서 끝난다〉

불갑면(佛岬面)〈읍치로부터 동남쪽으로 15리에서 시작하여 30리에서 끝난다〉

마산면(亇山面)〈읍치로부터 남쪽으로 15리에서 시작하여 25리에서 끝난다〉

영마면(令亇面)〈읍치로부터 서쪽으로 15리에서 시작하여 25리에서 끝난다〉

대안면(大安面)〈본래 대안향(大安鄕)이었다. 읍치로부터 동쪽으로 25리에서 시작하여 30리에서 끝난다〉

태산면(泰山面)〈읍치로부터 서쪽으로 15리에서 시작하여 35리에서 끝난다〉

황량면(黃良面)〈읍치로부터 동남쪽으로 15리에서 시작하여 35리에서 끝난다〉

외간면(外間面)〈읍치로부터 남쪽으로 10리에서 시작하여 15리에서 끝난다〉

원산면(元山面)〈읍치로부터 서남쪽으로 20리에서 시작하여 30리에서 끝난다〉

구수면(九水面)〈읍치로부터 서쪽으로 15리에서 시작하여 25리에서 끝난다〉

마촌면(馬村面)〈읍치로부터 북쪽으로 10리에서 시작하여 20리에서 끝난다〉

홍농면(弘農面)〈읍치로부터 서북쪽으로 30리에서 시작하여 40리에서 끝난다. 본래 홍농부곡(弘農部曲)이었다〉

염소면(鹽所面)〈읍치로부터 서남쪽으로 40리에서 시작하여 45리에서 끝난다〉

남죽면(南竹面)〈읍치로부터 서쪽으로 10리에서 끝난다〉

관산면(舘山面)〈읍치로부터 서쪽으로 10리에서 시작하여 15리에서 끝난다〉

도내면(道內面)〈읍치로부터 북쪽으로 5리에서 시작하여 15리에서 끝난다〉

무장면(畝長面)〈읍치로부터 동쪽으로 10리에서 시작하여 15리에서 끝난다〉

생곡면(生谷面)

제도면(諸島面)〈서해에 있는데, 생곡면(生谷面)과 제도면의 섬이 모두 21개이다〉

망운면(望雲面)〈본래 망운부곡(望雲部曲)이었다. 함평(咸平) 서남쪽의 바닷가에 넘어가서 위치하고 있다. 읍치로부터 남쪽으로 80리에서 시작하여 120리에서 끝난다〉

현내면(縣內面)〈읍치로부터 동쪽으로 30리에서 시작하여 35리에서 끝난다〉

삼남면(森南面)〈읍치로부터 동쪽으로 35리에서 시작하여 50리에서 끝난다〉

삼북면(森北面)〈읍치로부터 동쪽으로 35에서 시작하여 40리에서 끝난다〉

내동면(內東面)〈읍치로부터 동쪽으로 35리에서 시작하여 40리에서 끝난다〉

외동면(外東面)〈읍치로부터 동쪽으로 35리에서 시작하여 50리에서 끝난다〉

내서면(內西面)〈읍치로부터 동쪽으로 20리에서 시작하여 30리에서 끝난다〉

외서면(外西面)〈읍치로부터 동쪽으로 20리에서 시작하여 30리에서 끝난다. 현내면(縣內面)·삼남면(森南面)·삼북면(森北面)·내동면(內東面)·외동면(外東面)·내서면(內西面)·외서면의 7면은 삼계고현(森溪古縣)의 지역이다〉

육창면(陸昌面)〈읍치로부터 남쪽으로 20리에서 시작하여 40리에서 끝난다〉

○진량면(陳良面)〈읍치로부터 서북쪽으로 30리에 있다. 정조 기유년(13년, 1789)에 법성포(法聖浦)에 소속시켜서 독진(獨鎭)으로 삼았다. ○진개부곡(陳介部曲)은 읍치로부터 북쪽으로 22리에 있었으며 조지부곡(造紙部曲)과 공아부곡(貢牙部曲)은 남쪽으로 29리에 있었다〉

『산수』(山水)

오산(筽山)〈읍치로부터 서쪽으로 25리에 있다〉

무악산(毋岳山)〈읍치로부터 남쪽으로 20리에 있는데, 함평(咸平)과의 경계이다. 산 속에는 용굴(龍窟)이 있는데, 그 깊이를 측량할 수 없을 정도로 깊다〉

불갑산(佛岬山)〈무악(毋岳)의 북쪽 지맥이다. 골짜기가 깊고 아름답다. ○불갑사(佛岬寺)가 있다〉

우와산(牛臥山)〈읍치로부터 서쪽으로 2리에 있다〉

구수산(九水山)〈읍치로부터 서쪽으로 20리에 있다〉

굴두산(屈頭山)〈읍치로부터 서쪽으로 15리에 있다〉

수록산(水綠山)〈영취산(靈鷲山)의 동북 45리에 있다〉

마점산(磨岾山)〈읍치로부터 동쪽으로 25리에 있는데, 혹은 봉정산(鳳停山)이라고도 한다. 산이 높직하게 횡으로 뻗어있는 것이 마치 날개를 편 것과 같다. 돌로 된 길이 매우 험준하다〉

수퇴산(水退山)〈읍치로부터 동쪽으로 3리에 있다〉

삼각산(三角山)〈읍치로부터 남쪽으로 20리에 있다〉

연흥산(烟興山)〈읍치로부터 남쪽으로 30리에 있는데, 혹은 서운산(瑞雲山)이라고도 한다〉

월암산(月岩山)〈읍치로부터 서남쪽으로 30리에 있다〉

불덕산(佛德山)〈군(郡)의 성동(城東)에 있다〉

대무당산(大毋堂山)〈읍치로부터 서쪽으로 15리에 있다〉

응암(鷹岩)〈읍치로부터 서쪽으로 20리에 있다〉【송봉산(松封山): 소나무를 벌목하지 못하도록 금지한 산/역자주)이 14이다】

「영로」(嶺路)

해치(蟹峙)〈읍치로부터 동쪽 방향의 길이다〉

마차치(磨車峙)〈읍치로부터 동쪽으로 15리에 있다〉

사라치(沙羅峙)〈읍치로부터 동쪽으로 55리에 있는데, 장성(長城)과의 경계이다〉

선치(蟬峙)〈읍치로부터 남쪽 방향의 길이다〉

○해(海)〈읍치로부터 서쪽으로 30리에 있다〉

도편천(道鞭川)〈읍치로부터 북쪽으로 15리에 있는데, 원류는 무장(茂長)의 백석면(白石面)에서 나온다. 서쪽으로 흘러 판하천(板下川)과 합류하여 바다로 들어간다〉

판하천(板下川)〈읍치로부터 북쪽으로 20리에 있는데, 원류는 마점산(磨岾山)에서 나온다. 서쪽으로 흐르다가 도편천(道鞭川)에 합류한다〉

호교천(蒿橋川)〈읍치로부터 서쪽으로 15리에 있는데, 원류는 무악(毋岳)·연흥산(烟興山)·마치(磨峙) 등으로부터 나온다. 서쪽으로 흐르다가 바다로 들어간다〉

학교천(鶴橋川)〈읍치로부터 북쪽으로 5리에 있는데, 원류는 수퇴산(水退山)에서 나온다. 서쪽으로 흐르다가 도편천(道鞭川)으로 들어간다〉

삼계천(森溪川)〈읍치로부터 동쪽으로 30리에 있는데, 원류는 고성산(高城山)에서 나온다. 남쪽으로 흐르다가 삼계(森溪) 사창(社倉)을 지나고 함평(咸平)의 동쪽 지역을 경과한다. 나주(羅州) 지역에 이르러 작천(鵲川)이 된다〉

대서호(大西湖)〈읍치로부터 서쪽으로 25리에 있는데, 혹은 마성(馬城)이라고도 한다〉

구수포(九水浦)〈구수면(九水面)에 소재한다〉

유사(流沙)〈읍치로부터 서쪽으로 30리의 해변에 있다. 모래가 산을 이루는데, 바람에 따라

이루어진다〉

「**도서**」**(島嶼)**

칠산도(七山島)〈혹은 파시전(波市田)이라고도 한다. 작은 섬들이 죽 나열된 것이 무릇 7이다. 영광군으로부터 서쪽으로 30여리 떨어져 있다. 바다가 옛날에는 매우 깊었는데, 근래에는 모래에 묻혀서 점점 얕아졌으므로 조수물이 이를 때마다 물이 차게 되는데, 중앙의 한 길이 마치 강과 같이 된다. 배들이 이를 따라 왕래한다. 이곳에서는 석수어(石首魚)·청어(青魚)가 산출되며 매년 봄과 여름에 한양과 지방의 상선들이 사방에서 모여들어 물고기를 잡아 판매한다〉

망운도(望雲島)〈망운면(望雲面)에 소재한다〉

고이도(皐夷島)

안마도(安馬島)

어의도(於義島)

당사도(唐笥島)

모야도(毛也島)

선점도(禪岾島)

임치도(臨淄島)

임자도(荏子島)

작도(鵲島)

포작도(鮑作島)

병풍도(屛風島)

사외도(沙外島)

수도(水島)

재원도(在遠島)

노록도(老鹿島)

낙월도(落月島)

증도(甑島)〈전증도(前甑島)와 후증도(後甑島)가 있다〉

입모도(笠帽島)

각이도(角耳島)

변치도(邊峙島)

석만도(石萬島)

사옥도(沙玉島)

음소도(音所島)

송이도(松耳島)

괘길도(掛吉島)

임병도(壬丙島)

향화도(向化島)〈읍치로부터 서쪽으로 45리에 있다. 대완(大完) 흑룡강(黑龍江) 사람 우지거(牛之巨)가 반란을 일으켜 만력(萬曆) 임진년(1592)에 본 영광군에 표류해 왔으므로 이 섬에 거처하게 하고 섬의 이름을 고쳐서 황조인촌(皇朝人村)이라고 하였다〉【제언(堤堰)이 34이다】

『성지』(城池)

읍성(邑城)〈조선 문종(文宗) 2년(1452)에 쌓았는데, 주위는 1,469척이고 샘물이 9이다〉

삼계고현성(森溪古縣城)〈읍치로부터 남쪽으로 30리에 있는데, 산 위에 흙으로 싼 흔적이 있다. 혹은 고성산(高城山)이라고 이름한다〉

『진보』(鎭堡)

임자도진(荏子島鎭)〈읍치로부터 서쪽으로 육로로는 110리에 있고 물길로는 30리에 있다. ○수군동첨절제사겸감목관(水軍同僉節制使兼監牧官)이 1명이다〉【창(倉)이 2이다】

다경포진(多慶浦鎭)〈망운면(望雲面) 남쪽으로 120리에 있는데, 나주(羅州) 압해도(押海島)와 서로 마주하고 있다. 중종(中宗) 10년(1515)에 성을 쌓았는데, 주위는 980척이다. ○수군만호(水軍萬戶)가 1명이다〉【창(倉)이 2이다】

『봉수』(烽燧)

홍농산봉수(弘農山烽燧)〈읍치로부터 서남쪽으로 60리에 있다〉

고도도봉수(高道島烽燧)〈읍치로부터 서쪽으로 30리에 있는데, 해안으로부터 100보 떨어져 있다〉

차음산봉수(次音山烽燧)〈읍치로부터 서남쪽으로 40리에 있다〉

『창고』(倉庫)

읍창(邑倉)이 3이다.

사창(社倉)〈삼계고현(森溪古縣)에 있다〉

서창(西倉)〈읍치로부터 서쪽으로 20리에 있다〉

해창(海倉)〈읍치로부터 서쪽으로 20리에 있다〉

『역참』(驛站)

녹사역(綠沙驛)〈본래 녹사부곡(綠沙部曲)이었다. 읍치로부터 남쪽으로 5리에 있다〉

『목장』(牧場)

다경곶장(多慶串場)〈혹은 망운장(望雲場)이라고도 한다. 나주목소(羅州牧所)에 관련되어 있다〉

증도장(甑島場)

고이도장(皐夷島場)

임치도장(臨淄島場)〈증도장(甑島場)·고이도장(皐夷島場)·임치도장의 3목장은 임자도목소(荏子島牧所)에 관련되어 있다〉

『교량』(橋梁)

학교(鶴橋)〈읍의 북쪽에 있다.

도편교(道鞭橋)〈읍치로부터 북쪽으로 15리에 있다〉

판하교(板下橋)〈읍치로부터 북쪽으로 20리에 있다〉

호교(蒿橋)〈읍치로부터 서쪽으로 15리에 있다〉

『토산』(土産)

황죽(篁竹)·전죽(箭竹)·생강·차·김·감태(甘苔)·우모(牛毛)·황각(黃角)·어물 20종이다.

『장시』(場市)

읍내의 장날은 1일과 6일이고 성외(城外)의 장날은 3일과 8일이다. 원산(元山)의 장날은 2일과 7일이고 사창(社倉)의 장날은 1일과 6일이다. 망운(望雲)의 장날은 3일과 8일이고 구수(九水)의 장날은 5일과 10일이다. 불갑(佛岬)의 장날은 4일과 9일이고 대안(大安)의 장날은 7일, 17일, 27일의 세 번 장이다.

『누정』(樓亭)

운금루(雲錦樓)

진남루(鎭南樓)

공북루(拱北樓)

빈양루(賓陽樓)

『전고』(典故)

고려 고종(高宗) 42년(1255)에 몽골병들이 여러 섬들을 공격하고자 하였다. 이에 장군 이광(李廣), 송군비(宋君斐)를 보내 해군 300을 거느리고 가게 하였다. 두 장군은 영광(靈光)으로 가서 길을 나누어 공격하기로 약속하였다. 그러나 몽골병들이 대비하고 있었으므로 이광은 다시 섬으로 돌아갔다. 충정왕(忠定王) 2년(1350) 4월에 왜적의 배 100여척이 영광(靈光)의 조운선을 노략질하였다. 우왕(禑王) 3년(1377)에 왜구가 영광을 노략질하였다. 조선 선조 30년(1597) 9월에 왜적이 영광을 노략질하고 분탕질을 하였다.

『법성포진』(法聖浦鎭)

조선 중종 9년(1514)에 진(鎭)을 설치하고 수군만호(水軍萬戶)를 배치했다. 숙종 34년(1708)에 첨사(僉使)로 승격하였다가 정조 13년(1789)에 영광군(靈光郡)의 진량면(陳良面)을 떼어주고 독진(獨鎭)으로 하였다.

「관원」(官員)

수군첨절제사(水軍僉節制使)가〈감목관조선영운차사원(監牧官漕船領運差使員)을 겸임한다〉 1명이다.

『산수』(山水)

백옥산(白玉山)〈진영(鎭營: 진의 지휘관이 머무는 군영/역자주)으로부터 동쪽으로 10리에 있다〉

덕산(德山)〈진영으로부터 남쪽으로 5리에 있다. 은선암(隱仙庵)이 있다〉

후산(後山)〈진영으로부터 북쪽으로 2리에 있다〉

대통치(待統峙)〈진영으로부터 서쪽으로 3리에 있다〉

동령치(東嶺峙)

서호(西湖)〈조수물이 밀려오면 바다물이 진의 앞까지 밀려온다. 이때 호수의 산들이 아름다운데, 여염집들이 즐비하다〉【송봉산(松封山: 소나무를 벌목하지 못하도록 금지한 산/역자주)이 9이다】【제언(堤堰)이 2이다】

『성지』(城池)

진성(鎭城)〈중종 9년(1514)에 쌓았는데, 주위는 1,688척이다. 우물이 2이다. ○동조루(董漕樓)가 있다〉

『도리』(道里)

동북도(東北道)〈진영으로부터 무장(茂長)의 읍치까지 30리이다〉

동남도(東南道)〈진영으로부터 본 영광군의 읍치까지 30리이다〉

북도(北道)〈진영으로부터 위도진(蝟島鎭)까지 물길로 50리이며 검모포진(黔毛浦鎭)까지 물길로 120리이다〉

『창고』(倉庫)

법성창(法聖倉)〈중종 7년(1512)에 나주(羅州) 영산창(榮山倉)을 이곳으로 옮겼다. 지금은 영광(靈光)·광주(光州)·담양(潭陽)·순창(淳昌)·옥과(玉果)·고창(高敞)·화순(和順)·동복(同福)·곡성(谷城)·정읍(井邑)·창평(昌平)·장성(長城) 등 12읍과 법성포 1진의 전세(田稅)와 대동미(大同米)를 거두어 조운선으로 한양에 운반한다. ○법성첨사(法聖僉使)는 전세와 대동미를 거두어 경사(서울)로 운반하는 일을 감독한다〉

진창(鎭倉)

환상고(還上庫)

조복고(漕復庫)〈진창(鎭倉)·환상고(還上庫)·조복고는 모두 진(鎭)의 안에 있다〉【진(鎭)이 장난은 3인과 8인이다】

『교량』(橋梁)

도편교(道鞭橋)〈진영으로부터 동쪽으로 15리에 있는데, 영광군(靈光郡)의 경계이다〉

『전고』(典故)

조선 선조 30년(1597) 9월에 왜적이 법성포진(法聖浦鎭)을 함락시켰다.

5. 영암군(靈巖郡)

『연혁』(沿革)

본래 백제의 월내(月奈)였다. 신라 경덕왕(景德王) 16년(757)에 영암군으로 고치고〈소속된 현이 1이었는데, 고안현(固安縣)이었다〉 무주(武州)에 예속시켰다. 고려 성종(成宗) 14년(995)에 낭주안남도호부(朗州安南都護府)로 고쳤다가 현종(顯宗) 9년(1018)에 영암군으로 강등하였다.〈지군사(知郡事)를 설치했다. ○소속된 군이 2였는데, 황원군(黃原郡)·도강군(道康郡)이었다. 소속된 현은 3이었는데, 곤미현(昆湄縣)·해남현(海南縣)·죽산현(竹山縣)이었다〉 조선 세조 12년(1466)에 군수(郡守)로 고쳤다.

「읍호」(邑號)

낭산(郎山)

「관원」(官員)

군수(郡守)가〈나주진관병마동첨절제사(羅州鎭管兵馬同僉節制使)를 겸한다〉 1명이다.

『고읍』(古邑)

곤미현(昆湄縣)〈읍치로부터 서쪽으로 31리에 있었다. 본래 백제의 고미(枯彌)였다. 신라 경덕왕(景德王) 16년(757(에 곤미로 고쳐서 반남군(潘南群)에 소속된 현으로 하였다. 고려 현

종(顯宗) 9년(1018)에 영암군으로 옮겨서 소속시켰다〉

옥천현(玉泉縣)〈읍치로부터 남쪽으로 70리에 있었다. 본래 냉천부곡(冷泉部曲)이었다. 고려 때에 옥과현으로 승격시켰다. ○조선 세종 30년(1448)에 해남(海南)에 합병하였다가 후에 다시 영암군으로 옮겨서 소속시켰다〉

○고진도현(古珍島縣)〈고려 충정왕(忠定王) 2년(1350)에 진도현은 왜적에게 함락당하여 주민들이 곤미현(昆湄縣) 서쪽으로 옮겨서 살았다. 후에 다시 옛터로 돌아왔는데, 지금도 읍터가 아직 남아있다〉

『방면』(坊面)

군시면(郡始面)〈읍치로부터 서쪽으로 5리에 있다〉

군종면(郡終面)〈읍치로부터 동쪽으로 20리에 있다〉

북일시면(北一始面)〈읍치로부터 10리에서 시작하여 20리에서 끝난다〉

북일종면(北一終面)〈읍치로부터 20리에서 시작하여 30리에서 끝난다〉

북이시면(北二始面)〈읍치로부터 30리에서 시작하여 40리에서 끝난다〉

북이종면(北二終面)〈읍치로부터 30리에서 시작하여 40리에서 끝난다〉

서시면(西始面)〈읍치로부터 15리에서 끝난다〉

서종면(西終面)〈읍치로부터 20리에서 끝난다〉

곤일시면(昆一始面)〈읍치로부터 서쪽으로 40리에서 끝난다〉

곤일종면(昆一終面)〈읍치로부터 서쪽으로 90리에서 끝난다〉

곤이시면(昆二始面)〈읍치로부터 서쪽으로 40리에서 끝난다〉

곤이종면(昆二終面)〈읍치로부터 서쪽으로 50리에서 끝난다〉

옥천시면(玉泉始面)〈읍치로부터 남쪽으로 60리에서 시작하여 70리에서 끝난다〉

옥천종면(玉泉終面)〈읍치로부터 남쪽으로 80리에서 시작하여 90리에서 끝난다〉

북평시면(北平始面)〈옛날에는 북평향(北平鄕)이었다. 읍치로부터 남쪽으로 100리에서 시작하여 110리에서 끝난다〉

북평종면(北平終面)〈읍치로부터 남쪽으로 120리에서 시작하여 130리에서 끝난다〉

송지시면(松旨始面)〈옛날에는 송지향(松旨鄕)이었다. 읍치로부터 남쪽으로 130리에서 끝난다〉

송지종면(松旨終面)〈남쪽으로 150리에서 끝난다. 옥천시면(玉泉始面)·옥천종면(玉泉終面)·북평시면(北平始面)·북평종면(北平終面)·송지시면(松旨始面)·송지종면의 6면은 해남(海南) 지역에 넘어가 있는데, 남쪽의 경계는 바닷가에 이른다〉

노아도면(露兒島面)〈읍치로부터 남쪽으로 180리에 있다〉

보길도면(甫吉島面)〈읍치로부터 남쪽으로 200리에 있다〉

잉거도면(芿巨島面)〈읍치로부터 남쪽으로 200리에 있다〉

소안도면(所安島面)〈읍치로부터 남쪽으로 200리에 있다〉

추자도면(楸子島面)〈읍치로부터 남쪽으로 300리에 있다. 노아도면(露兒島面)·보길도면(甫吉島面)·잉거도면(芿巨島面)·소안도면(所安島面)·추자도면의 다섯 섬에는 육지와 마찬가지로 면을 두었다. ○진남향(鎭南鄕)은 읍치로부터 서쪽으로 20리에 있었다. 회의부곡(懷義部曲)은 읍치로부터 남쪽으로 10리에 있었다. 귀인부곡(貴仁部曲)은 읍치로부터 남쪽으로 90리에 있었다. 송정부곡(松井部曲)은 읍치로부터 남쪽으로 110리에 있었다. 심정부곡(沈井部曲)은 읍치로부터 남쪽으로 130리에 있었다. 귀인부곡·송정부곡·심정부곡은 모두 해변에 있었다. 동백소(冬柏所)는 읍치로부터 동쪽으로 12리에 있었다〉

『산수』(山水)

월출산(月出山)〈읍치로부터 남쪽으로 5리에 있다. 예전에는 월내악(月奈嶽)이라고도 하고 혹은 월생산(月生山)이라고도 하였다. 무수한 산맥이 첩첩이 겹쳐져서 하늘 위로 우뚝 솟아 있다. 바라보면 마치 1,000개의 창들이 나열해 있는 것과 같다. 산의 경치는 청수하고 험준하며 우뚝하고 기이하다. 가장 높은 봉우리는 구정봉(九井峯)이라고 한다. 정상에는 바위가 있는데, 우뚝 솟은 것이 높이는 2장이나 된다. 옆에는 동굴 하나가 있는데 겨우 한사람만 드나들 수 있을 정도이다. 그 동굴을 통해 들어가 꼭대기로 올라가면 가히 20인이 앉을 수 있다. 그곳의 평평한 곳에는 움푹 파인 곳이 있는데, 물이 고여 있으면서 아무리 가물이 들어도 마르지 않는다. 봉우리 아래에는 세 개의 바위가 우뚝 서 있는데, 층층으로 된 바위의 꼭대기는 높이가 1장이나 되고 넓이는 10명이 팔을 둘러싸는 정도이다. 이 바위의 서쪽은 산꼭대기에 접해있고 동쪽은 절벽에 임해 있는데, 떨어뜨리려고 해도 떨어지지 않는다. 움직이면 흔들거리므로 이름을 동석(動石)이라고 한다. 또 천왕봉(天王峯)·불정봉(佛頂峯)·청청대(靑靑臺)·원효대(元曉臺)·소년대(少年臺)·구절대(九折臺)가 있는데, 바위의 형세가 삐죽하게 나는 듯 하다. 다만 바다에 너무 가까이 다가가 있고 또 골짜기가 작다. 산의 서쪽에는 구림촌(鳩林村)이 있고 남쪽에는 월남촌(月南村)이 있다. ○도갑사(道岬寺)가 있다. 절의 입구에는 입석이 둘 있는데, 한 입석에는 국장생(國長生)이라는 세 글자가 새겨 있다. 또 한 입석에는 황장생(皇長生)이라는 세 글자가 새겨 있다. ○용암사(龍岩寺)가 있다〉

달마산(達摩山)〈읍치로부터 남쪽으로 140리에 있는데, 해남(海南)과의 경계이다. 북쪽으로는 두륜산(頭輪山)에 접해있고 남쪽으로는 큰 바다에 다다른다. 산의 허리에는 소나무와 떡갈나무가 척척 늘어져서 마치 치마같이 휘돌고 있다. 위에는 흰 바위가 우뚝 솟아있는데, 마치 깃발이나 벽같기도 하고 혹은 노한 호랑이나 하늘을 나는 용같기도 하다. 멀리서 바라보면 마치 쌓인 눈이 하늘에 떠 있는 듯 하다. 총령(葱嶺)의 동쪽은 천 길이나 되는 절벽인데, 아래에는 미타혈(彌陀穴)이 있는데, 마치 대패로 밀은 것같도 하고 또는 칼로 깎은 듯하기도 하다. 이곳에는 두 세 사람이 앉을 수 있는데, 앞에는 층대(層臺)가 있는데, 푸른 하늘과 바다 그리고 산들이 마치 손안에 잡힐 듯이 가깝게 느껴진다. 미타혈에서 남쪽으로 100여보 가면 높은 바위 아래에 소방지(小方池)가 있는데, 그 깊이를 측량할 수 없을 정도이다. 그 물은 매우 짠데 조수를 따라 늘었다 줄었다 한다. 서남쪽에는 도솔암(兜率庵)이 있는데, 그 장관은 비교할 바 없을 정도이다. 도솔암 북쪽에는 서방굴(西方窟)이 있으며, 서쪽 절벽에는 미황사(美黃寺)와 도교사(道敎寺)의 두 절이 있다. 북쪽에는 문수암(文殊庵)·관음굴(觀音窟)이 있는데, 그 아름다운 경치가 진실로 인간세상의 경치가 아닌 듯하다. 또 수정굴(水精窟)이 있다〉

갈두산(葛頭山)〈읍치로부터 남쪽으로 150리에 있다. 북쪽으로는 달마산(達摩山)과 접해있다〉

옥천산(玉泉山)〈읍치로부터 남쪽으로 80리에 있다〉

서기산(瑞氣山)〈읍치로부터 동남쪽으로 30리에 있는데, 강진(康津)과의 경계이다〉

가학산(駕鶴山)〈읍치로부터 남쪽으로 40리에 있는데, 해남(海南)과의 경계이다〉

은적산(銀積山)〈읍치로부터 서쪽으로 20리에 있다〉【송봉산(松封山: 소나무를 벌목하지 못하게 금지한 산/역자주)은 10이다】

「영로」(嶺路)

화현(火峴)〈읍치로부터 남쪽으로 28리에 있는데, 강진(康津)과의 경계이다〉

율치(栗峙)〈읍치로부터 남쪽으로 25리에 있다〉

영원치(嶺院峙)〈읍치로부터 동쪽으로 10리에 있는데, 나주(羅州)과의 경계이다〉

둔덕치(屯德峙)〈읍치로부터 동쪽으로 20리에 있는데, 장흥(長興)과의 경계이다〉

동치(東峙)〈읍치로부터 동남쪽으로 25리에 있는데, 강진(康津)과의 경계이다〉

마치(馬峙)〈읍치로부터 남쪽으로 40리에 있는데, 해남(海南)과의 경계이다〉

우슨치(牛勝峙)〈옥천산(玉泉山)이 남쪽에 있다〉

오소치(烏巢峙)〈읍치로부터 남쪽으로 100리에 있다〉

소둔치(小芚峙)〈마치(馬峙)의 동쪽에 있다〉

건교치(乾橋峙)

불현(佛峴)〈건교치(乾橋峙)·불현은 모두 읍치로부터 남쪽 길이다〉

○해(海)〈읍치로부터 서쪽으로 50리에 있으며 남쪽으로 150리에 있다〉

덕진포(德眞浦)〈원류는 월출산(月出山)에서 나오는데, 영암군(靈巖郡)의 동쪽, 북쪽, 서쪽을 휘돌아 주룡포(駐龍浦)로 들어간다〉

주룡포(駐龍浦)〈읍치로부터 서쪽으로 30리에 있는데, 원류는 가학산(駕鶴山)에서 나온다. 서북쪽으로 흘러 덕진포(德眞浦)와 함께 무안(務安) 목포(木浦)에 합류한다〉

도시포(都市浦)〈읍치로부터 서쪽으로 10리에 있는데, 배들이 모여드는 곳이다〉

서호(西湖)〈읍치로부터 서쪽으로 20리에 있는데, 주룡포(駐龍浦) 위로 흐르다가 은적산(銀積山)아래에 모여 북호(北湖)가 된다. 호수 중앙에는 위, 아래의 두섬이 있는데 대고산(大孤山)·소고산(小孤山)이라고 한다. 조수물이 밀려오면 바다가 되었다가 조수물이 물러가면 반정도는 뭍이 된다. 절벽은 북소호(北蘇湖)라고 한다〉

「도서」(島嶼)

노아도(露兒島)

소안도(所安島)

보길도(甫吉島)

여차라도(餘次羅島)

화도(火島)〈대화도(大火島)·소화도(小火島)가 있다〉

백나리도(白羅里島)〈혹은 백일도(白日島)라고도 한다〉

감물나리도(甘勿羅里島)〈혹은 흑일도(黑日島)라고도 한다〉

횡간도(橫看島)〈혹은 사자도(獅子島)라고도 한다〉

어응포도(於應浦島)〈혹은 응거도(應巨島)라고도 한다〉

죽굴도(竹屈島)

계화도(界火島)

달도(達島)〈어란포(於蘭浦) 앞에 있다〉

어화도(漁火島)〈혹은 어울도(於蔚島)라고도 한다〉

장좌도(長佐島)

좌지도(左只島)

수덕도(修德島)

잉거오도(芿巨吾島)〈대거오도(大巨吾島)·소거오도(小巨吾島)가 있다. 혹은 거요량(巨要梁)이라고도 하고 혹은 광아(廣鵝)라고도 하는데, 방언에 거위를 거요(巨要)라고 한다〉

어룡도(魚龍島)

장고도(長鼓島)

노록도(老鹿島)

구도(鳩島)

미응두도(未應豆島)

말개도(末介島)

내등도(內等島)

소모지도(小茅只島)

상추자도(上楸子島)

하추자도(下楸子島)〈상추자도(上楸子島)·하추자도의 두 섬은 예전에는 제주에 속했으나 후에는 영암군(靈巖郡)으로 옮겨서 소속되었다. 고려 충정왕(忠定王) 때에 왜구의 노략질로 말미암아 백성들이 제주의 조공포(朝貢浦)로 이주해 살았는데 지금은 민가가 매우 많다. 이전에는 제주에 들어가는 사람들은 이 섬에서 바람을 기다렸으나 지금은 소안도(所安島)에서 바람을 기다린다. 위의 여러 섬들은 영암군(靈巖郡)의 남쪽 바다에 있다〉

수룡도(水龍島)

고도(羔島)

가지도(可知島)〈이상의 여러 섬들은 영암군(靈巖郡)의 서쪽 바다 속에 있다〉

『성지』(城池)

읍성(邑城)〈주위는 4,369척이고 성문이 4이고 우물이 4이다〉

『진보』(鎭堡)

이진진(梨津鎭)〈읍치로부터 남쪽으로 120리에 있다. 성의 주위는 1,407척이고 우물이 2이다. ○수군만호(水軍萬戶) 1명이 있다〉【창(倉)이 2이다】

어란포진(於蘭浦鎭)〈읍치로부터 남쪽으로 150리에 있다. 성의 주위는 1,470척이고 우물이 1이다. 해남(海南)으로부터 본 영암군으로 옮겨서 소속시켰다. ○수군만호(水軍萬戶)가 1명이다〉【창(倉)이 2이다】

「혁폐」(革廢)

달량진(達梁鎭)〈읍치로부터 남쪽으로 150리에 있었다. 중종 17년(1522)에 완도(莞島) 가리포(加里浦)로 옮기고 만호(萬戶)를 강등하여 권관(權管: 임시관직/역자주)으로 하였다가 후에 폐지하였다〉

『봉수』(烽燧)

달마산봉수(達摩山烽燧)〈위에 보인다〉

『창고』(倉庫)

창(倉)이 4이다.〈읍내에 있다〉

해창(海倉)〈읍치로부터 서쪽으로 15리에 있다〉

서창(西倉)〈읍치로부터 서쪽으로 40리에 있다〉

옥천창(玉泉倉)〈읍치로부터 남쪽으로 70리에 있다〉

이창(梨倉)〈이진(梨津)에 있다〉

『역참』(驛站)

영보역(永保驛)〈읍치로부터 북쪽으로 1리에 있다〉

『목장』(牧場)

노아도목장(露兒島牧場)

소안도목장(所安島牧場)

『진도』(津渡)

이창진(梨倉津)〈이진(梨津)에 있다〉

용당진(龍堂津)〈무안(務安)·목포진(木浦鎭)에 통한다〉

『교량』(橋梁)

덕진교(德眞橋)〈덕진포(德眞浦)에 있다〉

쌍교(雙橋)〈읍치로부터 남쪽으로 60리에 있다〉

『토산』(土産)

황죽(篁竹)·전죽(箭竹)·감·유자·석류·옻나무·감태(甘苔)·김·우모(牛毛)·매산(莓山)·황각(黃角)·미역·표고버섯[향심(香蕈)]·생강차·복(鰒)·홍합 등 어물 수십 종이다.

『장시』(場市)

동문외(東門外)의 장날은 5일과 10일이다. 덕진(德津)의 장날은 3일과 7일이다. 독진(犢津)의 장날은 4일과 9일이다. 쌍교(雙橋)의 장날은 2일인데, 시장이 3곳이다. 송지(松旨)의 장날은 10일인데, 한달에 장이 세 번 선다.

『누정』(樓亭)

대월루(對月樓)〈읍내에 있다〉

해월루(海月樓)〈이진(梨津)의 남쪽에 있다. 제주에 들어가려는 사람들은 이곳에서 배를 출발하여 소안도(所安島)에 도착해 바람을 기다린다〉

영보정(永保亭)〈읍치로부터 동쪽으로 10리에 있다〉

회사정(會社亭)〈읍치로부터 서쪽으로 20리에 있다〉

『단유』(壇壝)

월출산단(月出山壇)〈신라 때에는 월내악(月奈嶽)이라고 하였다. 명산으로써 소사(小祀: 국가에서 행하는 제사 중에 작은 규모의 제사/역자주)에 실려 있었다. 조선에서는 본읍으로 하여금 제사를 지내게 하였다〉

『사원』(祠院)

녹동서원(鹿洞書院)에는〈인조 경오년(8년, 1630)에 세우고 숙종 계사년(39년, 1713)에 편액을 하사하였다〉 최덕지(崔德之)〈호는 연촌우수(烟村迂叟)이고 본관은 전주(全州)이다. 관직은 제학(提學)을 역임하였다. 문종 때에 관직을 버리고 은거하였다〉·김수항(金壽恒)〈양주(楊州) 조항에 보인다〉·최충성(崔忠成)〈자는 필경(弼卿)이고 호는 산당(山堂)이다. 최덕지(崔德之)의 부친이다〉·김창협(金昌協)〈양주(楊州) 조항에 보인다〉을 모시고 있다.

○충절사(忠節祠)에는〈효종 임진년(3년, 1652)에 세우고 숙종 신유년(7년, 1681)에 편액을 하사하였다〉 정운(鄭運)〈자는 창진(昌辰)이고 본관은 하동(河東)이다. 선조 임진년(25년, 1592)에 녹도만호(鹿島萬戶)로서 거제도(巨濟島)의 옥포(玉浦)에서 전사하였다. 병조판서(兵曹判書)에 추증하였으며 시호는 충장(忠壯)이다〉을 모시고 있다.

『전고』(典故)

고려 공민왕(恭愍王) 8년(1359)에 전라도추포부사(全羅道追捕副使) 김횡(金鋐)이 보음도(甫音島)에서 왜적을 공격하여 20여급을 사로잡았다. 우왕(禑王) 2년(1376)에 전라도원수(全羅道元帥) 유영(柳濚)이 영암(靈巖)에서 왜적을 공격하였다.

○조선 명종 10년(1555)에 왜선 70여척이 전라도를 노략질하고 달량진(達梁鎭)을 포위하였다. 절도사(節度使) 원적(元績)과 장흥부사(長興府使) 한온(韓蘊), 영암군수(靈巖郡守) 이덕견(李德堅)이 달려가서 구원하고자 하였는데, 군사가 패하여 모두 전사했다. 이덕견은 포로로 잡혔다. 왜적이 연이어서 난포(蘭浦)·마도(馬島)·가리포(加里浦) 등의 진과 장흥부병영(長興府兵營)을 함락시켰다. 강진(康津)의 여러 읍이 패배하여 수사(水使) 김빈(金贇), 목사(牧使) 이희손(李希孫)은 헤아릴 수 없을 정도로 많은 병사들을 잃었다. 왜적들은 곧바로 한양을 침범하겠다고 큰 소리를 치고 승승장구하여 영암(靈巖)에까지 도달했다. 이때 해남현감(海南縣監) 변협(邊協)이 성을 굳게 걸어 닫고 굳건히 지켰다. 도순찰사(都巡察使) 이준경(李浚慶)이 전주부사(全州府使) 이윤경(李潤慶)에게 명령하여 병사 3,000을 거느리고 영암으로 가서 구원하도록 하였다. 우방어사(右防禦使) 김경석(金景錫)이 또한 병력을 거느리고 구원하기 위해 달려왔다. 병사(兵使) 조안국(趙安國)이 방어사(防禦使) 남치근(南致勤)에게 있으면서 작천(鵲川)에 진을 쳤다.〈강진(康津) 북쪽의 10리에 있다〉 전주부사 이윤경이 드디어 군사들을 이끌고 나가 향교 앞에서 적들과 마주쳤다. 적장은 황기(黃旗)로 지휘하였는데, 그 군사들은 창검을 뽑

아 박수를 치면서 소리를 내니 그 소리가 천지를 진동하였다. 이윤경이 바람을 타고 불화살을 발사하고 병사들을 풀어 적을 사살하니 적들이 크게 무너졌다. 목을 벤 것이 백 수십 여 급이었다. 나머지 적들은 식량과 말먹이를 버리고 도망쳤다.

6. 고창현(高敞縣)

『연혁』(沿革)

본래 백제의 모량부리(毛良夫里)였다. 당(唐)나라가 백제를 멸망시키고 무할(無割)로 고쳐서 사반주(沙泮州)에 소속된 영현(領縣)으로 하였다. 신라 경덕왕(景德王) 16년(757)에 고창으로 고쳐서 무령군(武靈郡)의 영현으로 하였다. 고려 현종(顯宗) 9년(1018)에 고부군(古阜郡)에 소속시켰다가 후에 장덕감무(章德監務)로 하여금 고창의 업무를 겸하게 하였다. 조선 태종 1년(1401)에 그것을 갈라서 감무(監務)를 두었다가 13년(1413)에 현감(縣監)을 두었다.

「읍호」(邑號)

모양(牟陽)

「관원」(官員)

현감(縣監)이〈나주진관병마절제도위(羅州鎭管兵馬節制都尉)를 겸한다〉 1명이다.

『방면』(坊面)

천남면(川南面)〈읍치로부터 남쪽으로 7리에서 끝난다〉

천북면(川北面)〈읍치로부터 북쪽으로 7리에서 끝난다〉

오동면(吾東面)〈읍치로부터 동쪽으로 7리에서 시작하여 10리에서 끝난다〉

오서면(吾西面)〈읍치로부터 서쪽으로 10리에서 시작하여 17리에서 끝난다〉

고사면(古沙面)〈읍치로부터 남쪽으로 3리에서 시작하여 20리에서 끝난다〉

수곡면(水谷面)〈읍치로부터 서쪽으로 7리에서 시작하여 15리에서 끝난다〉

대아면(大雅面)〈읍치로부터 서쪽으로 7리에서 시작하여 20리에서 끝난다〉

산내면(産內面)〈읍치로부터 서북쪽으로 5리에서 시작하여 30리에서 끝난다. ○도성부곡(陶成部曲)은 읍치로부터 북쪽으로 15리에 있었다. 대량평부곡(大良坪部曲)은 읍치로부터

남쪽으로 15리에 있었다. 덕암소(德巖所)·고덕밀(古德密)은 읍치로부터 북쪽으로 29리에 있었다〉

『산수』(山水)

반등산(半登山)〈읍치로부터 동쪽으로 5리에 있는데, 장성(長城)·단읍(丹邑)·흥덕(興德)의 경계이다. ○상원사(上元寺)에는 십일층청석탑(十一層靑石塔)이 있다〉

구왕산(九王山)〈읍치로부터 남쪽으로 25리에 있다. 산의 북쪽에 우타굴(牛它窟)이 있다〉

취령산(鷲靈山)〈혹은 우리산(牛利山)이라고도 한다. 읍치로부터 동남쪽으로 13리에 있는데, 장성(長城)과의 경계이다. ○문수사(文殊寺)가 있다〉

화시산(火矢山)〈읍치로부터 서북쪽으로 15리에 있는데, 흥덕(興德)과의 경계이다. 서쪽 봉우리 아래에 왕자굴(王子窟)이 있는데, 깊이가 수백척이나 된다. 중간에 층으로 된 석대(石臺)가 있는데, 5~6명 정도가 앉을 수 있다〉

수곡동(水谷洞)〈구왕산(九王山)의 서쪽에 있다〉

용혈(龍穴)〈반등산(半登山)·취령산(鷲靈山)·구왕산(九王山)·화시산(火矢山)의 사이에 성고치(城高峙)가 있는데, 사면이 위험하다. 이전에 읍성을 쌓을 때 용이 그 굴로부터 나왔다고 한다. 아직도 성 아래와 성 서쪽에는 반룡원(盤龍院)이 있다〉

「영로」(嶺路)

송현(松峴)〈읍치로부터 동쪽으로 10리에 있다〉

고사치(古沙峙)〈읍치로부터 동쪽으로 15리에 있다. 송현(松峴)·고사치는 모두 장성(長城)과의 경계이다〉

좌아치(佐兒峙)〈혹은 사슬치(沙瑟峙)라고도 한다. 읍치로부터 북쪽으로 10리에 있는데, 흥덕(興德)과의 경계이다〉【두치(斗峙)가 있다】

○죽천(竹川)〈읍치로부터 서쪽으로 15리에 있다. 원류는 취령산(鷲靈山)에서 나와서 북쪽으로 흐른다〉

도산천(道山川)〈읍치로부터 서쪽으로 10리에 있다. 원류는 반등산(半登山)에서 나온다. 서쪽으로 흐르다가 고창현(高敞縣)의 북쪽을 경과하여 죽천(竹川)과 합류한다〉

서교천(黍橋川)〈읍치로부터 남쪽으로 20리에 있다. 원류는 구왕산(九王山)에서 나온다. 북쪽으로 흐르다가 죽천(竹川)·도산천(道山川)과 합류하여 서북쪽으로 흐른다〉

인천(仁川)〈혹은 이진천(梨津川)이라고도 한다. 읍치로부터 서쪽으로 20리에 있다. 죽천(竹川)·도산천(道山川)·서교천(黍橋川)·인천은 홍덕(興德)의 경계에 이르러 장연(長淵)이 되고 무장(茂長)의 북쪽 경계에 이르러 선운포(禪雲浦)가 된다〉【제언(堤堰)이 21이다】

『성지』(城池)

읍성(邑城)〈주위는 3,080척이다. 옹성(甕城: 성문을 적의 공격으로부터 보호하기 위해 문 앞에 둥그렇게 쌓은 성/역자주)이 9이고 우물이 4이며 연못이 2이다. 성 아래에는 용혈(龍穴)이 있다〉

서산성(西山城)〈화시산(火矢山)의 동쪽에 있다. 한 봉우리가 너른 벌판 중에 우뚝 솟아 있는데, 이것을 고성봉(高城峯)이라고 한다. 토루(土壘)가 산허리를 가로 질렀는데, 주위가 2리이다〉

『창고』(倉庫)

창(倉)이 5이다.〈읍내에 있다〉

산이창(山二倉)〈입암산성(笠巖山城)에 있다〉

저치창(儲偫倉)

『교량』(橋梁)

도산천교(道山川橋)

이진천교(梨津川橋)

『토산』(土産)

대나무·감·석류·차·벌꿀·은구어(銀口魚)·게이다.

『장시』(場市)

서문외(西門外)의 장날은 3일인데, 시장이 3이다. 북문외(北門外)의 장날은 8일인데, 한달에 장이 세 번 선다.

7. 무안현(務安縣)

『연혁』(沿革)

본래 백제의 물아혜(勿阿兮)였다. 신라 경덕왕(景德王) 16년(757)에 무안군으로 고쳐서 〈소속된 현이 4였는데, 함풍현(咸豐縣)·다기현(多岐縣)·해제현(海際縣)·진도현(珍島縣)이었다〉 무주(武州)에 소속시켰다. 고려 혜종(惠宗) 1년(944)에 물량(勿良)으로 고쳤다가 성종(成宗) 10년(991)에 다시 무안이라고 하였다. 현종(顯宗) 9년(1018)에 나주(羅州)에 소속시켰다가 명종(明宗) 2년(1172)에 감무(監務)를 두었다. 공양왕(恭讓王) 3년(1391)에 성산극포방어사(城山極浦防禦使)를 겸임하게 하였다. 조선 태종 13년(1413)에 현감으로 고쳤다.

「읍호」(邑號)

면천(綿川)

면성(綿城)

「관원」(官員)

현감(縣監)이〈나주진관병마절제도위(羅州鎭管兵馬節制都尉)를 겸한다〉 1명이다.

『방면』(坊面)

읍내면(邑內面)〈읍치로부터 10리에서 끝난다〉

금동면(金洞面)〈읍치로부터 동쪽으로 20리에서 시작하여 30리에서 끝난다〉

진례면(進禮面)〈읍치로부터 동쪽으로 20리에서 시작하여 30리에서 끝난다〉

좌랑면(佐郎面)〈읍치로부터 동쪽으로 20리에서 시작하여 35리에서 끝난다〉

엄다산면(嚴多山面)〈읍치로부터 동쪽으로 5리에서 시작하여 10리에서 끝난다〉

석진면(石津面)〈읍치로부터 남쪽으로 5리에서 시작하여 20리에서 끝난다〉

박곡면(朴谷面)〈읍치로부터 남쪽으로 20리에서 시작하여 30리에서 끝난다〉

일로촌면(一老村面)〈읍치로부터 남쪽으로 40리에서 시작하여 60리에서 끝난다〉

이로촌면(二老村面)〈읍치로부터 남쪽으로 30리에서 시작하여 60리에서 끝난다〉

외읍면(外邑面)〈읍치로부터 서쪽으로 10리에서 끝난다〉

일서면(一西面)〈읍치로부터 20리에서 시작하여 30리에서 끝난다〉

이서면(二西面)〈읍치로부터 10리에서 시작하여 20리에서 끝난다〉

현화면(玄化面)〈읍치로부터 서쪽으로 10리에서 시작하여 35리에서 끝난다〉

신마로면(新亇老面)〈읍치로부터 북쪽으로 10리에서 시작하여 20리에서 끝난다〉

『산수』(山水)

승달산(僧達山)〈읍치로부터 남쪽으로 20리에 있다. ○총지사(摠持寺)·법천사(法泉寺)가 있다〉

유달산(鍮達山)〈읍치로부터 남쪽으로 65리의 해변에 있다〉

고림산(高林山)〈읍치로부터 서남쪽으로 25리에 있다〉

함박산(含朴山)〈읍치로부터 서남쪽으로 50리에 있다〉

연징산(淵澄山)〈읍치로부터 남쪽으로 15리에 있다. 산 위에 징연(澄淵)이 있다〉

감방산(坎方山)〈읍치로부터 북쪽으로 5리에 있다〉

대굴산(大掘山)〈읍치로부터 동쪽으로 20리에 있다〉

병산(柄山)〈읍치로부터 서쪽으로 5리에 있다〉

개산(開山)〈읍치로부터 남쪽으로 30리에 있다〉

주룡산(駐龍山)〈읍치로부터 남쪽으로 50리에 있다〉

인의산(仁義山)〈읍치로부터 남쪽으로 50리에 있다〉

동금산(東錦山)〈읍치로부터 동쪽으로 20리에 있다〉【사자봉(獅子峯)은 읍치로부터 남쪽으로 2리에 있다】【송봉산(松封山: 소나무를 벌목하지 못하게 금지한 산/역자주)이 4이다】

「영로」(嶺路)

구리치(九里峙)〈혹은 동치(銅峙)라고도 하는데, 읍치로부터 남쪽으로 25리에 있다〉

철소치(鐵所峙)〈읍치로부터 남쪽으로 30리의 정족포(鼎足浦)에 있다〉

○해(海)〈읍치로부터 서쪽으로 7리, 남쪽으로 60리에 있다〉

읍전천(邑前川)〈원류는 연징산(淵澄山)에서 나온다. 서쪽으로 무안현(務安縣)을 둘러싸고 흐르다가 함평(咸平)의 경계로 들어간다〉

대교천(大橋川)〈읍치로부터 북쪽으로 5리에 있다〉

학교천(鶴橋川)〈읍내에 있다〉

사타천(沙陀川)〈읍의 서쪽에 있다〉

작천(鵲川)〈읍치로부터 남쪽으로 5리에 있다〉

화정천(花亭川)〈읍치로부터 남쪽으로 30리에 있다〉

토교천(土橋川)〈읍치로부터 동쪽으로 15리에 있다. 원류는 함평(咸平)의 수산(水山)에서 나온다. 남쪽으로 흘러 사호강(沙湖江)으로 들어간다〉

고막원천(古幕院川)〈읍치로부터 동쪽으로 30리에 있는데, 나주(羅州)와의 경계이다. 나주의 작천(鵲川)이 아래로 흐르다가 사호강(沙湖江)으로 들어간다〉

사호강(沙湖江)〈읍치로부터 동쪽으로 20리에 있다. 나주(羅州)의 영산강(榮山江)이 아래로 흐르다가 이곳으로부터 바다로 들어간다. 이산진(梨山津)·몽탄진(夢灘津)이 있다. 바다로 들어가는 곳을 목포(木浦)라고 한다〉

창포(倉浦)〈읍치로부터 서쪽으로 6리에 있다〉

정족포(鼎足浦)〈읍치로부터 남쪽으로 30리에 있다〉

대굴포(大掘浦)〈읍치로부터 동남쪽으로 20리에 있다. 우수영(右水營)의 옛터가 있다〉

두령량(頭靈梁)〈읍치로부터 남쪽으로 60리에 있는데, 목포(木浦)에서 바다로 들어가는 곳이다〉【제언(堤堰)이 16이다】

『성지』(城池)

읍성(邑城)〈주위는 2,700척이다. 문이 3이고 우물이 9이며 연못이 2이다〉

남산고성(南山古城)〈읍치로부터 남쪽으로 2리에 있는데, 주위는 2,300척이다〉

보평산고성(普平山古城)〈읍치로부터 서북쪽으로 5리에 있다. 흙으로 쌓은 옛터가 있다. 세상에서는 고려 혜종(惠宗) 시 물량(勿良)으로 불릴 때의 옛터라고 전해온다〉

철성(鐵城)〈읍치로부터 동쪽으로 30리에 있다〉

『진보』(鎭堡)

목포진(木浦鎭)〈읍치로부터 남쪽으로 65리에 있다. 성의 주위는 1,306척이다. 우물이 1이고 연못이 1이다. ○수군만호(水軍萬戶) 1명이 있다〉

○당곶(唐串)〈읍치로부터 남쪽으로 50리에 있다. 선조 30년(1597)에 이순신(李舜臣) 장군이 왜적을 해남(海南)의 명량(鳴梁)에서 왜적을 대파하였는데, 도청(都廳)을 처음에 나주(羅州) 고하도(高下島)에 설치했다. 인조 25년(1647)에 이곳으로 옮겨 군량을 비축하고 별장(別將)을 두었지만 후에 폐지하였다.【창고가 2이다】

『봉수』(烽燧)

고림산봉수(高林山烽燧)

유달산봉수(鍮達山烽燧)〈둘 다 위에 보인다〉

『창고』(倉庫)

읍창(邑倉)〈성 안에 있다〉

동창(東倉)〈읍치로부터 동쪽으로 20리에 있다〉

남창(南倉)〈읍치로부터 남쪽으로 40리에 있다〉

해창(海倉)〈읍치로부터 동쪽으로 20리에 있다〉

선소창(船所倉)〈읍치로부터 남쪽으로 20리에 있다〉

당곶창(唐串倉)〈읍치로부터 남쪽으로 60리에 있는데, 이전의 임해포(臨海浦)이다〉

『역참』(驛站)

경신역(景申驛)〈읍치로부터 서쪽으로 3리에 있다〉

『진도』(津渡)

사호진(沙湖津)〈읍치로부터 동쪽으로 15리에 있다〉

이산진(梨山津)〈읍치로부터 남쪽으로 20리에 있다〉

몽탄진(夢灘津)〈읍치로부터 남쪽으로 35리에 있다. 사호진(沙湖津)·이산진(梨山津)·몽탄진은 나주(羅州) 지역으로 통한다〉

주룡진(駐龍津)〈읍치로부터 남쪽으로 50리에 있는데, 영암(靈巖)으로 통한다〉

등산진(登山津)〈혹은 목포진(木浦津)이라고도 하는데, 해남(海南) 황원(黃原)의 우수영(右水營)으로 통한다〉

『교량』(橋梁)

학교(鶴橋)〈읍내에 있다〉

등잔교(燈盞橋)〈읍치로부터 동쪽으로 10리에 있다〉

토교(土橋)〈읍치로부터 동쪽으로 15리에 있다〉

고막교(古幕橋)〈읍치로부터 동쪽으로 30리에 있다〉

대교(大橋)〈읍치로부터 북쪽으로 5리에 있다〉

부교(釜橋)〈읍치로부터 동쪽으로 20리에 있다〉

새교(塞橋)〈서문(西門) 밖에 있다〉

사교(沙橋)〈읍치로부터 북쪽으로 15리에 있다〉

『토산』(土産)

황죽(篁竹)·전죽(箭竹)·철·석류·비자나무·감·닥나무·차·감태(甘苔)·어물 15종이다.

『장시』(場市)

읍내의 장날은 5일과 10일이다. 남창(南倉)의 장날은 1일과 6일이다. 장송(長松)의 장날은 4일과 9일이다. 공수(公須)의 장날은 3일과 8일이다.

『단유』(壇壝)

용진명소단(龍津溟所壇)〈두령량(頭靈梁)에 있다. 오른쪽에 돌산이 우뚝 솟아 있다. 그 아래가 용진명소(龍津溟所)이다. 본읍에서 봄과 가을에 제사를 지낸다〉

『사원』(祠院)

송림서원(松臨書院)에는〈인조 경오년(8년, 1630)에 세웠으며 숙종 임술년(8년, 1682)에 편액을 하사하였다〉 김권(金權)〈청풍(淸風) 조항에 보인다〉·유계(兪棨)〈임천(林川) 조항에 보인다〉를 모시고 있다.

『전고』(典故)

고려 원종(元宗) 13년(1272)에 삼별초(三別抄)가 목포(木浦)를 공격하여 조운선 13척을 약탈하였다.

○조선 선조 30년(1597)에 왜장(倭將) 가정좌도수(家政佐渡守)가 배로 무안(務安)에 도착하였다.

8. 함평현(咸平縣)

『연혁』(沿革)

본래 백제의 굴내(屈乃)였다.〈혹은 굴내(屈奈)로 되어있는 곳도 있다〉 당(唐)나라가 백제를 멸망시키고 군나(軍那)고 고쳐서 대방주(帶方州)에 소속된 현으로 하였다. 신라 경덕왕(景德王) 16년(757)에 함풍(咸豐)으로 고쳐서 무안군(務安郡)에 소속된 현으로 하였다. 고려 현종(顯宗) 9년(1018)에 영광군(靈光郡)에 소속시켰다. 명종(明宗) 2년(1172)에 감무(監務)를 두었다. 공양왕(恭讓王) 3년(1391)에 영풍다경해제권농방어사(永豐多景海際勸農防禦使)를 겸하게 하였다. 조선 태종 9년(1409)에 모평(牟平)과 합치고 함평이라고 하였으며 13년(1413)에 현감(縣監)으로 고쳤다.

「읍호」(邑號)

기성(箕城)

「관원」(官員)

현감(縣監)이〈나주진관병마절제도위(羅州鎭管兵馬節制都尉)를 겸한다〉 1명이다.

『고읍』(古邑)

모평현(牟平縣)〈읍치로부터 동쪽으로 30리에 있었다. 본래 백제의 부지(夫只)였다. 당(唐)나라가 백제를 멸망시키고 다지(多只)로 고쳤는데, 이를 혹은 다지(多支)라고도 하였으며 사반주(沙泮州)에 소속된 현으로 하였다. 신라 경덕왕(景德王) 16년(757)에 다기(多岐)로 고쳐서 무안군(務安郡)에 소속된 현으로 하였다. 고려 태조 23년(940)에 모평(牟平)으로 고쳤고 현종(顯宗) 9년(1018)에 영광군(靈光郡)에 소속시켰다. 조선 태종 9년(1409)에 함평(咸平)과 병합했다. ○읍호(邑號)는 모양(牟陽)이었다〉

해제현(海際縣)〈읍치로부터 서쪽으로 70리에 있었다. 본래 백제의 도제(道際)였는데, 혹은 음해(陰海)라고도 하였으며 혹은 대봉(大峯)이라고도 하였다. 신라 경덕왕(景德王) 16년(757)에 해제(海際)로 고쳐서 무안군(務安郡)에 소속된 현으로 하였다. 고려 현종(顯宗) 9년(1018)에 영광군(靈光郡)에 소속시켰으며 조선 태조 1년(1392)에 함평(咸平)과 병합했다〉

『방면』(坊面)

동현내면(東縣內面)〈읍치로부터 10리에서 끝난다〉

서현내면(西縣內面)〈읍치로부터 10리에서 끝난다〉

평릉면(平陵面)〈읍치로부터 동쪽으로 10리에서 시작하여 30리에서 끝난다〉

식화면(食和面)〈읍치로부터 동쪽으로 20리에서 시작하여 30리에서 끝난다〉

갈동면(葛洞面)〈읍치로부터 동쪽으로 30리에서 시작하여 40리에서 끝난다〉

월악면(月嶽面)〈읍치로부터 동쪽으로 40리에서 시작하여 50리에서 끝난다〉

대야동면(大野洞面)〈읍치로부터 동쪽으로 40리에서 시작하여 50리에서 끝난다. 동현내면(東縣內面)·서현내면(西縣內面)·평릉면(平陵面)·식화면(食和面)·갈동면(葛洞面)·월악면(月嶽面)·대야동면은 모두 평야에 있다〉

해보면(海保面)〈읍치로부터 북쪽으로 30리에서 시작하여 40리에서 끝난다〉

대동면(大洞面)〈읍치로부터 북쪽으로 5리에서 시작하여 50리에서 끝난다〉

신광면(神光面)〈읍치로부터 북쪽으로 15리에서 시작하여 30리에서 끝난다〉

손불면(孫佛面)〈읍치로부터 북쪽으로 20리에서 시작하여 40리에서 끝난다〉

영풍면(永豐面)〈본래 영풍부곡(永豐部曲)이었다. 읍치로부터 북쪽으로 10리에서 시작하여 20리에서 끝난다〉

다경면(多慶面)〈본래 다경부곡(多慶部曲)이었다. 읍치로부터 서남쪽으로 30리에서 시작하여 50리에서 끝난다. 무안(務安) 서쪽에서 바다로 들어가는데, 영풍면(永豐面)·다경면은 이전에는 나주(羅州)에 속했다. 조선 태조 1년(1392)에 함평현(咸平縣)으로 옮겨서 속하게 했다〉

해제면(海際面)〈읍치로부터 서쪽으로 50리에서 시작하여 80리에서 끝난다. 빙빙돌아서 바다로 들어간다〉

『산수』(山水)

기산(箕山)〈읍치로부터 북쪽으로 5리에 있다〉

감방산(坎方山)〈읍치로부터 남쪽으로 10리에 있는데, 무안(務安)과의 경계이다〉

고산(高山)〈읍치로부터 동쪽으로 7리에 있다〉

군유산(君遊山)〈읍치로부터 북쪽으로 30리에 있다〉

무악산(毋嶽山)〈읍치로부터 북쪽으로 30리에 있는데, 영광(靈光)과의 경계이다〉

해제산(海際山)〈읍치로부터 서쪽으로 70리에 있다〉

자양산(紫陽山)〈혹은 무이산(武夷山)이라고도 한다. 읍치로부터 동쪽으로 30리에 있다〉

감악산(紺嶽山)〈읍치로부터 서쪽으로 10리에 있다〉

이성산(伊城山)〈읍치로부터 북쪽으로 50리에 있다〉

진하산(珍下山)〈읍치로부터 서쪽으로 80리에 있다〉

수산(水山)〈읍치로부터 남쪽으로 10리에 있다〉

「영로」(嶺路)

쌍령(雙嶺)〈남쪽으로 통하는 길이다〉

외치(外峙)〈동쪽으로 나주(羅州) 지역으로 통한다〉

저치(楮峙)〈남쪽으로 무안(務安)으로 통하는 길이다〉

멸치(滅峙)〈북쪽으로 영광(靈光) 지역으로 통한다〉

선치(蟬峙)〈북쪽으로 영광(靈光) 지역으로 통한다〉

고치(鼓峙)〈남쪽으로 통하는 길이다〉

○해(海)〈읍치로부터 서쪽으로 30리에 있다〉

대교천(大橋川)〈읍치로부터 동쪽으로 20리에 있다. 원류는 무악산(毋嶽山)에서 나오는데, 남쪽으로 흐르다가 무안(務安) 지역에 이른다. 수산(水山)의 토교천(土橋川)을 지나 사호강(沙湖江)으로 들어간다〉

저천(猪川)〈읍치로부터 동쪽으로 30리에 있는데, 나주 작천(鵲川)의 상류이다〉

영수(穎水)〈기산(箕山) 아래에 있다. 동쪽으로 흐르다가 대교천(大橋川)으로 들어간다〉

다경포(多慶浦)〈읍치로부터 서쪽으로 30리에 있다〉

주항포(酒缸浦)〈읍치로부터 서쪽으로 10리에 있는데, 상선들이 이곳으로 모여든다〉

정족포(鼎足浦)〈읍치로부터 서남쪽으로 40리에 있는데, 무안(務安)과의 경계이다〉

굴내포(屈乃浦)〈읍치로부터 서쪽으로 15리에 있다. 북쪽으로는 영광(靈光) 칠산(七山)의 바다에 이른다〉

향화진(向化津)〈읍치로부터 서북쪽으로 40리에 있다. 영광(靈光) 향화도(向化島)의 남쪽이다〉【사내포(沙乃浦)·옹암포(甕巖浦)가 있다】

「도서」(島嶼)

황저도(荒楮島)

독저도(禿楮島)

두지도(豆知島)

율도(栗島)

맥도(麥島)〈황저도(荒楮島)·독저도(禿楮島)·두지도(豆知島)·율도(栗島)·맥도의 5섬은 모두 해제면(海際面)에 있다〉【제언(堤堰)이 28이다】

『성지』(城池)

기산고성(箕山古城)〈주위는 1,850척이고 샘물이 6이며 연못이 1이다〉

금성(金城)〈읍치로부터 북쪽으로 15리에 있다. 주위는 1,300척이고 작은 개울이 있다〉

해제목책(海際木柵)〈주위는 1,407척이다〉

『진보』(鎭堡)

임치도진(臨淄島鎭)〈읍치로부터 서쪽으로 70리에 있다. 영광군(靈光郡)의 임치도(臨淄島)와 마주하고 있다. ○수군첨절제사(水軍僉節制使)가 1명이다〉【송봉산(松封山: 소나무를 벌목하지 못하게 금지한 산/역자주)이 5이고 창(倉)이 2이다】

『봉수』(烽燧)

해제봉수(海際烽燧)〈위에 보인다〉

옹산봉수(甕山烽燧)〈읍치로부터 서쪽으로 40리에 있다〉

『창고』(倉庫)

창고는 3이다.〈읍내에 있다〉

사창(社倉)〈해보면(海保面)에 있다〉

임치창(臨淄倉)〈해제면(海際面)에 있다〉

해창(海倉)〈손불면(孫佛面)에 있다〉

양세창(兩稅倉)〈손불면(孫佛面)에 있다〉

수군기고(水軍器庫)〈해제면(海際面)에 있다〉

『역참』(驛站)

가리역(嘉里驛)〈읍치로부터 북쪽으로 20리에 있다〉

○귀밀원(歸密院)〈해보면(海保面)에 있는데, 북쪽으로는 영광읍(靈光邑)이 30리이고 동남쪽으로 나주(羅州)가 60리이다〉

『목장』(牧場)

진하산장(珍下山場)〈주위는 45리이다. 영광(靈光) 임자도장(荏子島場)에 속해 있다〉

『교량』(橋梁)

대교(大橋)〈읍치로부터 동쪽으로 2리에 있다〉

장성교(長城橋)〈신광면(神光面)에 있는데, 읍치로부터 25리 떨어져 있다〉

저전교(猪田橋)〈창지면(倉知面)에 있는데, 읍치로부터 30리 떨어져 있다〉

작천교(鵲川橋)〈월악면(月嶽面)에 있는데, 읍치로부터 40리 떨어져 있다〉

양반교(兩班橋)〈해제면(海際面)에 있다〉

『토산』(土産)

대나무·닥나무·전죽(箭竹)·감·석류·비자나무·차·감태(甘苔)·황각(黃角)·어물 15종·철이다.

『장시』(場市)

읍내의 장날은 2일과 7일이다. 선치(禪峙)의 장날은 3일과 8일이다. 나산(羅山)의 장날은 4일과 9일이다. 사천(沙川)의 장날은 5일과 10일이다. 망운(望雲)의 장날은 1일과 6일이다.

『전고』(典故)

고려 우왕(禑王) 3년(1377)에 왜구가 함풍(咸豐)·모평(牟平)을 노략질하였다.

9. 남평현(南平縣)

『연혁』(沿革)

본래 백제의 미동부리(未冬夫里)였다. 신라 때에 미다부리정(未多夫里停)을 설치했다. 신라 경덕왕(景德王) 16년(757)에 현웅(玄雄)으로 고쳐서 무주(武州)에 소속된 현으로 하였다. 고려 태조 23년(940)에 남평군(南平郡)으로 고쳤다.〈혹은 영평군(永平郡)이라고도 한다〉 현종(顯宗) 9년(1018)에 나주(羅州)에 소속시켰다. 명종(明宗) 2년(1172)에 감무(監務)를 두었다. 공양왕(恭讓王) 2년(1391)에 화순감무(和順監務)로 하여금 남평군의 업무를 겸하게 하였다가 조선 태조 3년(1394)에 감무를 별도로 두었다가 태종 13년(1413)에 현감(縣監)으로 고쳤다.

「읍호」(邑號)

오산(烏山)

「관원」(官員)

현감(縣監)이〈나주진관병마절제도위(羅州鎭管兵馬節制都尉)를 겸한다〉 1명이다.

『고읍』(古邑)

철야현(鐵冶縣)〈읍치로부터 남쪽으로 30리에 있었다. 본래 백제의 실어산(實於山)이었다. 신라 경덕왕(景德王) 16년(757)에 철야(鐵冶)로 고쳐서 금산군(錦山郡)에 소속된 현으로 하였다. 고려 현종(顯宗) 9년(1018)에 그대로 나주(羅州)에 속하게 하였다가 후에 능성현(綾城縣)에 속하게 하였다. 조선 태종 15년(1415)에 남평현(南平縣)으로 옮겨서 속하게 하였다〉

『방면』(坊面)

현내면(縣內面)〈읍치로부터 5리에서 끝난다〉

동촌면(東村面)〈읍치로부터 동쪽으로 5리에서 시작하여 20리에서 끝난다〉

등포면(等浦面)〈읍치로부터 남쪽으로 10리에서 시작하여 15리에서 끝난다〉

저포면(猪浦面)〈읍치로부터 남쪽으로 10리에서 시작하여 20리에서 끝난다〉

덕곡면(德谷面)〈읍치로부터 남쪽으로 20리에서 시작하여 30리에서 끝난다〉

죽곡면(竹谷面)〈읍치로부터 남쪽으로 20리에서 시작하여 25리에서 끝난다〉

도천면(道川面)〈읍치로부터 남쪽으로 20리에서 시작하여 40리에서 끝난다〉

우곡면(亐谷面)〈읍치로부터 남쪽으로 40리에서 시작하여 50리에서 끝난다〉

다소면(茶所面)〈읍치로부터 남쪽으로 30리에서 시작하여 60리에서 끝난다〉

두산면(頭山面)〈읍치로부터 서쪽으로 10리에서 시작하여 15리에서 끝난다〉

금마산면(金馬山面)〈읍치로부터 서쪽으로 15리에서 시작하여 20리에서 끝난다〉

어천면(魚川面)〈읍치로부터 서쪽으로 15리에서 시작하여 25리에서 끝난다. ○도민부곡(道民部曲)은 읍치로부터 서남쪽으로 16리에 있었다. 율촌부곡(栗村部曲)은 읍치로부터 동쪽으로 30리에 있었다. 운곡소(雲谷所)는 읍치로부터 남쪽으로 35리에 있었다〉

『산수』(山水)

오산(烏山)〈읍치로부터 서쪽으로 5리에 있다〉

풍산(楓山)〈읍치로부터 남쪽으로 10리에 있다〉

덕룡산(德龍山)〈읍치로부터 남쪽으로 40리에 있는데, 나주(羅州)와의 경계이다〉

중봉산(中峯山)〈읍치로부터 동쪽으로 10리에 있다〉

정자산(亭子山)〈읍치로부터 서쪽으로 5리에 있다〉

마산(馬山)〈읍치로부터 북쪽으로 5리에 있다〉

일봉산(日封山)〈읍치로부터 남쪽으로 40리에 있는데, 덕룡산(德龍山)의 북쪽이다〉

구봉산(九峯山)〈일봉산(日封山)의 동쪽에 있다〉

문암(文巖)〈읍치로부터 동쪽으로 5리에 있는데, 장자지(長者池)의 주변이다〉

월연대(月延臺)〈곧 군(郡)의 주봉(主峰)이다. 소나무와 대나무가 뒤섞여서 푸르게 자라나는데, 암석도 또한 그 향기를 경쟁하는 듯하다〉

「영로」(嶺路)

대치(大峙)〈읍치로부터 북쪽으로 10리에 있는데, 광주(光州)와의 경계이다〉

행군령(行軍嶺)〈읍치로부터 남쪽으로 10리에 있다〉

○지석강(砥石江)〈원류는 능주(綾州)의 여점(呂岾)에서 나온다. 서북쪽으로 흐르다가 차의천(車衣川)이 되어서 능주(綾州)의 치소(治所)를 휘돌러 흐르고 동북쪽으로 흘러 오른쪽으로 화순(和順)의 도천(道川)을 지난다. 서쪽으로 흐르다가 왼쪽으로 저포천(猪浦川)을 지나고 서북으로 흘러 남평현(南平縣)의 동쪽 7리에 이르러 지석강이 된다. 남평현의 북쪽 3리에 이

르러서는 성탄(城灘)이 되고 서쪽으로 흘러 왕자대(王子臺)에 이른다. 왼쪽으로 어천(魚川)을 지나 나주(羅州) 지역에 도착해서 영산강(榮山江) 상류가 된다〉

어천(魚川)〈읍치로부터 서쪽으로 20리에 있는데, 원류는 덕룡산(德龍山)에서 나온다. 북쪽으로 흐르다가 서창(西倉)을 지나 성탄(城灘) 하류로 들어간다〉

저포천(猪浦川)〈읍치로부터 남쪽으로 20리에 있는데, 원류는 능주(綾州) 웅치(熊峙)에서 나온다. 북쪽으로 흐르다가 저포면(猪浦面)에 이르러 지석강(砥石江) 상류로 들어간다〉

마지(馬池)〈마산(馬山) 아래에 있다〉

화제(花堤)〈읍치로부터 서남쪽으로 10리에 있다〉【제언(堤堰)이 24이다】

『성지』(城池)

고성(古城)〈읍치로부터 남쪽으로 1리에 있는데, 성산(城山)이라고 한다. 주위는 5리이다〉

『창고』(倉庫)

읍창(邑倉)〈읍내에 있다〉

남창(南倉)〈읍치로부터 남쪽으로 30리의 덕곡면(德谷面)에 있다〉

서창(西倉)〈읍치로부터 서쪽으로 20리의 어천면(魚川面)에 있다〉

『역참』(驛站)

광리역(廣里驛)〈읍치로부터 북쪽으로 5리에 있다〉

오림역(烏林驛)〈읍치로부터 남쪽으로 40리에 있다〉

『교량』(橋梁)

성탄교(城灘橋)〈읍치로부터 북쪽으로 2리에 있다〉

『토산』(土産)

오죽(烏竹)·전죽(箭竹)·닥나무·옻나무·뽕나무·감·석류·매화·차·붕어이다.

『장시』(場市)

읍내의 장날은 1일과 6일이다. 대초(大草)의 장날은 3일과 8일이다.

『사원』(祠院)

봉산서원(蓬山書院)에는〈효종 경인년(1년, 1650)에 세우고 현종 정미년(8년, 1667)에 편액을 하사하였다〉 백인걸(白仁傑)〈파주(坡州) 조항에 보인다〉을 모시고 있다.

10. 무장현(茂長縣)

『연혁』(沿革)

본래 백제의 상로(上老)였다. 당(唐)나라가 백제를 멸망시키고 좌로(佐魯)로 바꾸어서 사반주(沙泮州)에 소속된 현으로 하였다. 신라 경덕왕(景德王) 16년(757)에 장사(長沙)로 고쳐서 무령군(武靈郡)에 소속된 현으로 하였다. 고려 현종(顯宗) 9년(1018)에 그대로 소속시켰다가 후에 감무(監務)를 두고 무송(茂松)의 업무를 겸하게 하였다. 조선 태종 17년(1417)에 무송(茂松)과 합병하고 무장(茂長)으로 이름을 바꾸었으며 그대로 진(鎭)을 설치하고 병마사(兵馬使)로 하여금 판현사(判縣事)를 겸하게 하였다. 세종 5년(1423)에 첨절제사(僉節制使)로 고쳤다가 후에 현감(縣監)으로 고쳤다.〈옛날의 치소(治所)는 현재의 읍치로부터 북쪽으로 20리에 있었다〉

「읍호」(邑號)

사도(沙島)

「관원」(官員)

현감(縣監)이〈나주진관병마절제도위(羅州鎭管兵馬節制都尉)를 겸한다〉 1명이다.

『고읍』(古邑)

무송현(茂松縣)〈읍치로부터 남쪽으로 20리에 있었다. 본래 백제의 송미지(松彌知)였다. 신라 경덕왕(景德王) 16년(757)에 무송(茂松)으로 고쳐서 무령군(武靈郡)에 소속된 현으로 하였다. 고려 현종(顯宗) 9년(1018)에 그대로 소속하게 하였다가 조선 태종 17년(1417)에 무장현(茂長縣)으로 옮겨서 소속하게 하였다. ○읍호(邑號)는 송산(松山)이었다〉

『방면』(坊面)

일동면(一東面)〈읍치로부터 10리에서 끝난다〉

이동면(二東面)〈읍치로부터 5리에서 끝난다〉

청해면(青海面)〈읍치로부터 북쪽으로 5리에서 시작하여 20리에서 끝난다〉

탁곡면(托谷面)〈읍치로부터 북쪽으로 7리에서 시작하여 20리에서 끝난다〉

백석면(白石面)〈읍치로부터 남쪽으로 8리에서 시작하여 15리에서 끝난다〉

대제면(大梯面)〈읍치로부터 남쪽으로 10리에서 시작하여 15리에서 끝난다〉

대사동면(大寺洞面)〈읍치로부터 남쪽으로 15리에서 시작하여 20리에서 끝난다〉

성동면(星洞面)〈읍치로부터 남쪽으로 20리에서 시작하여 30리에서 끝난다〉

원송면(元松面)〈읍치로부터 남쪽으로 30리에서 시작하여 40리에서 끝난다〉

심원면(心元面)〈읍치로부터 북쪽으로 20리에서 시작하여 40리에서 끝난다〉

동음치면(冬音峙面)〈읍치로부터 서쪽으로 10리에서 시작하여 20리에서 끝난다〉

상룡복면(上龍伏面)〈읍치로부터 서쪽으로 11리에서 시작하여 30리에서 끝난다〉

하룡복면(下龍伏面)〈읍치로부터 서쪽으로 15리에서 시작하여 30리에서 끝난다〉

장자산면(莊子山面)〈읍치로부터 서쪽으로 20리에서 시작하여 30리에서 끝난다〉

와공면(瓦孔面)〈읍치로부터 서쪽으로 10리에서 시작하여 30리에서 끝난다. ○약수향(藥水鄕)은 읍치로부터 북쪽으로 35리에 있었는데, 소금이 있어서 약수라고 칭하였다. 궁산처(弓山處)는 읍치로부터 북쪽으로 25리에 있었다〉

『산수』(山水)

선운산(禪雲山)〈읍치로부터 북쪽으로 20리에 있다. 층층으로 된 산맥이 휘돌고 있다. 서쪽으로 바다를 바라보면 기암괴석이 많다. 산에는 폭포의 장관이 있다. ○선운사(禪雲寺)가 있다〉

화산(花山)〈읍치로부터 북쪽으로 30리에 있다〉

고산(高山)〈읍치로부터 남쪽으로 25리에 있다. ○서봉사(瑞峯寺)가 있는데, 절의 남쪽에 용지(龍池)가 있다. 용지 위에 수고암(水庫庵)이 있다〉

덕림산(德林山)〈읍치로부터 동남쪽으로 5리에 있는데, 용지(龍池)가 있다〉

구행산(九行山)〈읍치로부터 남쪽으로 25리에 있다〉

도솔산(兜率山)

장사산(長沙山)〈장사고현(長沙古縣)에 있다〉

이진평(梨津坪)〈읍치로부터 동쪽으로 10리에 있다〉【송봉산(松封山: 소나무를 벌목하지 못하게 금지한 산/역자주)이 11이다】

「**영로(嶺路**」

백계치(白鷄峙)〈읍치로부터 동북쪽으로 통하는 길이다〉

○해(海)〈읍치로부터 서쪽으로 30리에 있다〉

남천(南川)〈읍치로부터 남쪽으로 5리에 있다. 동쪽으로 흘러 장연(長淵)으로 들어간다〉

선운포(禪雲浦)〈읍치로부터 북쪽으로 30리에 있는데, 홍덕(興德)과의 경계이다. 원류는 고창(高敞) 반등산(半登山)에서 나온다. 서북쪽으로 흘러 도산천(道山川)이 되고 죽천(竹川)·승교천(乘橋川)을 지나 인천(仁川)이 된다. 또 무장현(務長縣)의 남천(南川)을 지나 홍덕(興德) 장연(長淵)이 된다. 북쪽으로 흘러 선운산(禪雲山) 북쪽을 지나 선운포가 된다. 수광산(水光山)에 이르러 사진포(沙津浦)와 합류하고 바다로 들어간다〉

제안포(濟安浦)〈읍치로부터 북쪽으로 30리에 있는데, 바닷물이 10여 리에 걸쳐 넓게 자리하고 있다. 북쪽으로는 부안(扶安)·고부(古阜)와의 경계에 접하고 서쪽으로는 검당(黔堂)에 이른다. 서시포(西施浦)·검당포(黔堂浦)·금물각포(今勿礐浦) 등이 제안포의 만곡에 위치해 있다〉

서시포(西施浦)〈읍치로부터 북쪽으로 40리에 있다〉

검당포(黔堂浦)〈읍치로부터 북쪽으로 35리에 있다〉

금물각포(今勿礐浦)〈읍치로부터 북쪽으로 30리에 있다〉

고전포(高田浦)〈읍치로부터 북쪽으로 20리에 있다〉

장사포(長沙浦)〈읍치로부터 서북쪽으로 28리에 있다. 장사(長沙) 바닷가의 흰모래가 마치 비단처럼 쌓인 것이 20리에 이른다〉

경포(景浦)〈읍치로부터 서쪽으로 30리에 있다〉

구시포(仇時浦)〈읍치로부터 서쪽으로 30리에 있다〉

석교포(石橋浦)〈읍치로부터 서쪽으로 15리에 있다〉

염정(鹽井)〈세속에서는 약산(藥山)이라고 하는데, 검당(黔堂)에서 바다로 들어가 약 2

리쯤에 있다. 그 물이 희면서 짜다. 주민들은 조수물이 빠지면 다투어 퍼내서 불에 구어 소금을 만든다. 그러므로 햇볕에 말리는 수고도 할 것 없이 많은 수익을 올리는 곳은 오직 검당뿐이다〉

「도서」(島嶼)

대죽도(大竹島)〈읍치로부터 북쪽 바다 30리에 있다〉

소죽도(小竹島)〈읍치로부터 북쪽 바다 30리에 있다〉

『성지』(城池)

읍성(邑城)〈주위는 2,639척이고 샘물이 2이며 연못이 1이다〉

무송고현성(茂松古縣城)〈흙으로 쌓은 터가 있다〉

장사고현성(長沙古縣城)〈옛날에 쌓은 터가 있다〉

고산성(高山城)〈읍치로부터 남쪽으로 20리에 있다. 주위는 8,100척이고 샘물이 3이다〉

『봉수』(烽燧)

소응포봉수(所應浦烽燧)〈읍치로부터 북쪽으로 20리에 있다〉

고리포봉수(古里浦烽燧)〈읍치로부터 서쪽으로 20리에 있다〉

『창고』(倉庫)

창(倉)이 2이다.〈읍내에 있다〉

남창(南倉)〈읍치로부터 남쪽으로 30리에 있다〉

전세창(田稅倉)〈읍치로부터 북쪽으로 30리에 있다〉

대동창(大同倉)〈읍치로부터 서쪽으로 15리에 있다〉

『역참』(驛站)

청송역(青松驛)〈읍치로부터 남쪽으로 20리에 있다〉

『토산』(土産)

대나무·전죽(箭竹)·닥나무·차·물고기 10여 종류이다.

『장시』(場市)

읍내의 장날은 2일과 6일이다. 안자산(安子山)의 장날은 3일과 8일이다. 개갑(介甲)의 장날은 4일과 9일이다. 고현(古縣)의 장날은 5일과 10일이다. 발산(鉢山)의 장날은 2일과 7일이다.

『누정』(樓亭)

동백정(冬柏亭)〈읍치로부터 북쪽으로 30리에 있는 산기슭이 바다로 쑥 들어간 곳에 있다. 3면이 모두 물인데 그 위에 동백이 수백리에 걸쳐 자생하고 있다〉

『사원』(祠院)

충현사(忠賢祠)에는〈선조 무신년(4년, 1608)에 세우고 광해군 때에 왕이 친필로 쓴 편액을 하사하였다〉 이존오(李存吾)〈여주(驪州) 조항에 보인다〉·유희춘(柳希春)〈담양(潭陽) 조항에 보인다〉을 모시고 있다.

『전고』(典故)

고려 우왕(禑王) 3년(1377)에 왜적이 장성(長城)을 노략질하였다.

11. 제주목(濟州牧)

『연혁』(沿革)

마한(馬韓)의 남쪽 바다 가운데에 있으며, 둘레는 420리이다. 고(高)·양(良)·부(夫) 3성(三姓)의 사람이 그 곳에 나누어 거처했다. 탁라(乇羅)〈'乇'의 음은 탁이다〉로 일컬었고, 그들이 사는 곳을 도(都)라고 이름붙였다. 신라 때 고후(高厚) 등이 와서 조회하였고, 그 뒤에는 백제(百濟)에 복속되어 섬겼다. 신라 문무왕(文武王) 2년(662)에 탐라(耽羅)〈곧 탁라(乇羅)의 잘못이다〉가 와서 항복하고 속국이 되었다. 고려 태조(太祖) 21년(938)에 탐라국주(耽羅國主)가 태자 말로(末老)를 보내어 조회하니 성주(星主)·왕자(王子)의 작위를 내려주었다. 숙종(肅宗) 10년(1105)에 강등하여 탐라군(耽羅郡)으로 삼았다. 의종(毅宗) 때 또 강등하여 현령(縣令)으로 삼아 전라도에 예속시켰다. 고종(高宗) 때 부사(副使)를 두었다. 원종(元宗) 15년(1274)에 원나라에서 이곳에 초토사(招討使)를 두었다. 충렬왕(忠烈王) 2년(1276)에 원나라는 군민총관부(軍民總管府)를 설치했고, 같은 왕 3년에 원나라에서는 동서아막(東西阿幕)을 세웠다〈소·말·낙타·당나귀·양을 방목하고 다루하치[달로화적(達魯花赤)]를 파견하여 감독하게 했다〉. 충렬왕 10년(1284)에는 군민안무사부(軍民安撫使府)로 고쳐서 두었고, 같은 왕 20년에 원나라는 탐라를 고려에 환원하였다.〈왕이 원나라에 조회하여 탐라를 돌려주기를 청하니, 원나라 승상 완택(完澤)이 황제에게 아뢰고, 황제의 뜻으로 고려에 돌려보내어 예속시켰다〉 충렬왕 22년에 제주(濟州)로 고쳤고, 같은 왕 28년에 원나라는 군민만호부(軍民萬戶府)를 세웠다가, 같은 왕 31년에 다시 고려에 돌려주었다. 공민왕(恭愍王) 11년(1362)에 원나라는 다시 만호부를 두었고,〈원나라 목자(牧子)가 원나라에 호소한 때문이다. 원나라는 부추(副樞) 문아단불화(文阿但不花)를 정치사(整治事)로 삼아 그 곳을 다스리게 하였다〉 같은 왕 16년에 다시 고려로 돌려주었고,〈이 해에 원나라가 망했다〉 같은 왕 18년에 비로소 김세봉(金世奉)을 안무사(按撫使)로 삼았다. 공민왕 21년에 석갈비초(石葛碑肖)와 고도보개(古道甫介)〈모두 원나라 사람이다〉 등이 스스로 동서 하치[합적(哈赤)]로 칭하여 관리를 살해했다. 왕자 문신보(文臣輔)가 그 아우 문신필(文臣弼)을 파견하여 아뢰었으며, 같은 왕 23년에 왕이 도통사(都統使) 최영(崔瑩)을 보내 하치를 토멸하고 김중로(金仲老)를 만호로 삼아 목사·안무사를 겸하도록 했다. 우왕(禑王) 7년(1381)에 비로소 판관(判官)을 두었다. 조선 태조(太祖) 6년(1397)에 만호를 없애고 목사로서 첨절제사(僉節制使)를 겸하도록 했다. 정종(定宗) 2년(1400)에 판관(判官)으로 교수(教授)를 겸하도록 했다. 태종(太宗) 1년(1401)에 다시 안무사 겸 목사를 두었고, 같은 왕 2년에 성주(星主) 고봉례(高鳳禮)와 왕자 문충세(文忠世) 등이 성주·왕자로 부르는 것이 분수에 넘치는 것 같다고 하여 고치기를 청하니, 성주는 좌도지관(左都之管)으로, 왕자는 우도지관(右都之管)으로 삼았다. 태종 8년(1408)에 동서 아막(東西阿幕)을 혁파하고 감목관(監牧官)을 두었고, 같은 왕 13년에 별교수(別教授)를 두었다. 세종(世宗) 10년(1428)에 감목관을 잠시 없애서 판관에게 겸하도록 했고, 같은 왕 25년에는 안무사로 목사를 겸하도록 하여 목(牧)의 일을 감독하는 업무를 맡아보게 했으며, 같은 왕 27년에는 좌·우 도지관(左·右都之管)을 없애고 읍인(邑人) 중 유식한 자로서 상·부진무(上·副鎭撫)를 삼아서 방어하는 일을 나눠 맡게 했다. 단종(端宗) 2년(1454)에는 안무사로 감목사(監牧使)를 겸하게 했다. 세조(世祖) 11년(1466)에 고쳐서 병마수군절제사(兵馬水軍節制使)로 삼고 목사를 겸하도록 하고, 또 진을 두었다.〈정의(旌義)·대정(大靜) 2읍과 명월포(明月浦) 1진을 관장했다〉 예종(睿宗) 1년(1469)에 다시 목사를 두었고 후에 또 방어사(防禦使)를 겸하도록 했다. 인조(仁祖) 20년(1642)에 방어사를 잠시 없앴다가 부활하여 겸하게 했다.

「읍호」(邑號)

영주(瀛州)이다.

「관원」(官員)

목사〈제주진병마수군절제사(濟州鎭兵馬水軍節制使)·방어사(防禦使)를 겸했다〉

판관〈제주진병마수군절제도위(濟州鎭兵馬水軍節制都尉)·교수(敎授)·감목관(監牧官)을 겸했다〉 각 1명을 두었다.

역학(譯學) 2명을 두었다.〈한학(漢學)·왜학(倭學)이다〉

심약(審藥)과 검율(檢律) 각 1명을 두었다.

『고읍』(古邑)

귀일(貴日)〈읍치에서 서쪽으로 25리에 있다〉

고내(高內)〈읍치에서 서쪽으로 45리에 있다〉

애월(涯月)〈읍치에서 서쪽으로 42리에 있다〉

곽지(郭支)〈읍치에서 서쪽으로 50리에 있다〉

귀덕(歸德)〈읍치에서 서쪽으로 60리에 있다. 고려 희종(熙宗) 7년(1211)에 고을의 등급을 올릴 때 석천촌(石淺村)을 현(縣)으로 삼았다〉

명월(明月)〈읍치에서 서쪽으로 60리에 있다〉

신촌(新村)〈읍치에서 동쪽으로 25리에 있다〉

함덕(咸德)〈읍치에서 동쪽으로 30리에 있다〉

김녕(金寧)〈읍치에서 동쪽으로 50리에 있다〉.

○충렬왕 26년(1300)에 동서 길에 현을 설치했으니, 곧 현촌(縣村)이다〈대촌(大村)에는 호장(戶長) 3인, 성상(城上) 1인을 두었고, 중촌(中村)에는 호장 3인, 소촌(小村)에는 호장 1인을 두었다〉

『방면』(坊面)

동도(東道)·서도(西道)〈도약정(都約正), 약정(約正), 직월(直月)을 동·서도에 각 3명을 두

었다〉

27면(面)〈매면에 권농(勸農)·이정(里正) 각 1명을 두었고, 모든 리(里)에는 좌주(座主)·좌상(座上)·소무(所務) 각 1명을 두었다〉

『산수』(山水)

한라산(漢拏山)〈읍치에서 남쪽으로 30리에 있다. 혹은 원산(圓山)이라고 하는데, 산 정상이 둥글고 평평하기 때문이다. 산세가 활처럼 둥글고 웅장하게 자리잡고 있는 것이 수백 리나 된다. 산꼭대기에는 큰못이 있는데 백록담(白鹿潭)이라 한다. 길이가 수백 보나 되고, 구름과 안개가 항상 모인다. 정상에는 네모난 바위가 있는데 마치 사람이 뚫어 만든 것 같다. 그 아래는 잡풀이 골짜기를 이룬다. 5월에도 눈이 남아 있고 8월에도 외투를 입는다. 높은 곳에 올라 북쪽을 바라보니 월출(月出)·무등(無等)·천관(天冠)·달마(達磨) 등의 여러 산들이 어렴풋이 출몰하는 것 같고, 광아(廣鵝)·추자(楸子)·사서(斜鼠)·화탈(火脫) 등의 섬들이 점철함이 마치 한 점과 같다. ○김치(金緻)의 『한라산기(漢拏山記)』에 대략 이르기를, "바라본 즉 매우 가파르거나 험하지는 않고, 장산거록(長山巨麓)이 한 면에 가로로 자리잡고 있을 뿐이다. 산에 오르니 철쭉과 두견이 암석 사이에서 서로 반응하여 빛난다. 굽어보니 절벽 사이에 흐르는 시냇물이 골짜기에 가득하고, 푸른 숲과 무성한 풀이 가히 사랑스럽다. 한쪽 길은 마치 뱀이 꼬불꼬불한 길을 가는 것 같은데, 참대[고죽(苦竹)]가 땅에 가득하고, 키가 큰 나무는 하늘에 닿아 있다. 산등성이와 산봉우리가 겹쳐 있어 길이 매우 위험하다. 영실(瀛室)의 골짜기에 이르니 자못 넓고 탁 트여 있다. 매우 높으면서 짙푸른 빛의 절벽이 둘러싸고 품은 모습이 병풍을 두른 것 같다. 위에는 괴이한 모양의 돌들이 있는데, 마치 나한(羅漢)이 500명 남짓 있는 것 같다. 수행굴(修行窟)을 지나서 칠성대(七星臺)에 이르러, 그 곳으로부터 동쪽으로 5리 즈음 지나서 올려다보니 석벽이 깎여 서 있고, 버팀목이 반쯤 비어 있는 것이 이른바 상봉(上峰)이다. 밟히고 비틀거리며 밀고 당기며 올랐다. 위태롭게 돌이 많은 비탈길을 구름이 둘러싸서 인적이 통하지 않았다. 산 가득 모두 향목(香木)이다. 위쪽은 울창하여 해를 가리고 아래로는 둥글래 풀이 암석 위로 여러 풀들과 연결되어 있다. 온갖 풀들이 그 틈새에서 뿌리를 내리지 못하고 있다. 중첩한 산과 절험한 계곡엔 아직도 빙설이 남아 있다. 비로소 정상 위에 이르렀다. 혈망봉(穴望峯)을 마주보고 앉았는데, 봉우리에는 하나의 구멍이 있어 그것을 통해 4면을 바라볼 수 있었다. 산봉우리를 두른 것이 성곽 같았고, 가운데는 못이 있는데 가히 한 길 남짓했고, 이름을 백록(白鹿)

이라 했다. 이 때 햇빛이 거울에 비춰 반짝이고, 바다 색이 흰 깁(고운 명주)을 다리는 듯 고와서, 위아래가 서로 적셔 아득하여 끝이 없구나. 동남쪽을 둘러본 즉, 영파(寧波)·유구(流球)·남만(南蠻)·일본(日本)과 마라(麽羅)·지귀(知歸)·무협(巫峽)·송악(松岳)·산방(山房)·성산(城山)이고, 서북쪽을 본 즉, 백량(白梁)·청산(靑山)·경두(鯨頭)·추자(楸子)·사서(斜鼠)·비양(飛揚)·화탈(火脫) 등 크고 작은 여러 섬들이다. 멀고 가까이 있는 여러 산들이 모두 점 속으로 들어가는 것 같았다. 3읍의 열보(列堡)가 정립(鼎立)하여 환히 펼쳐져 내 눈 밑에 있다. 첩첩이 쌓인 모양이 구릉에 기생하는 개미집 같았다. 문득 하늘은 더욱 높고 바다는 더욱 깊으며, 형해(形骸)는 더욱 현묘하고 시야는 더욱 멀어, 내가 오르는데 봉우리는 바로 공허하고 아득하게 공중에 떠 있는 듯 하여 표연함이 마치 세상에 홀로 남겨져 날개를 달고 하늘로 올라가서 신선이 되는 것 같으니, 언어와 문자로 표현할 수 없구나". ○천불봉(千佛峯)·혈망봉(穴望峯)은 봉 밑에 두 개의 못이 있다. 좌선암(坐禪岩) 두타사(頭陀寺)가 있다. 혹은 쌍계암(雙溪庵)이라고 한다〉

반응악(盤凝岳)〈읍치에서 동남쪽으로 20리에 있다〉

장올악(長兀岳)〈읍치에서 동쪽으로 45리의 한라산 허리에 있다. 무릇 4개의 봉우리가 있고, 그 중에 하나의 봉우리가 가장 높고 크다. 악(岳)의 정상에 못이 있는데, 길이가 50보이고 깊이는 헤아릴 수 없다〉

원당악(元堂岳)〈읍치에서 동쪽으로 15리에 있다. 봉우리 정상에 못이 있는데, 네가레와 개구리밥, 거북과 자라가 있다〉

감은덕악(感恩德岳)〈읍치에서 서남쪽으로 34리에 있다〉

어승생악(御乘生岳)〈읍치에서 남쪽으로 25리에 있다. 그 정상에 못이 있는데, 둘레가 100보이다〉

도전악(倒巓岳)〈읍치에서 동남쪽으로 30리에 있다〉

운우로악(雲雨路岳)〈읍치에서 동남쪽으로 25리에 있다〉

답인악(踏印岳)〈위와 같다〉

지기리악(之奇里岳)〈읍치에서 동남쪽으로 22리에 있다〉

삼의양악(三義讓岳)〈읍치에서 남쪽으로 15리에 있다〉

사미악(思美岳)〈읍치에서 동남쪽으로 40리에 있다〉

독악(禿岳)〈읍치에서 동남쪽으로 25리에 있다〉

소독악(小禿岳)〈읍치에서 남쪽으로 13리에 있고, 정상에는 못이 있다〉

표악(表岳)〈읍치에서 남쪽으로 20리에 있다〉

고내악(高內岳)〈읍치에서 서쪽으로 40리에 있다〉

도내악(道內岳)〈읍치에서 서쪽으로 45리에 있다〉

목밀악(木密岳)〈읍치에서 서쪽으로 15리에 있다〉

야천악(夜川岳)〈읍치에서 동쪽으로 5리에 있다〉

대랑수악(大郎秀岳)〈읍치에서 동쪽으로 80리에 있다〉

황악(荒岳)〈읍치에서 동남쪽으로 20리에 있다〉

열안지악(悅安止岳)〈읍치에서 남쪽으로 20리에 있다〉

사라악(沙羅岳)〈읍치에서 동쪽으로 6리에 있다〉

적악(赤岳)〈읍치에서 남쪽으로 30리에 있다〉

도원악(道圓岳)〈읍치에서 서쪽으로 15리에 있다〉

화북악(禾北岳)〈읍치에서 동쪽으로 14리에 있다. 악 북쪽으로는 바닷가에 돌 봉우리가 기이하게 솟아 있다〉

곽지악(郭支岳)〈읍치에서 서쪽으로 45리에 있다〉

판포악(板浦岳)〈읍치에서 서쪽으로 80리에 있다〉

기악(箕岳)〈읍치에서 동남쪽으로 35리에 있다. 작은 모양이 키[기(箕)]와 같다〉

흑악(黑岳)〈읍치에서 서쪽으로 50리에 있다. 정상, 즉 봉우리 머리 부분이 평평하고 넓으며, 좌우에 골짜기가 있다〉

갈악(葛岳)〈읍치에서 동남쪽으로 20리에 있다〉

저악(猪岳)〈읍치에서 동쪽으로 75리에 있다〉

장악(獐岳)〈읍치에서 동남쪽으로 66리에 있다〉

상시악(相時岳)〈읍치에서 서쪽으로 60리에 있다〉

효성악(曉星岳)〈읍치에서 서남쪽으로 50리에 있다〉

영통악(靈通岳)〈읍치에서 남쪽으로 15리에 있다〉

부인악(夫人岳)〈읍치에서 동남쪽으로 50리에 있다〉

개역악(開域岳)〈위와 같다〉

발산(鉢山)〈읍치에서 서남쪽으로 45리에 있다〉

입산(笠山)〈읍치에서 동쪽으로 50리에 있다. 정상에 못이 있고, 연(蓮과) 순채(蓴菜)가 난다〉

서산(西山)〈읍치에서 동쪽으로 40리에 있다〉

동산(洞山)〈읍치에서 남쪽으로 55리에 있다. 아흔아홉골이 있다〉

고고산(高古山)〈읍치에서 서남쪽으로 40리에 있다. 양 봉우리가 마주보고 있다〉

동무소협(東巫小峽)〈『고기(古記)』에 이르기를, "한라의 동쪽 또 그 동북쪽에 영주산(瀛洲山)이 있다"고 한 까닭에 세칭 탐라를 동영주(東瀛洲)라고 한다〉

재암(財岩)〈명월포(明月浦)에서 서쪽으로 5리를 가면 있다. 그 모양이 지붕처럼 둥글고, 그 위는 하얀 모래가 펼쳐져 있고, 그 아래는 큰 구멍이 있다. 사람이 횃불을 들고 들어가면 그 가운데가 크고 넓다. 가히 10보쯤은 들어가면, 석종유(石鐘乳)가 난다. 그 서북쪽에는 또 2개의 바위가 있는데, 그 안은 크고 넓어, 50보 정도 된다. 모두 석종유가 나온다〉

칠성대(七星臺)〈성안에 있는데, 옛터가 있다. 북두칠성(北斗七星)의 모습을 모방하여 대(臺)를 쌓았기 때문에 이름을 칠성도(七星圖)라 했다〉

용생굴(龍生窟)〈입산(笠山)의 남쪽에 있다〉

삼성혈(三姓穴)〈혹은 모흥혈(毛興穴)이라 한다. 주(州)의 남쪽으로 2리에 있다〉

참수동(滲水洞)〈한라산의 서쪽에 있다〉

장평(長坪)〈읍치에서 서쪽으로 6리에 있다. 고려 원종 때 문행노(文幸奴) 등이 난을 일으켜 장평에 진을 쳤는데, 부사(副使) 최탁(崔托)·성주(星主) 양호(梁浩) 등이 난을 토벌하여 평정했다〉

○화북천(禾北川)〈혹은 별도천(別刀川)이라 한다. 읍치에서 동쪽으로 13리에 있다〉

병문천(屛門川)〈주(州)의 서쪽 성 밖에 있다〉

산저천(山底川)〈주의 성 동쪽 가락동(嘉樂洞) 하류이다. 이상의 3곳은 가물면 마르고 큰비가 오면 넘친다〉

대천(大川)〈읍치에서 서쪽으로 3리에 있다. 물이 이르는 요(凹)처에 저수지를 이루었는데 그 깊이가 바닥이 없다. 길이가 100보이고, 용추(龍湫)라 한다〉

조공천(朝貢川)〈혹은 수정천(水晶川)이라 하고, 혹은 도근천(都近川)이라고도 한다. 읍치에서 서쪽으로 20리를 가면 있다. 그 상류에 절벽이 높고 험하다. 폭포수가 수십 자를 날듯이 흘러 그 아래로 땅 속으로 스며들어 7~8리를 이르러 돌 틈에서 뿜어져 나와 드디어 큰 내를 이룬다. 아래는 깊은 못이 있다. ○수정사(水晶寺)는 서쪽 기슭에 있고, 서천암(逝川庵)은 내 위에 있다〉

애월포(涯月浦)〈읍치에서 서쪽으로 40리에 있다〉

조천포(朝天浦)〈읍치에서 동쪽으로 25리에 있다. ○관음사(觀音寺)가 있다. ○조천과 화북 2곳에 각각 감고(監考)가 있어 포구를 출입하는 사람들을 기찰(譏察)한다〉

무수천(無愁川)〈읍치에서 서남쪽으로 18리에 있다. 조공천 상류 양안은 석벽이 기괴하고 험하며 경치 좋은 곳이 많다〉

감은덕천(感恩德川)〈읍치에서 서쪽으로 90리에 있다〉

송담천(松淡川)〈읍치에서 동쪽으로 13리에 있다. 이문경(李文京)이 난을 일으키자 고여림(高汝霖) 등이 이곳에서 역습하여 싸웠으나 이문경을 이기지 못했다. 이문경이 관군을 모두 죽이고 조천포를 거점으로 삼았다〉

벌랑포(伐浪浦)〈병문천 하류에 있다〉

도원포(道圓浦)〈읍치에서 서쪽으로 12리에 있다〉

옹포(瓮浦)〈혹은 독포(獨浦)라고 한다. 읍치에서 서쪽으로 80리에 있다. 동남쪽에는 월계사(月溪寺) 옛터가 있다. 포구에는 해륜사(海輪寺)가 있다〉

건입포(健入浦)〈읍치에서 동북쪽으로 1리에 있다. 산밑의 내 하류 동쪽 기슭에 만수사(萬壽寺)가 있다〉

돈의서포(敦衣嶼浦)〈읍치에서 동쪽으로 70리에 있다〉

어등포(魚登浦)〈읍치에서 동쪽으로 60리에 있다〉

김녕포(金寧浦)〈읍치에서 동쪽으로 50리에 있다〉

북포(北浦)〈읍치에서 동쪽으로 40리에 있다〉

부포(釜浦)〈읍치에서 서쪽으로 80리에 있다〉

판포(板浦)〈읍치에서 서쪽으로 85리에 있다〉

배령포(排舲浦)〈읍치에서 서쪽으로 55리에 있다〉

귀덕포(歸德浦)〈읍치에서 서쪽으로 50리에 있다〉

엄장포(嚴莊浦)〈읍치에서 서쪽으로 30리에 있다〉

고내포(高內浦)〈읍치에서 서쪽으로 35리에 있다〉

귀일포(貴日浦)〈읍치에서 서쪽으로 25리에 있다〉

도도리포(道道里浦)〈읍치에서 서쪽으로 10리에 있다〉

함덕포(咸德浦)〈읍치에서 동쪽으로 30리에 있고, 포 입구에는 강림사(江臨寺)가 있다〉

원당포(元堂浦)〈읍치에서 동쪽으로 15리에 있다〉

관포(館浦)〈읍치에서 동쪽으로 25리에 있다〉

마두포(馬頭浦)〈읍치에서 서쪽으로 70리에 있다〉

무주포(無住浦)〈읍치에서 동쪽으로 70리에 있다〉

왜포(倭浦)〈읍치에서 동쪽으로 45리에 있다〉

고로포(古老浦)〈읍치에서 동쪽으로 10리에 있다〉

명월포(明月浦)〈읍치에서 서쪽으로 60리에 있다. 바다 어구에는 가히 배를 정박할 만 하다. 원나라 때 이곳에서 바람을 기다려 중국에 이르렀다. 최영(崔瑩)이 하치[합적(哈赤)]를 토벌할 때 여러 목자(牧者)들이 30여 기병으로 이곳 포구에서 막으니, 대군이 일제히 나아가 맹렬히 공격하여 크게 격파했다〉

병풍천(屛風川)〈읍치에서 서쪽으로 35리에 있다〉

가락천(嘉樂泉)〈주(州) 남쪽 성 밖에 있다. 큰 돌 아래에 큰 구멍이 있는데 물이 솟아난다. 깊이는 한 길 가량 된다. 물길을 끊어 별도로 성을 중첩으로 쌓아 물을 길어 썼다〉

두천(斗泉)〈병문천(幷門川)에서 50리를 가면 있다. 그 모양이 말[두(斗)]과 같다. 세상에 전하기를, "이 물을 마시면 능히 100보를 날 수 있었는데, 호종(胡宗)이 와서 그 기운을 눌렀기 때문에 드디어 없어졌다"고 한다〉

신월통(新月筒)〈읍치에서 동쪽으로 57리에 있다. 선석(船石) 가운데 하나의 작은 구멍이 있는데 겨우 사람이 들어갈 정도이다. 샘의 맥이 있어 사람이 그 속에 들어가서 작은 그릇으로 물을 떠 마시면 맛이 매우 감미롭고 뛰어나다〉

장사(長沙)〈읍치에서 동쪽으로 55리에 있다. 길이가 15리이다. 파도에 씻겨진 모래가 햇볕을 쬔 후에 바람을 타고 날아와 쌓여 풀과 나무가 매몰되면 밭이랑이 지워져버린다〉

「도서」(島嶼)

추자도(楸子島)〈주 북쪽 바다 가운데에 있다. 지금은 옮겨 영암군(靈岩郡)에 속한다. 상하 2개의 섬으로 되어 있다. 원나라 때 수참(水站)의 옛 터가 있다. 그 주봉(主峯)은 신도(身島)라 한다. 해남(海南)에서 제주로 들어가는데 추자가 그 반쯤에 자리잡고 있는데, 추자 이북은 육지(陸地)로 일컫는데, 바닷물의 색은 혼탁하나 파랑은 높지 않다. 추자 이남은 제주라고 하는데 바닷물의 색은 매우 검고 바람이 없어도 파도가 높다. 신도는 별도(別島)와 달라서 섬의 형세가 계속 뻗쳐서 돌면서 여서도(餘鼠島)를 향해 둘러싼 것이 입을 벌리고 있는 모양과 같다. 신도 사이에 물길이 중간에 끊어지고, 사서도(斜鼠島)로부터 동풍이 순조롭게 불어 들어오면 뱃길이 극히 넓어, 가히 큰 배 수백 척을 나란히 세울 수 있다. 수덕도(修德島)로부터 서풍이 순조로워져서 들어가면 겨우 중간 크기의 배 2, 3척만을 받아들일 수 있는데, 외연대(外烟臺) 포구가 매우 험하기 때문이다. 별도(別島) 안에 당포(堂浦)가 있는데 가히 바람을 피하고 선박을 감출 수 있다. 섬 어귀에는 돌 섬이 가파르게 생겨나 비탈에서 빠져나오지 못하니 겨우 수 자를 운항하는데도 서로 어긋나 전복할 때가 많다. ○무릇 제주에 들어가는 자는 나주(羅州)에서 출발하면 무안(務安) 대굴포(大掘浦), 영암(靈岩) 화무지도(火無只島)·와도(瓦島), 해남(海南) 어난량(於蘭梁)·거요량(巨要梁)을 경유하여 추자도에 이른다. ○해남을 출발하면 삼촌포(三寸浦)로 좇아 거요량(巨要梁)과 삼내도(三內島)를 거쳐 추자도에 이른다. ○강진(康津)을 출발하면 군영포(軍營浦)를 좇아 고자황어노도(高子黃魚露島)와 삼내도를 거쳐 추자도에 이른다. ○추자도로부터 사서도와 대·소화탈도(大·小火脫島)를 지나서 애월포(涯月浦)와 조천관(朝天館)에 정박한다. 바람이 이로우면 하루를 머물 수 있다. ○고려 원종(元宗) 11년(1270)에 삼별초(三別抄)가 진도(珍島)로부터 탐라로 들어가 내·외성을 쌓고 험한 것을 믿고 더욱 창궐하였다. 김방경(金方慶)이 병사들을 거느리고 추자도에 막사를 설치하여 바람을 기다리다가 나아가 공격하여 대파하였다. 탐라 사람들이 그 공을 생각하여 후풍도(候風島)라 이름하였다〉

청로도(淸路島)

지도도(知道島)

초란도(草蘭島)〈추자 당포(堂浦)에서 서남쪽으로 수십 리에 있다. 2섬 사이에 물의 형세가 웅장하게 솟아난다. 암석들이 어긋나게 배열되어 있어 배가 다니기에 매우 어렵다. 광풍과 거센 파도를 만나지 않고는 일찍이 이르지 못했다〉

음여도(淫女島)〈초란도의 서남쪽에 있다. 돌의 각이 뾰족하게 돌출하여 마치 맑은 날에 한가로이 이 섬을 보면 돛을 편 거대한 함선과도 같다〉

수덕도(修德島)〈일명 웅원도(雄原島)라고 한다. 초란도와 대치하고 있으며 거리는 5~6리이다. 석골(石骨)이 우뚝 솟아 있다〉

【수덕도(修德島)에서 영암(靈岩)이 보인다】

동여서도(東餘鼠島)〈추자도의 동쪽에 있으며, 강진(康津)에 소속되어 있다. 제주 동쪽 가에서 어등포(魚登浦) 북쪽과의 거리는 150리이다〉

사서도(斜鼠島)〈여서도의 서쪽에 있다. 두 섬에는 모두 샘이 있고 그 남쪽에는 고기잡이배

가 모여든다〉

청산도(靑山島)〈여서도의 동쪽에 있다. 제주 별방진(別防鎭)으로부터 북쪽으로 160리 거리에 있다〉

【청산(靑山)에서 강진(康津)이 보인다】

대화탈도(大火脫島)〈추자도의 남쪽에 있다. 제주 도근천(都近川)으로부터 북쪽으로 100여 리 떨어져 있다. 돌 봉우리가 삐죽삐죽하고, 그 꼭대기에는 샘이 있다. 수목은 없고 풀만 있는데 부드럽고 질겨서, 가히 기구(器具)를 만들만 하다. 하늘에서 비가 내리려 할 때 섬 모습을 멀리서 바라보면 더욱 높아 거대한 돛을 펼친 것 같다〉

소화탈도(小火脫島)〈대화탈도의 남쪽에 있다. 제주 애월포(涯月浦)로부터 북쪽으로 50리 남짓한 거리이다. 돌 봉우리는 뾰족하게 서 있고 해가 비추면 황적색을 띤다. 2섬 사이로 2곳의 물이 교류하므로 파도가 높고 매우 거세어 많은 배들이 표류하고 침몰한다〉

비양도(飛揚島)〈애월(涯月)의 서쪽에 있다. 수로가 5리이고, 둘레는 10리이다. 가는 대[전죽(箭竹)]가 많이 난다〉

우도(牛島)〈정의현(旌義縣)의 동쪽에 있고, 둘레는 30리이다. 섬의 서남쪽에 구멍이 있는데 작은 배 1척을 받아들일 만하고, 조금 나아가면 가히 배 5, 6척을 감출만하다. 그 위에는 큰 돌이 있는데 집의 모양과 같아, 만약 햇빛이 비추면 별들이 반짝이며 늘어서 있는 것 같다. 기운이 매우 차고 서늘하다. 그 위에는 닥나무가 많다〉

『형승』(形勝)

동쪽으로 일본을 당기고, 서쪽으로는 강절(江浙)을 곧바로 향하고 있으며, 남쪽으로는 유구(琉球)를 바라보고 북쪽으로는 전라(全羅)와 접해 있다. 큰 바다가 아득하여 하나의 별천지가 된 것 같다. 집집마다 귤과 유자요. 곳곳마다 좋은 말들이다. 지방이 좁고 작아서 스스로 왕노릇을 할 수 없다. 옛날에는 주(周) 나라의 월상(越裳: 交趾의 남방에 있던 나라)이요, 지금은 한(漢) 나라의 담애(儋崖)로다. 〈○땅은 척박하고 백성들은 가난하므로 오직 해산물과 나무를 채취하여 집안을 꾸리고 삶을 꾀한다. 땅에는 많은 돌이 어지럽게 널려 있고, 밭에는 돌이 많고 메마르다. 건조하여 수전(水田)이 없고, 오직 보리·콩·조만이 생산된다. 면마(綿麻), 동철(銅鐵), 뽕나무와 닥나무 따위가 없다. 말총을 엮어서 만든 모자로 생업을 삼는다. 날씨는 항상 따뜻하고, 봄과 여름에는 운무가 자욱하고 가을·겨울이 되면 갠다. 초목이 겨울을 지내도 죽지 않고 폭풍이 자주 분다. 호랑이·표범·곰·승냥이·이리·여우·토끼·부엉이·까치 따위가 없다. 풍속이 유별나고 병졸은 사납고 백성은 어리석어 다스리기가 어렵다〉

『성지』(城池)

읍성(邑城)〈둘레가 5,489척이다. 동·서·남 3문이 있고, 남북 수구(水口)에 2개의 문이 있다. 가락천(嘉樂泉)이 남쪽 성밖에 있고, 동쪽 성을 물려서 쌓았다. 성안에 들어가서 물을 긷는다. 산저천(山底泉)이 성안에 있다. ○남문은 정원루(定遠樓)라 하고, 동문은 제중루(濟衆樓)라 하며, 서문은 백호루(白虎樓)라 하고, 북수문은 공진루(拱辰樓)라 한다. ○청풍대(淸風臺)는 남문 안에 있고 해산대(海山臺)는 동문 안에 있다〉

고성(古城)〈주성(州城)의 서북쪽에 있으며, 옛 터가 남아 있다〉

고토성(古土城)〈읍치에서 서남쪽으로 36리에 있고, 둘레가 15리이다. 삼별초(三別抄)가 쌓았다〉

항파두고성(缸波頭古城)〈읍치에서 서쪽으로 20리에 있다. 가운데에 큰 샘이 있다. 삼별초가 이 성에 웅거하면서 항거했다. 김방경(金方慶)이 나아가 공격하여 뿌리뽑았다. 원나라 병사 400명과 관군 1,000명이 진에 머물다가 돌아갔다〉

고장성(古長城)〈바다에 연하여 둥그렇게 쌓았는데, 길이가 모두 300여 리나 된다. 삼별초가 반란을 일으켜 진도(珍島)를 근거지로 삼았는데, 왕이 시랑(侍郞) 고여림(高汝霖) 등을 파견하여 탐라에서 군사 1,000명을 거느리고 대비하도록 명령하였기 때문에 장성을 쌓았다. ○제주는 동서로 200리이고, 남북으로 120리이다. 섬은 모두 석벽으로 둘러싸 있고, 뾰족한 바위가 바다에 깔려 있어, 배가 가까이 정박할 수 없다. 오직 어천포(於川浦)의 입구에 석보(石堡)를 설치하여 방어를 준비하였다〉

『영아』(營衙)

방영(防營)〈설치에 대해서는 위의 연혁 조에 나와 있다〉

병마수군방어사(兵馬水軍防禦使)〈목사가 겸하였다〉

중군(中軍)〈판관(判官)이 겸하였다〉

『진보』(鎭堡)

명월포진(明月浦鎭)〈읍치에서 서쪽으로 60리에 있다. 본래 방호소(防護所)였다. 중종(中

宗) 5년(1510)에 이 곳은 배가 정박할 수 있도록 하였다. 또 왜선이 비양도(飛揚島) 근처에 정박하자, 목사 장림(張琳)이 축성하였다. 둘레가 3,020척이다. 동·서·남쪽의 3문과 큰 샘 한 곳이 있다. 영조(英祖) 40년(1764)에 조방장(助防將)을 만호(萬戶)로 승격하였다. ○수군 만호(水軍萬戶) 1명, 성장(城將) 1명을 두었다〉

조천관진(朝天舘鎭)〈읍치에서 동쪽으로 25리에 있다. 성의 둘레는 428척이다. 단지 동문만 있다. 조천관에서 바람을 살펴 배를 정박하는 곳이 있다〉

애월포진(涯月浦鎭)〈읍치에서 서쪽으로 40리에 있다. 삼별초가 목책을 쌓아 관군을 막던 곳으로, 성의 둘레는 549척이다. 서문과 남문 2문이 있다. 바람을 살펴 배가 정박하는 곳이다〉

화북소진(禾北所鎭)〈읍치에서 동쪽으로 10리에 있고, 성의 둘레는 660척이다〉

별방소진(別防所鎭)〈읍치에서 동쪽으로 80리에 있다. 중종 5년(1510)에 이곳이 우도(牛島)에 소속되었는데, 왜선이 근처에 정박한다 하여 김녕방호소(金寧防護所)를 이 성으로 옮겼다. 둘레는 2,390척이다. 동·북 2문이 있다. ○이상의 5진(鎭)은 모두 옛날의 방호소이다. 유진군졸(留鎭軍卒)을 두어서 지키도록 하였다. 뒤에 모두 고쳐서 방수장(防守將)을 두었고, 아울러 제주 사람으로 뽑아서 임명하였다. ○이상의 4곳의 진은 방수장 각 1명, 성장(城將) 각 1명을 두었다〉

수전소(水戰所)〈건입포(健入浦)·조천관포(朝天舘浦)·김녕포(金寧浦)의 3곳은 좌방(左舫)에 소속되고, 벌랑포(伐浪浦)·도근천포(都近川浦)·애월포(涯月浦)·명월포(明月浦) 4곳은 우방(右舫)에 소속된다. ○위의 여러 소(所)에는 전함과 군졸이 있고, 방수에는 공물로 바쳐진 물품이 바다를 건너 쓰이게 된다〉

『봉수』(烽燧)

판포(板浦)·시리(時里)·도내악(道內岳)·고내악(高內岳)·도원(道圓)·왕가(往可)·사라(紗羅)·수산(水山)·입산(笠山)·서산(西山)·원당악(元堂岳)〈이상에는 모두 감관(監官) 및 망한(望漢)을 두었다〉

『창고』(倉庫)

창(倉)은 2곳이고, 고(庫)는 8곳이다.〈모두 성안에 있다〉

동별창(東別倉)〈별방소(別防所)에 있다〉

서별창(西別倉)〈명월포(明月浦)에 있다〉

『목장』(牧場)

장올악(長兀岳)에서 감은덕악(感恩德岳)에 이르기까지 모두 6곳이다. 또 우둔(牛屯)·산둔(山屯)·을양별둔(乙兩別屯)·청마별둔(淸馬別屯)·양잔고유저권(羊棧羔囿猪圈)이 있다.〈감목관 1명은 제주 사람으로 뽑아 임명된다. 본래 원나라 때에 동서 하치[합적(哈赤)]이었는데 뒤에 동서 아막(阿幕)으로 되었다. ○충렬왕 3년(1277)에 원나라에서 목장을 설치하여 단사관(斷事官)을 파견하거나 혹은 만호를 두어 목축을 주관하게 했다〉

『교량』(橋梁)

별도천교(別刀川橋)·대천교(大川橋)

석량(石梁)〈도근천(都近川)에 있다〉

함덕포석교(咸德浦石橋)〈길이가 110보이다. 다리 북쪽은 해안(海岸)인데 절벽이 높고 험준하다〉

가락교(嘉樂橋)〈동문(東門) 안에 있다〉

화북천교(化北川橋)

『토산』(土産)

산도(山稻)·기장·피·조·대두(大豆)·소두(小豆)·대맥(大麥)·소맥(小麥)·메밀·녹두·말·소〈흑색·황색·얼룩색의 여러 종인데, 뿔이 매우 아름다워 가히 술잔으로 쓸만하다〉·노루[궤자(麂子)]·미록(麋鹿)〈오직 이 고을에서만 난다. 가죽이 가늘고 질기다〉·양·염소·돼지·노루[장(獐)]·너구리[리(狸)]·향서(香鼠)·오소리[환(貛)]·해달(海獺)·지달(地獺)·게·전복·석결명(石決明)·황합(黃蛤)·김[해의(海衣)]·우모(牛毛)·미역[곽(藿)]·오징어[오적어(烏賊魚)]·은어[은구어(銀口魚)]·옥돔[옥두어(玉頭魚)]·고등어[고도어(古刀魚)]·상어[사어(鯊魚)]·갈치[(도어(刀魚)]·행어(行魚)·문어(文魚)·진주[蠙珠]·자개[패(貝)]·대모(玳瑁: 바다거북의 일종)·앵무라(鸚鵡螺)〈이상의 3종은 우도 및 대정(大靜), 가파도[개파도(盖波島)]에서 난다〉 귤〈금귤(金橘)·산귤(山橘)·동정귤(洞庭橘)·왜귤(倭橘)·청귤(靑橘)의 5종이 있다〉 감〈황감(黃柑)·유감(乳柑) 몇몇 종이 있다〉 비자(榧子)·치자(梔子)·밤〈적율(赤栗)·가시율(加時栗) 몇몇 종이 있다. 이상의 여러 종은 과실로서 모두 과원(果園)에서 난다. 과원은 모두 담장을 쌓았다〉【과원(果園) 22곳이 있다】·무환자(無患子)〈잎이 창백하고, 열매는 칠흑색이다〉 등자(橙子)·보리실(菩提實)〈2종이 있다〉·영주실(瀛洲實)〈한라산 위에서 난다. 열매는 작고 검으며 달다〉·녹각실(鹿角實)〈나무는 자단(紫檀)과 같고, 잎은 적목(赤木)과 같으며 열매는 작다. 색은 붉으며, 맛은 달고 미끌미끌하여 먹을 수 있다〉 오미자(五味子)〈품질이 높다〉·연복자(燕覆子)·무회목(無灰木)〈우도(牛島)에서 난다. 바다 가운데 있을 때는 부드럽고 연하여 물결을 따라 올라갔다 내려갔다 하다가, 물 밖으로 나오면 굳어진다〉·산유자 나무(山柚子木)·당유자 나무(唐柚子木)·용목(榕木)·이년목(二年木)〈뇌에 향기가 있다〉·노목(櫨木)·가사목(加沙木)·박달나무·배나무[梨木]·동실(棟實)·만향목(蔓香木)〈한라산에 난다. 모습은 자단 같다〉·청양(靑楊)〈나무는 버드나무와 같고, 잎은 진송(眞松)과 같다. 가늘고 연약하다〉·금동목(金桐木)〈거문고를 만들 수 있다〉·점목(黏木)·두충(杜冲)〈추자도(楸子島)에서 난다〉·지각(枳角)·후박(厚朴)·고련근(苦楝根)·영릉향(零陵香)·안식향(安息香)〈곧 황칠목(黃漆木)이다. 즙이 있다〉·향부자(香附子)·청피(靑皮)·해동피(海桐皮)·촉초(蜀椒)·진피(陳皮)·필징가(蓽澄加)·팔각(八角)·향심(香蕈)〈속칭 표고버섯(蔈枯)이라 한다〉·목의(木衣)·석곡(石斛)·석종유(石鍾乳)·백납(白蠟)·송기생(松寄生)〈한라산 높은 곳에서 난다〉·천문동(天門冬)·맥문동(麥門冬)·순비기나무[만형자(蔓荊子)]·반하(半夏: 벼 이름/역자주)·회향(茴香: 미나리과에 속하는 2년초/역자주)·선령비(仙靈脾: 삼지구엽초의 잎/역자주)·생어(生魚)〈품질이 아름답고 지극히 귀하다〉·망어(望魚)〈태(胎)에서 난다〉·소금〈매우 귀하다. 해안가는 모두 암초이고, 가마솥이 많지 않기 때문이다〉·초석(草席)이 난다.

『누정』(樓亭)

망경루(望京樓)·관덕정(觀德亭)〈모두 성안에 있다〉

『단유』(壇壝)

한라산단(漢拏山壇)〈조선 숙종(肅宗) 때 처음으로 제사지냈다〉

광양단(廣壤壇)〈읍치에서 남쪽으로 3리에 있는데, 곧 한라호국신단(漢拏護國神壇)이다. 고려 때 광양왕(廣壤王)에 봉하여 해마다 향과 축문을 내려 제사지냈다. 조선에서는 제주목으로 하여금 제사지내도록 했다〉

풍운뇌우단(風雲雷雨壇)〈읍치에서 서쪽으로 3리에 있다. 옛부터 있어왔는데, 중간에 폐지했다가, 조선 숙종(肅宗) 을해년(21년, 1695)에 다시 설치했다〉

『사원』(祠院)

삼성사(三姓祠)〈영조(英祖) 계미년(39년, 1763)에 건립했다. 정조(正祖) 갑인년(18년, 1794)에 사액되었다〉

고을나(高乙那)·양을나(良乙那)·부을나(夫乙那)

○귤림서원(橘林書院)〈선조(宣祖) 무인년(11년, 1578)에 건립했다. 숙종(肅宗) 임술년(8년, 1682)에 사액되었다〉

김정(金淨)·송인수(宋麟壽)〈모두 청주(淸州) 조에 나와 있다〉

김상헌(金尙憲)〈태묘(太廟) 조에 나와 있다〉

정온(鄭蘊)〈광주(廣州) 조에 나와 있다〉

송시열(宋時烈)〈문묘(文廟) 조에 나와 있다〉

이약동(李約東)〈자는 춘보(春甫)요, 호는 노촌(老村)으로, 벽진(碧珍) 사람이다. 벼슬은 지중추(知中樞)를 지냈고, 시호는 평정(平靖)이다〉

이회(李檜)〈자는 자방(子方)으로 본관은 연안(延安)이다. 벼슬은 목사(牧使)를 지냈다. ○이상의 2사람은 현종(顯宗) 기유년(10년, 1669)에 별사(別祠)에 배향되었다〉

『전고』(典故)

신라 법흥왕(法興王) 때 고후(高厚)·고청(高淸) 형제 3인이 와서 조회하자, 왕이 고후에게 성주(星主)의 칭호를 내리고, 고청은 왕자(王子)라 하고, 막내는〈이름을 모른다〉 도내(都內)라 하였다.

○백제 문주왕(文周王) 2년(476)에 탐라가 사신을 보내 방물(方物)을 헌납하였다. 그 사자(使者)에게 벼슬을 주어 은솔(恩率)로 삼았다.〈3품직이다〉 동성왕(東城王) 20년에 탐라가 직공(職貢)을 갖추지 않으므로 왕이 친히 정벌에 나서 무진주(武珍州)에 이르자, 탐라 성주가 이 소식을 듣고 사자를 파견하여 죄를 비니, 그만두었다. 무왕(武王) 때 국주 좌평(國主佐平)의 작위를 내렸다.〈좌평은 1품직이다〉

○신라 문무왕(文武王) 2년(662)에 국주 좌평 도동음률(徒冬音律)이 와서 항복하고 속국이 되었고, 같은 왕 19년에는 사자를 보내 탐라국을 경략했다. 애장왕(哀莊王) 2년(801)에 탐라국에서 사자를 보내 조공하였다.

○고려 태조(太祖) 21년(928)에 탐라국 태자 고말로(高末老)가 와서 조회하니 성주·왕자

의 작위를 내렸다. 현종(顯宗) 3년(1012)에 탐라에서 큰 배 2척을 바쳤고, 같은 왕 20년에는 탐라세자 고오노(孤烏弩)가 와서 조회하였다. 문종(文宗) 1년(1047)에 왜구가 또 노략질하자 안무사(按撫使) 이명겸(李鳴謙)이 격퇴하였고, 같은 왕 17년에 탐라성주가 와서 조회하였다. 헌종(獻宗) 즉위년(1094)에 탁라(乇羅)의 고적(高的) 등이 와서 즉위를 축하하였다. 신종(神宗) 5년(1202)에 탐라가 반란을 일으키자, 소부소감(少府少監) 장윤문(張允文) 등을 파견하여 그들을 안무하고 적의 괴수는 목을 베었다. 원종(元宗) 8년(1267)에 초적 문행노(文幸奴)가 반란을 꾸미자 부사(副使) 최탁(崔托)이 군대를 일으켜 주살했다. 원종 11년(1270)에 삼별초가 진도로 내려갔다. 전라안찰사(全羅按察使) 권단(權呾)이 영암부사(靈岩副使) 김수(金須)를 보내 병사 200명으로 탐라를 지키게 하고, 또 장군 고여림(高汝霖)을 보내 병사 7,000명으로 김수의 군대를 잇도록 했다. 삼별초가 진도로부터 와서 탐라를 공격하자 김수와 고여림 등이 힘껏 싸워 그들을 죽였다. 나주(羅州) 사람 진자화(陳子和)가 적장을 베고 다시 들어갔다가 적에게 해를 입었다. 적은 승리를 틈타 관군을 모두 죽였다. 원종 13년(1272)에 삼별초가 탐라에 들어가 내·외성을 쌓고 그 험함을 믿고 날로 더욱 창궐해져 항상 노략질을 하러 나오니, 해안가가 소연(蕭然)해졌다. 원종 14년에 김방경(金方慶)이 흔도(忻都)〈몽골 장수이다〉·홍다구(洪茶丘) 등과 함께 병사 10,000명과 전선 160척으로 추자도(楸子島)에 진을 치고 머물면서 바람을 기다려 탐라에 이르렀는데, 중군(中軍)은 함덕포(咸德浦)로 들어갔고 좌군(左軍)은 비양도(飛揚島)로부터 직접 적의 성루를 치니, 적의 무리가 크게 패하였다. 탐라가 드디어 이때 평정되었다. 이에 몽고군 500명이 머물렀고 고려군 1,000명이 진에 머물다가 돌아갔다.〈원종 11년(1270)에 반란을 일으킨 적 김통정(金通精)이 삼별초를 거느리고 진도를 거점으로 하였다가, 이듬해에 이곳 제주에 들어가 웅거하면서 주변을 침략하였다. 성주 고인단(高仁旦), 왕자 문창우(文昌祐) 등이 보고를 올리자, 3년이 지난 뒤에 왕의 명령으로 김방경(金方慶) 등이 원나라 병사와 더불어 토벌하여 평정하였다〉 원나라가 탐라에 다루하치[達魯花赤]를 두었다. 충렬왕(忠烈王) 1년(1275)에 부병(府兵) 4령(領)을 보내 탐라를 지키도록 하였고, 같은 왕 2년에 탐라성주가 와서 조회하였다. 원나라는 임유한(林惟幹)을 파견하여 탐라에서 구슬을 채취하도록 했으나 이루지 못하자, 백성들이 소장하고 있던 100여 개를 취하여 진상했다. 충렬왕 8년(1283)에 원 나라는 몽한군(蒙漢軍) 1,400명을 파견하여 와서 탐라를 지켰다. 충렬왕 21년(1295)에 탐라성주 고인단(高仁旦), 왕자 문창우(文昌祐)에게 홍정(紅鞓) 등의 물품을 하사하였고, 같은 왕 22년에는 탐라를 제주로 고치고 목사를 두었다. 충숙왕(忠肅王) 5년(1318)에 초적(草賊) 사용(士用)·엄복(嚴卜) 등이 반란을 일으키자 왕자 문공제(文公濟) 등이 군사를 일으켜 모두 죽였다. 원나라에서 듣고 다시 관리를 두었다. 충정왕(忠定王) 때 왜구가 귀일촌(貴日村)을 노략질하였다. 공민왕(恭愍王) 5년(1356)에 제주의 갈적홀고탁(㢡赤忽古托) 등이 반란을 일으켜 도순문사(都巡問使) 윤시우(尹時遇), 목사 장천년(張天年), 판관 이양길(李陽吉)을 살해했다. 공민왕 8년(1359)에 왜구가 큰 고을을 침략했다. 공민왕 10년(1361)에는 제주의 목호들이 성주 고복수(高福壽)가 반란을 일으키자, 만호 박도손(朴道孫)을 죽이고 원 나라에 예속되기를 청했는데, 원 나라에서는 부추문 아단불화(副樞文阿但不花)를 제주 만호(濟州萬戶)로 삼았다.〈공민왕 11년(1362)에 원나라의 아단불화가 고려의 천한 노예인 김장로(金長老)와 더불어 제주에 도착하여 만호 박도손(朴都孫)을 때려 죽여 바다에 버렸다〉

○공민왕 15년(1366)에 전라도 도순문사 김유(金庾)가 군사를 모집하고 배 100척을 얻어 제주를 토벌하였으나 대패하였고, 같은 왕 16년에는 원나라 목자가 매우 포악하여 고려에서 파견한 목사와 만호를 여러 차례 살해하자, 왕이 주청하여 고려에서 스스로 관리를 임용하고 목자가 기른 말을 가려 바치기를 옛 일과 같이 하여주도록 건의하니, 원나라 황제가 그대로 따랐다. 공민왕 18년(1369)에 제주가 항복했고, 같은 왕 21년에 비서(秘書) 유경원(劉景元)이 동선어마사(揀選御馬使)가 되어 제주에 갔는데, 제주에서 유경원과 목사 이용장(李用藏)을 살해하고 반란이 일어났다. 뒤에 제주 사람이 반란을 일으킨 적을 살해하고 항복하였다. 공민왕 23년(1374)에 제주에서 반란이 일어나자, 최영(崔瑩)에게 명하여 여러 장수들을 거느리고 가서 토벌케 하였다. 전선 314척, 병사 25,600명이 제주의 명월포(明月浦)에 이르자 적이 3,000여 명의 기병으로 저항하였다. 대군이 일제히 진격하여 대파하고, 적의 수괴 3명을 목베고 그 목을 서울로 올려보내니 제주가 평정되었다.〈원나라 목자가 스스로 동서 하치[합적(哈赤)]로 일컬으면서 난을 일으켰다. 최영이 군사를 거느리고 토벌하러 내려가니, 목자들이 범섬[호도(虎島)]을 거점으로 삼아 저항하였다. 최영은 전함을 모아 그곳을 둘러싸서, 병사들이 줄에 매달려 올라가 명월포에서 하치를 토벌하였다. 목자들이 창을 들고 나서다가 죽임을 당했다〉 우왕(禑王) 1년(1375)에 제주 사람 차유현(車有玄) 등이 관아에 불지르고 안무사(按撫使), 목사, 마축사(馬畜使)를 살해하자, 조치를 취하여 제주 사람 문신보(文臣輔), 성주 고실개(高實開) 등이 병사를 일으켜 그들을 주살했다. 제주 만호 김중광(金仲光)이 역적 하치를 목베었다. 왜구가 대규모로 침략해 왔다. 우왕 3년에 왜적이 배 200여 척으로 제주를 침략했고, 같은 왕 8년에는 명나라 태조(太祖)가 운남(雲南)을 평정하고 양왕(梁王)〈원나라에서 책봉했다〉 가속을 보

내어 제주에 안치했다. 창왕(昌王) 때 왜구가 제주를 노략질하자, 진무(鎭撫) 한원철(韓元哲)이 배 1척을 획득하고 18명의 목을 베었다. 공양왕(恭讓王) 4년(1392)에 명나라 태조가 이전의 원나라 양왕(梁王)의 자손을 제주에 안치하였다.

○조선 태종(太宗) 1년(1401)에 왜구가 곽지(郭支)를 노략질했고, 같은 왕 4년에는 왜구가 고내(高內)와 명월(明月)을 노략질하였으며, 같은 왕 8년에는 왜구가 조공천(朝貢川)을 노략질하였고, 같은 왕 18년에는 왜구가 우둔(牛屯)·우포(牛浦)·차귀(遮歸) 등지에 쳐들어 왔다. 세조(世祖) 9년(1463)에 제주에서 흰 사슴을 바쳤다. 명종(明宗) 8년(1553)에 왜적이 중국 객상(客商)들과 함께 표류하다 정의(旌義)에 도착하여서는 인민들을 죽였는데, 관군에 패하여 퇴각하였다. 남은 적 30여 명이 한라산에 올라가 숨어 있다가 몰래 본진의 작은 배를 빼앗아 몸을 감추고 도망쳐버렸다. 명종 10년(1555)에는 영암에서 패한 왜구가 제주로 숨어들어, 노략질을 하려 하자 목사 김수문(金秀文)이 힘껏 저항하다가 그들이 물러나는 것을 기회로 진격하여 크게 격파하였다. 인조(仁祖) 15년(1637)에 폐주 광해군(光海君)을 제주로 옮겼다.〈신사년(인조19, 1641)에 죽었다〉

12. 정의현(旌義縣)

『연혁』(沿革)

본래 제주 동쪽 방향에 있다. 조선 태종 16년(1416)에 한라산(漢拏山) 남쪽 수백 리의 땅을 떼어서 동쪽은 정의(旌義), 서쪽은 대정(大靜)으로 삼아 각각 현감(縣監)을 두었다.〈제주 안무사(濟州按撫使) 오식(吳湜)의 계(啓)를 인용하였다〉 세종(世宗) 5년(1423)에 읍치를 진사성(晉舍城)으로 옮겼다.〈옛 정의는 지금의 치소로부터 동쪽으로 27리에 있다〉

「관원」(官員)

현감(縣監)〈제주진관병마절제도위(濟州鎭管兵馬節制都尉)를 겸한다〉 1명을 둔다.

『고읍』(古邑)

고아(孤兒)〈혹은 호촌(狐村)이라고 한다. 읍치에서 서쪽으로 50리에 있다〉

홍로(洪爐)〈읍치에서 서쪽으로 60리에 있다〉

토산(兎山)〈읍치에서 서쪽으로 50리에 있다. 이상의 3현(縣)은 고려 충렬왕(忠烈王) 26년(1300)에 설치되었다〉

『방면』(坊面)

5면(五面)〈매면에 약정(約正)·직월(直月)·포도장(捕盜將) 각 1명을 두었다〉

『산수』(山水)

한라산(漢拏山)〈읍치에서 서북쪽으로 50리에 있다〉

영주산(瀛州山)〈읍치에서 서북쪽으로 30리에 있다〉

지미산(指尾山)〈읍치에서 동쪽으로 35리에 있다〉

수산(水山)〈읍치에서 동쪽으로 25리에 있다. 산의 서남쪽은 곧 수산평(水山坪)이다. 충렬왕(忠烈王) 때 원나라에서 소·말·낙타·양을 이곳에 방목했다〉

달산(達山)〈읍치에서 남쪽으로 9리에 있다〉

토산(兎山)〈읍치에서 남쪽으로 17리에 있다〉

달라산(達羅山)〈읍치에서 서쪽으로 50리에 있다〉

고근산(孤根山)〈읍치에서 서쪽으로 75리에 있고, 대정(大靜縣)과 경계를 이룬다〉

녹산(鹿山)〈읍치에서 서쪽으로 ○리에 있다〉

성산(城山)〈읍치에서 동쪽으로 25리에 있다. 죽 뻗쳐서 큰 바다 가운데로 들어간 것이 5리쯤 되는데, 형세가 개미허리 같다. 석벽이 깎아지른 병풍 같이 둘러 서 있는데, 높이가 10여 장이나 된다. 돌을 뚫어서 길을 낸 연후에야 오를 수 있다. 그 꼭대기는 평평하고 넓어서 200여 보나 되는데, 잡초가 숲을 이루어 성(城)과 흡사했다. 그 아래에는 거주하는데, 땅의 넓이가 10리쯤 된다. 이를 곧 양포(陽浦)라고 한다〉

감은악(感恩岳)〈읍치에서 북쪽으로 20리에 있다〉

자배악(自杯岳)〈읍치에서 서쪽으로 40리에 있다〉

수악(水岳)〈읍치에서 서쪽으로 45리에 있다. 꼭대기에는 용추(龍湫), 즉 폭포가 있는데 깊이를 헤아릴 수가 없다〉

삼매양악(三每陽岳)〈읍치에서 서쪽으로 75리에 있다. 악의 가운데는 넓고 앞이 탁 트여 수전(水田) 수십 무(畝)가 있는데, 이름을 "대지"(大池)라 하였다〉

수성악(水城岳)〈읍치에서 서쪽으로 30리에 있다. 산꼭대기에 모여 있는 돌이 성과 같고 가운데는 큰 못이 있다〉

성판악(城板岳)〈읍치에서 서쪽으로 50리에 있다. 석벽이 성을 쌓는 널판과 같다〉

응암악(鷹岩岳)〈읍치에서 남쪽으로 20리에 있다〉

독자악(獨子岳)〈읍치에서 동쪽으로 20리에 있다〉

성불악(成佛岳)〈읍치에서 북쪽으로 15리에 있다. 현성(縣城) 부근에서는 오직 이 성불악에만 샘이 있다〉

한좌악(閑坐岳)〈읍치에서 동쪽으로 7리에 있다〉

두산(斗山)〈읍치에서 동쪽으로 27리에 있다〉

안좌악(安坐岳)〈읍치에서 서쪽으로 15리에 있다〉

수항악(水項岳)〈읍치에서 서쪽으로 30리에 있다. 꼭대기에는 큰못이 있는데, 깊이가 바닥이 없다〉

운지악(雲之岳)〈읍치에서 서쪽으로 33리에 있다〉

지세지(地稅旨)〈읍치에서 서쪽으로 40리에 있다〉

영천악(靈泉岳)〈읍치에서 서쪽으로 50리에 있다〉

적석파(積石坡)〈읍치에서 동남쪽으로 5리에 있다〉

방암(方岩)〈한라산 정상에 있다. 그 모양이 네모나고 반듯하여 사람이 만든 것 같다〉

천석(穿石)〈읍치에서 남쪽으로 10리에 있다. 돌이 세워져 있고 구멍이 있다〉

광분평(廣分坪)〈읍치에서 서쪽으로 80리에 있다〉

○여결천(餘結川)〈읍치에서 서쪽으로 18리에 있다〉

개로천(蓋老川)〈한라산의 동쪽 장악(獐岳)·한좌악(閑坐岳)에서 발원하여 동남쪽으로 흘러 동성(東城) 밖 2리에 이른다. 깊은 못이 있다. 거주민들이 모두 이곳과 성불천(成佛泉)에서 물을 긷는다〉

부등천(不等川)〈읍치에서 서쪽으로 30리에 있다〉

영천천(靈泉川)〈읍치에서 서쪽으로 50리에 있다〉

호촌천(狐村川)〈읍치에서 서쪽으로 50리에 있다〉

홍로천(洪爐川)〈읍치에서 서쪽으로 70리에 있고, 하류는 서귀포(西歸浦)이다. 이상의 여러 내들은 모두 한라산에서 발원하여 혹 땅 속으로 숨어들거나 혹 돌 틈에서 흘러나온다. 양쪽

언덕의 석벽이 매우 절험하고 가운데는 바윗돌이 깔려 있다. 남쪽으로 흘러 바다로 들어간다〉

법환포(法還浦)〈읍치에서 서쪽으로 85리에 있다〉

오조포(吾照浦)〈읍치에서 동쪽으로 35리에 있다〉

광탄(廣灘)〈읍치에서 서쪽으로 50리에 있다〉

정방연(正方淵)〈서귀포에서 동쪽으로 1리에 있다. 해안의 바위 절벽이 100자나 된다. 병풍이 몇 리를 두르고 있는 것 같다. 폭포수가 바다로 들어간다〉

천제담(天帝潭)〈읍치에서 동쪽으로 30리에 있다. 3면에 석벽이 떼지어 서 있는 것이 병풍을 두른 것 같다〉

조연(藻淵)〈읍치에서 서쪽으로 70리에 있는 삼매양악연(三每陽岳淵)이다. 마름과 수초가 많고 게도 있다. 물을 끌어다 수전(水田)에 댄다〉

천지연(天池淵)〈서귀포에서 서쪽으로 5리에 있다. 천층이나 되는 푸른 빛의 절벽이 있고, 위에는 폭포가 있다〉

토산포(兎山浦)〈읍치에서 서쪽으로 20리에 있다〉

서귀포(西歸浦)〈읍치에서 서쪽으로 70리에 있다〉

울포(鬱浦)〈읍치에서 동쪽으로 10리에 있다〉

계포(鷄浦)〈읍치에서 동쪽으로 20리에 있다〉

수망천(水望川)〈읍치에서 서쪽으로 30리에 있다〉

【7곳의 과원(果園)이 있다】

「도서」(島嶼)

우도(牛島)〈읍치에서 동쪽으로 40리에 있다. 제주(濟州) 조에 나와 있다〉

지귀도(知歸島)〈호촌천(狐村川)의 남쪽에 있다〉

범도(凡島)〈혹은 호도(虎島)라고 한다. 홍로천(洪爐川)의 남쪽에 있다〉

삼도(森島)〈높고 험하여 통행할 수 없다〉

초도(草島)〈범도(凡島) 옆에 있다〉

의탈도(衣脫島)〈혹은 독도(禿島)라고 한다. 이상의 3섬은 나란히 배치되어 있다〉

두락도(豆落島)

『성지』(城池)

읍성(邑城)〈세종(世宗) 5년(1423)에 안무사(按撫使) 정간(鄭幹)이 세웠다. 둘레가 2,986척이고, 2곳의 우물이 있다〉

고정의성(古旌義城)〈읍치에서 동쪽으로 25리에 있다. 태종(太宗) 16년(1416)에 안무사 오식(吳湜)이 세웠다. ○원나라 목자 하치[합적(哈赤)]가 제주 만호를 이곳에서 살해했다〉

『진보』(鎭堡)

수산진(水山鎭)〈읍치에서 동쪽으로 25리에 있다. 성의 둘레는 1,264척이다. 좌우에 2개의 문이 있다〉

서귀포진(西歸浦鎭)〈읍치에서 서쪽으로 70리에 있다. 성 둘레가 825척이고, 우물이 한 곳 있다. ○이상의 2곳은 각각 방수장(防守將)과 성장(城將) 1명을 두었다〉

수전소(水戰所)〈오조포(吾照浦)·개운포(開雲浦)·서귀포(西歸浦)에 있다〉

『봉수』(烽燧)

독자악(獨子岳)·남산(南山)·달산(達山)·자배산(自杯山)·호촌(狐村)·삼매양악(三每陽岳)·토산(兎山)·지미(指尾)·성산(城山)에 있다.

『창고』(倉庫)

읍창(邑倉)

서별창(西別倉)〈서귀진(西歸鎭)에 있다〉

『목장』(牧場)

삼소(三所)·양잔(羊棧)이 있다.

『전고』(典故)

고려 충숙왕(忠肅王) 5년(1318)에 탐라에서 적괴 김성(金成) 등이 반란을 일으키자 배정지(裵廷芝)를 존무사(存撫使)로 삼아서 토벌하였다. 충혜왕(忠惠王) 후 2년(1341: 충혜왕은 1330~1332년까지 재위하였는데, 원나라의 압력으로 퇴위하였다가, 1339년에 다시 즉위하였다/역자주)에 왜구가 정의지방을 노략질하였다. 이듬해에는 배 700여 척으로 침략하였다. 안무사(按撫使) 이원항(李元恒)과 판관(判官) 진준(陳遵)이 병선을 거느리고 가서 격퇴하자, 적이 도망쳤다.

○조선 태종(太宗) 6년(1406) 7월에 왜적이 침입해 왔는데 정의에서부터 함선이 열지어 죽도(竹島)에 이르렀다.

13. 대정현(大靜縣)

『연혁』(沿革)

본래 제주의 서도(西道)이다. 조선 태종(太宗) 16년(1416)에 대정현(大靜縣)을 두었다.〈정의(旌義) 조에 자세히 나와 있다〉

「관원」(官員)

현감(縣監)〈제주진관병마절제도위(濟州鎭管兵馬節制都尉)를 겸한다〉 1명을 두었다.

『고읍』(古邑)

예례(猊禮)〈읍치에서 동쪽으로 25리에 있다〉

산방(山房)〈읍치에서 동쪽으로 10리에 있다〉

차귀(遮歸)〈읍치에서 서쪽으로 25리에 있다. 이상의 3현(縣)은 고려 충렬왕(忠烈王) 26년(1300)에 설치되었다〉

『방면』(坊面)

3면이 있다.〈매면에 약정(約正)·직월(直月)·포도장(捕盜將) 각 1명을 두었다〉

『산수』(山水)

한라산(漢拏山)〈읍치에서 동북쪽으로 40리에 있다〉

굴산(堀山)〈혹은 호산(蠔山)이라고 한다. 읍치에서 동쪽으로 25리에 있고, 아흔아홉골이 있다〉

궁산(弓山)〈읍치에서 동쪽으로 40리에 있다〉

감산(紺山)〈읍치에서 동쪽으로 20리에 있다〉

점산(簟山)〈읍치에서 남쪽으로 5리에 있다. 산 아래에는 돌샘이 있다. 성중에서 가뭄을 만나 내가 마르면 이곳에서 물을 길어 쓴다〉

산방산(山房山)〈읍치에서 동쪽으로 10리에 있다. 활처럼 둥근 모양으로 높이 우뚝 솟아 있다. 그 남쪽 비탈에는 커다란 석굴이 있는데, 물이 돌 위에서 한방울씩 뚝뚝 떨어져 샘을 이루고 있다. 굴 가운데는 작은 암자가 있고, 또 그 남쪽에는 돌구멍이 있는데 이름을 암문(暗門)이라 한다. 동서로 50여 척이나 된다. 그 북쪽에는 또 큰 구멍이 있는데 깊이를 헤아릴 수 없다〉

파고산(把古山)〈읍치에서 서쪽으로 5리에 있다〉

고근산(孤根山)〈읍치에서 동쪽으로 60리에 있고, 정의현과 경계를 이룬다. 산꼭대기에 큰 구멍이 있는데, 곧장 밑으로 내리 뻗어 있어 깊이를 헤아릴 수가 없다〉

서산(瑞山)〈고려 목종(穆宗) 5년(1002) 6월에 탐라에서 산이 열리며 4곳의 구멍에서 빨간 물이 솟구쳐 나와서 5일이 지나서야 그쳤다. 그 물은 모두 돌이 되었다. 목종 10년에 서산(瑞山)이 바다 가운데서 솟구쳐 나오니, 산이 비로소 나온 것이다. 구름과 안개로 어두컴컴해지고 땅이 움직임이 우레와 같았다. 무릇 7일 밤낮만에 비로소 개였다. 산 높이가 가히 100여 길이고, 둘레가 40여 리이다. 풀과 나무가 없고 연기가 그 위를 덮고 있어 그 곳을 바라보니 돌 유황 같았다. 사람들이 두려워하여 감히 가까이 가지 못했다. 왕이 태학박사(太學博士) 전공지(田拱之)를 파견하여 가서 살펴보도록 했다. 전공지가 몸소 산 아래에 이르러 그 모습을 그림으로 그려서 바쳤다〉

송악(松岳)〈속칭 저별봉(貯別峯)이라 한다. 읍치에서 남쪽으로 15리에 있다. 산의 동·서·남쪽의 해안가에는 석벽으로 둘러져 있고, 산꼭대기에는 못이 있는데 길이가 100여 보나 된다〉

귀악(龜岳)〈읍치에서 동쪽으로 45리에 있다〉

병악(並岳)〈읍치에서 동북쪽으로 25리에 있다. 2산이 나란히 서 있다〉

모슬악(摹瑟岳)〈읍치에서 서남쪽으로 5리에 있다〉

차귀악(遮歸岳)〈혹은 당산(堂山)이라 한다. 읍치에서 서쪽으로 26리에 있다〉

시목악(柿木岳)〈읍치에서 북쪽으로 25리에 있다. 악의 남쪽에 내가 있다〉

용태악(龍泰岳)

○색달천(塞達川)〈읍치에서 동쪽으로 35리에 있다. 한라산에서 발원하여 흘러 성산천(星

山川)이 되고 가운데는 천제담(天帝潭)이 되었다. 암벽이 두절되어 스스로 골짜기를 이루었다. 맑은 샘 한 갈래가 돌 틈에서 뿜어져 나와 흘러가서 폭포가 된다. 그 아래는 관개(灌漑)로 벼농사를 짓는 수전(水田)이다〉

감산천(紺山川)〈읍치에서 동쪽으로 25리에 있다. 하류는 대포(大浦)가 되었다〉

대가내천(大加內川)·소가내천(小加內川)〈모두 읍치에서 동쪽으로 50여 리에 있다. 이상은 물의 발원지인 수원이 모두 한라산이다. 양쪽 언덕은 석벽이 깎인 듯이 높이 솟아 있고 가운데는 암석을 깔아 놓은 것 같다. 물의 형세가 곧바로 아래로 떨어져 남쪽에서 바다로 들어간다. 바다 어귀에는 은어[銀口魚]가 있다〉

금로천(金露川)〈읍치에서 동쪽으로 10리에 있다〉

색포(塞浦)〈읍치에서 서쪽으로 57리에 있다〉

차귀포(遮歸浦)〈읍치에서 서쪽으로 27리에 있다〉

모슬포(摹瑟浦)〈모슬악(摹瑟岳)의 동남쪽에 있다〉

서림포(西林浦)〈읍치에서 서쪽으로 20리에 있다〉

와포(瓦浦)〈읍치에서 서쪽으로 30리에 있다〉

우포(友浦)〈읍치에서 서쪽으로 32리에 있다〉

예래포(猊來浦)〈읍치에서 동쪽으로 25리에 있다〉

당포(唐浦)〈읍치의 동쪽에 있다〉

돈포(敦浦)〈읍치의 서쪽에 있다〉

우두포(牛頭浦)〈읍치의 서북쪽에 있다〉

「도서」(島嶼)

마라도(摩羅島)〈읍치의 남쪽에 있다〉

죽도(竹道)〈읍치의 서쪽에 있다. 4면이 모두 석벽이다. 동남쪽에는 배 대는 곳이 있다〉

관도(貫島)〈읍치의 동남쪽에 있다. 돌이 있어 남북으로 마주하고 있고, 그 동쪽에는 또 큰 돌이 우뚝 서 있다. 구멍이 있는데 성문과 같은 모습이다〉

개파도(蓋波島)〈읍치의 남쪽에 있다〉

형제도(兄弟島)〈읍치의 동쪽에 있다〉

추도(雛島)〈읍치의 동쪽에 있다〉

무협도(巫峽島)〈읍치의 서쪽에 있다〉

『성지』(城池)

읍성(邑城)〈태종(太宗) 18년(1418)에 현감(縣監) 유신(兪信)이 쌓았다. 둘레는 4,890척이고, 옹성(甕城)이 4곳, 우물이 1곳, 못이 1곳 있다〉

예래현성(猊來縣城)〈둘레는 498척이다〉

『진보』(鎭堡)

차귀소진(遮歸所鎭)〈읍치에서 서쪽으로 25리에 있다. 성의 둘레는 1,466척이다. ○방수장(防守將) 1명을 두었다〉

모슬포진(摹瑟浦鎭)〈읍치에서 남쪽으로 10리에 있다. 지형은 3면이 바다에 가라앉아 있다. 성의 둘레는 550척이다. 방수장(防守將) 1명을 두었다〉

해방진(海防鎭)〈읍치에서 동쪽으로 45리에 있다. 성의 둘레는 511척이고, 샘이 하나 있다. 중종(中宗) 5년(1510)에 가내방호소(家內防護所)를 이곳으로 옮겼다. ○대정(隊正) 1명을 두었다〉

방호소(防護所)〈색포(塞浦)와 우포(友浦)에 있다〉

수전소(水戰所)〈모슬포 가운데, 색포 동쪽에, 우포 서쪽에 있다〉

『봉수』(烽燧)

귀악(龜岳)·호산(蠔山)·송악(松岳)·모슬포(摹瑟浦)·차귀소(遮歸所)에 있다.

『창고』(倉庫)

읍창(邑倉)

고(庫)가 1곳 있다.

『목장』(牧場)

일소(一所)

양잔(羊棧)

고둔(羔屯)

『교량』(橋梁)

감산천교(紺山川橋)

색달천교(塞達川橋)

목교(木橋)〈2개가 있는데 대·소가내천(大·小加內川)에 있다〉

『전고』(典故)

고려 공민왕(恭愍王) 1년(1356)에 왜구가 우포(友浦)를 노략질하였다.

제3권

전라도 12읍

1. 남원도호부(南原都護府)

『연혁』(沿革)

본래 백제의 고룡(古龍)이었다. 당(唐)나라가 백제를 멸망시키고 유인궤(劉仁軌)를 검교대방주자사(檢校帶方州刺史)로 삼아 웅주(熊主)에서 머물러 지키게 하였다. 또한 이곳에 성을 쌓고 유인궤로 하여금 진수(鎭守)하게 하였다.〈당(唐)나라는 백제를 멸망시키고 나주(羅州)를 대방주(帶方州)로 삼고 유인궤로 하여금 자사로 삼았다. 처음에는 공주(公州)에 유진(留鎭)하다가 다음에는 남원(南原)에 유진했다. 그러므로 남원을 대방이라고 칭하는 것은 이런 이유에서이다〉 후에 그 지역을 신라에 돌려주었다. 신라 신문왕(神文王) 5년(685)에 처음으로 남원소경(南原小京)을 설치했다.〈여러 주(州)와 군(郡)의 백성들을 이주시켜 나누어 살도록 하였다〉 경덕왕(景德王) 16년(757)에 전주에 소속시켰다. 고려 태조 23년(940)에 부(府)로 강등했다가 현종 9년(1018)에 지부사(知府事)로 고쳤다.〈소속된 군(郡)이 2였는데, 임실군(任實郡)·순창군(淳昌郡)이었다. 소속된 현(縣)이 7이었는데, 장계현(長溪縣)·적성현(赤城縣)·거령현(居寧縣)·구고현(九皐縣)·장수현(長水縣)·운봉현(雲峯縣)·구례현(九禮縣)이었다〉 충선왕(忠宣王) 2년(1310)에 대방군(帶方郡)으로 강등하였다가 후에 남원군(南原郡)으로 고쳤다. 공민왕(恭愍王) 9년(1360)에 부(府)로 승격하였다. 조선 태종 13년(1413)에 도호부(都護府)로 고쳤다가 세조 12년(1430)에 진(鎭)을 두었다.〈관할하는 곳이 11읍이었다〉 영조 15년(1739)에 일신현(一新縣)으로 강등했다가 26년(1761)에 다시 승격하였다. 헌종 10년(1844)에 현으로 강등했다가 철종 4년(1853)에 다시 승격하였다.

「읍호」(邑號)

용성(龍城)

「관원」(官員)

도호부사(都護府使)가〈남원진병마첨절제사교룡산성수성장(南原鎭兵馬僉節制使蛟龍山城守城將)을 겸한다〉 1명이다.

『고읍』(古邑)

거령현(居寧縣)〈읍치로부터 동북쪽으로 50리에 있었다. 본래 백제의 거사물(居斯勿)이었다. 신라 경덕왕(景德王) 16년(757)에 청웅(青雄)으로 고쳐서 임실군(任實郡)에 소속된 현으로 하였다. 고려 태조 23년(940)에 거령현으로 고쳤다. 고려 현종(顯宗) 9년에 남원으로 옮겨서 소속시켰다. 읍호(邑號)는 영성(寧城)이었다〉

『방면』(坊面)

【면(面)은 방(坊)이라고 칭한다】

통계방(通溪坊)〈읍내에 있다〉

장흥방(長興坊)〈읍치로부터 1리에서 시작하여 3리에서 끝난다〉

만복방(萬福坊)〈읍치로부터 서쪽으로 2리에서 시작하여 5리에서 끝난다〉

백파방(白波坊)〈읍치로부터 동쪽으로 10리에서 시작하여 20리에서 끝난다〉

주촌방(朱村坊)〈읍치로부터 동쪽으로 7리에서 시작하여 20리에서 끝난다〉

내산동방(內山洞坊)〈읍치로부터 동쪽으로 30리에서 시작하여 40리에서 끝난다〉

외산동방(外山洞坊)〈읍치로부터 동쪽으로 40리에서 시작하여 50리에서 끝난다〉

소의방(所義坊)〈읍치로부터 동쪽으로 50리에서 시작하여 60리에서 끝난다〉

중방방(中方坊)〈읍치로부터 동쪽으로 50리에서 시작하여 60리에서 끝난다〉

흑성방(黑城坊)〈읍치로부터 남쪽으로 10리에서 시작하여 20리에서 끝난다〉

주포방(周浦坊)〈읍치로부터 남쪽으로 15리에서 시작하여 25리에서 끝난다〉

송내방(松內坊)〈읍치로부터 남쪽으로 15리에서 시작하여 25리에서 끝난다〉

수지방(水旨坊)〈읍치로부터 남쪽으로 20리에서 시작하여 40리에서 끝난다〉

두동방(豆洞坊)〈읍치로부터 남쪽으로 25리에서 시작하여 30리에서 끝난다〉

금안방(金岸坊)〈읍치로부터 남쪽으로 40리에서 시작하여 50리에서 끝난다〉

대곡방(大谷坊)〈읍치로부터 남쪽으로 25리에서 시작하여 30리에서 끝난다〉

초랑방(草郎坊)〈읍치로부터 서남쪽으로 40리에서 시작하여 50리에서 끝난다〉

원천방(源川坊)〈읍치로부터 동쪽으로 15리에서 시작하여 50리에서 끝난다〉

기지방(機池坊)〈읍치로부터 서남쪽으로 20리에서 시작하여 30리에서 끝난다〉

생조대방(生鳥代坊)〈읍치로부터 서남쪽으로 40리에서 시작하여 50리에서 끝난다〉

자성방(者省坊)〈읍치로부터 서쪽으로 20리에서 시작하여 30리에서 끝난다〉

이언방(伊彦坊)〈읍치로부터 서쪽으로 10리에서 시작하여 20리에서 끝난다〉

적과방(迪果坊)〈읍치로부터 북쪽으로 20리에서 시작하여 30리에서 끝난다〉

고절방(高節坊)〈읍치로부터 북쪽으로 20리에서 시작하여 30리에서 끝난다〉

고달방(古達坊)〈읍치로부터 남쪽으로 40리에서 시작하여 60리에서 끝난다〉

덕고개방(德古介坊)〈읍치로부터 북쪽으로 40리에서 시작하여 50리에서 끝난다〉

돌고개방(乭古介坊)〈읍치로부터 북쪽으로 40리에서 시작하여 50리에서 끝난다〉

지사방(只沙坊)〈읍치로부터 북쪽으로 50리에서 시작하여 70리에서 끝난다〉

말천방(末川坊)〈읍치로부터 북쪽으로 40리에서 시작하여 60리에서 끝난다〉

갈치방(葛峙坊)〈읍치로부터 동북쪽으로 10리에서 시작하여 15리에서 끝난다〉

보현방(普賢坊)〈읍치로부터 동북쪽으로 30리에서 시작하여 50리에서 끝난다〉

시라산방(時羅山坊)〈읍치로부터 서쪽으로 10리에서 시작하여 20리에서 끝난다〉

산동방(山東坊)〈읍치로부터 동북쪽으로 30리에서 시작하여 40리에서 끝난다〉

둔덕방(屯德坊)〈읍치로부터 서쪽으로 20리에서 시작하여 40리에서 끝난다〉

영계방(靈溪坊)〈읍치로부터 서쪽으로 30리에서 시작하여 40리에서 끝난다〉

사동방(蛇洞坊)〈읍치로부터 서북쪽으로 20리에서 시작하여 30리에서 끝난다〉

성남방(城南坊)〈읍치로부터 서북쪽으로 30리에서 시작하여 40리에서 끝난다〉

오지방(吾枝坊)〈읍치로부터 서북쪽으로 50리에서 시작하여 60리에서 끝난다〉

견소곡방(見所谷坊)〈읍치로부터 서쪽으로 40리에서 시작하여 60리에서 끝난다〉

아산방(阿山坊)〈읍치로부터 40리에서 시작하여 50리에서 끝난다〉

왕지전방(王之田坊)〈읍치로부터 10리에서 시작하여 20리에서 끝난다〉

매안방(梅岸坊)〈읍치로부터 10리에서 시작하여 20리에서 끝난다〉

내진전방(內眞田坊)〈읍치로부터 북쪽으로 50리에서 시작하여 70리에서 끝난다〉

외진전방(外眞田坊)〈읍치로부터 북쪽으로 70리에서 시작하여 90리에서 끝난다〉

상번암방(上磻巖坊)〈읍치로부터 동북쪽으로 90리에서 시작하여 110리에서 끝난다〉

하번암방(下磻巖坊)〈읍치로부터 동북쪽으로 50리에서 시작하여 90리에서 끝난다〉

누봉방(樓鳳坊))

백암방(白巖坊)

【미아향(未牙鄕)〈읍치로부터 동쪽으로 9리에 있었다〉

아인향(牙仁鄕)〈읍치로부터 북쪽으로 40리에 있었다〉

거리향(居利鄕)〈거령(居寧)의 동남쪽에 있었는데, 지금의 성여이(城餘伊)이다〉

보유향(寶有鄕)〈읍치로부터 서쪽으로 60리에 있었다〉

경도향(京徒鄕)〈읍치로부터 북쪽으로 10리에 있었는데, 지금의 백야곡(白也谷)이다〉

배피향(白陂鄕)〈지금의 배피방(白陂坊)이다〉

덕성향(德城鄕)〈읍치로부터 동쪽으로 7리에 있었다〉

도지향(道知鄕)〈읍치로부터 서남쪽으로 5리에 있었는데, 돈다산(敦多山)이라고 하였다〉

수도향(守道鄕)〈읍치로부터 동쪽으로 5리에 있었는데, 지금의 미이지(未伊旨)이다〉

남안향(南安鄕)〈읍치로부터 남쪽으로 2리에 있었는데, 지금의 야정지(野井地)이다〉

고정부곡(古丁部曲)〈읍치로부터 북쪽으로 40리에 있었다〉

산동부곡(山洞部曲)〈읍치로부터 남쪽으로 45리에 있었는데, 지금의 내산동(內山洞)·외산동(外山洞)이다〉

원천부곡(源川部曲)〈읍치로부터 동쪽으로 20리에 있었다〉

금안부곡(金安部曲)〈읍치로부터 서쪽으로 30리에 있었다〉

금성소(金城所)〈읍치로부터 동쪽으로 15리에 있었다〉

양천소(楊川所)〈읍치로부터 남쪽으로 8리에 있었다〉

기어천소(岐於淺所)〈읍치로부터 남쪽으로 30리에 있었다〉

신내동소(申內洞所)〈읍치로부터 남쪽으로 17리에 있었다〉

용봉소(龍鳳所)〈읍치로부터 동쪽으로 20리에 있었다〉

웅음소(熊陰所)〈읍치로부터 남쪽으로 50리에 있었다〉

두가소(豆加所)〈읍치로부터 남쪽으로 60리에 있었다〉

성대점(省大岾)〈읍치로부터 남쪽으로 50리에 있다〉】

『산수』(山水)

백공산(百工山)〈읍치로부터 동쪽으로 8리에 있다. 선원사(禪院寺)가 있다〉

지리산(智異山)〈읍치로부터 동남쪽으로 60리에 있다. 거대한 산맥이 우뚝하게 솟아 있는데, 산맥이 휘휘 돌아 매우 길다. 동부(洞府)가 첩첩하여 매우 깊다. 토질은 넉넉하고 비옥하여 모든 산이 다 사람들이 들어가 살 만하다. 산 안에는 백리에 이르는 긴 계곡이 많다. 산의 형세는 밖은 좁지만 안은 넓다. 기후가 온난하여 산 속에는 대나무가 많다. 또 감과 밤이 매우 많아서 저절로 피어나고 저절로 떨어져서 흩어진다. 기장과 조와 같은 곡식이 높은 봉우리마다 무성하게 자라난다. ○산의 남쪽에는 악양동(嶽陽洞)·화개동(花開洞)의 2개 동이 있는데, 산수가 매우 아름답다. 신응사(神凝寺)·쌍계사(雙溪寺)의 2개 절이 있으며, 장흥암(長興庵)·칠불암(七佛庵)의 2개 암자가 있는데, 모두 하동(河東)의 지역이다. ○산의 서쪽에는 화엄사(華嚴寺)·연곡사(燕谷寺)의 2개 절이 있다. 섬강(蟾江)과 구곡(九曲)이 그 남쪽을 둘러쌓고 있는데, 모두 구례(求禮) 지역이다. ○산의 북쪽에는 영원동(靈源洞)·용유동(龍遊洞)의 2개 동이 있으며, 군자사(君子寺)·안국사(安國寺)의 2개 절이 있다. 벽운동(碧雲洞)·추성동(楸城洞) 그리고 유점촌(鍮店村)은 모두 경치가 빼어난 곳으로서 이상은 모두 함양(咸陽) 지역에 있다. 엄천(嚴川)·임천(瀶川)이 산의 북쪽에 있고, 연계담상(沿溪上潭)·연계하담(沿溪下潭)의 폭포와 바위는 모두 절경일 뿐만 아니라 아득히 깊다. 산에서 가장 높은 것은 동쪽에 천왕봉(天王峯)이 있고, 서쪽에 반야봉(般若峯)이 있는데, 이 두 봉우리는 서로 50리에서 60리 정도 떨어져 있다. 그 밖에 기이한 봉우리와 칼같이 서있는 절벽들이 이루 헤아릴 수 없다. 산허리에서는 간혹 구름이 끼고 번개와 천둥이 치지만 그 위는 맑은 때도 있다. 이는 또한 진주(晉州) 조항에 자세하다. ○파근사(波根寺)는 동쪽으로 30리에 있다. 연관사(烟觀寺)는 남쪽으로 30리에 있다. 귀정사(歸政寺)는 동쪽으로 40리에 있다. 천언사(天彦寺)는 남쪽으로 50리에 있다. ○매계(梅溪)의 옛 이름은 청학동(靑鶴洞)이다〉

기린산(麒麟山)〈읍치로부터 서쪽으로 10리에 있다. ○만복사(萬福寺)는 고려 문종(文宗) 때 창건한 것인데 지금은 없어졌고 다만 오층전(五層殿)이 있다. 그 안에는 동불상(銅佛像)이 있는데, 길이가 35척이다〉

보련산(寶蓮山)〈읍치로부터 서쪽으로 40리에 있다〉

장법산(長法山)〈읍치로부터 동쪽으로 7리에 있다〉

견수산(犬首山)〈읍치로부터 남쪽으로 45리에 있다〉

주지산(注之山)〈읍치로부터 동쪽으로 30리에 있다〉

고정산(高正山)〈읍치로부터 서쪽으로 30리에 있다〉

월계산(月溪山)〈읍치로부터 서북쪽으로 30리에 있다〉

보현산(普賢山)〈혹은 만행산(萬行山)이라고도 하는데, 읍치로부터 북쪽으로 40리에 있다〉

백운산(白雲山)〈상번암방(上磻巖坊)에 있다〉

영취산(靈鷲山)〈상번암방(上磻巖坊)에 있다〉

풍악(楓嶽)〈읍치로부터 북쪽으로 5리에 있다〉

율림(栗林)〈남원도호부의 남쪽으로 2리에 있다〉

정전(井田)〈당(唐)나라의 유인궤(劉仁軌))가 자사겸도독(刺史兼都督)이 되었을 때, 정전법(井田法)을 본따서 읍내의 이전(里廛: 동리와 시장 등의 구역/역자주)을 구획하여 아홉 구역으로 하였다. 지금도 그 유지가 남아있다〉【용투산(龍鬪山)이 있다】

「영로」(嶺路)

둔산치(屯山峙)〈읍치로부터 남쪽으로 30리에 있다〉

숙성치(宿星峙)

남율치(南栗峙)〈위쪽에 숙성치(宿星峙)가 있고 아래 쪽에 둔산치(屯山峙)가 있다. 둔산치·숙성치·남율치는 모두 구례(求禮)로 통한다〉

율치(栗峙)〈읍치로부터 북쪽으로 10리에 있는데, 전주(全州)로 통한다〉

비홍현(飛鴻峴)〈읍치로부터 서쪽으로 25리에 있는데, 순창(淳昌)과의 경계이다〉

유치(柳峙)〈읍치로부터 동북쪽으로 50리에 있는데, 운봉(雲峯)과의 경계이다〉

여원치(女院峙)〈읍치로부터 동쪽으로 30리에 있는데, 운봉(雲峯)과 통한다〉

수분치(水分峙)〈읍치로부터 동북쪽으로 50리에 있는데, 장수(長水)와 경계의 대로이다〉

개치(介峙)〈북쪽으로 통하는 길인데, 임실(任實)과의 경계이다〉

본월치(本月峙)〈읍치로부터 동북쪽으로 100리에 있다〉

유치(流峙)〈운봉(雲峯)의 경계이다〉

용암치(龍巖峙)〈운봉(雲峯)과의 경계이다〉

사치(沙峙)〈외진전방(外眞田坊)의 끝부분인데, 장수(長水)와의 경계이다〉【복성치(福星峙)·응치(鷹峙)가 있다】

○섬강(蟾江)〈임실(任實) 갈담(葛覃)으로부터 남쪽으로 흐르다가 왼쪽으로 순천(鶉川)을 지나 순창(淳昌) 적성강(赤城江)이 된다. 또한 남쪽으로 흐르다가 오른쪽으로 순창(淳昌) 이천(伊川)을 지나 연탄(淵灘)이 되고, 동남쪽으로 흐르다가 왼쪽으로 요천(蓼川)을 지나 곡성(谷城) 순자강(鶉子江), 압록진(鴨綠津)이 되어 구례현(求禮縣) 지역으로 들어간다〉

순천(鶉川)〈원류는 장수(長水) 성수산(聖壽山)과 개치(介峙)에서 나온다. 서남쪽으로 흐르다가 평당원천(坪堂院川)이 되고 순우평(鶉隅坪)을 지나 순천(鶉川)이 된다. 오수역(獒樹驛)을 지나 왼쪽으로 거령천(居寧川)을 지나면서 삼운(三澐)이 되어 적성강(赤城江)의 화연(花淵)으로 들어간다〉

요천(蓼川)〈원류는 장수(長水) 육십치(六十峙)의 남쪽 장안산(長安山)에서 나온다. 서남쪽으로 흐르다가 분수치(分水峙)를 지나 반암천(磻巖川)이 된다. 남원도호부의 동쪽에 이르러 원천(源川)을 지나고 남원도호부의 남쪽 1리에 이르러 요천이 된다. 다시 꺾여서 남쪽으로 흐르다가 순자강(鶉子江)에 들어간다. ○요천 중에는 바위가 있는데, 모습이 마치 소와 같다고 하여 우암(牛巖)이라고 한다. 요천의 위, 아래 지역은 토지가 비옥하고 관개하기가 쉽다〉

거령천(居寧川)〈읍치로부터 북쪽으로 50리에 있다. 원류는 개치(介峙)에서 나온다. 서남쪽으로 흐르다가 오수산(獒樹山) 서남쪽에 이르러 순천(鶉川)으로 들어간다〉

원천(源川)〈읍치로부터 동쪽으로 20리에 있다. 원류는 반야봉(般若峯)에서 나온다. 서북쪽으로 흐르다가 백공산(百工山) 남쪽에 이르러 요천(蓼川)으로 들어간다〉

축천(丑川)〈남원도호부의 동북쪽에 있다. 물이 용솟음쳤기 때문에, 읍을 설치할 때 철우(鐵牛)를 만들어 눌렀다고 하여 축천이라고 이름하였다. 그 소가 아직도 남아 있다. 축천에는 물가에 연이어 있는 절벽이 있다〉

소아천(所兒川)〈원류는 지리산(智異山) 율치(栗峙)에서 나온다. 북쪽으로 흐르다가 산동(山洞)에 이르러 남쪽으로 꺾여서 흐른다. 구례(求禮) 지역에 이르러 용왕연(龍王淵)으로 들어간다〉

두가천(豆可川)〈고달방(古達坊)에 있다〉

연탄(淵灘)〈읍치로부터 서남쪽으로 60리에 있는데, 순창(淳昌) 저탄(猪灘)의 하류이다〉

용연(龍淵)〈읍치로부터 남쪽으로 45리에 있는데, 지리산(智異山) 서쪽 지류이다〉

조모천(祖母川)〈읍치로부터 남쪽으로 4리에 있다〉

동장수(東帳藪)〈읍치로부터 동쪽으로 7리에 있다〉

창활수(昌活藪)〈창활역(昌活驛)에 있다〉【제언(堤堰)이 10이다】

『형승』(形勝)

호남(湖南)의 요충(要衝)이고 해륙(海陸)의 추할(樞轄)로서 동쪽으로 지리산(智異山)이 막아주고 서쪽으로는 섬강(蟾江)을 두르고 있으며 북쪽으로는 완산(完山)이 있고 남쪽으로는 순천(順天)이 있다. 산천의 형승이 수려하며 백성과 물산이 풍부하다. 비옥한 벌판이 100리나 되어 하늘이 내려준 안전한 곳이다.

『성지』(城池)

읍성(邑城)〈신라 신문왕(神文王) 11년(691)에 남원성(南原城)을 쌓았다가 후에 개축하였다. 조선 선조 30년(1597)에 명나라 장수 낙상지(駱尙志)가 성을 수축하였는데, 8월에 남원부사(南原府使) 윤안성(尹安性)이 일꾼 1,700명을 써서 5일만에 성 주변의 참호를 다 팠다. 성의 주위는 8,199척이다. 옹성(甕城: 적이 성문으로 공격하는 것을 저지하기 위해 성문 앞에 둥그렇게 쌓은 성/역자주)이 16이며, 성문이 4이고 샘물과 우물이 71이다. ○유인궤성(柳仁軌城)이 남원도호부(南原都護府)의 안에 있는데, 주위는 수리에 이른다. 지금 옛 터가 남아있다〉

교룡산성(蛟龍山城)〈교룡(蛟龍)은 곧 고룡(古龍)이 전화(轉化)한 것인데, 옛날 성터가아직 남아있다. 선조 30년(1597) 1월에 왜적이 대거 침략해 들어왔다. 부사(府使) 최렴(崔濂) 등이 7읍의 병사들을 모아서 성을 수축하였는데, 주위가 5,717척이었으며 성문이 4, 우물이 8, 작은 개울이 1이었다. 북쪽에는 밀덕봉(密德峯)·복덕봉(福德峯) 두개의 봉우리가 하늘 높이 우뚝 솟아 있다. 서쪽은 험준하고 동쪽은 얕으며 남북은 서로 뚝 떨어져 있어서 서로 지휘할 수가 없다. 동문이 적이 공격해오는 지세가 되는데, 후면이 평평하여 병사들을 숨겨 놓을 수 있다. 창(倉)이 3이다. ○수성장(守城將)은 본 남원도호부사(南原都護府使)가 겸임한다. 별장(別將)이 1명이다. ○성중에 용천사(龍泉寺)가 있다〉

『창고』(倉庫)

읍창(邑倉)〈남원도호부(南原都護府)의 성 서쪽에 있다〉
지혜창(紙惠倉)〈남원도호부(南原都護府)의 성 서쪽에 있다〉
진휼창(賑恤倉)〈남원도호부(南原都護府)의 성 서쪽에 있다〉
동창(東倉)〈읍치로부터 40리에 있다〉
서창(西倉)〈읍치로부터 40리에 있다〉
구남창(舊南倉)〈읍치로부터 40리에 있다〉
신남창(新南倉)〈읍치로부터 30리에 있다〉
구북창(舊北倉)〈읍치로부터 40리에 있다〉
신북창(新北倉)〈읍치로부터 30리에 있다〉
산창(山倉)〈교룡산성(蛟龍山城)에 있다〉

『역참』(驛站)

오수도(獒樹道)〈읍치로부터 북쪽으로 40리에 있다. ○소속된 역이 11이다. ○찰방(察訪)이 1명이다〉

동도역(東道驛)〈읍치로부터 동쪽으로 7리에 있다〉

응령역(應嶺驛)〈읍치로부터 동쪽으로 20리에 있다〉

창활역(昌活驛)〈읍치로부터 남쪽으로 30리에 있다〉

『진도』(津渡)

순자진(鶉子津)〈혹은 중진(中津)이라고도 하는데, 읍치로부터 남쪽으로 30리에 있다. 곡성(谷城)으로 통하는 대로이다〉

적성진(赤城津)〈읍치로부터 서쪽으로 40리에 있다. 순창(淳昌)으로 통하는 대로이다〉

『교량』(橋梁)

금석교(金石橋)〈읍치로부터 서쪽으로 5리에 있다〉

용두정교(龍頭亭橋)〈읍치로부터 서쪽으로 10리에 있다〉

양수정교(兩水亭橋)〈읍치로부터 남쪽으로 5리에 있다〉

갈어구교(乫魚口橋)〈읍치로부터 동쪽으로 10리에 있다〉

금천교(金川橋)〈읍치로부터 동쪽으로 50리에 있다〉

율천교(栗川橋)〈읍치로부터 북쪽으로 30리에 있다〉

월천교(月川橋)〈읍치로부터 남쪽으로 30리에 있다〉

오작교(烏鵲橋)〈광한루(廣漢樓) 앞에 있다〉

승차교(乘槎橋)〈광한루(廣漢樓) 앞에 있다〉

『토산』(土産)

감·밤·호도·닥나무〈종이의 품질이 상등이다〉·옻나무·오미자·잣[해송자(海松子)]·치나나무·석류·표고버섯[향심(香蕈)]·석이버섯[석심(石蕈)]·송이버섯[송심(松蕈)]·꿀·대나무·전죽(箭竹)·은어[은구어(銀口魚)]·게·차·매〈2종이 지리산(智異山)에서 산출된다〉이다.

『장시』(場市)

읍내의 장날은 4일과 9일이다. 반암(磻巖)의 장날은 1일과 6일이다. 산동(山洞)의 장날은 5일과 10일이다. 요수(獒樹)의 장날은 2일과 7일이다. 아산(阿山)의 장날은 3일과 8일이다. 동화(東花)의 장날은 3일과 8일이다.

『누정』(樓亭)

광한루(廣漢樓)〈읍치로부터 남쪽으로 2리에 있는데, 눈앞에 너른 벌판이 펼쳐지고 저 멀리로는 높은 산들이 보이며 위로는 가없는 하늘이 펼쳐져 있다. 너른 벌판에는 물길이 이어지고 저 높은 하늘에는 구름이 걸려있다〉

축천정(丑川亭)〈축천(丑川) 서쪽 절벽에 있다〉

용두정(龍頭亭)〈읍치로부터 서쪽으로 10리에 있다. 기이한 바위들이 첩첩이 서있는데, 그 모습이 마치 용의 머리와 같다〉

『묘전』(廟殿)

탄보묘(誕報廟)에는〈서문 밖에 있다. 선조 기해년(32년, 1599)에 명(明)나라의 총병(摠兵) 유정(劉綎)이 세웠다. 정조 신축년(5년, 1781)에 편액을 걸었다〉 관우(關羽)〈경도(京都) 동묘(東廟) 조항에 보인다〉·이신방(李新芳)〈명(明)나라의 총병(摠兵) 유정(劉綎)의 중군(中軍: 부사령관/역자주)이었다〉·장표(蔣表)〈총부(摠府)의 천총(千摠)이었다〉·모승선(毛承先)〈명(明)나라의 총병(摠兵) 유정(劉綎) 휘하의 천부(千夫)였다. 이신방·장표·모승선 3인은 선조 정유년(30년, 1597)의 왜란으로 조선에 나왔다가 본 남원도호부(南原都護府)에서 전사하였다. 숙종 병신년(42년, 1716)에 3명의 장수들을 함께 모셨다〉을 모시고 있다.

『단유』(壇壝)

지리산단(智異山壇)〈읍치로부터 동남쪽으로 64리의 소의방(所義坊)에 있다. 신라 때에는 남악(南嶽)으로써 중사(中祀: 국가에서 거행하는 제사 중에서 중간규모의 제사/역자주)에 실려 있었는데, 강주(康州)에서 관할하였다. 고려와 조선에서도 그대로 이어서 하였는데, 본 남원도호부(南原都護府)로 옮겨서 관할하였다. 중사(中祀)의 규모였다. ○고려 충렬왕(忠烈王)이 홍자번(洪子藩)에게 명하여 지리산(智異山)에서 제사를 지내게 하였다〉

『사원』(祠院)

영천서원(寧川書院)에는〈광해군 기미년((11년, 1619)에 세웠으며 숙종 병인년(12년, 1686)에 편액을 하사하였다〉 안처순(安處順)〈자(字)는 순지(順之)이고 호(號)는 사재(思齋)이며 본관은 순흥(順興)이다. 관직은 봉상시판관(奉常寺判官)을 역임하였다〉·정환(丁煥)〈자는 용회(用晦)이고 호는 회산(檜山)이며 본관은 창원(昌原)이다. 관직은 경상도사(慶尙都事)를 역임하였다〉·정황(丁熿)〈자는 계회(季晦)이고 호는 유헌(游軒)이며 정환(丁煥)의 동생이다. 명종 경신년(15년, 1560)에 귀양을 가서 죽었는데, 관직은 사인(舍人)을 역임하였다. 예조판서에 추증되었으며 시호(諡號)는 충간(忠簡)이다. 이대유(李大由)〈자는 경인(景引)이고 호는 활계(活溪)이며 본관은 경주(慶州)이다. 관직은 형조좌랑(刑曹佐郎)을 역임하였다〉을 모시고 있다.

○노봉서원(露峯書院)에는〈인조 기축년(27년, 1649)에 세웠고 숙종 정축년(23년, 1697)에 편액을 하사하였다〉 김인후(金麟厚)〈문묘(文廟) 조항에 보인다〉·홍순복(洪順福)〈자는 자수(子綏)이고 호는 고암(顧庵)이며 본관은 남양(南陽)이다. 중종 경진년(15년, 1520)에 화를 당하였다〉·최상중(崔尙重)〈자는 여후(汝厚)이고 호는 미능재(未能齋)이며 본관은 삭녕(朔寧)이다. 관직은 사간(司諫)을 역임했으며 대사헌(大司憲)에 추증되었다〉·오정길(吳廷吉)〈자는 형보(亨甫)이고 호는 해서(海西)이며 본관은 해주(海州)이다. 관직은 교서관정자(校書館正字)를 역임했다〉·최온(崔蘊)〈자는 휘숙(輝叔)이고 호는 폄재(砭齋)이다. 최상중(崔尙重)의 아들이며 관직은 동부승지(同副承旨)를 역임하였다〉·최휘지(崔徽之)〈자는 자금(子琴)이고 호는 오주(鰲洲)이다. 최온(崔蘊)의 조카이다. 관직은 익위(翊衛)를 역임하였다〉를 모시고 있다.

○충렬사(忠烈祠)에는〈광해군 임자년(4년, 1612)에 세웠으며 효종 계사년(4년, 1653)에 편액을 하사하였다〉 이복남(李福南)〈본관은 우계(羽溪)이며 관직은 전라병사(全羅兵使)를 역임하였다. 좌찬성(左贊成)에 추증되었으며 시호는 충장(忠壯)이다〉·정기원(鄭期遠)〈자는 사중(士重)이고 호는 견산(見山)이며 본관은 동래(東萊)이다. 명(明)나라 사람 양원(楊元)의 접반사(接伴使: 조선시대 중국의 사신을 접대하는 업무를 담당했던 사신의 일종/역자주)로서 난군(亂軍)에게 죽임을 당하였다. 관직은 우부승지(右副承旨)를 역임하였으며 좌찬성(左贊成)에 추증되었고 내성군(萊城君)에 봉해졌다〉·신호(申浩)〈자는 언원(彦源)이고 본관은 평산(平山)이다. 관직은 장흥부사(長興府使)를 역임하였으며 형조판서(刑曹判書)에 추증되었다. 시호는 무장(武莊)이다〉·이덕회(李德恢)〈자는 경렬(景烈)이고 본관은 용인(龍仁)이다. 관직은 남원

도호부판관(南原都護府判官)을 역임하였다. 형조참의(刑曹參議)에 추증되었다〉·이원춘(李元春)〈관직은 구례현감(求禮縣監)을 역임하였으며 병조참의(兵曹參議)에 추증되었다〉·오흥업(吳興業)〈군향유사(軍餉有司)를 역임하였다. 이상의 여러 사람들은 선조 정유년(30년, 1597)의 왜란에 남원도호부(南原都護府)에서 전사하였다〉을 모시고 있다.

○민충사(愍忠祠)에는〈효종 기축년(즉위년, 1649)에 세우고 계사년(4년, 1653)에 편액을 하사하였다〉 황진(黃進)〈진주(晉州) 조항에 보인다〉·고득재(高得賚)〈무과에 합격하였으며 임란 때에 의병장이었다. 선조 계사년(26년, 1593)에 진주(晉州)에서 전사하였다. 관직은 평창군수(平昌郡守)를 역임하였으며 한성우윤(漢城右尹)에 추증되었다〉·안영(安瑛)〈광주(光州) 조항에 보인다〉을 모시고 있다.

『전고』(典故)

신라 문무왕(文武王) 3년(663)에 김흠순(金欽純) 등이 백제 거물성(居勿城)을〈즉 거령(居寧)이다〉 공격하여 항복시켰다.

○고려 충정왕(忠定王) 2년(1350) 4월에 왜적이 남원의 조운선을 노략질하였다. 우왕 3년(1377)에 조선 태조 이성계가 지리산(智異山)에서 왜적을 공격하여 대파하였다. 이에 왜적의 무리들이 산으로 올라 절벽에 의지하여 칼과 창을 빼들고 있었는데, 마치 고슴도치 털같이 많았다. 이를 바라보고 관군이 산으로 오르지 못하자 태조는 정종 및 휘하 병사들과 함께 산을 기어올라 힘껏 싸웠다. 왜적들은 절벽에서 떨어져 죽은 자가 절반이 되었다. 마침내 태조는 나머지 적들을 공격하여 섬멸시켰다. 우왕 5년(1379)에 왜적이 또다시 남원을 노략질하자 전라도도순문사(全羅道都巡問使) 지용기(池湧奇)가 왜적을 공격하여 8급을 목베고 또 왜적과 더불어 응령역(應嶺驛)에서 싸웠다. 지용기는 힘껏 싸우다가 화살에 맞았다. 우왕 6년(1380)에 왜적이 남원산성(南原山城)을 공격하였지만 이기지 못하였다. 우왕 8년(1382)에 왜적이 남원을 공격하였는데, 원수(元帥) 심우로(沈于老)가 3급을 목베었다. 우왕 9년(1383)에 왜적이 거령(居寧)을 함락시켰다. 창왕(昌王) 때에 도지휘사(都指揮使) 정지(鄭地) 등이 남원에서 왜적을 공격하여 대패시켰다. 이때 왜구가 삼도(三道)를 침범하여 여름부터 가을까지 주현을 노략질하고 불태웠다. 이때 진주목사(晉州牧使) 이빈(李贇)이 전사하였다. 왜적이 또 함양(咸陽)으로부터 운령(雲嶺)·팔라현(八羅峴)〈즉 팔량치(八良峙)이다〉을 넘어 남원에 도착하였다. 도지휘사 정지(鄭地)가 여러 원수(元帥)들을 독려하여 힘껏 싸워 왜적을 대파하고 58급을 목베었

으며 아울러 말 6,000여필을 사로잡았다. 왜적은 밤에 도망쳤다.

○조선 선조 25년(1592)에 왜적이 전라도에 들어와 노략질을 하자 전라도방어사(全羅道防禦使) 곽영(郭嶸)은 남원에 유진(留鎭)하였다. 같은 해 11월에 축성사(築城使)인 구례현감(求禮縣監) 이원춘(李元春)이 병사들을 거느리고 파수하였는데, 그 지역의 도적 고파(高波)·김희축(金希築) 등이 운봉(雲峯)을 분탕질하였다. 이에 관군이 밤을 틈타 진군하여 포위하니 도적들이 함성을 지르며 돌격하였다. 이에 관군이 패주하였다. 영남의 관군이 고파·김희축 등을 잡아서 죽이자 산간의 군현 도로가 비로소 통하였다. 영남 지역의 도적 연걸(年傑)·연진(年盡)이 지리산의 사찰을 공격하고 사람들을 죽였다. 선조 26년(1593)에 명(明)나라 장수 낙상지(駱尙志)·송대빈(宋大贇)이 남원에 주둔하였다. 왜적 수천 명이 숙성령(宿星嶺)으로 향하자 이빈(李贇)·홍계남(洪季男)의 군대가 모두 무너졌다. 왜적이 순자강(鶉子江)을 넘어 곡성촌(谷城村)을 분탕질하고 남원을 함락시켰다. 성을 지키던 군사들과 백성들은 일시에 무너져 버렸다. 남원 유생 조경남(趙慶男)이 지리산 파근사(波根寺)로 피난하였다가 의병을 일으켜 수가 적은 왜적들을 골라 공격하여 피난민들을 구원하였다. 같은 해 9월에는 왜적 36급을 목베었다. 선조 27년(1594)에 명(明)나라의 장수 낙상지 등이 군대를 철군하여 요동(遼東)으로 돌아갔다. 명(明)나라의 유정(劉綎)이 팔거(八莒)〈지금의 칠곡(漆谷)이다〉로부터 5,000명을 거느리고 남원으로 옮겨 주둔하였다. 선조 30년(1597) 7월에 왜적이 용담(龍潭)을 노략질하고 장수(長水)로 향하였다. 조방장(助防將) 이유의(李由義) 등이 군사들을 버리고 달아나자 수비병들이 모두 흩어져버렸다. 이유의와 무너진 병사들은 남원성으로 난입하여 성중의 무기와 군량 등을 약탈하였다. 선조 30년(1597) 8월에 명나라 장수 양원(楊元)이 요동의 병사 3,000명을 거느리고 남원으로 내려왔는데, 그는 남원이 호남과 영남 사이의 요충지로서 성이 사뭇 견고하다고 생각하였기 때문이었다. 일찌기 명나라의 장수 낙상지가 무너지고 파괴된 곳을 수축한 적이 있었다. 또한 교룡산성(蛟龍山城)이 지킬만 한 곳이라 하여 성을 수축하고 참호를 깊게 팠다. 왜적의 장수 행장(行長) 등이 남원 지역에 들어오자 양원은 원천(源川)으로 나가 숙성령에 이르러 사열하고 돌아왔다. 이어서 양원은 군사들을 나누어 성을 지키게 하였다. 전라병사(全羅兵使) 이복남(李福男)이 순천(順天)으로부터 도착하였는데, 휘하의 병사들이 또한 흩어져버렸다. 이에 이복남은 남원도호부의 성으로 들어갔다. 왜적의 장수 행장(行長)·의지(義智) 등이 먼저 방암봉(訪巖峯)에 올라 기를 세우고 대포를 쏘며 세 길로 나누어 진격하였다. 왜적의 장수들은 번갈아 산위로 올라가 진을 치고 지휘하였다. 양원과 이신방은 동문에 있고 천총

(千摠) 장표(蔣表)는 남문에 있으며 천부(千夫) 모승선(毛承先)은 서문에 있고 이복남은 북문에 있었다. 왜적 수 만명이 칠장(漆場)으로부터 성 밖 100여 보 되는 곳에 진격하고 또 왜적이 숙성령·만산(漫山)으로 내려오니 100리 사이에 연기가 하늘을 가득 덮었다. 왜적은 연일 성을 공격하였는데, 전후에 죽은 사람들이 5,000여 명이었다. 마침내 성이 함락되었다. 성 안팎의 모든 가옥들은 불타버렸다. 이신방, 장표, 모승선, 접반사(接伴使) 정기원(鄭期遠), 병사(兵使) 이복남, 방어사(防禦使) 오응정(吳應井), 조방장(助防將) 김경로(金敬老), 별장(別將) 신호(申浩), 부사(府使) 임현(任鉉), 판관(判官) 이덕회(李德恢), 구례현감(求禮縣監) 이원춘(李元春) 등이 모두 전사하였다. 양원은 기병 50으로써 포위를 뚫고 나갔다. 이때 명(明)나라 장수 진우충(陳愚衷)이 전주에 있었다. 양원이 급박함을 알리며 구원해줄 것을 요청했으나 즉시 병사들을 출동시키지 않았다. 경리(經理) 양호(楊鎬)가 명나라 황제에게 아뢰고 양원, 진우충을 잡아 군졸로 삼았다. 양원과 진우충은 후에 사형을 당하고 머리는 명나라로 보내졌다.

2. 무주도호부(茂朱都護府)

『연혁』(沿革)

본래 백제의 적천(赤川)이었다. 신라 경덕왕(景德王) 16년(757)에 단천(丹川)으로 고쳐서 진례군(進禮郡)에 소속된 현으로 하였다. 고려 태조 23년(940)에 주계(朱溪)로 고쳤으며, 현종(顯宗) 9년(1018)에 그대로 진례현(進禮縣)에 속하게 하였다. 명종(明宗) 6년(1176)에 무풍감무(茂豐監務)로 하여금 본 지역의 업무를 겸하게 하였다. 공양왕(恭讓王) 3년(1391)에 무풍(茂豐)에 병합시켰다. 조선 태종 14년(1414)에 무주현감(茂州縣監)으로 고치고 주계(朱溪)를 치소(治所)로 하였다. 현종 15년(1674)에 금산군(錦山郡)의 안성면(安城面)·횡천면(橫川面)의 2면을 옮겨서 소속시키고 도호부(都護府)로 승격시켰다.

「관원」(官員)

도호부사(都護府使)가〈남원진관병마동첨절제사(南原鎭管兵馬同僉節制使)와 적상산성수성장(赤裳山城守城將) 토포사(討捕使)를 겸한다〉 1명이다.【숙종 계미년(29년, 1703)에 토포사(討捕使)를 겸하였다】

『고읍』(古邑)

무풍현(茂豐縣)〈읍치로부터 동쪽으로 60리에 있었다. 본래 신라 무산(茂山)이었다. 신라 경덕왕(景德王) 16년(75)에 무풍(茂豐)으로 고쳐서 개령군(開寧郡)에 소속된 현으로 하였다. 고려 현종(顯宗) 9년(1018)에 진례현(進禮縣)에 소속시켰다. 명종(明宗) 2년(1172)에 감무(監務)를 두었다가 6년(1176)에 주계(朱溪)의 업무까지 겸임하게 하였다. 공양왕(恭讓王) 3년(1391)에 주계와 합병시키고 무주(茂朱)로 이름을 바꾸었다〉

『방면』(坊面)

부내면(府內面)

신동면(身東面)〈읍치로부터 동쪽으로 10리에서 시작하여 40리에서 끝난다〉

서면(西面)〈읍치로부터 5리에서 시작하여 10리에서 끝난다〉

북면(北面)〈읍치로부터 10리에서 시작하여 20리에서 끝난다〉

유야면(柳野面)〈읍치로부터 동남쪽으로 30리에서 시작하여 40리에서 끝난다〉

일안면(一安面)〈읍치로부터 남쪽으로 40리에서 시작하여 50리에서 끝난다〉

이안면(二安面)〈읍치로부터 남쪽으로 30리에서 시작하여 40리에서 끝난다. 일안면(一安面)·이안면은 안성소(安城所)에서 나뉜 것이다〉

횡천면(橫川面)〈읍치로부터 동남쪽으로 30리에서 시작하여 70리에서 끝난다. 본래 횡천소(橫川所)였다〉

상곡면(裳谷面)〈읍치로부터 남쪽으로 10리에서 시작하여 30리에서 끝난다〉

풍동면(豐東面)〈읍치로부터 동쪽으로 60리에서 시작하여 80리에서 끝난다〉

풍남면(豐南面)〈읍치로부터 남쪽으로 40리에서 시작하여 60리에서 끝난다〉

풍서면(豐西面)〈읍치로부터 동쪽으로 40리에서 시작하여 50리에서 끝난다. 풍동면(豐東面)·풍남면(豐南面)·풍서면은 무풍고현(茂豐古縣)이다〉

『산수』(山水)

향로산(香爐山)〈읍치로부터 북쪽으로 3리에 있다. ○북고사(北固寺)·경월사(景月寺)가 있다〉

대덕산(大德山)〈읍치로부터 동쪽으로 70리, 무풍(茂豐)의 남쪽으로 7리에 있다. 지례(知禮)와의 경계이다〉

백운산(白雲山)〈읍치로부터 동쪽으로 50리, 무풍(茂豐)의 북쪽으로 15리에 있다. ○불두사(佛頭寺)가 있다〉

적상산(赤裳山)〈읍치로부터 남쪽으로 15리에 있다. 산의 사면에는 층층으로 된 바위가 벽처럼 서있는 것이 마치 머리카락처럼 쭈뼛쭈뼛하다. 옛사람들이 그 험한 것을 인연하여 성을 쌓았는데, 겨우 길 두 개가 있어서 올라갈 수 있다. 그 중앙은 평탄하고 넓직하며 토지는 비옥하고 아울러 사방에서 샘물이 솟아나니 진실로 하늘이 내려준 요새이다. 옛날 몽골과 왜적이 전쟁을 일으켰을 때, 주변의 여러 고을에 사는 백성들은 이 산에 근거하여 온전할 수 있었다〉

미마산(彌磨山)〈읍치로부터 남쪽으로 35리에 있다〉

덕유산(德裕山)〈읍치로부터 남쪽으로 50리에 있다. 안의(安義)·장수(長水)와의 경계이다. 산이 험준하며 몹시 높고 크다. 산맥이 첩첩이 겹쳐져 있으며 우뚝하게 솟아있다. 토질은 깊고 넉넉하며 물이 깊다. 서쪽에는 구천동(九泉洞)이 있는데, 골짜기가 깊고 멀다. 골짜기와 절벽이 첩첩이 이어지는데, 구폭(九瀑)이 이곳에서 흘러 동쪽으로 지례(知禮)·거창(居昌)에 연결된다. 동쪽으로는 안의(安義)·장수(長水)와 접해있으며 서쪽으로는 진안(鎭安)·용담(龍潭)에 접해있다. 북쪽으로는 무풍(茂豐)·적상(赤裳)에 연결된다. 골짜기 밖 산 주변의 토지는 매우 기름지다. ○봉우리 세 개가 있는데, 봉황봉(鳳凰峯)·불영봉(佛影峯)·향적봉(香積峯)이다. 또 칠불봉(七佛峯)·향로봉(香爐峯)의 두 봉우리가 있다. 또한 백암봉(白巖峯) 북쪽에는 계조굴(繼祖窟)이 있다. ○또한 구천사(九泉寺)·청량사(淸凉寺)·백련사(白蓮寺)·원통사(圓通寺)·불화사(佛華寺)·상원사(上元寺) 등의 절이 있다〉

여의산(如意山)〈무주도호부(茂朱都護府)의 동쪽에 있다〉

백화산(白華山)〈무주도호부(茂朱都護府)의 동쪽에 있다〉

향적산(香積山)〈덕유산(德裕山)의 북쪽 지맥이다〉

삼봉산(三峯山)〈덕유산(德裕山)의 동쪽 지맥이다〉

칠불산(七佛山)〈덕유산(德裕山)의 북쪽 지맥이다〉

삼도봉(三道峯)〈읍치로부터 동쪽으로 50리에 있는데, 황간(黃澗)·지례(知禮)와의 경계이다〉

안렴암(安廉巖)〈적상산(赤裳山)의 정상에 있는데, 길이가 몇 길이에 이른다. 그 위에는 수십 명이 앉을 수 있다. 동쪽으로는 가야산(伽倻山)이 바라다 보이고 남쪽으로는 지리산(智異山)이 눈 안에 들어온다. 서쪽으로는 대해가 보이고 북쪽으로는 화악(華嶽)이 바라다 보인다. 옛날 거란병이 침략했을 때 안렴사(安廉使)가 이곳으로 피란했으므로 말미암아 그런 이름이

붙었다〉

칠암(漆巖)〈읍치로부터 서쪽으로 10리에 있다〉

「영로」(嶺路)

고리치(古里峙)

어격치(於隔峙)

소이치(召爾峙)〈읍치로부터 서쪽으로 통하는 길인데, 금산(錦山)과의 경계이다〉

부항령(釜項嶺)

마치(馬峙)

주치(朱峙)〈읍치로부터 동쪽으로 통하는 길인데, 지례(知禮)와의 경계이다〉

호령(狐嶺)〈읍치로부터 동북쪽으로 통하는 길인데, 옥천(沃川)과의 경계이다〉

소사령(素沙嶺)〈읍치로부터 동쪽으로 통하는 길이다〉

덕유치(德裕峙)〈읍치로부터 남쪽으로 통하는 길이다〉

초점(草岾)〈읍치로부터 동남쪽으로 통하는 길이다〉

철목점(哲目岾)〈읍치로부터 동남쪽으로 통하는 길이다〉

예현(曳峴)〈읍치로부터 남쪽으로 통하는 길이다〉

장백점(長白岾)〈읍치로부터 동쪽으로 통하는 길이다〉

도마치(都磨峙)〈읍치로부터 동쪽으로 통하는 길이다〉

○적천(赤川)〈혹은 주계(朱溪)라고도 한다. 원류는 대덕산(大德山)에서 나온다. 북쪽으로 흐르다가 오른쪽으로 무풍고현(茂豐古縣)의 물을 지나고 또 오른쪽으로 덕유산(德裕山)의 물을 지나 살천(薩川)이 된다. 횡천(橫川)과 풍서면(豐西面)·신동면(身東面) 2면을 지나고 왼쪽으로 적상산(赤裳山)의 물을 지난다. 오른쪽으로 도마치(都磨峙)의 물을 지나 이리저리 꺾여서 서쪽으로 흐르다가 무주도호부(茂朱都護府)의 남쪽을 지나고 칠암(漆巖)에 이르러 소이진(召爾津)으로 들어간다. ○적천의 상계(上溪)와 하계(下溪)의 산들은 절경이며 토지는 비옥하여 나무·목면·벼 등을 재배하기에 적당하고 관개하기도 쉽다〉

구연동천(九淵洞川)〈읍치로부터 남쪽으로 40리에 있다. 원류는 덕유산(德裕山)에서 나온다. 서쪽으로 흐르다가 용담(龍潭) 경계에 이르러 금강(錦江) 상류로 들어간다〉

수성수회(水城水滙)〈읍치로부터 동쪽으로 50리에 있다〉【제언(堤堰)이 8이다】

『성지』(城池)

적상산성(赤裳山城)〈읍치로부터 남쪽으로 15리에 있다. 옛 날의 석성터가 있다. 인조 17년(1639)에 순검사(巡檢使) 박황(朴潢)의 말을 따라서 수축하였는데, 주위는 4,920보이다. 사면의 석벽은 마치 치마와 같다. 연못이 4이고 우물이 23곳이다. 호남과 영남의 3도(道)가 교차하는 곳이다. 평상시 천험의 요충지라고 불렸다. 인조 19년(1641)에 선원각(璿源閣: 왕실의 족보를 보관하는 건물/역자주)을 세웠다. 광해군 6년(1614)에는 사고(史庫: 실록 등 국가중요문서를 보관하던 건물/역자주)을 세웠다. 산성사(山城寺)·호국사(護國寺)·고경사(高境寺)가 있다. ○수성장(守城將)은 본 무주도호부사(茂朱都護府使)가 겸임한다. 사고참봉(史庫參奉)이 2명이며 총섭승(摠攝僧)이 1명이다〉

무풍고현성(茂豐古縣城)〈주위는 531척이다〉

『창고』(倉庫)

읍창(邑倉)〈무주도호부(茂朱都護府) 안에 있다〉

성창(城倉)〈산성에 있다〉

서창(西倉)〈읍치로부터 서남쪽으로 20리에 있다〉

북창(北倉)〈읍치로부터 북쪽으로 15리에 있다〉

무풍창(茂豐倉)〈읍치로부터 동쪽으로 60리에 있다〉

안성창(安城倉)〈읍치로부터 남쪽으로 40리에 있다〉

『역참』(驛站)

소천역(所川驛)〈읍치로부터 동쪽으로 45리에 있다〉

『진도』(津渡)

소이진(召爾津)〈읍치로부터 서쪽으로 14리에 있는데, 금산(錦山)과의 경계이다. 금산으로 통하는 대로이다. ○소이진의 하류에 여울이 15곳이나 있는데, 모두가 물살이 급하게 흘러 구비구비 돌아가는 골짜기에 모여든다. 그 모습과 함께 깎아지른 듯한 절벽이 우뚝우뚝 서 있는데, 그 기이한 경치와 형세는 이루 말할 수 없을 정도이다〉

『교량』(橋梁)

남교(南橋)〈적천(赤川)의 적천 위에 있다〉

대천교(大川橋)〈적천(赤川)의 적천 위에 있다〉

『토산』(土産)

철·닥나무·옻나무·뽕나무·송이[송심(松蕈)]·석이버섯[석심(石蕈)]·벌꿀·잣[해송자(海松子)]·오미자이다.

『장시』(場市)

읍내의 장날은 1일과 6일이다. 무풍(茂豐)의 장날은 4일과 9일이다. 소천(所川)의 장날은 2일과 7일이다. 안성(安城)의 장날은 5일과 10일이다.

『누정』(樓亭)

한풍루(寒風樓)〈적천(赤川)에 있다〉

환수정(喚睡亭)〈적천(赤川)에 있다〉

읍취루(挹翠樓)

『단유』(壇壝)

동로악(冬老嶽)〈구체적인 내용은 미상이다. 『신라사전(新羅祀典)』에는 "동로악(冬老嶽)은 진례군(進禮郡) 단천현(丹川縣)에 있는데, 명산으로써 소사(小祀: 국가에서 거행하는 제사 중에 작은 규모의 제사/역자주)에 실려있다."고 하였다〉

『전고』(典故)

신라 진덕여왕(眞德女王) 1년(647)에 백제 장군(將軍) 의직(義直)이 보병과 기마병 3,000을 거느리고 무산성(茂山城)·감물성(甘勿城)〈금산(金山)의 어모성(禦侮城)이다〉·동산성(桐山城)〈금산성(金山城)이다〉의 3성을 공격하였다. 신라의 진덕여왕은 김유신(金庾信)을 보내 보병과 기마병 10,000명을 거느리고 가서 방어하게 하였다. 김유신은 고전하여 힘이 다하였는데, 그의 휘하 비령자(丕寧子)가 적에게 뛰어들어 싸우다가 전사하였다. 그의 아들 거진(擧眞)

이 또한 적에게 뛰어들어 죽음을 당하였다. 그러자 그의 종 합절(合節)이 또한 적에게 뛰어들어 죽음을 당하였다. 이에 김유신의 군사들든 모두 사기를 올려 공격하여 3,000여 급을 목베었다.

○고려 우왕(禑王) 10년(1384)에 왜적이 주계현(朱溪縣)·무풍현(茂豊縣) 등과 안성소(安城所)·소천역(所川驛)을 노략질하였다.

○조선 선조 25년(1592)에 왜적이 무주(茂朱)를 노략질하였다.

3. 담양도호부(潭陽都護府)

『연혁』(沿革)

본래 백제의 추자혜(秋子兮)였다. 당(唐)나라가 백제를 멸망시키고 고서(皐西)로 고쳐서 분차주(分嵯州)에 소속된 현으로 하였다. 신라 경덕왕(景德王) 16년(757)에 추성군(秋城郡)으로 고쳐서〈소속된 현이 2였는데, 율원현(栗原縣)·옥과현(玉果縣)이었다〉 무주(武州)에 소속시켰다. 고려 성종(成宗) 14년(995)에 담주도단련사(潭州都團練使)로 하였다가 후에 담양군(潭陽郡)으로 고쳤다. 현종(顯宗) 9년(1018)에 나주(羅州)에 예속시켰다가 명종(明宗) 2년(1172)에 감무(監務)를 두었다. 공양왕(恭讓王) 3년(1391)에 원율현(原栗縣)을 겸임하게 하였다. 조선 태조 4년(1395)에 군(郡)으로 승격하였다가〈국사(國師) 조구(祖丘)의 고향이었기 때문이었다〉 정종 즉위년(1398)에 중궁인 정안왕후(定安王后) 김씨의 외향(外鄕)이라고 하여 부(府)로 승격시켰다. 태종 13년(1413)에 도호부(都護府)로 하였다가 영조 4년(1728)에 현으로 강등시켰다.〈역적 미구(美龜)가 태어난 곳이었기 때문이었다〉 영조 14년(1738)에 다시 승격하였다가 38년(1762)에 현으로 강등시켰고 다시 47년(1771)에 승격시켰다.

「관원」(官員)

도호부사(都護府使)가〈남원진관병마동첨절제사(南原鎭管兵馬同僉節制使) 금성산성수성장(金城山城守城將)을 겸임한다〉 1명이다.

『고읍』(古邑)

원율현(原栗縣)〈읍치로부터 동쪽으로 15리에 있다. 본래 백제의 율우현(栗友縣)이었다. 신라 경덕왕(景德王) 16년(757)에 율원(栗原)으로 고쳐서 추성군(秋城郡)에 소속된 현으로 하였다. 고려 태조 23년(940)에 원율(原栗)로 고쳤다. 현종(顯宗) 9년(1018)에 나주(羅州)에 소속시켰다. 공양왕(恭讓王) 3년(1391)에 담양감무(潭陽監務)로 하여금 원율의 업무를 겸하게 하였다. 조선에서는 그대로 따라서 담양도호부(潭陽都護府)에 소속시켰다〉

『방면』(坊面)

동변면(東邊面)〈담양도호부(潭陽都護府)의 안에 있다〉

서변면(西邊面)〈담양도호부(潭陽都護府)의 안에 있다〉

고지산면(古之山面)〈읍치로부터 동쪽으로 5리에서 시작하여 20리에서 끝난다〉

정석면(貞石面)〈읍치로부터 동쪽으로 20리에서 시작하여 30리에서 끝난다. 옛날에는 정석부곡(貞石部曲)이었다〉

무이동면(無伊洞面)〈읍치로부터 동쪽으로 5리에서 시작하여 15리에서 끝난다〉

갈마곡면(乫亇谷面)〈읍치로부터 남쪽으로 15리에서 시작하여 20리에서 끝난다〉

대곡면(大谷面)〈읍치로부터 남쪽으로 20리에서 시작하여 30리에서 끝난다〉

두모곡면(豆毛谷面)〈읍치로부터 서쪽으로 5리에서 시작하여 20리에서 끝난다〉

우치면(牛峙面)〈읍치로부터 서쪽으로 15리에서 시작하여 20리에서 끝난다〉

산막곡면(山幕谷面)〈읍치로부터 서북쪽으로 10리에서 시작하여 40리에서 끝난다〉

천인곡면(千人谷面)〈읍치로부터 북쪽으로 10리에서 시작하여 20리에서 끝난다〉

목산면(木山面)〈읍치로부터 서쪽으로 5리에서 시작하여 15리에서 끝난다〉

답곡면(畓谷面)〈읍치로부터 남쪽으로 15리에서 시작하여 40리에서 끝난다〉

천동면(泉洞面)〈읍치로부터 북쪽으로 5리에서 시작하여 10리에서 끝난다〉

용천면(龍泉面)〈읍치로부터 북쪽으로 20리에서 시작하여 40리에서 끝난다〉

『산수』(山水)

추월산(秋月山)〈읍치로부터 서북쪽으로 20리에 있다. 험준하고 높으며 크다. ○연동사(烟洞寺)·보제암(菩提庵)이 있다〉

용천산(龍泉山)〈읍치로부터 북쪽으로 45리에 있다. ○용천사(龍泉寺)에는 용추(龍湫)가 있다〉

금성산(金城山)〈읍치로부터 북쪽으로 15리에 있다. 추월산(秋月山)·용천산(龍泉山)·금성산은 서로 연이은 형세를 이루고 있다〉

양각산(羊角山)〈읍치로부터 북쪽으로 10리에 있다〉

광암산(廣巖山)〈읍치로부터 서쪽으로 40리에 있다〉

단주산(潭州山)〈읍치로부터 남쪽으로 20리에 있다〉

만덕산(萬德山)〈읍치로부터 남쪽으로 42리에 있다〉

옥천산(玉泉山)〈혹은 법운산(法雲山)이라고도 한다. 읍치로부터 남쪽으로 40리에 있는데, 옥과(玉果)와의 경계이다. ○옥천사(玉泉寺)·내원암(內院庵)이 있다〉

마은봉(馬隱峯)〈읍치로부터 동쪽으로 15리에 있다〉

석장(石檣)〈읍치로부터 동쪽으로 10리에 있다. 석장의 높이가 100여 척이 되는데, 커다랗게 빙둘러 포위한 모습이다. 쇠사슬로 그 위를 폐쇄하여 마치 모자처럼 씌웠다. 지금은 목장(木檣)으로 바꾸었다. 또한 석탑(石塔)이 있는데, 높이가 50여 척이다. 옛 절터이다〉

「영로」(嶺路)

멸치(滅峙)〈읍치로부터 북쪽으로 40리에 있는데, 정읍(井邑)으로 통한다〉

독치(犢峙)〈읍치로부터 북쪽으로 30리에 있다. 대독치(大犢峙)·소독치(小犢峙)의 두 고개가 있다〉

모우치(暮牛峙)〈읍치로부터 동쪽으로 20리에 있다. 멸치(滅峙)·대독치(大犢峙)·소독치(小犢峙)·모우치는 순창(淳昌)과의 경계이다〉

우순치(牛順峙)〈읍치로부터 서북쪽으로 40리에 있는데, 장성(長城)과의 경계이다〉

파수치(把守峙)〈읍치로부터 서쪽으로 30리에 있는데, 창평(昌平)과의 경계이다〉

○원율천(原栗川)〈원류는 용천산(龍泉山)의 용연(龍淵)에서 나온다. 남쪽으로 흐르다가 왼쪽으로 완사천(浣紗川)을 지나 담양도호부(潭陽都護府)의 동북쪽으로 10리에 이르러 원율천이 된다. 담양도호부의 북쪽을 감돌아서 북천(北川)이 되었다가 다시 꺾여서 서남쪽으로 흘러 죽록천(竹綠川)이 된다. 오른쪽으로 신천(薪川)을 지나고 왼쪽으로 대교천(大橋川)을 지난다. 또 서남쪽으로 흘러 창강(滄江)이 되어 창평(昌平) 지역으로 들어가는데, 사호강(沙湖江)의 상류이다〉

완사천(浣紗川)〈원류는 옥과(玉果)와의 경계지역에서 나온다. 서쪽으로 흘러 원율천(原栗川)으로 들어간다〉

신천(薪川)〈읍치로부터 서쪽으로 15리에 있는데, 원류는 추월산(秋月山)에서 나온다. 남쪽으로 흐르다가 원율천(原栗川)으로 들어간다〉

대교천(大橋川)〈읍치로부터 남쪽으로 10리에 있는데, 원류는 옥천산(玉泉山)에서 나온다. 북쪽으로 흘러 담양도호부(潭陽都護府)의 남쪽 3리에 이르러 남천(南川)이 된다. 서쪽으로 흘러 원율천(原栗川)으로 들어간다〉

용연(龍淵)〈추월산(秋月山)의 동쪽에 있다. 두 개의 석담(石潭)이 있는데, 석담 아래에 거대한 바위가 있다. 물이 바위구멍에서 나와 공중으로 솟아올랐다가 내려와 커다란 연못을 이루는데, 이것을 용연분소(龍淵噴所)라고 한다〉

차면지(遮面池)〈읍치로부터 남쪽으로 20리에 있다〉【제언(堤堰)이 9이다】

『성지』(城池)

금성산성(金城山城)〈읍치로부터 북쪽으로 20리에 옛날의 석성(石城)이 있는데, 선조 30년(1597) 개축할 때 등성이를 따라 쌓아 성으로 하였다. 효종 4년(1653)에 중수하였다. 내성(內城)의 주위는 610보이고 외성(外城)이 주위는 4,940보이다. 옹성(甕城: 성문을 적의 공격으로부터 보호하기 위해 성문 앞에 둥그렇게 쌓은 성/역자주)이 72이고 참호와 연못이 5이다. 우물이 29이다. 내동문(內東門)과 외동문(外東門)이 있으며 내남문(內南門)과 외남문(外南門)이 있다. 내성의 남문·서북문 그리고 동문·서문·남문은 적이 공격해오는 자리가 된다. 담양(潭陽)으로부터 올라오는 길은 산허리에 한가닥이 구불구불 나 있는데, 6~7리 정도 올라오면 비로소 남문에 도달한다. 남문 밖 양쪽에는 모두 절벽이다. 동문 밖 60~70보 정도 되는 곳에 돌이 비스듬히 서 있는데, 성안을 넘겨다 볼 수 있다. 서문 양쪽에 있는 산은 모두 깎은 듯하며 동서남북으로 모두 절벽처럼 서있는데 그 높이가 천 길도 넘는다. 성의 형상은 기이하고 장관으로서 넓직하다. 사방은 높고 중앙은 우묵하게 들어가 있는데, 밖에는 험준한 봉우리가 없어서 오직 성문으로만 들여다 볼 수 있다. 사면의 길들이 마치 핏줄처럼 퍼져 있는 것이 진실로 기가막힌 형승의 땅이다. 성 안에는 노적봉(露積峯)·금성사(金城寺)가 있으며 서문 밖에는 구암사(龜巖寺)가 있다. ○소속된 읍은 담양(潭陽)·순창(淳昌)·옥과(玉果)·창평(昌平)·창천(倉天)이다. ○수성장(守城將)은 본 담양도호부사(潭陽都護府使)가 겸임한다. 별장(別將)이 1명이며 승장(僧將)이 1명이다〉

추월산석벽(秋月山石壁)〈석벽이 깎아지른 듯이 서 있으면서 사방을 둘러싸고 있는데, 마치 성과 같다. 주위는 9,000여 척이다. 서북쪽은 오직 발로 걸어다니는 사람들만이 통할 수 있다. 중간에는 개울이 구불구불하게 있으며 또한 샘물이 13곳이다〉

『창고』(倉庫)

창(倉)이 5이다.〈모두 읍내에 있다〉

외창(外倉)〈읍치로부터 남쪽으로 30리의 답곡(畓谷)에 있다〉

산성창(山城倉)

『역참』(驛站)

덕기역(德奇驛)〈읍치로부터 동남쪽으로 10리에 있다〉

『교량』(橋梁)

금강교(錦江橋)〈읍치로부터 동쪽으로 10리에 있다〉

대천교(大川橋)〈읍치로부터 서쪽으로 10리에 있다〉

대교(大橋)〈읍치로부터 남쪽으로 20리에 있다〉

『토산』(土産)

닥나무·옻나무·황죽(篁竹)·전죽(箭竹)·석류(石榴)·호도·감·매화·보(寶)·차·모시이다.

『장시』(場市)

삼지천(三支川)의 장날은 8일인데, 1달에 세 번 장이 선다. 서문외(西門外)의 장날은 4일과 9일이다. 북문외(北門外)의 장날은 2일과 7일이다

『사원』(祠院)

의암서원(義巖書院)에는〈선조 정미년(40년, 1607)에 세웠으며 현종 기유년(10년, 1669)에 편액을 하사하였다〉 유희춘(柳希春)〈자(字)는 인중(仁仲)이고 호(號)는 미암(眉巖)이며 본관은 선산(善山)이다. 관직은 행대사헌(行大司憲)을 역임했으며 좌찬성(左贊成)에 추증되었다. 시호(諡號)는 문절(文節)이다〉을 모시고 있다.

『전고』(典故)

고려 고종(高宗) 42년(1255)에 몽골(蒙古)의 차라대(車羅大)와 영녕공(永寧公) 현(綧)이

담양현(潭陽縣)에 주둔하였다. 우왕(禑王) 4년(1378)에 왜적이 담양현을 노략질하였는데, 정지(鄭地)가 외적과 더불어 싸워서 17급을 목베었다.

○조선 선조 30년(1597)에 왜적이 담양을 함락시켰다.

4. 순창군(淳昌郡)

『연혁』(沿革)

본래 백제의 도실(道實)이었다. 신라 경덕왕(景德王) 16년(757)에 순화군(淳化郡)으로 고쳐서〈소속된 현이 2였는데, 적성현(赤城縣)·구고현(九皐縣)이었다〉 전주(全州)에 예속시켰다. 고려 태조 23년(940)에 순창(淳昌)〈혹은 순주(淳州)라고도 하였다〉으로 고쳤다 현종(顯宗) 9년(1018)에 남원(南原)에 소속시켰다. 명종(明宗) 5년(1175)에 감무(監務)를 두었다. 충숙왕(忠肅王) 1년(1314)에 지군사(知郡事)로 승격시켰다.〈국사승(國師僧) 정오(丁吾)의 고향이었었기 때문이었다〉 조선은 그대로 따라하였다. 세조 12년(1466)에 군수(郡守)로 고쳤다.

「읍호」(邑號)

오산(烏山)

옥천(玉川)〈순화군(淳化郡) 때의 옛 치소(治所)는 복흥산(福興山) 아래에 있었다〉

「관원」(官員)

군수(郡守)가〈남원진관병마동첨절제사(南原鎭管兵馬同僉節制使)를 겸한다〉 1명이다.

『고읍』(古邑)

적성현(赤城縣)〈읍치로부터 동쪽으로 15리에 있었다. 본래 백제의 역평(礫坪)이었다. 신라 경덕왕(景德王) 16년(757)에 적성(赤城)으로 고쳐서 순화군(淳化郡)에 소속된 현으로 하였다. 고려 현종(顯宗) 9년(1018)에 남원(南原)에 소속시켰다가 후에 적성현의 동쪽을 복흥(福興)으로부터 순창(淳昌)의 현재 치소(治所)로 옮겼다〉

『방면』(坊面)

좌부면(左部面)〈읍치로부터 동쪽으로 7리에서 끝난다〉

우부면(右部面)〈읍치로부터 서쪽으로 10리에서 끝난다〉

유등면(柳等面)〈옛날에는 유등소(柳等所)였다. 읍치로부터 동쪽으로 6리에서 시작하여 30리에서 끝난다〉

적성면(赤城面)〈본래 고현(古縣)이었다. 읍치로부터 15리에서 시작하여 30리에서 끝난다〉

목과면(木瓜面)〈읍치로부터 남쪽으로 10리에서 시작하여 30리에서 끝난다〉

금동면(金洞面)〈읍치로부터 남쪽으로 15리에서 시작하여 30리에서 끝난다〉

품곡면(品谷面)〈읍치로부터 남쪽으로 10리에서 시작하여 25리에서 끝난다〉

덕진면(德進面)〈읍치로부터 남쪽으로 10리에서 시작하여 20리에서 끝난다〉

팔등면(八等面)〈읍치로부터 서쪽으로 10리에서 시작하여 15리에서 끝난다〉

상치등면(上置等面)〈본래는 치등소(置等所)였다. 읍치로부터 서쪽으로 30리에서 시작하여 60리에서 끝난다〉

하치등면(下置等面)〈읍치로부터 서쪽으로 50리에서 시작하여 90리에서 끝난다〉

복흥면(福興面)〈읍치로부터 서쪽으로 50리에서 시작하여 80리에서 끝난다〉

오산면(鰲山面)〈읍치로부터 동남쪽으로 7리에서 시작하여 20리에서 끝난다〉

무림면(茂林面)〈읍치로부터 서북쪽으로 25리에서 시작하여 40리에서 끝난다〉

하동면(河東面)〈읍치로부터 동쪽으로 30리에서 시작하여 50리에서 끝난다〉

구암면(龜巖面)〈읍치로부터 북쪽으로 20리에서 시작하여 50리에서 끝난다〉

인화면(仁化面)〈읍치로부터 북쪽으로 15리에서 시작하여 30리에서 끝난다〉

호계면(虎溪面)〈읍치로부터 북쪽으로 10리에서 시작하여 25리에서 끝난다〉

○고력암소(高力巖所)는 읍치로부터 동쪽으로 24리에 있었다.

감물토소(甘勿吐所)는 읍치로부터 동쪽으로 10리에 있었다.

『산수』(山水)

추산(追山)〈읍치로부터 북쪽으로 3리에 있다〉

회문산(回文山)〈읍치로부터 북쪽으로 30리에 있는데, 태인(泰仁)과의 경계이다. ○금장사(金藏寺)·신광사(神光寺)가 있다〉

복흥산(福興山)〈읍치로부터 서쪽으로 30리에 있다. 깎은 듯한 절벽이 사방을 둘러 싸고 있다. 계곡의 물이 동쪽으로 흘러 천험의 땅이 된다. ○영은사(靈隱寺)가 있다〉

대동산(大同山)〈혹은 환도산(還刀山)이라고도 한다. 읍치로부터 동쪽으로 6리에 있다〉

오산(鰲山)〈읍치로부터 서쪽으로 2리에 있는데, 곧 추산(追山)의 서쪽 지맥이다. 산의 남쪽에는 자라와 같이 생긴 바위가 있다〉

서룡산(瑞龍山)〈읍치로부터 동쪽으로 25리에 있다. ○취암사(鷲巖寺)가 있다〉

광덕산(廣德山)〈혹은 강천산(剛泉山)이라고도 한다. 읍치로부터 서쪽으로 20리에 있다. ○복천사(福泉寺)가 있다〉

적성산(赤城山)〈혹은 화산(花山)이라고도 한다. 읍치로부터 동쪽으로 20리에 있다. 세 개의 봉우리가 불쑥 솟아 있는데, 석벽이 마치 성곽과 같다. 그 높이가 천길이 넘는다. 가운데 봉우리 위에는 석굴(石窟)과 작은 암자가 있다〉

무이산(武夷山)〈읍치로부터 북쪽으로 20리에 있다〉

아미산(峩眉山)〈혹은 배미산(陪尾山)이라고도 한다. 읍치로부터 서쪽으로 10리에 있다. 산의 정상에는 마치 항아리와 같은 바위가 있다〉

백방산(柏房山)〈혹은 성방산(城房山)이라고도 한다. 읍치로부터 서북쪽으로 50리에 있다. 사면을 산이 빙 둘러싸고 있으며 중간에는 큰 들판이 있다〉

무량산(無量山)〈읍치로부터 동북쪽으로 30리에 있다〉

옥출산(玉出山)〈읍치로부터 남쪽으로 15리에 있다〉

철마산(鐵馬山)〈읍치로부터 서쪽으로 70리에 있다〉

화개산(華盖山)〈읍치로부터 서쪽으로 60리에 있다〉【덕지산(德之山)은 읍치로부터 동쪽에 있다. 장덕산(將德山)은 읍치로부터 동쪽에 있다】

「영로」(嶺路)

우치(牛峙)〈읍치로부터 남쪽으로 25리에 있는데, 옥과(玉果)와의 경계이며 옥과로 통하는 길이다〉

웅치(熊峙)〈읍치로부터 동쪽으로 15리에 있는데, 남원(南原)으로 통하는 길이다〉

연치(鷰峙)〈정읍으로 통하는 길이다〉

온월치(溫越峙)〈정읍으로 통하는 길이다〉

갈치(葛峙)〈읍치로부터 서쪽으로 70리에 있는데, 정읍(井邑)과의 경계이며 정읍으로 통하는 길이다〉

둔월치(屯月峙)〈읍치로부터 서쪽으로 70리에 있는데, 정읍(井邑)과의 경계이며 정읍으로

통하는 길이다〉

굴치(屈峙)〈태인(泰仁)의 경계이다〉

사슬치(沙瑟峙)〈읍치로부터 북쪽으로 30리에 있다. 태인(泰仁)과의 경계이다〉

노치(蘆峙)〈읍치로부터 북쪽으로 27리에 있는데, 전주(全州)와 통한다〉

○적성강(赤城江)〈원류는 임실(任實)의 갈담(葛覃)에서 나온다. 아래로 흘러 적성산(赤城山) 아래에 이르러 화연(花淵)이 된다. 또한 순창군(淳昌郡)의 남쪽 20리에 이르러 저탄(楮灘)이 되고 남원(南原) 경계에 이르러 연탄(淵灘)이 되는데 모두 섬강(蟾江)의 상류이다〉

점암천(鮎巖川)〈읍치로부터 서북쪽으로 50리에 있다. 원류는 정읍(井邑) 내장산(內藏山)의 동쪽에서 나온다. 동쪽으로 흐르다가 잠계(涔溪)가 된다. 복흥고읍(福興古邑)을 지나 점암천이 되고 꺾여서 북쪽으로 흐르다가 회문산(回文山)을 지나 동쪽으로 흘러 갈담(葛覃)으로 들어간다〉

작천(鵲川)〈원류는 광덕산(廣德山)·무이산(武夷山)의 두 산으로부터 나온다. 순창군(淳昌郡) 서쪽 5리에 이르러 작천이 되고 3리에 이르러서는 경천(鏡川)이 된다. 순창군의 남쪽에 이르러서는 대교천(大橋川)이 된다. 동남쪽으로 흐르다가 이천(伊川)과 합류하여 적성강(赤城江) 하류로 들어간다〉

이천(伊川)〈읍치로부터 동쪽으로 10리에 있다. 동쪽으로 흐르다가 작천(鵲川)으로 들어간다〉

애곡지(艾谷池)〈읍치로부터 동쪽으로 10리에 있다〉【제언(堤堰)이 9이다】

『성지』(城池)

고성(古城)〈혹은 할미성(割尾城)이라고도 한다. 읍치로부터 서쪽으로 4리에 있는데, 주위는 780척이다. 샘물이 1이고 연못이 1이다〉

고성(古城)〈옥출산(玉出山)에 있다. 흙으로 쌓은 옛 터가 있다〉

고성(古城)〈성산(城山)이라고도 하는데, 읍치로부터 북쪽으로 24리에 있다. 옛성터가 있다〉

노현성(蘆峴城)〈읍치로부터 북쪽으로 30리에 있다. 옛날의 방수처(防守處)이다〉

『창고』(倉庫)

창(倉)이 5이다.〈모두 순창군(淳昌郡) 안에 있다〉

성창(城倉)〈읍치로부터 서쪽으로 30리의 담양(潭陽) 금성산성(金城山城)에 있다〉

사창(社倉)〈읍치로부터 서쪽으로 50리의 상치등면(上置等面)에 있다〉

『역참』(驛站)

창신역(昌新驛)〈읍치로부터 동쪽으로 5리에 있다〉

『진도』(津渡)

적성진(赤城津)〈읍치로부터 동쪽으로 20리에 있는데, 남원(南原)으로 통하는 대천(大川)이다〉

『교량』(橋梁)

대교(大橋)〈읍내에 있는데, 돌로 축조하였다〉

작천교(鵲川橋)〈읍치로부터 남쪽으로 2리에 있다〉

동안교(東岸橋)〈읍치로부터 동쪽으로 3리에 있다〉

송정자(松亭子)〈읍치로부터 북쪽으로 5리에 있다〉

누교(樓橋)〈읍치로부터 북쪽으로 10리에 있다〉

진자교(榛子橋)〈읍치로부터 남쪽으로 10리에 있다〉

풍경교(風景橋)〈읍치로부터 동쪽으로 15리에 있다〉

『토산』(土産)

대나무〈황죽(篁竹)·전죽(箭竹)이다〉·닥나무·뽕나무·옻나무·은구어(銀口魚)·벌꿀·차이다.

『장시』(場市)

읍내의 장날은 1일과 6일이다. 연산(燕山)의 장날은 4일과 9일이다. 삼치(三峙)의 장날은 3일과 8일이다. 녹하(綠河)의 장날은 5일과 10일이다. 피로(避老)의 장날은 2일과 7일이다.

『누정』(樓亭)

수옥루(漱玉樓)

만록정(萬綠亭)

귀래정(歸來亭)〈읍치로부터 남쪽으로 3리에 있다〉

『전고』(典故)

조선 선조 25년(1592)의 임진왜란 때에 임실(任實)의 도적들이 또한 노략질을 하였는데, 관군이 여러 차례 패하였다. 남원(南原) 등 7읍의 군사들이 회문산(回文山)에 모인 도적들을 포위하고 밤을 틈타 잡아 죽였다. 이로써 회문산의 길이 비로소 통하게 되었다. 선조 30년(1597)에 왜적이 순창(淳昌)을 함락시켰다.

5. 용담현(龍潭縣)

『연혁』(沿革)

본래 백제의 물거(勿居)였다. 신라 경덕왕(景德王) 16년(757)에 청거(淸渠)로 고쳐서 진례군(進禮郡)에 소속된 현으로 하였다. 고려 현종(顯宗) 9년(1018)에 그대로 진례현(進禮縣)에 속하게 하였다. 충선왕(忠宣王) 5년(1313)에 용담현령(龍潭縣令)으로 고쳤다. 조선은 그대로 따라하였다. 인조 24년(1646)에 현감(縣監)으로 강등했다가 효종 7년(1656)(이하 내용없음)

「읍호」(邑號)

옥천(玉川)

「관원」(官員)

현령(縣令)이〈남원진관병마절제도위(南原鎭管兵馬節制都尉)를 겸한다〉 1명이다.

『방면』(坊面)

읍내면(邑內面)

동일면(東一面)〈읍치로부터 20리에서 끝난다〉

동이면(東二面)〈읍치로부터 40리에서 끝난다〉

남일면(南一面)〈읍치로부터 30리에서 끝난다〉

남이면(南二面)〈읍치로부터 40리에서 끝난다〉

서면(西面)〈읍치로부터 40리에서 끝난다〉

북일면(北一面)〈읍치로부터 40리에서 끝난다〉

북이면(北二面)〈읍치로부터 30리에서 끝난다〉

○동향소(銅鄕所)〈읍치로부터 동남쪽으로 30리에 있었다〉

『산수』(山水)

주화산(珠崋山)〈읍치로부터 서쪽으로 30리에 있는데, 고산(高山)·진안(鎭安)·금산(錦山)과의 경계이다. 산이 우뚝하고 높다. 북쪽에 반월암(半月巖)이 있고 서쪽에 심원사(深源寺)가 있다〉

구봉산(九峯山)〈읍치로부터 서쪽으로 20리에 있다. ○숭암사(崇巖寺)가 있다〉

장고산(長古山)〈읍치로부터 동쪽으로 30리에 있는데, 무주(茂朱)와의 경계이다〉

용강산(龍岡山)〈읍치로부터 북쪽으로 3리에 있다〉

옥녀봉(玉女峯)〈읍치로부터 남쪽으로 10리에 있다〉

사미대(四美臺)〈읍치로부터 동쪽으로 40리에 있다〉

도암(島巖)〈읍치로부터 동북쪽으로 15리에 있다〉

「영로」(嶺路)

송현(松峴)〈읍치로부터 북쪽으로 20리에 있는데, 금산(錦山)으로 통하는 길이다〉

율치(栗峙)〈읍치로부터 동쪽으로 30리에 있는데, 무풍(茂豐)으로 통한다〉

뉴치(杻峙)〈읍치로부터 서쪽으로 40리에 있는데, 고산(高山)과의 경계이며 고산(高山)으로 통한다〉

고남치(古南峙)〈읍치로부터 남쪽으로 15리에 있으며, 장수(長水)·진안(鎭安)으로 통한다〉

한미령(汗米嶺)〈읍치로부터 서쪽으로 통하는 길이다〉

호치(虎峙)〈읍치로부터 동쪽으로 통하는 길이다〉

○주자천(朱子川)〈즉 주화천(珠崋川)이다. 읍치로부터 서쪽으로 20리에 있는데, 원류는 주화산(珠崋山)의 북쪽에서 나온다. 북쪽으로 흐르다가 와룡암(臥龍巖)을 지난다. 동남쪽으로 흐르다가 용담현(龍潭縣)의 남쪽을 지나 수성천(壽成川)이 되어 용추(龍湫)로 들어간다. 계곡과 산의 경치 그리고 토지의 풍요로움이 있다. 주자천의 북쪽에는 제천대(梯天臺)가 있다〉

수성천(壽成川)〈주자천(朱子川)의 하류이다. 동쪽으로 흐르다가 달계천(達溪川)으로 들어간다. 수성천의 남쪽에는 소요대(逍遙臺)가 있다〉

달계천(達溪川)〈읍치로부터 동쪽으로 10리에 있다. 즉 금강(錦江)의 상류이다〉

정자천(程子川)〈읍치로부터 남쪽으로 15리에 있는데, 원류는 주화산(珠崋山)에서 나온다. 동쪽으로 흐르다가 달계(達溪)로 들어간다〉

안자천(顔子川)〈읍치로부터 동쪽으로 20리에 있는데, 원류는 장고산(長古山)에서 나온다. 서쪽으로 흐르다가 안자동(顔子洞)을 지나 달계산(達溪山)으로 들어간다〉

이천(伊川)〈읍치로부터 남쪽으로 10리에 있다〉

마산담(馬山潭)〈읍치로부터 동쪽으로 12리에 있다. 두 물이 서로 모이는 곳인데, 용추(龍湫)라고도 한다〉【제언(堤堰)이 1이다】

『성지』(城池)

고성(古城)〈읍치로부터 동쪽으로 13리에 있는 산 위에 있다. 주위는 1,211척이다〉

석잔고책(石棧古柵)〈읍치로부터 동북쪽으로 3리에 있다. 고려 우왕(禑王) 때에 왜적이 영포(嶺浦)에 들어와 주변의 고을들을 노략질하였다. 현령(縣令) 피원량(皮元亮)이 현의 남쪽 석잔(石棧)·승남(乘南)에 목책을 설치하고 6곳에 돌을 쌓아놓아 왜적들이 들어오기를 기다렸다가 돌을 굴려서 왜적들을 섬멸하려고 하였다. 왜적은 대비한 것이 있는 것을 보고 감히 접근하지 못하다가 마침내 도망갔다〉

『창고』(倉庫)

창(倉)이 3이다.〈읍내에 있다〉

외창(外倉)

『역참』(驛站)

달계역(達溪驛)〈달계(達溪) 북쪽에 있다〉

『교량』(橋梁)

죽천교(竹川橋)〈달계(達溪)에 있다〉

대천교(大川橋)〈읍치로부터 동쪽으로 10리에 있다〉

『토산』(土産)

감·닥나무·옻나무·뽕나무·송이버섯[송심(松蕈)]·석이버섯[석심(石蕈)]·벌꿀이다.

『장시』(場市)

읍내의 장날은 4일과 9일이다. 동면(東面)의 장날은 2일과 7일이다. 남면(南面)의 장날은 3일과 8일이다.

『누정』(樓亭)

대선루(待仙樓)

태고정(太古亭)〈정자 주변의 산봉우리들이 우뚝하고 수려하며 냇물이 주변을 감돌고 있다. 소나무와 잣나무가 또한 무성하다〉

『단유』(壇壝)

웅진명소단(熊津溟所壇)〈마산담(馬山潭)에 있다. 봄과 가을에 본 읍에서 제사를 지낸다〉

『사원』(祠院)

삼천서원(三川書院)에는〈현종 정미년(8년, 1667)에 세우고 숙종 을해년(21년, 1695)에 편액을 하사하였다〉 안자(顔子)·정백자(程伯子)·정숙자(程叔子)·주자(朱子)〈모두 문묘(文廟) 조항에 보인다〉·제갈량(諸葛亮)〈남양(南陽) 조항에 보인다〉을 모시고 있다.

『전고』(典故)

조선 선조 정유왜란 때에 왜적이 용담(龍潭)을 노략질하였다.

6. 임실현(任實縣)

『연혁』(沿革)

본래 백제의 잉힐(仍肹)이었다. 신라 경덕왕(景德王) 16년(757)에 임실군(任實郡)으로 고쳐서〈소속된 현이 2였는데, 청웅현(靑雄縣)·마령현(馬靈縣)이었다〉 전주(全州)에 예속시켰다. 고려 현종(顯宗) 9년(1018)에 남원(南原)에 소속시켰다. 명종(明宗) 2년(1172)에 감무(監務)를 두었다.〈고읍(古邑)의 터가 임실현의 북쪽으로 30리의 하북면(河北面) 방동(芳洞)에 있다〉 조선 태종 13년(1413)에 현감(縣監)으로 고쳤다.

「읍호」(邑號)

운수(雲水)

「관원」(官員)

현감(縣監)이〈남원진관병마절제도위(南原鎭管兵馬節制都尉)를 겸한다〉 1명이다.

『고읍』(古邑)

구고현(九皐縣)〈읍치로부터 서쪽으로 30리에 있었다. 본래 백제의 돌평(堗坪)이었다. 신라 경덕왕(景德王) 16년(757)에 구고(九皐)로 고쳐서 순화순(淳化郡)에 소속된 현으로 하였다. 고려 현종(顯宗) 9년(1018)에 남원(南原)에 소속시켰다. 공민왕(恭愍王) 3년(1354)에 구고현의 사람 임몽고불로(林蒙古不老)가 원(元)나라에 들어갔다가 고려에 사신으로 와서 공을 세운 것이 있었으므로 승격하여 군(郡)으로 하였다. 조선 태조 3년(1394)에 임실현(任實縣)으로 옮겨서 소속시켰다〉

『방면』(坊面)

현내면(縣內面)

대곡면(大谷面)〈읍치로부터 동쪽으로 5리에서 시작하여 10리에서 끝난다〉

덕치면(德峙面)〈읍치로부터 서남쪽으로 35리에서 시작하여 60리에서 끝난다〉

상동면(上東面)〈읍치로부터 7리에서 시작하여 30리에서 끝난다〉

하동면(下東面)〈읍치로부터 10리에서 시작하여 20리에서 끝난다〉

이인면(里仁面)〈읍치로부터 남쪽으로 5리에서 시작하여 20리에서 끝난다〉

옥전면(玉田面)〈읍치로부터 남쪽으로 10리에서 시작하여 25리에서 끝난다〉

구고면(九皐面)〈읍치로부터 서쪽으로 20리에서 시작하여 30리에서 끝난다〉

상신덕면(上新德面)〈읍치로부터 서쪽으로 15리에서 시작하여 35리에서 끝난다〉

하신덕면(下新德面)〈읍치로부터 서쪽으로 30리에서 시작하여 50리에서 끝난다〉

상운면(上雲面)〈읍치로부터 서쪽으로 20리에서 시작하여 35리에서 끝난다〉

하운면(下雲面)〈읍치로부터 서쪽으로 30리에서 시작하여 60리에서 끝난다〉

신안면(新安面)〈읍치로부터 서쪽으로 5리에서 시작하여 15리에서 끝난다〉

강진면(江津面)〈읍치로부터 서쪽으로 30리에서 시작하여 50리에서 끝난다〉

상북면(上北面)〈읍치로부터 5리에서 시작하여 20리에서 끝난다〉

하북면(下北面)〈읍치로부터 20리에서 시작하여 40리에서 끝난다〉

신평면(新坪面)〈읍치로부터 북쪽으로 15리에서 시작하여 30리에서 끝난다. 취인부곡(醉仁部曲)은 읍치로부터 서쪽으로 10리에 있었다〉

『산수』(山水)

용요산(龍繞山)〈읍치로부터 북쪽으로 3리에 있다〉

고달산(高達山)〈읍치로부터 동쪽으로 30에 있는데, 진안(鎭安)과의 경계이다〉

두만산(斗滿山)〈읍치로부터 남쪽으로 10리에 있다〉

회문산(回文山)〈읍치로부터 서남쪽으로 60리에 있는데, 순창(淳昌)과의 경계이다. 산의 형세는 높고 크다. 커다란 바위가 있는데, 마치 병풍과 같은 모습이다〉

백련산(白蓮山)〈혹은 영취산(靈鷲山)이라고도 한다. 읍치로부터 서쪽으로 30리에 있다. 백운(白雲)이나 영취(靈鷲)는 모두 절의 이름이다〉

성수산(聖壽山)〈읍치로부터 동쪽으로 50리에 있는데, 장수(長水)·진안(鎭安)과의 경계이다〉

사자산(獅子山)〈읍치로부터 북쪽으로 20리에 있는데, 진안(鎭安)·전주(全州)와의 경계이다. ○신흥사(新興寺)가 있다〉

백운산(白雲山)〈읍치로부터 북쪽으로 30리에 있다〉

원통산(圓通山)〈읍치로부터 남쪽으로 40리에 있다. ○수락사(水落寺)가 있다〉

내접산(來接山)〈읍치로부터 남쪽으로 50리에 있다〉

익파산(翼波山)〈읍치로부터 서쪽으로 50리에 있다〉

사선대(四仙臺)〈읍치로부터 북쪽으로 20리에 있다〉【심원사(深源寺)는 읍치로부터 동쪽으로 30리에 있다. 상이암(上耳庵)은 읍치로부터 동쪽으로 40리에 있다】

「영로」(嶺路)

사현(沙峴)〈읍치로부터 서쪽으로 20리에 있다〉

슬치(瑟峙)〈전주(全州)와의 경계이다〉

대치(大峙)〈읍치로부터 서북쪽으로 30리에 있는데, 전주(全州)와의 경계이다〉

말치(末峙)〈읍치로부터 동남쪽으로 10리에 있는 대로이다〉

종산치(終山峙)〈읍치로부터 서쪽으로 60리의 태인현(泰仁縣)에 있다〉

금당치(金堂峙)〈읍치로부터 동쪽으로 20리에 있는데, 진안(鎭安)과의 경계이다〉

당치(唐峙)〈읍치로부터 서쪽으로 40리에 있다. 갈담(葛覃)에서 전주(全州)로 통한다〉

율치(栗峙)〈읍치로부터 서쪽에 있다. 갈담(葛覃)에서 전주(全州)로 통한다〉

새장치(塞墻峙)〈읍치로부터 서북쪽에 있는데, 전주(全州)와의 경계이다..

대용점(大用岾)〈읍치로부터 동쪽으로 30리에 있다〉

○오원천(烏原川)〈읍치로부터 북쪽으로 20리에 있다. 진안(鎭安) 서천(西川)의 하류가 임실현(任實縣) 북쪽에 이르러 왼쪽으로 갈천(葛川)을 지나 오원천이 된다. 새장(塞墻)의 남쪽을 지나 오른쪽으로 양발천(良發川)을 지난다. 남쪽으로 흐르다가 오른쪽으로 점암천(鮎巖川)을 지나고 갈담(葛覃)을 지나 왼쪽으로 구고천(九皐川)을 지난다. 동남쪽으로 흐르다가 왼쪽으로 순천(鶉川)을 지나고 순창(淳昌) 경계에 이르러 적성강(赤城江)이 되는데 곧 섬강(蟾江)의 상류이다〉

두만천(斗滿川)〈원류는 두만산(斗滿山)에서 나온다. 북쪽으로 흐르다가 임실현(任實縣)의 동남쪽을 지나고 다시 꺾여서 동북쪽으로 흐르다가 오원천(烏原川)으로 들어간다〉

갈천(葛川)〈원류는 두만산(斗滿山)에서 나온다. 북쪽으로 흐르다가 남쪽을 지나 두만천(斗滿川)으로 들어간다〉

양발천(良發川)〈읍치로부터 서쪽으로 30리에 있다. 원류는 백운산(白雲山)에서 나온다. 남쪽으로 흐르다가 오원천(烏原川)으로 들어간다〉

구고천(九皐川)〈읍치로부터 서남쪽으로 30리에 있다. 원류는 사현(沙峴)·백련산(白蓮山)에서 나온다. 남쪽으로 흐르다가 갈담(葛覃)을 지나 적성강(赤城江) 상류에 들어간다〉

운암천(雲巖川)〈읍치로부터 서쪽으로 50리에 있는데, 오원천(烏原川)의 하류이다〉

평당원천(坪堂院川)〈읍치로부터 남쪽으로 15리에 있다. 원류는 성수산(聖壽山)에서 나온다. 서남쪽으로 흐르다가 순천(鶉川)이 되는데, 남원(南原) 조항에 보인다〉

순천(鶉川)〈읍치로부터 남쪽으로 25리에 있다〉

구성연(九星淵)〈구고천(九皐川)의 상류이다〉

용추(龍湫)〈읍치로부터 남쪽으로 5리에 있다〉

『성지』(城池)

고성(古城)〈용요산(龍繞山) 위에 옛날 토축(土築)한 성터가 있다〉

『창고』(倉庫)

창(倉)이 2이고 고(庫)가 2이다.〈읍내에 있다〉

서창(西倉)〈읍치로부터 서쪽으로 30리에 있다〉

북창(北倉)〈읍치로부터 북쪽으로 30리에 있다〉

외산창(外山倉)〈읍치로부터 북쪽으로 110리의 전주(全州) 위봉산성(威鳳山城)에 있다〉

『역참』(驛站)

갈담역(葛覃驛)〈읍치로부터 서남쪽으로 40리에 있다〉

오원역(烏原驛)〈읍치로부터 북쪽으로 20리에 있다〉

『교량』(橋梁)

오원교(烏原橋)

갈담교(葛覃橋)

운암(雲巖)〈겨울에는 다리로 다니고 여름에는 배로 다닌다〉

광제교(廣濟橋)〈읍치로부터 남쪽으로 1리에 있다〉

『토산』(土産)

감·배·밤·은행·모과·호도·닥나무·모시·옻나무·생강·석이버섯[석심(石蕈)]·벌꿀·시초(柴草)이다.

『장시』(場市)

읍내의 장날은 1일과 6일이다. 오원(烏原)의 장날은 4일과 9일이다. 갈담(葛覃)의 장날은 2일과 7일이다. 구고(九皐)의 장날은 5일과 10일이다. 양발리(良發里)의 장날은 3일과 8일이다. 독교원(獨橋院)의 장날은 9일인데 한 달에 3번의 장날이 선다.

『누정』(樓亭)

봉황루(鳳凰樓)

벽운루(碧雲樓)〈임실현(任實縣)의 안에 있다〉

『전고』(典故)

조선 태종 13년(1413)에 임실(任實)에서 강무(講武: 왕이 참여하여 거행하는 군사훈련/역자주)를 거행하였다.

7. 진안현(鎭安縣)

『연혁』(沿革)

본래 백제의 난진아(難珍阿)였다.〈혹은 난지가(難知可)라고도 하였다〉 신라 경덕왕(景德王) 16년(757)에 진안으로 고쳐서 벽계군(壁谿郡)에 소속된 현으로 하였다. 고려 현종(顯宗) 9년(1018)에 전주(全州)에 소속시켰다가 후에 감무(監務)를 두었다. 공양왕(恭讓王) 3년(1391)에 진안의 감무로 하여금 마령(馬靈)의 업무를 겸하여 살피게 하였다. 조선 태종 13년(1413)에 현감(縣監)으로 고쳤다.

「읍호」(邑號)

월랑(越浪)〈혹은 월량(月良)이라고도 한다〉

「관원」(官員)

현감(縣監)이〈남원진관병마절제도위(南原鎭管兵馬節制都尉)를 겸한다〉 1명이 있다.

『고읍』(古邑)

마령현(馬靈縣)〈읍치로부터 서남쪽으로 30리에 있었다. 본래 백제의 마돌(馬突)이었는데, 혹은 마진(馬珍)이라고도 하고 혹은 마등량(馬等良)이라고도 하였다. 신라 경덕왕(景德王) 16년(757)에 마령으로 고쳐서 임실군(任實郡)에 소속된 현으로 하였다. 고려 현종(顯宗) 9년

(1018)에 전주(全州)에 소속시켰다. 공양왕(恭讓王) 3년(1391)에 진안감무(鎭安監務)로 하여금 마령의 업무를 겸하여 살피게 하였다. 조선 태종 13년(1413)에 그대로 소속시켰다. 읍호(邑號)는 영천(穎川)이었다〉

『방면』(坊面)

읍내면(邑內面)

읍하면(邑下面)〈읍치로부터 10리에서 끝난다〉

마령면(馬靈面)〈읍치로부터 15리에서 시작하여 30리에서 끝난다〉

탄전면(呑田面)〈읍치로부터 남쪽으로 10리에서 시작하여 30리에서 끝난다〉

상도면(上道面)〈즉 읍내이다. 읍치로부터 30리에서 끝난다〉

일동면(一東面)〈읍치로부터 15리에서 시작하여 30리에서 끝난다〉

이동면(二東面)〈읍치로부터 30리에서 시작하여 40리에서 끝난다〉

두미면(斗尾面)〈읍치로부터 남쪽으로 10리에서 시작하여 20리에서 끝난다〉

흥면(興面)〈읍치로부터 동쪽으로 10리에서 시작하여 20리에서 끝난다〉

일서면(一西面)〈읍치로부터 30리에서 시작하여 40리에서 끝난다〉

이서면(二西面)〈읍치로부터 서쪽으로 10리에서 시작하여 50리에서 끝난다〉

일북면(一北面)〈읍치로부터 7리에서 시작하여 20리에서 끝난다〉

이북면(二北面)〈읍치로부터 서북쪽으로 20리에서 시작하여 40리에서 끝난다〉

삼북면(三北面)〈읍치로부터 서쪽으로 30리에 있다〉

○강주소(剛珠所)은 마령(馬靈)에 있었다.

『산수』(山水)

부귀산(富貴山)〈읍치로부터 북쪽으로 3리에 있다〉

고달산(高達山)〈읍치로부터 남쪽으로 50리에 있는데, 임실(任實)과의 경계이다. 서쪽 지맥에 반룡사(盤龍寺)가 있다〉

마이산(馬耳山)〈읍치로부터 남쪽으로 7리에 있다. 돌 산으로서 험준하고 높다. 두 개의 봉우리가 우뚝하게 서 있는데, 용출봉(湧出峯)이라고 한다. 동쪽의 봉우리를 부봉(父峯)이라고 하고 서쪽의 봉우리를 모봉(母峯)이라고 한다. 두 봉우리는 서로 마주하고 있는데, 마치 깎은 듯 하며 높이가 천 길에 이른다. 봉우리 위에는 나무가 울창하며 사면이 험준하여 사람이 올라갈 수 없는데, 오직 모봉의 북쪽 절벽으로만 올라갈 수 있다. 동쪽의 봉우리 위에는 작은 연못이 있으며 서쪽의 봉우리는 평평하고 넓으며 샘물이 있다. ○봉두굴(鳳頭窟)이 산의 서쪽 석봉(石峰)에 있는데 높이가 수백길이나 된다. ○화엄굴(華嚴窟)이 산허리에 있다. ○성도굴(成道窟)·수행굴(修行窟)·나한굴(羅漢窟)이 있다. ○상원사(上元寺)·혈암사(穴巖寺)가 있다〉

성수산(聖壽山)〈읍치로부터 남쪽으로 50리에 있는데, 임실(任實)·장수(長水)와의 경계이다. 산의 북쪽에는 중대사(中臺寺)가 있으며 남쪽에는 금당사(金堂寺)가 있다〉

주화산(珠華山)〈읍치로부터 서북쪽으로 40리에 있는데, 고산(高山)·용담(龍潭)과의 경계이다〉

내동산(萊東山)〈읍치로부터 남쪽으로 30리에 있다〉

격양산(擊壤山)〈읍치로부터 동쪽으로 10리에 있다. 선조 정유년(30년, 1597)에 명(明)나라의 장수 유정(劉綎)이 이 산에 진을 쳤다〉

미방산(美方山)〈읍치로부터 남쪽으로 10리에 있다〉

백운산(白雲山)〈읍치로부터 남쪽으로 20리에 있다〉

검덕산(儉德山)〈읍치로부터 남쪽으로 30리에 있다〉

사자산(獅子山)〈읍치로부터 서남쪽으로 40리에 있는데, 전주(全州)·임실(任實)과의 경계이다〉

만덕산(萬德山)

「영로」(嶺路)

웅치(熊峙)〈읍치로부터 서쪽으로 30리에 있는데, 전주(全州)와의 경계이며 전주로 통하는 대로이다〉

율치(栗峙)〈읍치로부터 동남쪽으로 29리에 있는데, 장수(長水)와의 경계이며 대로이기도 하다〉

건은치(件隱峙)〈읍치로부터 서북쪽으로 30리에 있는데, 전주와의 경계이다. 위봉산성(威鳳山城)과 고산(高山)으로 통한다〉

적천치(賊川峙)〈읍치로부터 서쪽으로 10리에 있는데, 웅치(熊峙)와 마주하고 있다〉

금당치(金堂峙)〈읍치로부터 남쪽으로 50리에 있는데, 임실(任實)과의 경계이다〉

마치(馬峙)〈읍치로부터 서남쪽으로 35리에 있는데, 전주(全州)와의 경계이다〉

명치(銘峙)〈읍치로부터 북쪽으로 20리에 있는데, 용담(龍潭)과의 경계이다. 조선 태조가 운봉(雲峯)에서 왜적들을 대파한 이후에 이곳에 왔다. 그런데 길 아래는 넘실대는 강이고 길에는 100보 가량 이르는 큰 바위 돌이 얽혀 있어서 통과할 수가 없었다. 이에 태조는 석공(石工)에게 명하여 돌을 뚫어서 길을 통하게 하였다〉

서고치(鋤古峙)〈장수(長水)로 통하는 길이다〉

대융치(對戎峙)〈임실(任實)로 통하는 길이다〉

산영치(山影峙)〈용담(龍潭)으로 통하는 길이다〉

학정치(鶴頂峙)〈고산(高山)으로 통하는 길이다〉【송림치(松林峙)·구신치(求神峙)·죽본현(竹本峴)·환감치(歡坎峙)가 있다】

○남천(南川)〈읍치로부터 남쪽으로 10리에 있다. 원류는 마이산(馬耳山)에서 나온다. 동쪽으로 흐르다가 장수(長水) 송탄(松灘) 하류로 들어간다〉

동천(東川)〈읍치로부터 동쪽으로 5리에 있다. 원류는 마이산(馬耳山) 동쪽 봉우리에서 나온다. 동쪽으로 흐르다가 용담(龍潭)·마산담(馬山潭)으로 들어간다. 남천(南川)과 동천은 금강(錦江)의 원류이다〉

서천(西川)〈읍치로부터 서쪽으로 10리에 있다. 원류는 마이산(馬耳山) 서쪽 봉우리에서 나온다. 남쪽으로 흐르다가 웅치(熊峙) 중대(中臺)의 물과 합쳐진다. 서남쪽으로 흐르다가 임실(任實) 경계에 이르러 오원천(烏原川)이 되는데, 즉 섬강(蟾江)의 원류이다〉

반룡천(盤龍川)〈원류는 반룡사(盤龍寺)의 골짜기에서 나오는데, 서천(西川) 하류로 들어간다〉

증연(甑淵)〈마령고현(馬靈古縣)에 있다. 증연의 동쪽에는 커다란 구멍이 있는데, 산의 정상으로 통한다. 사람이 산의 정상에서 돌을 굴리면 곧바로 연못으로 떨어진다. 연못의 물에서는 수증기가 나는 것이 마치 밥을 짓는 것과 같다〉【두남천(斗南川)·학천(鶴川)·의암천(衣巖川)·이포(伊浦)가 있다】【제언(堤堰)이 6이다】

『창고』(倉庫)

창(倉)이 2이다.〈읍내에 있다〉

외창(外倉)〈읍치로부터 서남쪽으로 30리에 있다〉

동창(東倉)

성창(城倉)〈위봉산성(威鳳山城)에 있다〉

『역참』(驛站)

단령역(丹嶺驛)〈읍치로부터 동쪽으로 5리에 있다〉

『토산』(土産)

모시·닥나무·뽕나무·옻나무·송이버섯[송심(松蕈)]·석이버섯[석심(石蕈)]·벌꿀·시초(柴草)·감이다.【읍내의 장날은 5일과 10일이다. 마령(馬靈)의 장날은 3일과 8일이다】

『누정』(樓亭)

우화정(羽化亭)〈진안현(鎭安縣)의 남쪽에 있다〉

진남루(鎭南樓)〈진안현(鎭安縣) 안에 있다〉

『단유』(壇壝)

마이단(馬耳壇)〈『신라사전(新羅祀典)』에 이르기를 "서다산(西多山)은 백해군(伯海郡) 난지가현(難知可縣)에 있다. 명산으로써 소사(小祀: 국가에서 거행하는 제사 중에 작은 규모의 제사/역자주)에 실려 있다."고 하였다. 고려는 그대로 따라서 하였다. 조선 태종 13년(1413)에 왕이 남행하여 이 산 아래에 머물면서 관리를 보내 제사를 지내고 마이산(馬耳山)이라는 이름을 지어주었다. 지금은 본 진안현(鎭安縣)에서 봄과 가을에 제사를 지낸다〉

『전고』(典故)

조선 선조 25년(1592)에 왜적이 진안(鎭安)을 함락시켰다.

8. 장수현(長水縣)

『연혁』(沿革)

본래 백제의 우평(雨坪)이었다. 신라 경덕왕(景德王) 16년(757)에 고택(高澤)으로 고쳐서 벽계군(壁谿郡)에 소속된 현으로 하였다. 고려 태조 23년(940)에 장수로 고쳤다. 현종(顯宗) 9년(1018)에 남원(南原)에 소속시켰다. 공양왕(恭讓王) 3년(1391)에 장계감무(長溪監務)로 하여금 장수의 업무를 겸하여 보게 하였다. 조선 태조 1년(1392)에 다시 나누어서 장수현으로 하고 겸하여 장계(長溪)의 업무를 보게 하였다. 태종 13년(1413)에 다시 현감(縣監)으로 고쳤다.

「읍호」(邑號)

장천(長川)

「관원」(官員)

현감(縣監)이〈남원진관병마절제도위(南原鎭管兵馬節制都尉)를 겸한다〉 1명이다.〈고장수(古長水)는 읍치로부터 서쪽으로 7리에 있었다〉

『고읍』(古邑』

장계현(長溪縣)〈읍치로부터 북쪽으로 30리에 있었다. 본래 백제의 백해(伯海)였다. 신라 경덕왕(景德王) 16년(757)에 벽계군(壁溪郡)으로 고쳤는데, 소속된 현이 2개로서 고택군(高澤郡)·진안군(鎭安郡)이었다. 당시 벽계군은 전주(全州)에 예속시켰다. 고려 태조 23년(940)에 장계(長溪)로 고쳤다. 현종(顯宗) 9년(1018)에 남원에 소속시켰다. 공양왕(恭讓王) 3년(1391)에 감무(監務)를 두어 장수(長水)의 업무를 겸하여 보게 하였다. 조선 태조 1년(1392)에 다시 나누어 장수현(長水縣)을 두고 장계는 장수현으로 옮겨서 소속시켰다〉

『방면〉(坊面)

읍내면(邑內面)〈읍치로부터 10리에서 끝난다〉

신남면(身南面)〈읍치로부터 남쪽으로 5리에서 시작하여 30리에서 끝난다〉

신서면(身西面)〈읍치로부터 서쪽으로 20리에서 시작하여 30리에서 끝난다〉

신북면(身北面)〈읍치로부터 북쪽으로 10리에서 시작하여 30리에서 끝난다〉

수내면(水內面)〈읍치로부터 15리에서 끝난다〉

임현내면(任縣內面)〈읍치로부터 북쪽으로 30리에서 시작하여 40리에서 끝난다〉

임남면(任南面)〈읍치로부터 북쪽으로 15리에서 시작하여 35리에서 끝난다〉

임북면(任北面)〈읍치로부터 북쪽으로 40리에서 시작하여 60리에서 끝난다. 임현내면(任縣內面)·임남면(任南面)·임북면의 3면은 장택고현(長澤古縣)이었다. 양악소(陽嶽所)는 읍치로부터 북쪽으로 60리에 있었다. 천잠소(天蠶所)는 읍치로부터 북쪽으로 15리에 있었다. ○이방소(梨方所)는 읍치로부터 북쪽으로 30리에 있었다. 복흥소(福興所)는 읍치로부터 서쪽으로

20리에 있었다〉

『산수』(山水)

영취산(靈鷲山)〈혹은 장안산(長安山)이라고도 한다. 읍치로부터 동쪽으로 20리에 있다. 영취산은 남원(南原)·안의(安義)·장수(長水)의 지역에 걸쳐 넓게 자리하고 있다〉

덕유산(德裕山)〈읍치로부터 북쪽으로 50리에 있다. 덕유산의 북쪽은 무주(茂朱)와의 경계이다. 남쪽은 장수(長水)·안의(安義)의 경계이다〉

성수산(聖壽山)〈혹은 성적산(聖迹山)이라고도 한다. 읍치로부터 서남쪽으로 15리에 있는데, 진안(鎭安)·임실(任實) 두 읍과의 경계이다. ○운점사(雲岾寺)는 신라 진평왕(眞平王) 때에 중건하였다. ○팔공암(八功庵)이 있다〉

백화산(白華山)〈읍치로부터 동북쪽으로 20리에 있다〉

최고산(最高山)〈덕유산(德裕山)의 서쪽 지맥이다〉

천방산(天方山)〈읍치로부터 북쪽으로 30리에 있다〉

와동산(瓦洞山)〈읍치로부터 남쪽으로 20리에 있다〉

향적봉(香積峯)〈덕유산(德裕山)에 있다〉

동정대(動靜臺)〈읍치로부터 북쪽으로 30리에 있다〉

「영로」(嶺路)

수분현(水分峴)〈읍치로부터 남쪽으로 25리에 있는데, 남원(南原)의 경계이다. 물길의 한 갈래는 남원으로 향하고 다른 한 갈래는 장수현(長水縣)으로 향한다〉

중대치(中臺峙)〈읍치로부터 서북쪽으로 30리에 있는데, 진안(鎭安)과의 경계이다〉

율치(栗峙)〈읍치로부터 서북쪽으로 30리에 있는데, 진안(鎭安)과의 경계이다〉

육십치(六十峙)〈읍치로부터 동북쪽으로 50리에 있는데, 안의(安義)와의 경계이다. 신라, 백제 때부터 중요한 지점이었다〉

뉴치(杻峙)〈읍치로부터 북쪽에 있는데, 용담(龍潭)으로 통하는 길이다〉

침치(砧峙)〈혹은 방아현(防阿峴)이라고도 한다. 읍치로부터 서북쪽으로 30리에 있다〉

묘현(猫峴)〈읍치로부터 북쪽에 있는데, 용담(龍潭)으로 통하는 길이다〉

중치(中峙)〈읍치로부터 동쪽에 있는데, 안의(安義)로 통하는 길이다〉

한홍치(漢興峙)〈읍치로부터 남쪽으로 통하는 길이다〉

사치(沙峙)〈남원(南原)으로 통하는 길이다〉

개치(介峙)〈남원으로 통하는 길이다〉

마치(馬峙)〈남원으로 통하는 길이다〉

만향치(滿香峙)〈남원으로 통하는 길이다〉

멸치(滅峙)〈남원으로 통하는 길이다〉

노치(蘆峙)〈남원으로 통하는 길이다〉

추치(楸峙)〈장계고현(長溪古縣)에 있다〉

나치(羅峙)〈장계고현에 있다〉

○서천(西川)〈원류는 분수현(分水峴)에서 나온다. 북쪽으로 흐르다가 장수현(長水縣)의 서쪽 3리의 용암(龍巖)을 지나고 오른쪽으로 남천(南川)을 지나 송탄(松灘)이 된다. 오른쪽으로 호천(狐川)을 지나 진안(鎭安) 지역으로 들어가 금강(錦江)의 원류가 된다〉

남천(南川)〈혹은 국천(菊川)이라고도 한다. 원류는 영취산(靈鷲山)에서 나온다. 서쪽으로 흐르다가 서천(西川)으로 들어간다〉

동천(東川)〈원류는 영취산(靈鷲山)에서 나온다. 서북쪽으로 흐르다가 송탄(松灘)에 들어간다〉

호천(狐川)〈읍치로부터 북쪽으로 45리에 있다. 원류는 백화산(白華山)에서 나온다. 북쪽으로 흐르다가 용담(龍潭)의 경계로 들어간다〉

용추(龍湫)〈읍치로부터 동남쪽으로 20리의 영취산(靈鷲山) 아래에 있다〉【제언(堤堰)이 5이다】

『성지』(城池)

고성(古城)〈성수산(聖壽山)에 있다. 주위는 970척이다〉

식천고성(食川古城)

침치고성(砧峙古城)

『창고』(倉庫)

읍창(邑倉)〈읍내에 있다〉

서창(西倉)〈읍치로부터 30리의 신서면(身西面)에 있다〉

계창(溪倉)〈읍치로부터 30리의 북현내면(北縣內面)에 있다〉

북창(北倉)〈읍치로부터 20리의 신북면(身北面)에 있다〉

『교량』(橋梁)

비전교(碑前橋)〈읍치로부터 서남쪽으로 1리에 있다〉

송탄교(松灘橋)〈읍치로부터 서북쪽으로 30리에 있다〉

원월장교(院越墻橋)〈읍치로부터 남쪽으로 4리에 있다〉

홍복교(洪福橋)〈읍치로부터 북쪽으로 30리에 있다〉

완경교(翫景橋)〈읍치로부터 북쪽으로 50리에 있다〉

대평교(大坪橋)〈읍치로부터 북쪽으로 30리에 있다〉

『토산』(土産)

닥나무·뽕나무·옻나무·감·오미자·시초(柴草)·석이버섯[석심(石蕈)]·벌꿀이다.

『장시』(場市)

읍내의 장날은 5일과 10일이다. 장계(長溪)의 장날은 1일과 6일이다. 산경(散景)의 장날은 2일과 7일이다. 송탄(松灘)의 장날은 2일과 7일이다.

『누정』(樓亭)

응벽정(凝碧亭)〈읍내에 있다〉

청심정(淸心亭)〈읍치로부터 북쪽으로 20리에 있다〉

『전고』(典故)

고려 우왕(禑王) 9년(1383)에 왜적이 장수(長水)를 함락시키고 10년(1384)에는 왜적이 천잠소(天蠶所)를 노략질하였다.

9. 운봉현(雲峯縣)

『연혁』(沿革)

본래 신라의 무산(毋山)이었다.〈혹은 아막성(阿莫城)이라고도 하였다. ○막(莫)은 마땅히 모(暮)로 써야 한다〉 신라 신문왕(神文王) 5년(685)에 모산정(貌山停)을 설치했다. 경덕왕(景德王) 16년(757)에 운봉으로 고쳐서 천령군(天嶺郡)에 소속된 현으로 하였다. 고려 현종(顯宗) 9년(1018)에 남원(南原)으로 소속시켰다. 공양왕(恭讓王) 3년(1391)에 아용곡(阿容谷)〈용(容)은 요(要)로 쓰기도 한다〉의 권농병마사(勸農兵馬使)를 겸하게 하였다. 조선 태조 1년(1392)에 감무(監務)를 두었다. 태종 13년(1413)에 현감(縣監)으로 고쳤다. 선조 33년(1600)에 남원(南原)에 합병시켰다.〈임진왜란을 겪으면서 고을이 쇠잔해졌기 때문이었다〉 광해군 3년(1611)에 다시 현감을 두었다.

「읍호」(邑號)

운성(雲城)

「관원」(官員)

현감(縣監)이〈남원진관병마절제도위(南原鎭管兵馬節制都尉) 좌영장토포사(左營將討捕使)를 겸한다〉 1명이다.

『방면』(坊面)

읍내면〈읍치로부터 10리에서 끝난다〉

동면(東面)〈읍치로부터 10리에서 시작하여 20리에서 끝난다〉

서면(西面)〈읍치로부터 10리에서 끝난다〉

남면(南面)〈읍치로부터 8리에서 시작하여 20리에서 끝난다〉

북상면(北上面)〈읍치로부터 10리에서 시작하여 20리에서 끝난다〉

북하면(北下面)〈읍치로부터 20리에서 시작하여 30리에서 끝난다〉

산내면(山內面)〈읍치로부터 남쪽으로 20리에서 시작하여 50리에서 끝난다. ○아요곡부곡(阿要谷部曲)은 읍치로부터 북쪽으로 15리에 있었다. 마천소(馬川所)가 있었다〉

『산수』(山水)

지리산(智異山)〈읍치로부터 남쪽으로 60리에 있다. 남원(南原) 조항에 자세하다. ○원수사(源水寺)·실상사(實相寺)는 모두 북쪽 지맥에 있다〉

화수산(花水山)〈읍치로부터 동쪽으로 8리에 있다. 『읍지(邑誌)』에 이르기를 "산 앞에 비전(碑殿)이 있다."고 하였다〉

황산(荒山)〈읍치로부터 동쪽으로 15리에 있다. 조선 태조가 왜적을 격파한 곳이다. 산의 남쪽에는 비전(碑殿)이 있다. 비전의 동남쪽 개울가에는 혈암(血巖)·수성암(水聲庵)이 있다〉

정산(鼎山)〈읍치로부터 북쪽으로 10리에 있는데, 곧 황산(荒山) 북쪽의 산기슭이다. 고려 우왕(禑王) 때에 왜적이 주군을 나누어 분탕질하고 인월역(引月驛)에 주둔하였다. 이때 조선 태조 이성계가 여러 장수들을 거느리고 정산에서 왜적을 대파하였다. 정산 아래에는 대첩비(大捷碑)가 있으며 아울러 비전(碑殿)이 있다〉【비전(碑殿)에는 별장(別將)이 있다】

발산(鉢山)〈읍치로부터 남쪽으로 7리에 있다〉

적산(赤山)〈읍치로부터 서쪽으로 9리에 있다〉

상산(霜山)〈읍치로부터 동쪽으로 20리에 있는데, 함양(咸陽)과의 경계이다〉

작산(鵲山)〈읍치로부터 서북쪽으로 10리에 있는데, 남원(南原)과의 경계이다〉

마산(馬山)〈여원치(女院峙) 동쪽에 있다〉

수청산(水淸山)〈읍치로부터 동쪽으로 15리의 인월역(引月驛) 남쪽에 있다. ○백장사(百丈寺)가 있다〉

내접산(來接山)〈읍치로부터 남쪽으로 10리에 있다〉

반야봉(般若峯)〈지리산(智異山) 서쪽 지맥인데, 천왕봉(天王峯)과 동서로 마주하고 있다〉

만수동(萬水洞)〈지금의 구품대(九品臺)이다. 지리산(智異山)의 북쪽 지맥이다〉

황령동(黃嶺洞)〈지리산(智異山)의 북쪽 지맥이다〉

성원(星園)〈계곡과 산의 경치가 자못 아름답다. 성원의 남쪽으로부터 구례(求禮) 지역에 이르기까지 모두 평야로서 논이 많다〉

「영로」(嶺路)

팔량치(八良峙)〈읍치로부터 동쪽으로 20리에 있는데, 함양(咸陽) 방면으로 통하는 대로로서 호남과 영남의 목구멍과 같은 요충지이다. 운봉현(雲峯縣)의 지세는 사면을 빙 둘러서 산이 둘러싸고 있는데 중앙은 평평하게 열려있다. 여원치(女院峙)·유치(柳峙)·팔량치는 평지에서

부터 불쑥 솟아올라 있으며 그 위는 모두 수십여리가 된다. 이 세 고개는 길이 매우 험준하다〉

여원치(女院峙)〈읍치로부터 서쪽으로 7리에 있는데, 남원(南原)으로 통하는 대로이다〉

유치(柳峙)〈읍치로부터 서북쪽으로 7리에 있다〉

시치(柿峙)〈읍치로부터 북쪽으로 7리에 있다〉

우현(牛峴)〈읍치로부터 북쪽으로 8리에 있다〉

기치(箕峙)〈읍치로부터 북쪽으로 20리에 있다〉

명저치(鳴猪峙)〈읍치로부터 북쪽으로 15리에 있다〉

정치(鄭峙)〈읍치로부터 남쪽으로 15리에 있다〉

주치(走峙)〈읍치로부터 남쪽에 있다. 팔량치(八良峙)·여원치(女院峙)·유치(柳峙)·시치(柿峙)·우현(牛峴)·기치(箕峙)·명저치(鳴猪峙)·정치(鄭峙)·주치의 8곳은 모두 남원(南原)의 경계이다〉

정치(釘峙)〈함양(咸陽)과의 경계이다〉

○풍천(楓川)〈읍치로부터 동쪽으로 15리에 있다. 원류는 반야봉(般若峯) 아래의 저연(猪淵)에서 나온다. 북쪽으로 흐르다가 만수동천(萬水洞川)이 된다. 황령동(黃嶺洞)을 지나 실상사(實相寺) 앞에 이르러 부연(釜淵)이 되고 인월역(引月驛)에 이른다. 이 물의 근원은 비조치(飛鳥峙)에서 나와서 적산(赤山)의 광천(廣川)을 지나 동남쪽으로 흐르다가 마천소(馬川所) 산내동(山內洞)을 지나 함양(咸陽) 지역에 이르러 임천(瀶川)의 상류가 된다. 함양(咸陽) 조항에 자세하다〉

동천(東川)〈읍치로부터 동쪽으로 1리에 있다. 원류는 여원치(女院峙)에서 나온다. 동쪽으로 흐르다가 풍천(楓川)으로 들어간다〉

광천(廣川)〈읍치로부터 북쪽으로 7리에 있다. 원류는 적산(赤山)에서 나온다. 동쪽으로 흐르다가 황산(荒山)을 지나 풍천(楓川)에 합류한다〉

저연(猪淵)〈반야봉(般若峯) 아래에 있다. 북쪽으로 흐르다가 마천(馬川)이 된다. 실상사(實相寺) 아래에 이르러 풍천(楓川)의 상류가 된다〉

부연(釜淵)〈실상사(實相寺) 앞에 있다〉【제언(堤堰)이 8이다】

『성지』(城池)

고성(古城)〈읍치로부터 북쪽으로 2리의 소산(小山) 위에 있는데 성산(城山)이라고도 한

다. 흙으로 쌓은 옛터가 남아 있다〉

우현고성(牛峴古城)〈우현 위에 옛 터가 남아 있다〉

팔량관(八良關)〈신라, 백제 때부터 성을 쌓아 방어했다. 지금 옛터가 남아 있다〉

『영아』(營衙)

좌영(左營)〈인조 때에 남원(南原)에 설치했는데, 숙종 34년(1708)에 운봉현(雲峯縣)으로 옮겼다. ○좌영장(左營將)은 본 운봉현의 현감이 겸한다. ○속오군(束伍軍)에 소속된 읍은 운봉(雲峯)·남원(南原)·곡성(谷城)·장수(長水)·창평(昌平)·옥과(玉果)·구례(求禮)이다. 이상의 읍은 토포(討捕)를 겸한다. 토포(討捕)에 소속된 읍은 담양(潭陽)·순창(淳昌)이다〉

『창고』(倉庫)

읍창(邑倉)〈읍내에 있다〉

북창(北倉)〈읍치로부터 북쪽으로 20리에 있다〉

『역참』(驛站)

인월역(引月驛)〈읍치로부터 동쪽으로 15리에 있다〉

『토산』(土産)

닥나무·옻나무·감·밤·시초(柴草)·벌꿀·오미자·잣[해송자(海松子)]·송이버섯[송심(松蕈)]·석이버섯[석심(石蕈)]이다.

『장시』(場市)

읍내의 장날은 5일과 10일이고. 인월(引月의 장날은 3일과 8일에 열린다.

『전고』(典故)

신라 벌휴왕(伐休王) 5년(188)에 백제가 무산성(毋山城)을 공격하자 벌휴왕은 파진찬(波珍飡) 구도(仇道)에게 명하여 막도록 하였다. 신라 진평왕(眞平王) 24년(602)에〈백제의 무왕(武王) 3년이다〉 백제가 군대를 동원해 아막상(阿莫城)을〈혹은 무산성(毋山城)이라고도 하였다〉 포위하였다. 신라에서는 정예 기병 수천 명을 보내 막아 싸우니 백제의 군사들이 대패하였다. 이에 신라에서는 소타성(小陁城)·외석성(畏石城)·천산성(泉山城)·옹잠성(甕岑城)의 4성을 쌓고 백제의 국경을 공략하였다. 백제의 왕은 좌평(佐平) 해수(解讐)로 하여금 보병과 기마병 40,000을 거느리고 신라의 4성을 공격하게 하였다. 신라의 장군(將軍) 무은(武殷)과 건품(乾品)이 막아 싸우니 백제의 군사가 대패하였으며 전사한 시체가 들판에 가득하였다. 이에 백제의 군사는 천산(泉山) 서쪽의 큰 연못으로 후퇴하여 복병을 설치하고 기다렸다. 신라의 장군 무은이 추격하여 큰 연못에 이르자 백제의 복병들이 일어나 급습하였다. 신라의 장군 무은이 말에서 떨어지자 그 아들 소감(少監) 귀산(貴山)이 소장(小將) 추항(箒項)과 더불어 힘을 다해 싸우다가 전사하였다. 신라의 병사들이 분발하여 힘껏 싸우니 백제의 군사가 대패하였고 백제의 장수 해수는 겨우 몸만 빠져 달아났다. 진평왕 33년(611)에〈백제의 무왕(武王) 12년이다〉에 백제의 왕이 달솔(達率) 작기(苟奇)에게 명하여 군사 8,000을 거느리고 무산성을 공격하게 하였다. 진평왕 38년(616)에〈백제의 무왕 17년이다〉 백제가 무산성을 공격하였다.

○고려 우왕(禑王) 6년(1380)에 왜적이 남원산성(南原山城)을 공격하였으나 이기지 못하고 후퇴하면서 운봉현(雲峯縣)을 분탕질하고 인월역(引月驛)에 주둔하면서 광주(光州)의 금성(金城) 북쪽에 곡식과 말을 대대적으로 집결시켰다. 이에 개경과 지방의 사람들이 크게 두려워하였다. 고려는 조선의 태조 이성계(李成桂)를 양광전라경상삼도도순찰사(楊廣全羅慶尙三道都巡察使)로 삼아서 8원수(八元帥)를 거느리고 운봉현에서 왜적을 공격하게 하였다. 이성계는 황산(荒山)의 서북쪽에 이르러 정산봉(鼎山峯)에 올랐는데, 무릇 세 번 왜적과 접전하여 세 번 다 섬멸하였다. 이에 왜적의 기세가 꺾여서 말을 버리고 산으로 올랐다. 고려의 군사들은 승기를 잡고 연승하여 왜적을 대파하니 시냇물이 모조리 붉게 물들 정도였다. 왜적들 중 살아남은 70여 명은 지리산(智異山)으로 도주하였다. 우왕 7년(1381)에 남질(南秩)이 지리산에 들어간 왜적을 공격하여 4급을 목베었다.

○조선 선조 26년(1593) 7월에 전라병사(全羅兵使) 이복남(李福男)에게 명하여 운봉현(雲峯縣)의 팔량신성(八良新城)을 지키게 하였다.〈즉 팔량관(八良關)이다〉

10. 곡성현(谷城縣)

『연혁』(沿革)

본래 백제의 욕내(欲乃)였다. 신라 경덕왕(景德王) 16년(757)에 곡성군(谷城郡)으로 고쳐서〈소속된 현이 3이었는데, 동복현(同福縣)·구례현(求禮縣)·부유현(富有縣)이었다〉 무주(武州)에 예속시켰다. 고려 초에 승평(昇平)에 소속된 군으로 하였다가 고려 현종(顯宗) 9년(1018)에 나주(羅州)에 소속시켰다. 명종(明宗) 2년(1172)에 감무(監務)를 두었다. 조선 태종 13년(1413)에 현감(縣監)으로 고쳤다가 선조 30년(1597)에 남원(南原)에 병합하였다.〈왜란으로 인하여 고을이 피폐해졌기 때문이었다〉 광해군 1년(1609)에 다시 현감을 두었다.

「읍호」(邑號)

욕천(浴川)

「관원」(官員)

현감(縣監)이〈남원진관병마절제도위(南原鎭管兵馬節制都尉)를 겸한다〉 1명이다.

『방면』(坊面)

도상면(道上面)〈읍치로부터 10리에서 끝난다〉

예산면(曳山面)〈읍치로부터 남쪽으로 5리에서 시작하여 10리에서 끝난다〉

죽곡면(竹谷面)〈읍치로부터 남쪽으로 30리에서 시작하여 60리에서 끝난다〉

목사동면(木寺洞面)〈읍치로부터 남쪽으로 50리에서 시작하여 60리에서 끝난다〉

우곡면(牛谷面)〈읍치로부터 남쪽으로 5리에서 시작하여 15리에서 끝난다〉

오지면(梧枝面(〈읍치로부터 동남쪽으로 10리에서 시작하여 30리에서 끝난다〉

삼기면(三岐面)〈읍치로부터 서남쪽으로 15리에서 시작하여 25리에서 끝난다〉

석곡면(石谷面)〈읍치로부터 서남쪽으로 40리에서 시작하여 60리에서 끝난다. ○율곡부곡(栗谷部曲)은 읍치로부터 서쪽으로 15리에 있었다〉

『산수』(山水)

동락산(動樂山)〈혹은 안산(鷃山)이라고도 한다. 읍치로부터 서쪽으로 10리에 있는데, 옥과(玉果)와의 경계이다〉

동리산(桐裏山)〈읍치로부터 남쪽으로 60리에 있는데, 순천(順天)과의 경계이다. ○태안사(泰安寺)가 있다〉

천덕산(天德山)〈읍치로부터 동남쪽으로 10리에 있다〉

구봉산(九峯山)〈읍치로부터 서남쪽으로 45리에 있다〉

통명산(通明山)〈읍치로부터 남쪽으로 25리에 있다〉

화장산(華藏山)〈읍치로부터 남쪽으로 50리에 있다. ○화장사(華藏寺)가 있다〉

청계산(淸溪山)〈읍치로부터 북쪽으로 10리에 있다〉

서계산(西溪山)〈읍치로부터 서쪽으로 4리에 있는데, 자연경치가 매우 아름답다〉

동산(東山)〈읍치로부터 동쪽으로 10리에 있는데, 벌판 중에 우뚝하게 솟아있다〉

비래산(飛來山)〈읍치로부터 남쪽으로 45리에 있다〉

아미산(峩眉山)〈읍치로부터 남쪽으로 50리에 있다〉

대명산(大明山)〈읍치로부터 서남쪽으로 45리에 있다〉

마륜대(馬輪臺)〈읍치로부터 동쪽으로 10리에 있는데 왼쪽은 강이고 오른쪽은 산이다. 마륜대는 주변에 험준한 곳이 많으며 긴 계곡이 40리에 이르러 구례(求禮)의 잔수(潺水)에까지 도달하는데, 가히 적을 막을 수 있다〉

「영로」(嶺路)

묘치(猫峙)〈읍치로부터 서남쪽으로 30리에 있다〉

지동치(指東峙)〈읍치로부터 동남쪽으로 20리에 있다〉

○남천(南川)〈읍치로부터 남쪽으로 10리에 있다. 원류는 동락산(東樂山)에서 나온다. 동쪽으로 흐르다가 순자강(鶉子江)에 들어간다〉

순자강(鶉子江)〈읍치로부터 북쪽으로 10리의 적성강(赤城江) 하류이다. 곡성현(谷城縣)의 북쪽을 지나 중진(中津)이 되었다가 꺾여서 남쪽으로 흐르다가 구례(求禮) 지역으로 들어간다〉

대황천(大荒川)〈읍치로부터 남쪽으로 45리의 순천(順天) 낙수(洛水) 하류로서 압록진(鴨綠津)의 아래에서 합류한다〉【제언(堤堰)이 3이다】

『성지』(城池)

고성(古城)〈읍치로부터 동쪽으로 5리에 있다〉

당산루(堂山壘)〈읍치로부터 남쪽으로 4리에 있다. 선조 30년(1597)에 명(明)나라의 장수

가 머물던 곳인데, 두 개의 루가 있다〉

『창고』(倉庫)

읍창(邑倉)〈읍내에 있다〉

외창(外倉)〈읍치로부터 남쪽으로 45리에 있다〉

『역참』(驛站)

지신역(知申驛)〈읍치로부터 남쪽으로 5리에 있다〉

『진도』(津渡)

대황진(大荒津)〈읍치로부터 남쪽으로 45리에 있다〉

압록진(鴨綠津)〈읍치로부터 동남쪽으로 30리에 있는데, 구례(求禮) 지역으로 통하는 대로이다〉

순자진(鶉子津)〈혹은 중진(中津)이라고도 한다. 읍치로부터 북쪽으로 10리에 있는데, 남원(南原)으로 통하는 대로이다〉

대황진(大荒津)〈겨울에는 다리를 설치한다〉

순자진(鶉子津)〈겨울에는 다리를 설치한다〉

『교량』(橋梁)

묘천교(猫川橋)〈읍치로부터 동쪽으로 10리에 있다〉

용계교(龍界橋)〈읍치로부터 서남쪽으로 30리에 있다〉

『토산』(土産)

닥나무·대나무·옻나무·뽕나무·감·석류·송이버섯[송심(松蕈)]·벌꿀·은어[은구어(銀口魚)]이다.

『장시』(場市)

읍내의 장날은 3일과 8일이다. 석곡원(石谷院)의 장날은 5일과 10일이다. 삼기(三岐)의 장날은 6일인데, 한 달에 세 차례 시장이 열린다.

『사원』(祠院)

덕양사(德陽祀)에는〈선조 기축년(22년, 1589)에 세우고 숙종 을해년(21년, 1695)에 편액을 하사하였다〉 신숭겸(申崇謙)〈마전(麻田) 조항에 보인다. 본래의 출생지는 곡성(谷城)이다〉을 모시고 있다.

『전고』(典故)

고려 우왕(禑王) 5년(1379)에 왜적이 곡성(谷城)을 노략질하였다.

○조선 선조 26년(1593)에 왜적이 순자강(鶉子江)을 건너 곡성(谷城)의 촌락을 분탕질하였다.

11. 옥과현(玉果縣)

『연혁』(沿革)

본래 백제의 과지(果支)였다.〈혹은 과혜(菓兮)라고도 하였다〉 신라 경덕왕(景德王) 16년(757)에 옥과(玉果)로 고쳐서 추성군(秋城郡)에 소속된 현으로 하였다. 고려 현종(顯宗) 9년(1018)에 보성군(寶城郡)에 소속시켰다. 명종(明宗) 2년(1172)에 감무(監務)를 두었다. 조선 태종 13년(1413)에 현감(縣監)으로 고쳤다.

「읍호」(邑號)

설산(雪山)

「관원」(官員)

현감(縣監)이〈남원진관병마절제도위(南原鎭管兵馬節制都尉)를 겸한다〉 1명이다.

『방면』(坊面)

현내면(縣內面)

입평면(立坪面)〈읍치로부터 동쪽으로 10리에서 시작하여 30리에서 끝난다〉

겸방면(兼房面)〈읍치로부터 남쪽으로 15리에서 시작하여 20리에서 끝난다〉

지좌곡면(只佐谷面)〈읍치로부터 남쪽으로 10리에서 시작하여 20리에서 끝난다〉

입석면(立石面)〈읍치로부터 남쪽으로 5리에서 시작하여 30리에서 끝난다〉

수화곡면(水火谷面)〈읍치로부터 북쪽으로 8리에서 시작하여 15리에서 끝난다. ○흥복향(興福鄕)은 읍치로부터 남쪽으로 15리에 있었다. 이인향(利仁鄕)은 읍치로부터 동쪽으로 17리에 있었다. 금산부곡(金山部曲)은 읍치로부터 동쪽으로 22리에 있었다. 안곡소(鴳谷所)는 안산(鴳山)의 아래에 있었다〉

『산수』(山水)

설산(雪山)〈읍치로부터 서북쪽으로 10리에 있다. 돌로 된 봉우리가 가파르게 있으며 두 개의 산이 있는데, 서쪽의 산을 과실산(果實山)이라고 한다. ○나암사(蘿巖寺)가 있다〉

성덕산(聖德山)〈읍치로부터 남쪽으로 30리에 있다〉

안산(鴳山)〈읍치로부터 동쪽으로 15리에 있다〉

동락산(東樂山)〈읍치로부터 동쪽으로 23리에 있는데, 곡성(谷城)과의 경계이다〉

옥천산(玉泉山)〈읍치로부터 남쪽으로 30리에 있는데, 담양(潭陽)과의 경계이다〉

흑암산(黑巖山)〈읍치로부터 남쪽으로 20리에 있다〉

황산(荒山)〈읍치로부터 남쪽으로 10리에 있다〉

국수암(國壽巖)〈안산(鴳山) 반정(半頂)에 있는데, 하늘높이 우뚝하게 솟은 것이 높이가 수백 척이나 된다. 주위는 가히 팔로 수십 둘레가 된다. 돌의 뿌리는 땅에 박힌 것이 아니라 쌓인 돌 위에 서 있는데, 마치 금방이라도 뒤집어질 것 같은 모습이다. 바위 아래에 기우단(祈雨壇)이 있으며 주위에는 하나의 철마(鐵馬)가 있다〉

연화동(蓮花洞)〈흑치(黑峙)의 동남쪽에 고현(古縣)의 옛 터가 남아 있는데, 그것을 연화동이라고 한다. 연화동의 입구는 매우 깊다. 위에는 연화대(蓮花臺)와 옛 절터가 있으며 주변에는 봉두굴(鳳頭窟)이 있는데, 가히 100여 명이 들어갈 수 있다. 반석 아래에는 가파른 폭포가 있으며 폭포 아래에는 작은 연못이 있는데, 세상에서는 용추(龍湫)라고 한다〉

「영로」(嶺路)

남치(藍峙)〈읍치로부터 남쪽으로 30리에 있는데, 동복(同福)과의 경계이다〉

과치(果峙)〈읍치로부터 서쪽으로 10리에 있는데, 담양(潭陽)과의 경계이다〉

기우치(騎牛峙)〈읍치로부터 서쪽으로 12리에 있는데, 담양(潭陽)과의 경계이다〉

○선각천(仙脚川)〈읍치로부터 동쪽으로 3리에 있다. 원류는 성덕산(聖德山)·옥천산(玉泉山)의 2산에서 나온다. 북쪽으로 흐르다가 옥과현(玉果縣) 남쪽을 지나고 동쪽으로 흘러 방제천(方梯川)으로 들어간다〉

방제천(方梯川)〈읍치로부터 동쪽으로 23리에 있는데, 순창(淳昌) 연탄(淵灘)의 하류이다. 동쪽으로 흐르다가 남원(南原) 지역에 이르러 순자강(鶉子江)이 되는데 곧 섬강(蟾江)의 상류이다. ○『고려사(高麗史)』 지(志)에 이르기를 "옥과현(玉果縣) 아래에 소내오도(小乃烏島)·대내오도(大乃烏島)·절음도(折音島)가 있다."고 하였다〉【제언(堤堰)이 15이다】

『성지』(城池)

고성(古城)〈설산(雪山) 동남쪽에 있다. 석벽이 가운데 부분을 향하여 입을 벌리고 있는데, 마치 문과 같다. 석벽 위에 성이 있으며 주위는 1,660척이다. 연못이 3이다〉

『창고』(倉庫)

창(倉)이 3이다.〈읍내에 있다〉

산창(山倉)〈금성산성(金城山城)에 있다〉

『역참』(驛站)

대부역(大富驛)〈읍치로부터 동쪽으로 6리에 있다〉

『토산』(土産)

닥나무·대나무·뽕나무·옻나무·감·송이버섯[송심(松蕈)]·은어[은구어(銀口魚)]이다.

『장시』(場市)

읍내의 장날은 4일과 8일이다. 원등(院登)의 장날은 1일인데, 한달에 3차례 장날이 열린다.

『누정』(樓亭)

부혜루(敷惠樓)

환경루(環鏡樓)

청수관(淸水觀)

『전고』(典故)

고려 우왕(禑王) 4년(1378)에 왜적이 순천(順天)을 노략질하였다. 병마사(兵馬使) 정지(鄭地)가 추격하여 옥과현(玉果縣)에 도착하자 왜적은 미라사(彌羅寺)로 들어갔다. 아군이 포위하고 불화살을 쏘며 힘껏 공격하자 왜적은 스스로 불타 죽었다. 말 100여 필을 노획하였다.

○조선 선조 30년(1597) 8월에 왜적이 광양(光陽)에 들어오자 병사(兵使) 이복남(李福男)이 옥과(玉果)로 후퇴하여 주둔하였다.

12. 창평현(昌平縣)

『연혁』(沿革)

본래 백제의 굴지(屈支)였다. 신라 경덕왕(景德王) 16년(757)에 기양(祈陽)으로 고쳐서 무주(武州)에 소속된 현으로 하였다. 고려 태조 23년(940)에 창평으로 고쳤다. 현종(顯宗) 9년(1018)에 나주(羅州)에 소속시켰다가 후에 현령(縣令)으로 승격시켰다. 공양왕(恭讓王) 3년(1391)에 장평갑향권농사(長平甲鄕勸農使)를 겸하게 하였다. 조선은 그대로 이어서 하였다. 성종 5년(1474)에 현령을 혁파하여 광주(光州)에 소속시켰다가〈현의 거주민이 현령을 능욕하였기 때문이었다〉 10년(1479)에 다시 복구하였다. 정조 17년(1793)에 치소(治所)를 반룡산(盤龍山) 아래로 옮겼다.〈고읍(古邑)은 고산(高山)의 동쪽 5리에 있었다〉

「읍호」(邑號)

명양(鳴陽)

용주(龍洲)

「관원」(官員)

현령(縣令)이〈남원진관병마절제도위(南原鎭管兵馬節制都尉)를 겸한다〉 1명이다.

『방면』(坊面)

고현내면(古縣內面)〈읍치로부터 서쪽으로 10리에 있다〉

동면(東面)〈읍치로부터 5리에서 시작하여 20리에서 끝난다〉

내남면(內南面)〈읍치로부터 5리에서 시작하여 20리에서 끝난다〉

외남면(外南面)〈읍치로부터 30리에서 끝난다〉

서면(西面)〈읍치로부터 15리에서 끝난다〉

북면(北面)〈읍치로부터 10리에서 끝난다〉

장남면(長南面)〈읍치로부터 북쪽으로 20리에서 시작하여 30리에서 끝난다〉

장북면(長北面)〈읍치로부터 북쪽으로 30리에서 시작하여 40리에서 끝난다. 장남면(長南面)·장북면의 2면은 고장평부곡(古長平部曲)이었다〉

갑향면(甲鄕面)〈읍치로부터 북쪽으로 20리에서 시작하여 50리에서 끝난다. 옛날에는 갑향(甲鄕)이었다. 고려 때에 나주(羅州)로 옮겨서 소속시켰다가 다시 광주(光州)로 옮겼다. 고려 공양왕(恭讓王) 3년(1391)에 다시 창평현(昌平縣)으로 옮겨서 소속시켰다〉

『산수』(山水)

고산(高山)〈혹은 진압산(鎭壓山)이라고도 한다. 읍치로부터 서쪽으로 7리에 있다. ○고산사(高山寺)가 있다〉

무등산(無等山)〈읍치로부터 남쪽으로 20리에 있는데, 광주(光州) 조항에 자세하다. ○서봉사(瑞峯寺)가 있다〉

몽선산(夢仙山)〈읍치로부터 서쪽으로 30리에 있다. ○상원사(上元寺)가 있다〉

반룡산(盤龍山)〈읍치로부터 동쪽으로 3리에 있다. ○월영사(月影寺)가 있다〉

용구산(龍龜山)〈읍치로부터 북쪽으로 50리에 있다. 산 아래에 금계천(金鷄泉)이 있다. ○용흥사(龍興寺)가 있다〉

목맥산(木麥山)〈읍치로부터 서북쪽으로 10리에 있다〉

월봉산(月峯山)〈읍치로부터 서쪽으로 3리에 있다〉

성산(星山)〈읍치로부터 남쪽으로 10리에 있다〉

장원봉(壯元峯)〈읍치로부터 서쪽으로 10리에 있다〉【둔호산(屯虎山)이 있다】

소쇄원(蕭灑園)〈읍치로부터 남쪽으로 25리에 있다〉

용담대(龍潭臺)〈읍치로부터 남쪽으로 1리에 있다. 산기슭에 기암이 있는데, 높이가 100척

정도 된다. 용담대의 남쪽으로 서석(瑞石)이 바라다 보이며 용담대의 아래는 징진(澄津)이다〉

석등(石燈)〈읍치로부터 남쪽으로 15리에 있다. 높이가 1장 여이며 크기는 두 아름 정도이다. 층수는 10급이다. 신라 때에 세운 것이다〉

「영로」(嶺路)

유둔치(留屯峙)〈읍치로부터 동남쪽으로 통하는 길이다〉

방하치(方下峙)〈읍치로부터 남쪽으로 15리에 있는데, 동복(同福)과의 경계이다〉

○삼기천(三岐川)〈읍치로부터 동남쪽으로 10리에 있다. 원류는 무등산(無等山)의 서봉(瑞峯) 골짜기에서 나온다. 동북쪽으로 흐르다가 창평현(昌平縣)의 북쪽 15리에 이르러 고산천(高山川)이 되고 동강(桐江)이 된다. 오른쪽으로 반석천(盤石川)을 지나 창평현 서북쪽 30리에 이르러 담양(潭陽) 원율천(原栗川)과 합하여 사호강(沙湖江)의 상류가 된다〉

반석천(盤石川)〈혹은 환벽천(環碧川)이라고도 한다. 옆에 반석이 있다. 원류는 무등산(無等山)에서 나온다. 북쪽으로 흐르다가 창평현의 서쪽 10리에 이르러 증암천(甑巖川)이 되어 삼기천(三岐川)에 합류한다〉

증암천(甑巖川)〈석벽이 겹겹이 쌓여 있는데, 아래에는 징담(澄潭)이 있다. 하류 쪽에 만덕교(萬德橋)가 있다〉

경지〈鏡池〉〈읍치로부터 서쪽으로 5리에 있다〉【제언(堤堰)이 7이다】

『창고』(倉庫)

읍창(邑倉)

외창(外倉)〈읍치로부터 북쪽으로 30리에 있다〉

성창(城倉)〈읍치로부터 북쪽으로 50리의 금성산성(金城山城)에 있다〉

『토산』(土産)

닥나무·옻나무·뽕나무·대나무·감·대추·석류·철이다.

『장시』(場市)

읍내의 장날은 4일과 9일이다. 삼기천(三岐川)의 장날은 4일이다

『누정』(樓亭)

식영정(息影亭)〈읍치로부터 남쪽으로 20리에 있다〉

『사원』(祠院)

송강서원(松江書院)에는〈숙종 갑술년(20년, 1694)에 세우고 병술년(32년, 1706)에 편액을 하사하였다〉 정철(鄭澈)〈영일(迎日) 조항에 보인다〉을 모시고 있다.

제4권

전라도 13읍

1. 순천도호부(順天都護府)

『연혁』(沿革)

본래 백제의 사평(沙平)이었다.〈혹은 무평(武平)이라고도 하였는데, 잘못하여 무평(畝平)이라 쓰기도 하였다〉 신라 경덕왕(景德王) 16년(757)에 승평군(昇平郡)으로 고쳐서〈소속된 현이 3이었는데, 해읍현(海邑縣)·노산현(蘆山縣)·희양현(晞陽縣)이었다〉 무주(武州)에 예속시켰다. 고려 태조 23년(940)에 승주(昇州)로 고쳤다.〈혹은 승화(昇化)라고도 하였다〉 고려 성종 2년(983)에 목(牧)을 설치했으며〈12목 중의 하나였다〉 14년(1083)에는 승주곤해군절도사(昇州袞海軍節度使)를 두었다.〈12절도사 중의 하나였다〉 현종(顯宗) 3년(1012)에 안무사(按撫使)를 두었다가 정종(靖宗) 2년(1036)에 다시 승평군(昇平郡)으로 복구했다.〈소속된 현이 4였는데, 부유현(富有縣)·돌산현(突山縣)·여수현(麗水縣)·광양현(光陽縣)이었다〉 고려 충선왕(忠宣王) 1년(1309)에 승주목(昇州牧)으로 승격했다가 2년(1310)에 순천부(順天府)로 강등시켰다.〈여러 목(牧)을 도태시켰기 때문이었다〉 조선 태종 13년(1413)에 도호부(都護府)로 승격했다가 세조 때에 진(鎭)을 두었다.〈관할하는 곳이 8읍이었다〉 효종 때에 현으로 강등했다가 얼마 있지 않아서 다시 승격시켰다. 정조 10년(1786)에 현으로 강등했다가 다음해(1787)에 다시 승격시켰다.

「읍호」(邑號)

평양(平陽)

「관원」(官員)

도호부사(都護府使)가〈순천진병마첨절제사전영장토포사(順天鎭兵馬僉節制使前營將討捕使)를 겸한다〉 1명이다.

『고읍』(古邑)

여수현(麗水縣)〈읍치로부터 동남쪽으로 60리에 있었다. 본래 백제의 원촌(源村)이었다. 신라 경덕왕(景德王) 16년(757)에 해읍(海邑)으로 고쳐서 승평군(昇平郡)에 소속된 영현으로 하였다. 고려 태조 23년(940)에 여수로 고쳤다. 현종(顯宗) 9년(1018)에 그대로 소속시켰다. 충정왕(忠定王) 2년(1350)에 현령을 두었다. 조선 태조 5년(1396)에 순천(順天)으로 옮겨서 소속시켰다〉

돌산현(突山縣)〈읍치로부터 동남쪽으로 80리의 섬 중에 있었다. 본래 백제의 돌산(堗山)이었다. 신라 경덕왕(景德王) 16년(757)에 노산(蘆山)으로 고쳐서 승평군(昇平郡)에 소속된 현으로 하였다. 고려 초에 돌산(突山)으로 고쳤다가 고려 현종(顯宗) 9년(1018)에 그대로 소속시켰다〉

부유현(富有縣)〈읍치로부터 서북쪽으로 60리에 있었다. 본래 백제의 둔지(遁支)였다. 신라 경덕왕(景德王) 16년(757)에 부유로 고쳐서 곡성군(谷城郡)에 소속된 현으로 하였다. 고려 현종(顯宗) 9년(1018)에 순천(順天)으로 옮겨서 소속시켰다〉

『방면』(坊面)

해촌면(海村面)〈읍치로부터 동쪽으로 10리에서 시작하여 20리에서 끝난다〉

소안면(蘇安面)〈순천도호부(順天都護府)로부터 동쪽으로 20리에서 끝난다〉

장평면(長平面)〈읍치로부터 서쪽으로 10리에서 끝난다〉

도리면(道里面)〈읍치로부터 남쪽으로 5리에서 시작하여 15리에서 끝난다〉

상사면(上沙面)〈읍치로부터 서쪽으로 15리에서 시작하여 30리에서 끝난다. 본래 상이사소(上伊沙所)였다〉

하사면(下沙面)〈읍치로부터 서남쪽으로 15리에서 시작하여 20리에서 끝난다. 본래 하이사소(下伊沙所)였다〉

황전면(黃田面)〈읍치로부터 북쪽으로 25리에서 시작하여 40리에서 끝난다〉

쌍암면(雙巖面)〈읍치로부터 북쪽으로 30리에서 시작하여 60리에서 끝난다〉

월등면(月燈面)〈읍치로부터 북쪽으로 40리에서 시작하여 60리에서 끝난다〉

별량면(別良面)〈읍치로부터 서남쪽으로 20리에서 시작하여 40리에서 끝난다. 본래 별량부곡(別良部曲)이었다〉

용두면(龍頭面)〈읍치로부터 남쪽으로 15리에서 시작하여 40리에서 끝난다〉

소라포면(召羅浦面)〈읍치로부터 동남쪽으로 30리에서 시작하여 30리에서 끝난다. 본래 소라포부곡(召羅浦部曲)이었다〉

삼일포면(三日浦面)〈읍치로부터 동남쪽으로 50리에서 시작하여 80리에서 끝난다. 본래 삼일포향(三日浦鄕)이었다〉

여수면(麗水面)〈읍치로부터 동남쪽으로 60리에서 시작하여 100리에서 끝난다. 본래 여수

현(麗水縣)이었다〉

율촌면(栗村面)〈읍치로부터 동남쪽으로 40리에서 시작하여 70리에서 끝난다. 본래 율촌부곡(栗村部曲)이었다〉

서면(西面)〈읍치로부터 서북쪽으로 10리에서 시작하여 30리에서 끝난다〉

가암면(佳巖面)〈읍치로부터 서북쪽으로 60리에서 시작하여 90리에서 끝난다〉

송광면(松廣面)〈읍치로부터 서쪽으로 60리에서 시작하여 100리에서 끝난다. ○진례부곡(進禮部曲)은 여수면(麗水面)의 동쪽으로 25리에 있었다. 가음부곡(嘉音部曲)은 읍치로부터 서쪽으로 90리에 있었다. 송림부곡(松林部曲)은 읍치로부터 남쪽으로 25리에 있었다. 이촌부곡(梨村部曲)은 읍치로부터 서쪽으로 70리에 있었다. 죽청부곡(竹青部曲)은 읍치로부터 북쪽으로 20리에 있었다. 적량부곡(赤良部曲)은 삼일포면(三日浦面)의 동쪽에 있었다. 정방향(正方鄕)은 읍치로부터 북쪽으로 90리에 있었다. 두잉지소(豆仍只所)는 읍치로부터 남쪽으로 60리에 있었다. 월곡소(月谷所)는 부유현(富有縣)의 동쪽에 있었다. 두평소(豆坪所)는 여수현(麗水縣)에 있었다. 조해소(調海所)는 여수현(麗水縣)에 있었다. 조수소(調水所)는 여수현(麗水縣)에 있었다〉

『산수』(山水)

인제산(麟蹄山)〈혹은 건달산(建達山)이라고도 한다. 읍치로부터 남쪽으로 4리에 있다〉

조계산(曹溪山)〈읍치로부터 서쪽으로 70리에 있다. 산의 형세가 웅장하고 크며 높다. 샘물과 바윗돌이 정결하며 골짜기는 깊다. 봉우리들은 수려하면서도 몹시 가파르다. 사면의 경계가 단정하여 요조숙녀와 같다. ○송광사(松廣寺)는 불우(佛宇)와 승료(僧寮)가 굉장히 화려하다. 물산이 풍부하며 사람들도 많다〉

계족산(鷄足山)〈읍치로부터 동북쪽으로 50리에 있는데 구례(求禮)·광양(光陽)과의 경계이다. ○정혜사(定惠寺)가 있다〉

동리산(洞裏山)〈읍치로부터 북쪽으로 50리에 있다. ○대흥사(大興寺)가 있다〉

난봉산(鸞鳳山)〈읍치로부터 서쪽으로 4리에 있다〉

원산(圓山)〈읍치로부터 북쪽으로 6리에 있는데, 봉우리 3개가 있다〉

무후산(毋后山)〈읍치로부터 서쪽으로 80리에 있는데, 동복(同福)과의 경계이다. ○대광사(大光寺)가 있다〉

첨산(尖山)〈읍치로부터 남쪽으로 30리에 있다. 산이 높고 가파르게 구름을 뚫고 하늘높이 솟아있다〉

해룡산(海龍山)〈읍치로부터 동남쪽으로 70리에 있다〉

해룡산(海龍山)〈읍치로부터 남쪽으로 10리에 있다〉

영취산(靈鷲山)〈읍치로부터 동남쪽으로 80리에 있고 앞에는 수영(水營)이 있다. ○흥국사(興國寺)가 있다〉

천백산(天白山)〈조계산(曹溪山) 북쪽에 있다〉

아미산(峩眉山)〈동리산(洞裏山) 서쪽에 있다〉

【선암사(仙巖寺)는 읍치로부터 서쪽으로 40리에 있다. 향림사(香林寺)는 읍치로부터 북쪽으로 5리에 있다. 만흥사(萬興寺)는 읍치로부터 동남쪽으로 80리에 있다】

【황장봉산(黃腸封山: 왕실의 장례 때 관으로 사용할 나무를 키우기 위해 벌목을 하지 못하게 금지한 산/역자주)은 거마도(巨麽島)에 있다. 송봉산(松封山: 소나무를 벌목하지 못하게 금지한 산/역자주)은 5이다. 둔전(屯田)은 1이다】

「영로」(嶺路)

분계치(分界峙)〈읍치로부터 북쪽으로 50리에 있는데, 구례(求禮)와의 경계이다. 산세가 매우 험준하여 요해처가 된다〉

율현(栗峴)〈읍치로부터 북쪽으로 40리에 있다〉

송원치(松院峙)〈읍치로부터 북쪽으로 30리에 있다. 자연경치가 매우 기괴하다. 혹은 송현(松峴)이라고도 한다〉

구현(鳩峴)〈읍치로부터 북쪽으로 30리에 있는데, 곡성(谷城)과의 경계이다〉

운치(雲峙)〈읍치로부터 서쪽으로 50리에 있다〉

운월치(雲月峙)〈읍치로부터 서북쪽으로 80리에 있는데, 동복(同福)과의 경계이다〉

접치(接峙)〈읍치로부터 서쪽으로 60리에 있다〉

반촌현(盤村峴)〈읍치로부터 동남쪽으로 60리에 있는데, 수영(水營)으로 통하는 길이다〉

오도치(吾道峙)〈읍치로부터 서쪽으로 통하는 길이다〉

○해(海)〈읍치로부터 동쪽으로 30리, 동남쪽으로 80리, 남쪽으로 20리에 있다〉

낙수(洛水)〈원류는 장흥(長興) 북쪽의 웅치(熊峙) 그리고 보성(寶城) 북쪽의 중조산(中條山)에서 나온다. 장택고현(長澤古縣)에서 모여서 남쪽으로 흐르다가 가야산(加耶山)의 서쪽에 이른다. 이곳에서 꺾여서 북쪽으로 흐르다가 보성군의 서쪽을 지나 정자천(亭子川)이 된다. 동복현(同福縣)의 적벽강(赤壁江)을 지나고 낙수역(洛水驛)의 서쪽을 통과하여 낙수진(洛水津)이 된다. 동북쪽으로 흐르다가 곡성(谷城)의 석곡원(石谷院)을 지나 압록원(鴨綠院)에 이르러 대황진(大荒津)이 되고 섬강(蟾江)에 합류한다〉

옥천(玉川)〈원류는 난봉산(鸞鳳山)에서 나온다. 동쪽으로 흐르다가 순천도호부(順天都護府)의 남쪽을 지나 광탄(廣灘)으로 들어간다〉

광탄(廣灘)〈원류 중의 하나는 송현(松峴)에서 나오고 또 하나는 구현(鳩峴)에서 나온다. 남쪽으로 흐르다가 원산(圓山)에서 합쳐진다. 순천도호부(順天都護府)의 동쪽을 지나고 오른쪽으로 옥천(玉川)을 지나 동천(東川)이 되었다가 바다로 들어간다〉

서천(西川)〈원류는 구현(鳩峴)에서 나온다. 남쪽으로 흐르다가 순천도호부의 서쪽을 지나 바다로 들어간다〉

망해대(望海臺)〈읍치로부터 동남쪽으로 30리의 해변에 있다. 선조 30년(1597)에 왜적이 이 곳에 주둔하면서 두 겹으로 된 성을 쌓고 저항하였으며 아울러 돌을 쌓아서 대(臺)를 만들었는데, 세속에서 왜교(倭橋)라고 하였다. 『명사(明史)』에서는 예교(曳橋)라고 하였다. 이수광(李睟光)이 지금의 이름으로 고쳤다〉

성생포(成生浦)〈읍치로부터 동쪽으로 45리에 있다〉

굴포(掘浦)〈읍치로부터 동남쪽으로 70리에 있다〉

용두포(龍頭浦)〈읍치로부터 동쪽으로 20리에 있다〉

동산포(東山浦)〈읍치로부터 동쪽으로 25리에 있다〉

만홍포(萬興浦)

성창포(城倉浦)

조음포(助音浦)〈읍치로부터 동남쪽으로 60리에 있다〉

마두포(馬頭浦)〈읍치로부터 동쪽으로 30리에 있다〉

용문포(龍門浦)〈읍치로부터 동남쪽으로 55리에 있다〉

미포(彌浦(〈읍치로부터 동남쪽으로 60리에 있다〉

복포(伏浦)〈읍치로부터 동남쪽으로 45리에 있다〉

오동포(梧桐浦)〈수영(水營) 동쪽에 있다. 암석들이 볼만하여 유람할 만하다〉

사안포(沙岸浦)〈읍치로부터 동남쪽으로 30리에 있다〉

장생포(長生浦)〈읍치로부터 동남쪽으로 60리에 있다. 고려 공민왕(恭愍王) 때에 왜적이 노략질을 하여 이곳에까지 이르렀는데, 유탁(柳濯)이 군사들을 거느리고 공격하였다. 왜적들은 멀리서 바라보고는 군사를 이끌고 가버렸다〉

황포(荒浦)〈읍치로부터 남쪽으로 38리에 있다〉

화로포(禾老浦)〈읍치로부터 동남쪽으로 40리에 있다〉

「도서」(島嶼)

돌산도(突山島)〈수영(水營)의 동남쪽 바다 속에 있다. 동쪽으로 남준(南准) 금산(錦山)을 마주본다. 주위는 130리이다〉

수태도(愁太島)〈돌산도(突山島)의 서쪽에 있다〉

백야도(白也島)〈백야곶(白也串)의 남쪽에 있다〉

제리도(齊里島)〈백야도(白也島)의 동쪽에 있다〉

개도(盖島(〈제리도(齊里島)의 동쪽에 있다〉

이지도(你只島)〈개도(盖島)의 남쪽에 있는데, 대이지도(大你只島)와 소이지도(小你只島)의 두 개가 있다〉

금주도(金珠島)〈백야도(白也島) 남쪽에 있다〉

운팔이도(雲八伊島)〈백야도(白也島) 남쪽에 있다〉

경도(鯨島)〈미포(彌浦) 남쪽에 있는데, 대경도(大鯨島)와 소경도(小鯨島)의 두 개가 있다〉

다리도(多里島)〈경도(鯨島) 동쪽에 있다〉

내발도(乃發島)〈다리도(多里島) 남쪽에 있는데, 대내발도(大乃發島)와 소내발도(小乃發島)의 두 개가 있다〉

횡간도(橫看島)〈대횡간도(大橫看島)와 소횡간도(小橫看島)의 두 개가 있다. 소내발도(小乃發島)의 남쪽에 있다〉

거마도(巨麽島)〈혹은 금오도(金鰲島)라고도 한다. 소내발도(小乃發島)의 남쪽에 있는데, 주위는 30리이다. 송봉산(松封山)이 있다〉

감물도(甘勿島)〈돌산도(突山島)에 있다〉

녹안도(鹿安島)〈돌산도(突山島)에 있다〉

녹도(鹿島)〈돌산도(突山島)에 있다〉

이로도(伊老島)〈백야곶(白也串)의 서쪽에 있다〉

소도(蔬島)〈복포(伏浦)의 동남쪽에 있다〉

갈도(葛島)〈복포(伏浦)의 동남쪽에 있다〉

갈말도(乫末島)〈복포(伏浦)의 남쪽에 있다〉

다로도(多老島)〈복포(伏浦의 북쪽에 있다〉

가씨도(加氏島)〈대가씨도(大加氏島)와 소가씨도(小加氏島)가 있는데, 둘 다 미포(彌浦)의 남쪽에 있다〉

미각도(彌角島)〈미포(彌浦)의 서쪽에 있다〉

장고도(長鼓島)〈미포(彌浦)의 서쪽에 있다〉

가장도(加藏島)〈대가장도(大加藏島)와 소가장도(小加藏島)가 있다〉

녹도(鹿島)〈미포(彌浦)의 동쪽에 있다〉

우도(牛島)〈미포(彌浦)의 동쪽에 있다〉

장좌도(長佐島)〈미포(彌浦)의 동남쪽에 있다〉

소리도(所里島)〈미포(彌浦)의 동남쪽에 있다〉

둔도(芚島)〈백야곶(白也串)의 서쪽에 있다〉

저도(猪島)〈백야곶(白也串)의 북쪽에 있다〉

묘도(猫島)〈미포(彌浦) 동남쪽에 있는데, 주위는 30리이다〉

하우산도(下亏山島)〈동산포(東山浦)의 동쪽에 있다〉

상우산도(上亏山島)〈동산포(東山浦) 북쪽에 있다〉

말개도(末介島)〈미포(彌浦) 북쪽에 있다〉

섭도(攝島)〈사안포(沙岸浦) 동쪽에 있다〉

궁도(弓島)〈사안포(沙岸浦) 동쪽에 있다〉

사안도(沙岸島)〈사안포(沙岸浦) 동쪽에 있다〉

혜아리도(兮兒里島)〈사안포(沙岸浦) 서쪽에 있다.)

벌탕도(伐蕩島)〈사안포(沙岸浦) 서북쪽에 있다〉

장도(獐島)〈묘도(猫島) 앞에 있다〉

장군도(將軍島)〈수영(水營) 앞에 있다〉

대화도(大花島)〈백야곶(白也串) 서남쪽에 있다〉

소화도(小花島)〈백야곶白也串) 서남쪽에 있다〉

안도(安島)〈백야곶(白也串) 서남쪽에 있다〉

낭도(浪島)〈백야곶(白也串) 서남쪽에 있다〉

두음방도(豆音方島)〈백야관(白也串) 서남쪽에 있다〉

백봉도(白峯島)

두리도(斗里島)

오동도(梧桐島)〈『고려사(高麗史)』 지지(地志)에는 "오도(吳島)·이도(伊島)·우근도(亐斤島)·안재도(安才島)·박도(撲島)는 모두 여수현(麗水縣)에 관계된다."고 하는 기록이 있다. ○고려 인종 2년(1124)에 최홍재(崔弘宰)를 승주(昇州) 욕지도(縟地島)에 유배보냈다〉

『형승』(形勝)

서북쪽은 산이 연이어 있으며 동남쪽은 바다가 빙 두르고 있다. 교외의 들판 사이에는 포구가 얽혀있으며 여러 봉우리들이 첩첩이 있고 수많은 섬들이 늘어서 있다. 지역이 넓으며 백성과 물산이 풍부하다.

『성지』(城池)

읍성(邑城)〈주위는 3,383척이다. 성문이 4이고 우물이 4이며 연못이 2이다〉

인제산고성(麟蹄山古城)〈옛 터가 남아 았다〉

난봉산고성(鸞鳳山古城)〈옛 터가 남아 있다〉

해룡창고성(海龍倉古城)〈흙으로 쌓은 옛 터가 남아 있다〉

장군도성(將軍島城)〈성종 갑인년(25년, 1494)에 수사(水使) 이량(李良)이 쌓았다〉

『영아』(營衙)

좌수영(左水營)〈읍치로부터 동남쪽으로 80리에 있다. ○성종 11년(1480)에 내례포(內禮浦)에 수군절도영(水軍節度營)을 설치했다. ○성의 주위는 3,336척이다. 옹성(甕城: 성문으로 적이 접근하는 것을 막기 위해 성문 앞에 둥그렇게 쌓은 성/역자주)이 9이다. 성문이 4이며 우물이 7이고 연못이 1이며 창(倉)이 10이고 고(庫)가 3이다〉

「관원」(官員)

전라좌도수군절도사(全羅左道水軍節度使)가 1명이며 중군(中軍)〈즉 수군후(水軍候)이다〉이 1명이다.

〈'속읍(屬邑)'은 순천(順川)·장흥(長興)·낙안(樂安)·흥양(興陽)·광양(光陽)·보성(寶城)이다. '속진(屬鎭)'은 방답(防踏)·사도(蛇渡)·여도(呂島)·녹도(鹿島)·발포(鉢浦)·회령(會寧)·포고(浦古)·돌산(突山)이다. '누정(樓亭)'은 완경루(緩輕樓)·망해루(望海樓)·만하정(挽河亭)·대변정(待變亭)·고소대(姑蘇臺)·진남관(鎭南館)이다〉 본영(本營)과 속읍 그리고 속진에는 각종의 전선(戰船)이 80척이다.

○전영(前營)

〈인조 때에 설치했다. ○전영장(前營將)이 1명이다. 철종 갑인년(5년, 1854)에 본 순천도호부사(順天都護府使)로 하여금 겸하게 하였다. ○소속된 읍은 순천(順天)·장흥(長興)·낙안(樂安)·보성(寶城)·진도(珍島)·강진(康津)·동복(同福)·흥양(興陽)·광양(光陽)·해남(海南)이다〉

『진보』(鎭堡)

방답진(防踏鎭)〈돌산도(突山島) 중에 있는데, 순천도호부(順天都護府)로부터 120리 떨어져 있으며, 수영(水營) 동남쪽으로 40리에 있다. 중종 18년(1523)에 요충지라고 하여 축대를 쌓고 성을 쌓았는데, 창(倉)이 2였다. ○수군동첨절제사(水軍同僉節制使)가 1명이다〉

고돌산보(古突山堡)〈읍치로부터 동남쪽으로 75리에 있다. 성종 19년(1488)에 진을 설치하고 성을 쌓았다. 성의 주위는 2,313척이다. 중종 18년(1523)에 만호(萬戶)를 폐지하고 권관(權管)을 두었다가 후에 별장(別將)으로 고쳤다. ○수군별장(水軍別將)이 1명이다〉

「혁폐」(革廢)

내례포진(內禮浦鎭)〈성종 11년(1480)에 만호(萬戶)를 폐지하고 좌수영(左水營)을 설치했다〉

여수보(麗水堡)〈여수고현성(麗水古縣城)에 있었다. 성의 주위는 1,479척이며 우물이 3이다. 중종 17년(1522)에 폐지하고 돌소보(突小堡)에 합쳤다〉

『봉수』(烽燧)

백야곶봉수(白也串烽燧)〈읍치로부터 동남쪽으로 100리에 있다〉

돌산도봉수(突山島烽燧)〈위에 보인다〉

「권설」(權設:임시로 설치한 것)

진례산봉수(進禮山烽燧)〈읍치로부터 동남쪽으로 70리에 있다〉

성황당봉수(城隍堂烽燧)〈읍치로부터 동쪽으로 10리에 있는데, 단지 본 순천도호부(順天都護府)에만 보고한다〉

『창고』(倉庫)

창(倉)이 7이다.〈순천도호부(順天都護府)의 안에 있다〉

북창(北倉)〈읍치로부터 북쪽으로 40리에 있다〉

해창(海倉)〈읍치로부터 남쪽으로 20리에 있다〉

외창(外倉)〈읍치로부터 남쪽으로 20리에 있다〉

석보창(石堡倉)〈여수고현(麗水古縣)에 있다〉

제민창(濟民倉)〈영조 계미년(27년, 1751)에 설치했다. 9읍이 소속되었었는데, 지금은 폐지되었다〉

『역참』(驛站)

양율역(良栗驛)〈읍치로부터 남쪽으로 10리에 있다〉

덕양역(德陽驛)〈읍치로부터 동남쪽으로 60리에 있다〉

낙수역(洛水驛)〈읍치로부터 서쪽으로 80리에 있다〉

『목장』(牧場)

곡화장(曲華場)〈읍치로부터 남쪽으로 80리에 있다. ○감목관(監牧官)이 1명이다〉

돌산도장(突山島場)

묘도장(猫島場)【창(倉)이 2이다】

『진도』(津渡)

잔수진(潺水津)〈읍치로부터 북쪽으로 60리에 있는데, 구례(求禮)와의 경계이며 압록진(鴨綠津)의 하류로서 매우 중요한 요충지이다〉

낙수진(洛水津)〈읍치로부터 서북쪽으로 70리의 정자천(亭子川) 하류에 있다〉

『교량』(橋梁)

연자교(燕子橋)〈남문(南門) 밖에 있다〉

환선교(喚仙橋)〈동문(東門) 밖에 있다〉

월등교(月燈橋)〈읍치로부터 북쪽으로 40리에 있다〉

광청교(廣淸橋)〈읍치로부터 서쪽으로 80리에 있다〉

이사천교(伊沙川橋)〈읍치로부터 서남쪽으로 15리에 있다〉

동상포교(東床浦橋)〈읍치로부터 동남쪽으로 40리에 있다〉

『토산』(土産)

대나무·닥나무·뽕나무·옻나무·모시·유자나무·석류·매화·개암나무·치자나무·생강·차·표고버섯[향심(香蕈)]·송이버섯[송심(松蕈)]·미역·김·해삼·복어·홍합 등 해산물 수십 종, 소금·감·비자나무이다.

『장시』(場市)

읍내의 장날은 2일과 7일이다. 해창(海倉)의 장날은 4일과 9일이다. 부유(富有)의 장날은 2일과 7일이다. 쌍암(雙巖)의 장날은 3일과 8일이다. 대곡(大谷)의 장날은 1일과 6일이다. 황전(黃田)의 장날은 4일과 9일이다. 별량(別良)의 장날은 3일과 8일이다. 석보(石堡)의 장날은 5일과 10일이다.

『누정』(樓亭)

관풍루(觀風樓)〈읍내에 있다〉

망경루(望京樓)〈읍내에 있다〉

주변루(籌邊樓)〈읍내에 있다〉

연자루(燕子樓)〈옥천(玉川) 주변에 있다〉

환선정(喚仙亭)〈읍치로부터 동쪽으로 2리에 있다〉

만월정(滿月亭)〈여수고현(麗水古縣)의 남쪽에 있다〉

『사원』(祠院)

옥천서원(玉川書院)에는〈명종(明宗) 갑자년(19년, 1564)에 세우고 인조 무진년(6년, 1628)에 편액을 하사하였다〉 김굉필(金宏弼)을 모시고 있다.〈문묘(文廟) 조항에 보인다〉

○충민사(忠愍祠)에는〈선조 경자년(33년, 1600)에 세우고 같은 해에 편액을 하사하였다〉 이순신(李舜臣)〈아산(牙山) 조항에 보인다〉·이억기(李億祺)〈본관은 전주(全州)이다. 선조 정유년(30년, 1597)에 전라우수사(全羅右水使)로서 전사하였다. 병조판서(兵曹判書)에 추증되었다〉·안홍국(安弘國)〈본관은 순흥(順興)이다. 선조 정유년(30년, 1597)에 보성군수(寶城郡守)로서 전사하였다. 좌찬성(左贊成)에 추증되었다. 시호(諡號)는 충현(忠顯)이다〉을 모시고 있다.

○정충사(旌忠祠)에는〈숙종 갑자년(10년, 1684)에 세우고 병인년(12년, 1686)에 편액을 하사하였다〉 장윤(張潤)〈진주(晋州) 조항에 보인다〉을 모시고 있다.

『전고』(典故)

신라 문무왕(文武王) 3년(663)에 김흠순(金欽純) 등이 백제 사평성(沙平城)을 공격하여 함락시켰다. 신라 경애왕(景哀王) 4년(926)에 강주(康州)에서 관할하는 돌산(突山) 등 4향(鄕)이 고려에 귀부하였다.

○고려 충정왕(忠定王) 2년(1350) 5월에 왜적의 배 66척이 순천(順天)을 노략질하였다. 우리의 병사들이 진격하여 1척을 나획하고 13급의 머리를 베었다. 공민왕(恭愍王) 21년(1372)에 왜적이 순천을 노략질하였다. 고려 우왕(禑王) 3년(1377)에 왜적이 순천 등 지역을 노략질하자 병마사(兵馬使) 정지(鄭地)가 18급을 목베었다.〈또 40여급을 목베었다〉 우왕 5년(1379)에 왜적이 순천 등 지역을 노략질하자 정지가 왜적과 싸웠으나 패배하였다. 우왕 6년(1380)에 왜적이 순천 송광사(松廣寺)를 노략질하였다.

○조선 선조 31년(1598)에 왜적의 장수 평행장(平行長)이 고금도(古今島)에서 패배한 이후로 패잔병들을 모아 순천의 왜교(倭橋)에〈왜교는 위의 망해대(望海臺)에 보인다. ○이때 왜적이 영남과 호남에 나누어 머물렀는데, 평행장은 순천의 왜교에 머물렀고, 석만자(石蔓子)는 사천(泗川) 통양포(通洋浦)에 머물렀으며, 청정(淸正)은 울산(蔚山) 도산(島山)에 머물면서 서로 성원이 되었다. 이들을 이름하여 삼굴(三窟)이라고 하였다〉 머물렀다. 통제사(統制使) 이순신(李舜臣)이 왜교와 100리 떨어진 곳에 진을 쳤다. 선조 31년(1598) 7월에 명(明)나라의 도독

(都督) 진린(陳璘)이 해군 5,000으로써 이순신과 함께 진을 쳤으며, 명나라의 유정(劉綎)은 묘병(苗兵: 중국의 묘족(苗族)으로 구성된 병사/역자주) 15,000으로써 순천의 동쪽에 진을 쳤다. 이들은 장차 수군과 육군의 병력으로써 일시에 왜적을 공격하려고 하였다. 같은 해 9월 유정이 왜교로부터 5리 떨어진 곳에 진을 쳤으며 왕지한(王之翰) 등은 광양(光陽)으로부터 군대를 출동시켰다. 왜적의 장수 행장이 놀라서 성으로 들어갔는데, 명나라의 군사들이 세 방향에서 일시에 공격하였다. 좌협(左協) 이방춘(李芳春)이 먼저 왜적의 퇴로를 차단하고 98급을 목베었는데, 명나라 병사들 중에도 사상된 사람들이 많았다. 진린(陳璘)이 해군 함정 1,000여 척을 거느리고 이순신으로 하여금 선봉을 삼아 묘도(苗島)로부터 북을 치고 함성을 지르면서 진격하였다. 진린은 왜성(倭城)의 북쪽에 정박하여 수시로 드나들면서 왜적을 괴롭혔다. 이에 왜적은 또한 북해(北海) 입구에다 밤에 신성(新城)을 쌓았으며, 신성 위에는 포루(砲樓)를 많이 세워놓고 싸울 계책을 삼았다. 유정이 대군으로 하여금 성벽으로 접근하게 하자, 왜적은 성혈(城穴: 총이나 활을 쏘기 위해 성에 뚫어놓은 구멍/역자주)로부터 어지러이 총포를 쏘아 성을 공격하는 기구들을 불태웠다. 명나라 병사들 중에 전사한 사람이 800여인이 되었는데, 유정은 진린과 몰래 통하여 수륙으로 일시에 공격하기로 하였다. 진린이 밀물이 들어오는 틈을 타고 왜적들의 성채에 육박하였는데, 갑자기 밀물이 빠져나갔다. 그러자 왜적들은 진흙으로 난입하여 포위하고 공격을 퍼부었다. 명나라 병사들은 힘이 다하여 스스로 전함 43척을 불태웠다. 유정은 대군으로 하여금 군량과 무기를 모조리 버리도록 하고 다시 부유(富有)로 돌아가 주둔하였다. 왜적은 성에서 나와 군량을 분탕질하였는데, 불태운 것이 10,000석이었다. 조선의 장수들이 모두 부유에 모였는데, 진린이 이순신과 함께 해안에 가깝게 접근하여 날마다 왜적에게 도전하였으나 왜적은 성에서 나오지 않았다. 유정이 다시 쌍암(雙巖)〈순천도호부(順天都護府)로부터 서쪽으로 40리에 있다〉에서 불우산(佛隅山)으로 옮겨서 진을 치고 대군으로 하여금 왜교로 진군하도록 명령하였다. 왜적의 배 10여 척이 먼저 묘도(猫島)로 넘어갔는데, 우리의 해군이 모조리 섬멸하였다. 왜적의 장수가 후퇴하면서 몇 척의 배를 먼저 출발시켰는데, 이순신이 길목에서 기다리고 있다고 공격하여 섬멸하였다. 선조 31년(1598) 11월에 유정은 왜교에 5,000명의 병사들만 머물게 하고 나머지 장수들과 함께 용두산(龍頭山)으로 돌아갔다.

○『통감집람(通鑑輯覽)』에 이르기를 "만력(萬曆) 26년 무술(1598) 12월에 총병(總兵) 유정(劉綎)이 바야흐로 행장(行長)을 공격하여 예교채(曳橋砦)〈조선 경주(慶州) 서남쪽 순천성 밖에 있다〉를 탈환하였다. 진린(陳璘)은 해군으로 돌격하여 왜적의 전함 100여척을 불태웠다.

행장의 무리 석만자(石蔓子)가 해군을 거느리고 와서 구원하고자 하니 진린이 바다에서 기다리고 있다가 공격하여 섬멸하였다. 이에 여러 왜적이 닻을 올리고 모조리 가 버렸다.〈수길(秀吉)이 죽었기 때문이었다〉"라 하였다.

2. 능주목(綾州牧)

『연혁』(沿革)

본래 백제의 이릉부리(尒陵夫里)였다.〈혹은 죽수부리(竹樹夫里)라고도 하였으며, 혹은 연주부리(連珠夫里)라고도 하였고, 혹은 인부리(仁夫里)라고도 하였다〉 신라 경덕왕(景德王) 16년(757)에 능성군(綾城郡)으로 고쳐서〈소속된 영현이 2였는데, 부리현(富里縣)·여미현(汝湄縣)이었다〉 무주(武州)에 예속시켰다. 고려 태조 23년(940)에 능성(綾城)으로 고쳤다. 현종(顯宗) 9년(1018)에 나주(羅州)에 소속시켰다. 인종(仁宗) 21년(1143)에 현령(縣令)을 두었다. 조선 태종 16년(1416)에 화순(和順)과 합병하여 순성현(順城縣)으로 고쳤다가 18년(1418)에 다시 화순을 별도로 두었다. 선조 27년(1594)에 또 화순을 병합시켰다가 광해군 3년(1611)에 나누었다. 인조 10년(1632)에 인헌왕후 구씨(仁獻王后 具氏)의 본관이라고 하여 능주목으로 승격시켰다.

「읍호」(邑號)

이릉(爾陵)

「관원」(官員)

목사(牧使)가〈순천진관병마동첨절제사(順天鎭管兵馬同僉節制使)를 겸한다〉 1명이다.

『방면』(坊面)

주내면(州內面)〈읍치로부터 5리에서 끝난다〉

금오면(金鰲面)〈읍치로부터 동쪽으로 40리에서 끝난다〉

운룡면(雲龍面)〈읍치로부터 동쪽으로 35리에서 끝난다〉

인물면(人物面)〈읍치로부터 동남쪽으로 50리에서 끝난다〉

쌍봉면(雙峯面)〈읍치로부터 동남쪽으로 55리에서 끝난다〉

웅남면(熊南面)〈읍치로부터 서남쪽으로 50리에서 끝난다〉

석정면(石亭面)〈읍치로부터 남쪽으로 25리에서 끝난다〉

개천면(開天面)〈읍치로부터 남쪽으로 30리에서 끝난다〉

천태면(天台面)〈읍치로부터 서남쪽으로 35리에서 끝난다〉

호암면(虎巖面)〈읍치로부터 서남쪽으로 40리에서 끝난다〉

망해면(望海面)〈읍치로부터 서쪽으로 15리에서 끝난다〉

북면(北面)〈읍치로부터 50리에서 끝난다. ○품평소(品坪所)는 읍치로부터 남쪽으로 30리에 있었다〉

『산수』(山水)

운산(雲山)〈읍치로부터 남쪽으로 1리에 있다〉

연주산(連珠山)〈읍치로부터 동쪽으로 1리에 있다〉

금오산(金鰲山)〈읍치로부터 동쪽으로 10리에 있는데, 동쪽 지맥을 용암산(龍巖山)이라고 한다〉

중조산(中條山)〈읍치로부터 동남쪽으로 50리에 있는데, 보성(寶城)과의 경계이다. ○쌍봉사(雙峯寺)가 있다〉

석천산(石泉山)〈읍치로부터 북쪽으로 20리에 있다〉

천불산(千佛山)〈읍치로부터 남쪽으로 30리에 있다. ○개천사(開天寺)·운주사(雲住寺)가 있다. 운주사의 좌우 산허리에 석불(石佛)과 석탑(石塔)이 각 1,000이다. 또 석실(石室) 2개가 있는데, 석불(石佛)이 서로 등을 향하고 앉아 있다〉

천운산(天雲山)〈읍치로부터 동쪽으로 20리에 있다〉

화악산(華嶽山)〈읍치로부터 남쪽으로 45리에 있다〉

해망산(海望山)〈읍치로부터 남쪽으로 20리에 있다〉

비봉산(飛鳳山)〈읍치로부터 서쪽으로 3리에 있다〉

망일산(望日山)〈읍치로부터 남쪽으로 25리에 있다〉

종가산(鍾笳山)〈읍치로부터 북쪽으로 15리에 있다〉

천태산(天台山)〈읍치로부터 서남쪽으로 20리에 있다〉【현학산(玄鶴山)이 있다】

「영로」(嶺路)

저점(猪岾)〈읍치로부터 동쪽으로 있는데, 동복(同福)과의 경계이다〉

왜치(倭峙)〈보성(寶城)과의 경계이다〉

여치(呂峙)〈혹은 유점(鍮岾)이라고도 한다. 읍치로부터 동남쪽으로 60리에 있는데, 보성(寶城)과의 경계이다〉

웅치(熊峙)〈읍치로부터 남쪽으로 50리에 있는데, 장흥(長興) 지역으로 통하는 대로이다〉

○거의천(車衣川)〈원류는 여점(呂岾)에서 나온다. 북쪽으로 흐르다가 동창(東倉)과 송석정(松石亭)을 지나 능주목(綾州牧)의 동북쪽 5리에 있는 화순(和順)의 도천(道川)에 이른다. 북쪽으로부터 와서 거의천의 물이 모이는 곳에는 인물도(仁物島)가 있다. 이곳에서 능주목을 빙둘러서 북서쪽으로 흐르다가 나주(羅州) 영산강(榮山江) 상류가 된다. 남평현(南平縣)의 지석강(砥石江) 조항에 자세하다〉【제언(堤堰)이 5이다】

『성지』(城池)

금오산고성(金鰲山古城)〈돌로 쌓은 옛 터가 남아있다〉

고성(古城)〈읍치로부터 서쪽으로 3리에 있는데, 흙으로 쌓은 옛 터가 남아있다〉

고성(古城)〈읍치로부터 남쪽으로 15리에 있는데, 고려 때에 왜적을 막기 위해 쌓은 것이다. 이런 이유로 왜성(倭城)이라고도 하는데, 돌로 쌓은 옛 터가 남아있다〉

『창고』(倉庫)

읍창(邑倉)

동창(東倉)〈읍치로부터 동남쪽으로 20리의 인물면(人物面)에 있다〉

서창(西倉)〈읍치로부터 서쪽으로 30리의 천태면(天台面)에 있다〉

『역참』(驛站)

인물역(人物驛)〈읍치로부터 남쪽으로 25리에 있다〉

『교량』(橋梁)

대교(大橋)〈읍치로부터 북쪽으로 5리에 있다〉

둔전교(屯田橋)〈읍치로부터 동쪽으로 5리에 있다〉

입교(笠橋)〈읍치로부터 남쪽으로 20리에 있다〉

『토산』(土産)

황죽(篁竹)·전죽(箭竹)·닥나무·뽕나무·옻나무·감·석류·벌꿀·표고버섯[향심(香蕈)]·송이버섯[송심(松蕈)]·차이다.

『누정』(樓亭)

영벽정(暎碧亭)〈연주산(連珠山) 아래에 있다〉

봉서루(鳳棲樓)〈주(州) 안에 있다〉

청흥루(淸興樓)〈읍치로부터 북쪽으로 3리에 있다〉

『사원』(祠院)

죽수서원(竹樹書院)에는〈선조 경오년(3년, 1570)에 세우고 같은 해에 편액을 하사하였다〉 조광조(趙光祖)〈문묘(文廟: 공자의 위패를 모신 성균관 또는 향교의 건물/역자주) 조항에 보인다〉·양팽손(梁彭孫)〈자(字)는 대춘(大春)이고 호(號)는 학포(學圃)이며 본관은 제주(濟州)이다. 관직은 교리(校理)를 역임하였다. 이조판서(吏曹判書)에 추증되었다〉을 모시고 있다.

○포충사(褒忠祠)에는〈광해군 기유년(1년, 1609)에 세우고 같은 해에 편액을 하사하였다〉 최경회(崔慶會)〈진주(晋州) 조항에 보인다〉·조현(曺顯)〈자는 희경(希慶)이고 호는 월헌(月軒)이며 본관은 능성(綾城)이다. 명종 을묘년(1555)에 달량권관(達梁權管)으로서 변산(邊山)에서 전사하였다. 병조참의(兵曹參議)에 추증되었다〉을 모시고 있다.

『전고』(典故)

고려 우왕(禑王) 6년(1380)에 왜적이 능성(綾城)을 노략질하였다.

○조선 선조 30년(1597)에 왜적의 장수 평수가(平秀家)가 능성(綾城)과 화순(和順)에 들어왔다.

3. 낙안군(樂安郡)

『연혁』(沿革)

본래 백제의 파지성(波知城)이었다.〈혹은 분사(分沙)라고도 하였으며 혹은 부사(夫沙)라고도 하였다〉 당(唐)나라가 백제를 멸망시킨 후에 분차주(分嵯州)를 두었다.〈소속된 현이 4였는데, 귀차현(貴且縣)·수원현(首原縣)·고서현(皐西縣)·군지현(軍支縣)이었다〉 신라 경덕왕(景德王) 16년(757)에 분령군(分嶺郡)으로 고쳐서〈소속된 영현이 4였는데, 조양현(兆陽縣)·충렬현(忠烈縣)·백주현(栢舟縣)·동원현(董原縣)이었다〉 무주(武州)에 예속시켰다. 고려 태조 23년(940)에 낙안(樂安)으로 고쳤다.〈혹은 양악(陽嶽)이라고도 하였다〉 현종(顯宗) 9년(1018)에 나주(羅州)에 소속시켰다. 명종(明宗) 2년(1172)에 감무(監務)를 두었다가 후에 지군(知郡)으로 승격시켰다. 조선 세조 12년(1466)에 군수(郡守)로 고쳤다가 중종 10년(1515)에 현으로 강등시켰다.〈군의 사람이 어머니를 살해하였기 때문이었다〉 후에 다시 승격시켰다. 명종 10년(1555)에 현으로 강등했다가〈사노(私奴)가 주인을 암살하려고 모의했기 때문이었다〉 선조 8년(1575)에 다시 승격시켰다.

「읍호」(邑號)

부사(浮槎)

낙천(洛川)

「관원」(官員)

군수(郡守)가〈순천진관병마동첨절제사(順天鎭管兵馬同僉節制使)를 겸한다〉 1명이다.〈옛날의 읍터가 읍치로부터 서쪽으로 10리에 있다〉

『방면』(坊面)

읍내면(邑內面)〈읍치로부터 10리에서 끝난다〉

동면(東面)〈읍치로부터 3리에서 시작하여 15리에서 끝난다〉

초천면(草川面)〈읍치로부터 동쪽으로 10리에서 시작하여 20리에서 끝난다〉

고읍면(古邑面)〈읍치로부터 서쪽으로 10리에 있다〉

남상면(南上面)〈읍치로부터 서남쪽으로 30리에 있다〉

남하면(南下面)〈읍치로부터 남쪽으로 20리에 있다〉

서면(西面)〈읍치로부터 20리에 있다. ○군지부곡(軍知部曲)은 당(唐)나라가 백제를 멸망시키고 군지현(軍支縣)을 두어 차주(嵯州)에 소속된 현으로 했던 것이었는데, 읍치로부터 남쪽으로 25리에 있었다. 가용소(加用所)는 읍치로부터 남쪽으로 33리에 있었다. 품어소(品魚所)는 읍치로부터 동쪽으로 29리에 있었다. 초천소(草川所)는 읍치로부터 동쪽으로 15리에 있었는데, 지금은 면(面)이 되었다. 개령소(開寧所)는 읍치로부터 동쪽으로 10리에 있었다〉

『산수』(山水)

금전산(金錢山)〈읍치로부터 북쪽으로 1리에 있다〉

개운산(開雲山)〈읍치로부터 동쪽으로 10리에 있다. ○동화사(桐華寺)가 있다〉

금화산(金華山)〈읍치로부터 서쪽으로 30리에 있다. 징광사(澄光寺)는 바닷가의 거대한 절이다〉

멸악산(滅惡山)〈읍치로부터 동쪽으로 5리에 있다〉

유둔산(油屯山)〈읍치로부터 남쪽으로 18리에 있다〉

백이산(伯夷山)〈읍치로부터 서쪽으로 5리에 있다〉

옥산(玉山)〈읍치로부터 남쪽으로 5리에 있다〉

용석산(龍石山)〈읍치로부터 동쪽에 있다〉【송봉산(松封山: 소나무를 벌목하지 못하게 금지한 산/역자주)이 7이다】【화람산(華嵐山)이 있다.】

「영로」(嶺路)

화치(火峙)〈멸악산(滅惡山)의 남쪽에 있다〉

분계치(分界峙)〈읍치로부터 서북쪽으로 20리에 있다〉

주로치(周老峙)〈읍치로부터 서남쪽으로 통하는 길이다〉

대치(大峙)〈읍치로부터 동쪽으로 15리에 있는데, 순천(順天)으로 통하는 길이다〉

대치(臺峙)〈읍치로부터 서쪽으로 40리에 있는데, 보성(寶城)으로 통하는 길이다〉

탄치(炭峙)〈읍치로부터 남쪽으로 20리에 있는데, 흥양(興陽)으로 통하는 길이다〉

분사치(分沙峙)〈읍치로부터 북쪽으로 5리에 있다〉

오고치(吾古峙)〈낙안군(樂安郡)의 동쪽으로 5리에 있는 화치산(火峙山) 허리에 있다. 그곳에 바위가 있는데, 마치 집과 같이 생겼으며 그 안에 10여 명이 앉을 수 있을 정도이다. 벽에는 구멍 하나가 있는데, 그곳의 물이 신령하다는 소문이 있다〉

○해(海)〈남쪽으로 15리에 있다〉

동천(東川)〈원류는 금전산(金錢山)에서 나온다. 남쪽으로 흐르다가 낙안군(樂安郡)의 동쪽을 지나 낙안군의 남쪽에 이르러 서천(西川)과 합류한다〉

서천(西川)〈원류는 금전산(金錢山)에서 나온다. 남쪽으로 흐르다가 낙안군의 서쪽 5리를 지나 동천(東川)과 합류한다〉

개곡천(開谷川)〈읍치로부터 서쪽으로 10리에 있다. 원류는 금화산(金華山)에서 나온다. 동쪽으로 흐르다가 선근천(善根川)으로 들어간다〉

선근천(善根川)〈읍치로부터 남쪽으로 15리에 있다. 동천(東川)·서천(西川)·개곡천(開谷川)의 세 물이 합류하여 선근천이 되었다가 바다로 들어간다〉

백정천(白亭川)〈읍치로부터 서쪽으로 15리에 있다. 원류는 금화산(金華山)에서 나온다. 남쪽으로 흐르다가 선근천(善根川)으로 들어간다〉

장암포(場巖浦)〈읍치로부터 남쪽으로 13리에 있다〉

진석포(眞石浦)〈읍치로부터 남쪽으로 25리에 있다. 숙종 13년(1687)에 보성(寶城) 용두포(龍頭浦)의 선창(船廠)을 이곳으로 옮겼다〉

대포(大浦)〈혹은 신교포(新橋浦)라고도 한다〉【제언(堤堰)이 3이다】

「도서」(島嶼)

장도(獐島)

지주도(蜘蛛島)

여음주도(汝音走島)〈대여음주도(大汝音走島)와 소여음주도(小汝音走島)가 있다〉

장고도(長鼓島)

해도(蟹島)

가차라도(加次羅島)

남매우도(男妹友島)

응도(鷹島)

귀사라도(歸沙羅島)

월음도(月音島)

이화주지도(伊火走只島)

말구지도(末仇之島)

말개도(末介島)

여자도(如自島)〈대여자도(大如自島)와 소여자도(小如自島)가 있다. 이상의 여러 섬들은 모두 낙안군(樂安郡)의 남해 바다에 있는 작은 섬들이다〉

『성지』(城池)

읍성(邑城)〈흙으로 쌓은 옛 터가 남아 있었는데, 조선시대에 석축으로 고쳐서 쌓았다. 주위는 1,592척이다. 옹성(甕城: 성문으로 공격하는 적들을 방어하기 위해 성문 앞에 둥그렇게 쌓은 성/역자주)이 6이고 성문이 2이며 우물이 2이고 연못이 2이다〉【남문(南門)은 쌍청루(雙淸樓)라고 한다】

『창고』(倉庫)

읍창(邑倉)〈읍내에 있다〉

해창(海倉)〈낙안군(樂安郡)의 남쪽 해변에 있다〉

선소창(船所倉)〈낙안군의 남쪽 해변에 있다〉

『역참』(驛站)

낙승역(洛昇驛)〈읍치로부터 서쪽으로 9리에 있다〉

『목장』(牧場)

장도목장(獐島牧場)〈말을 키운다〉

지주도목장(蜘蛛島牧場)〈소를 키운다〉

『교량』(橋梁)

석교(石橋)〈동문(東門) 밖에 있다〉

단교(斷橋)〈고읍면(古邑面)에 있다〉

선근교(善根橋)〈남하면(南下面)에 있다〉

『토산』(土産)

황죽(篁竹)·전죽(箭竹)·옻나무·닥나무·뽕나무·유자·석류·감·매화·치자나무·호도·표고버섯[향심(香蕈)]·송이버섯[송심(松蕈)]·차·김·어물 10종이다.

『장시』(場市)

읍내의 장날은 2일과 7일이다. 대교(代橋)의 장날은 4일인데, 한 달에 장날이 3번이다. 장좌촌(長佐村)의 장날은 9일인데, 한 달에 장날이 3번이다.

『전고』(典故)

고려 우왕(禑王) 1년(1375), 3년(1377), 5년(1379)에 왜적이 낙안(樂安)을 노략질하였다. 우왕 11년(1385)에 해도부원수(海道副元帥) 조언(曺彦)이 여음주도(汝音走島)에서 왜적을 공격하여 왜선 1척을 나포하였다. 우왕 때에 왜적이 낙안을 분탕질하여 백성들을 살육하고 가옥을 불질렀다.

4. 보성군(寶城郡)

『연혁』(沿革)

본래 백제의 복홀(伏忽)이었다. 신라 경덕왕(景德王) 16년(757)에 보성군으로 고쳐서〈소속된 영현이 4였는데, 오아현(烏兒縣)·마읍현(馬邑縣)·계수현(季水縣)·대로현(代勞縣)이었다〉 무주(武州)에 예속시켰다. 고려 성종 14년(995)에 패주자사(貝州刺史)로 고쳤다. 고려 현종(顯宗) 때에 다시 보성군으로 하였다.〈속현이 7이었는데, 동복현(同福縣)·조양현(兆陽縣)·복성현(福城縣)·남양현(南陽縣)·옥과현(玉果縣)·태인현(泰仁縣)·두원현(荳原縣)이었다〉 조선 세조 12년(1466)에 군수(郡守)로 고쳤다.

「읍호」(邑號)

산양(山陽)

「관원」(官員)

군수(郡守)가〈순천진관병마동첨절제사(順天鎭管兵馬同僉節制使)를 겸한다〉 1명이다.

『고읍』(古邑)

조양현(兆陽縣)〈읍치로부터 동쪽으로 30리에 있었다. 본래 백제의 동로(冬老)였다. 신라 경덕왕(景德王) 16년(757)에 조양으로 고쳐서 분령군(分嶺郡)에 소속된 영현으로 하였다. 고려 현종(顯宗) 9년(1018)에 보성군(寶城群)에 소속시켰다. 조선 태조 4년(1395)에 고흥현(高興縣)에 소속시켰다가 세종 23년(1441)에 다시 보성군으로 옮겨서 소속시켰다〉

복성현(福城縣)〈읍치로부터 북쪽으로 30리에 있었다. 본래 백제의 파부리(波夫里)였다. 신라 경덕왕(景德王) 16년(757)에 부성(富星)으로 고쳐서 능성군(陵城郡)에 소속된 현으로 하였다. 고려 태조 26년(943)에 복성으로 고쳤다. 고려 현종(顯宗) 9년(1018)에 보성군으로 옮겨서 소속시켰다〉

『방면』(坊面)

용문면(龍門面)〈읍치로부터 5리에서 끝난다〉

조내면(兆內面)〈읍치로부터 동쪽으로 25리에서 시작하여 30리에서 끝난다〉

무어면(無於面)〈읍치로부터 동쪽으로 15리에서 시작하여 30리에서 끝난다〉

송곡면(松谷面)〈읍치로부터 남쪽으로 10리에서 시작하여 20리에서 끝난다〉

노동면(蘆洞面)〈읍치로부터 서쪽으로 10리에서 시작하여 20리에서 끝난다〉

옥암면(玉巖面)〈읍치로부터 서쪽으로 5리에서 시작하여 20리에서 끝난다〉

대곡면(大谷面)〈읍치로부터 동쪽으로 30리에서 시작하여 40리에서 끝난다〉

도촌면(道村面)〈읍치로부터 남쪽으로 25리에서 시작하여 50리에서 끝난다〉

복내면(福內面)〈읍치로부터 북쪽으로 20리에서 시작하여 50리에서 끝난다〉

대여면(代如面)〈읍치로부터 북쪽으로 40리에서 시작하여 50리에서 끝난다〉

율어면(栗於面)〈읍치로부터 동북쪽으로 5리에서 시작하여 20리에서 끝난다〉

미륵면(彌勒面)〈읍치로부터 북쪽으로 5리에서 시작하여 20리에서 끝난다〉

문전면(文田面)〈혹은 적전면(積田面)이라고도 한다. 읍치로부터 북쪽으로 40리에서 시작하여 60리에서 끝난다〉

백야면(白也面)〈○사어향(沙於鄕)은 읍치로부터 남쪽으로 6리에 있었다. 가연향(加淵鄕)은 읍치로부터 서쪽으로 7리에 있었다. 추촌향(秋村鄕)은 읍치로부터 남쪽으로 20리에 있었다. 미륵소(彌勒所)는 읍치로부터 북쪽으로 15리에 있었는데, 지금은 면(面)이 되었다. 포곡소(蒲谷

所)는 읍치로부터 남쪽으로 20리에 있었다. 금곡소(金谷所)는 읍치로부터 동쪽으로 10리에 있었다. 야촌부곡(也村部曲)은 읍치로부터 남쪽으로 10리에 있었다〉【정곡동면(井谷東面)이 있다】

『산수』(山水)

덕산(德山)〈읍치로부터 북쪽으로 5리에 있다〉

복치산(福治山)〈읍치로부터 북쪽으로 30리에 있다. ○신흥사(神興寺)가 있다〉

가야산(加耶山)〈읍치로부터 남쪽으로 30리에 있다. ○정흥사(正興寺)가 있다〉

중봉산(中峯山)〈읍치로부터 북쪽으로 40리에 있다. ○대원사(大元寺)·봉갑사(鳳岬寺)가 있다〉

중조산(中條山)〈읍치로부터 북쪽으로 30리에 있는데, 능주(綾州)와의 경계이다〉

주월산(舟越山)〈혹은 방장산(方丈山)이라고도 한다. 읍치로부터 17리에 있다〉

존자산(尊者山)〈읍치로부터 동쪽으로 27리에 있는데, 낙안(樂安) 금화산(金華山)의 서쪽 지맥이다〉

몽중산(夢中山)〈읍치로부터 서쪽으로 10리에 있는데, 장흥(長興)과의 경계이다〉

오봉산(五峯山)〈읍치로부터 남쪽으로 20리에 있다. ○오봉사(五峯寺)·개흥사(開興寺)가 있다〉

봉두산(鳳頭山)〈읍치로부터 동쪽에 있다〉

계반산(界畔山)〈읍치로부터 남쪽에 있다〉

사지산(斜只山)〈읍치로부터 동쪽으로 45리에 있다〉

「영로」(嶺路)

삼발치(森鉢峙)〈읍치로부터 남쪽으로 40리에 있는데, 장흥(長興)과의 경계이다〉

대원치(大元峙)〈읍치로부터 북쪽으로 60리에 있는데, 동복(同福)과의 경계이다〉

일와치(逸臥峙)〈혹은 일우치(日憂峙)라고도 한다. 동복(同福)과의 경계이다〉

도리치(道里峙)〈읍치로부터 동쪽의 낙안(樂安)으로 통하는 길이다〉

병현(並峴)〈읍치로부터 동쪽으로 통하는 길이다〉

북산치(北山峙)〈읍치로부터 장흥(長興)과의 경계이다〉

죽방치(竹方峙)〈능주(綾州)로 통하는 길이다〉

가야치(加耶峙)〈능주(綾州)로 통하는 길이다〉

노동치(蘆洞峙)〈능주(綾州)로 통하는 길이다〉【천봉산(天鳳山)·대룡산(大龍山)·석호산(石虎山)·종계산(宗溪山)·춘암산(春巖山)이 있다】

○해(海)〈읍치로부터 동남쪽으로 30리에 있다〉

정자천(亭子川(혹은 죽천(竹川)이라고도 한다. 읍치로부터 북쪽으로 8리에 있다. 원류는 중조산(中條山)·중봉산(中峯山) 그리고 장흥(長興) 웅치(熊峙)에서 나온다. 세곳에서 나온 물이 모여서 남쪽으로 흐르다가 꺾여서 북쪽으로 흐른다. 보성군(寶城郡)의 서쪽을 지나 순천(順天) 낙수(洛水)의 원류가 된다.)

남천(南川)〈읍치로부터 남쪽으로 5리에 있다〉

조양포(兆陽浦)〈읍치로부터 동쪽으로 28리에 있다〉

용두포(龍頭浦)〈읍치로부터 동쪽으로 28리에 있다〉

왜진포(倭津浦)〈읍치로부터 동쪽으로 30리에 있다〉

안파포(安波浦)〈읍치로부터 동남쪽으로 30리에 있다〉

온돌곶(溫突串)〈읍치로부터 남쪽으로 30리에 있다〉【제언(堤堰)이 8이다】

「도서」(島嶼)

남매도(娚妹島)〈옛날의 이름은 토도(兎島)였다. 읍치로부터 동남쪽의 바다 속에 있다. ○『고려사(高麗史)』 지지(地志)에 이르기를 "어산도(語山島)·토도는 조양현(兆陽縣)에 관계된다."고 하였다〉

『성지』(城池)

읍성(邑城)〈주위는 5,924척이다. 성문이 2인데, 동문(東門)을 계양루(啓陽樓)라고 한다. 우물이 4이고 연못이 2이다〉

조양현성(兆陽縣城)〈주위는 2,755척이다. 우물이 2이다〉

『봉수』(烽燧)

정흥사동봉봉수(正興寺東峯烽燧)〈읍치로부터 남쪽으로 10리에 있는데, 임시로 설치한 것이다〉

『창고』(倉庫)

읍창(邑倉)

죽림창(竹林倉)〈읍치로부터 북쪽에 있다〉

사창(社倉)〈읍치로부터 동쪽에 있다〉

북창(北倉)〈복내면(福內面)에 있다〉

해창(海倉)〈읍치로부터 동남쪽의 해변에 있다〉

선소창(船所倉)〈읍치로부터 동남쪽의 해변에 있다〉

『역참』(驛站)

파청역(波靑驛)〈읍치로부터 동쪽으로 20리에 있다〉

가신역(可申驛)〈읍치로부터 서쪽으로 12리에 있다〉

「혁폐」(革廢)

군지역(軍知驛)〈읍치로부터 북쪽으로 30리에 있었다〉

민지역(民知驛)〈읍치로부터 남쪽으로 5리에 있었다〉

『교량〉(橋梁)

동원교(東院橋)

정자천교(亭子川橋)

『토산』(土産)

감·유자·석류·비자나무·숫돌·황죽(篁竹)·전죽(箭竹)·닥나무·옻나무·뽕나무·미역·감태(甘苔)·매산(莓山)·김·차·모시·표고버섯[향심(香蕈)]·송이버섯[송심(松蕈)]·어물 10여종이다.

『장시』(場市)

읍내의 장날은 2일인데, 한달에 장날이 세 번 선다. 우막(牛幕)의 장날은 7일인데, 한달에 장날이 세 번 선다. 복내(福內)의 장날은 4일과 9일이다. 오성원(烏城院)의 장날은 3일과 8일이다. 해창(海倉)의 장날은 1일과 6일이다. 가전(可田)의 장날은 2일과 7일이다. 기정(旗亭)의 장날은 3일과 8일이다. 동문외(東門外)의 장날은 5일과 10일이다.

『사원』(祠院)

용산서원(龍山書院)에는〈선조 정미년(40년, 1607)에 세우고 숙종 정해년(33년, 1707)에 편액을 하사하였다〉 박광전(朴光前)〈자(字)는 현재(顯哉)이고 호(號)는 죽천(竹川)이며 본관은 진원(珍原)이다. 관직은 군자감정(軍資監正)을 역임했으며, 좌승지(左承旨)에 추증되었다〉을 모시고 있다.

○대계서원(大溪書院)에는〈효종 정유년(8년, 1657)에 세우고 숙종 갑신년(30년, 1704)에 편액을 하사하였다〉 안방준(安邦俊)〈자는 사언(士彦)이고 호는 은봉(隱峯)이며 본관은 죽산(竹山)이다. 관직은 공조참의(工曹參議)를 역임하였으며 이조참판(吏曹參判)에 추증되었다〉을 모시고 있다.

○정충사(旌忠祠)에는〈숙종 정사년(3년, 1677)에 세우고 경오년(16년, 1690)에 편액을 하사하였다〉 안홍국(安弘國)〈순천(順天) 조항에 보인다〉을 모시고 있다.

○오충사(五忠祠)에는〈순조 경인년(30년, 1830)에 편액을 하사하였다〉 선윤지(宣允祉)〈안렴사(按廉使)를 역임하였다〉·선형(宣炯)〈공신으로서 유성군(楡城君)에 봉해졌다〉·선거이(宣居怡)〈병사(兵使)를 역임하였다〉·선세강(宣世綱)〈안동영장(安東營將)을 역임하였다〉·선약해(宣若海)〈수사(水使)를 역임하였다〉를 모시고 있다.

『전고』(典故)

고려 우왕(禑王) 4년(1378)에 사신을 일본에 보내 해적을 금지해 줄 것을 요청하였다. 일본구주절도사(日本九州節度使) 원료준(原了俊)이 스님 신홍(信弘)을 시켜 군사 69인을 거느리고 와서 해적을 체포하도록 하였다. 신홍이 왜의 해적들과 조양포(兆陽浦)에서 격전을 벌여 배 1척을 나포하고 나머지는 모조리 섬멸하였다. 아울러 해적들에게 사로잡혔던 부녀 20여명을 되돌려 보냈다. 우왕 1년(1375)에 왜적이 보성(寶城)을 노략질하였으며, 5년(1379)에는 조양을 노략질하였고, 6년(1380)에는 보성을 노략질하였다.

5. 동복현(同福縣)

『연혁』(沿革)

본래 백제의 두부지(豆夫只)였다. 신라 경덕왕(景德王) 16년(757)에 동복으로 고쳐서 곡성군(谷城郡)에 소속된 영현으로 하였다. 고려 현종(顯宗) 9년(1018)에 보성군(寶城郡)에 소속시켰다가 후에 감무(監務)를 두었다.〈스님 조영(祖瑛)의 고향이었기 때문이었다〉 조선 태조 3년(1394)에 화순(和順)의 업무를 아울러 겸하게 하였다가, 태종 5년(1405)에 화순과 병합하였다. 태종 7년(1407)에는 복순(福順)으로 이름을 고쳤다가 16년(1416)에 나누어서 현감(縣監)을 두었다. 효종 6년(1655)에 화순과 합쳤다가〈전패(殿牌: 지방의 수령이 거처하는 관아에 모신 패로서, 국왕을 상징하여 전(殿)이라고 하는 글씨를 썼음/역자주)가 불탔기 때문이었다〉 현종 5년(1664)에 다시 현감을 두었다.〈수촌(水村)의 고읍지(古邑址)는 읍치로부터 북쪽으로 20리에 있었다. 압곡(鴨谷)의 고읍지는 읍치로부터 25리에 있었다〉

「읍호」(邑號)

구성(龜城)

옹성(甕城)

복천(福川)

「관원」(官員)

현감(縣監)이〈순천진관병마절제도위(順天鎭管兵馬節制都尉)를 겸한다〉 1명이다.

『방면』(坊面)

읍내면(邑內面)〈읍치로부터 사방으로 10리에 있다〉

내남면(內南面)〈읍치로부터 10리에서 시작하여 20리에서 끝난다〉

외남면(外南面)〈읍치로부터 서남쪽으로 20리에서 시작하여 30리에서 끝난다〉

내서면(內西面)〈읍치로부터 10리에서 시작하여 20리에서 끝난다〉

외서면(外西面)〈읍치로부터 서북쪽으로 20리에서 시작하여 30리에서 끝난다〉

내북면(內北面)〈읍치로부터 동북쪽으로 20리에서 시작하여 30리에서 끝난다〉

외북면(外北面)〈읍치로부터 북쪽으로 40리에서 끝난다. ○와촌소(瓦村所)는 읍치로부터 북쪽으로 20리에 있었다〉

『산수』(山水)

무후사(毋后山)〈혹은 나복산(蘿葍山)이라고도 한다. 읍치로부터 동쪽으로 15리에 있는데, 순천(順天)과의 경계이다. 산세가 웅장하고 수려하다. ○유마사(維摩寺)가 있다〉

백아산(白鵝山)〈읍치로부터 동북쪽으로 25리에 있다. 산에는 흰 돌이 많다〉

무등산(無等山)〈읍치로부터 서북쪽으로 25리에 있는데, 광주(光州)와의 경계이다. ○안심사(安心寺)가 있다〉

구봉산(九峯山)〈읍치로부터 서남쪽으로 18리에 있다. ○영봉사(靈峯寺)가 있다〉

천운산(天雲山)〈읍치로부터 서남쪽으로 25리에 있는데, 화순(和順)과의 경계이다〉

대원산(大元山)〈읍치로부터 남쪽으로 20리에 있다〉

옹성산(甕城山)〈읍치로부터 북쪽으로 15리에 있다. 산의 동북쪽에 세 개의 바위가 있는데, 형태가 마치 단지의 세 발처럼 우뚝하게 솟아있다. 서쪽 산기슭에 만경대(萬景臺)가 있는데, 높이가 100여척에 이른다. 임고성산(臨古城山) 위에는 또한 석주(石柱)와 석력(石閾: 돌로 만든 문설주/역자주)이 있는데, 세속에서는 옛날의 불전(佛殿) 터라고 한다. ○혈암사(穴巖寺)가 있다〉

이참산(耳站山)〈읍치로부터 북쪽으로 35리에 있다〉

천봉산(天鳳山)〈읍치로부터 남쪽으로 25리에 있다〉

안양산(安陽山)〈읍치로부터 서쪽으로 30리에 있다〉

남산(南山)〈읍치로부터 남쪽으로 3리에 있다〉

적벽(赤壁)〈옹성산(甕城山)의 서쪽에 있는데, 연못 주변에 우뚝 솟아 있다. 돌의 색이 붉으스레한데 몹시 신기하다. 높이는 수백 척이 된다〉

석등(石燈)〈관문(官門) 밖에 있는데, 48개이다〉

「영로」(嶺路)

운월치(雲月峙)〈읍치로부터 동쪽으로 15리에 있는데, 순천(順天)의 경계이다〉

두치(斗峙)〈혹은 말거치(末巨峙)라고도 한다. 읍치로부터 동남쪽으로 20리에 있는데, 순천(順天)과의 경계이다〉

저점(猪岾)〈읍치로부터 서남쪽으로 35리에 있는데, 능주(綾州)와의 경계이다〉

일알치(日戛峙)〈읍치로부터 서남쪽으로 30리에 있는데, 보성(寶城)과의 경계이다〉

도마현(刀磨峴)〈읍치로부터 남쪽으로 25리에 있다〉

신전현(薪田峴)〈동복현(同福縣)의 서쪽에 있는데, 화순(和順)과의 경계이다〉

서정현(鋤亭峴)〈동복현(同福縣)의 서쪽에 있는데, 화순(和順)과의 경계이다〉

둔방현(屯方峴)〈동복현(同福縣)의 서쪽에 있는데, 화순(和順)과의 경계이다〉

검진령(釰津嶺)〈동복현(同福縣)의 서쪽에 있는데, 화순(和順)과의 경계이다〉

주로치(周老峙)〈동복현(同福縣)의 서쪽에 있는데, 화순(和順)과의 경계이다〉

삽치(鍤峙)〈읍치로부터 서북쪽으로 10리에 이는데, 창평(昌平)과의 경계이다〉

방하치(方下峙)〈읍치로부터 서북쪽으로 10리에 이는데, 창평(昌平)과의 경계이다〉

녹치(鹿峙)〈읍치로부터 동쪽으로 통하는 길이다〉【발은치(勃隱峙)·현서치(現瑞峙)가 있다】

○적벽강(赤壁江)〈본달천(本達川) 남쪽으로 9리에 있다. 원류는 담양(潭陽) 만덕산(萬德山)에서 나온다. 남쪽으로 흐르다가 오여동(烏餘洞)을 지나 이점천(耳岾川)이 된다. 왼쪽으로 배존천(裵存川)을 지나고 남쪽으로 휘돌아 물염연(勿染淵)·창랑연(滄浪淵)·가연(稼淵)의 물이 된다. 오른쪽으로 영신천(靈神川)을 지나고 적벽강(赤壁江)의 절경을 지나 만경대(萬景臺)에 이른다. 왼쪽으로 검천(檢川)의 남쪽을 지나 용안연(龍眼淵)·성암연(星巖淵)이 되었다가 낙수(洛水)에 합류한다〉

이점천(耳岾川)〈읍치로부터 서북쪽으로 25리에 있다. 원류는 무등산(無等山)에서 나온다. 적벽강(赤壁江)의 원류가 된다〉

배존천(裵存川)〈읍치로부터 북쪽으로 30리에 있다. 원류는 백아산(白鵝山)에서 나온다. 남쪽으로 흐르다가 빙 돌면서 물염연(勿染淵)·창랑연(滄浪淵)·적벽고소연(赤壁姑蘇淵)·봉황연(鳳凰淵)·별학연(別鶴淵)이 되는데, 혹은 깊고 혹은 얕다. 이 물은 모두 모여서 보성(寶城) 정자천(亭子川)으로 들어간다〉

영신천(靈神川)〈읍치로부터 서쪽으로 30리에 있다. 원류는 광주(光州) 장불령(長佛嶺)에서 나온다. 동쪽으로 흐르다가 적벽강(赤壁江)에 들어간다〉

검천(檢川)〈읍치로부터 북쪽으로 5리에 있다. 원류는 무후산(毋后山)·운월치(雲月峙)에서 나온다. 서쪽으로 흐르다가 적벽강(赤壁江)에 들어간다〉

와지천(瓦旨川)〈원류는 송현(松峴)에서 나온다. 읍치로부터 북쪽으로 15리에 이르러 적벽강(赤壁江) 상류로 들어간다〉

물염연(勿染淵)〈읍치로부터 북쪽으로 20리에 있는데, 배존천(裵存川)의 하류이다〉

창랑연(滄浪淵)〈읍치로부터 북쪽으로 15리에 있는데, 물염연(勿染淵)의 하류이다〉

용안연(龍眼淵)〈읍치로부터 남쪽으로 20리에 있는데, 적벽강(赤壁江)의 하류이다〉

갈탄(乫灘)〈읍치로부터 남쪽으로 35리에 있다. 원류는 저점(猪岾)에서 나온다. 용안연(龍眼淵)으로 들어간다〉【제언(堤堰)이 1이다】

『성지』(城池)

옹성(甕城)〈읍치로부터 북쪽으로 10리에 있다. 주위는 3,874척이다. 돌길이 구불구불한데, 겨우 사람이 통할 정도이다. 길이 절벽 아래로 나 있는데, 사람들이 성 위에서 내려다보면서 왕래한다. 성 밖 10여보 되는 곳에는 뾰족한 봉우리가 마주보고 서 있다. 그 사이에는 조도(鳥道)가 있는데, 사람들이 설 수가 없다. 남쪽에서 서쪽까지, 또 동쪽에서 북쪽에 이르기까지 모두 돌로 성벽을 만들었는데, 깎아지른 듯이 서있는 것이 만 길에 이른다. 성중에는 우물 7과 개울 1이 있다. 남쪽에 두 개의 문이 있는데, 적이 들어오는 장소이다. 황진(黃進)이 동복현(同福縣)의 현감이 되었을 때, 동북면 한쪽을 가로질러 성을 쌓아 내성(內城)으로 하였다〉

『창고』(倉庫)

읍창(邑倉)

북창(北倉)〈읍치로부터 북쪽으로 40리에 있다〉

『역참』(驛站)

검부역(黔富驛)〈읍치로부터 남쪽으로 5리에 있다〉

『토산』(土産)

대나무·닥나무·뽕나무·옻나무·감·석류·밤·호도·표고버섯[향심(香蕈)]·차·벌꿀·은어[은구어(銀口魚)]·철이다.

『장시』(場市)

읍내장은 1일과 6일이고 석보장은 2일과 7일이다. 사평장은 5일과 10일이고 함점장은 4일과 9일이다.

『누정』(樓亭)

응취루(凝翠樓)〈읍내에 있다〉

협선루(挾仙樓)〈읍내에 있다〉

취승정(聚勝亭)〈읍치로부터 서쪽으로 5리에 있다〉

물염정(勿染亭)〈읍치로부터 북쪽으로 20리에 있다〉

창랑정(滄浪亭)〈읍치로부터 북쪽으로 10리에 있다〉

적벽정(赤壁亭)〈옹성(甕城) 서쪽 기슭에 있다〉

환학정(喚鶴亭)〈적벽강(赤壁江) 서쪽 언덕에 있다〉

강선루(降仙樓)〈적벽강(赤壁江) 북쪽 언덕에 있다〉

『사원』(祠院)

도원서원(道源書院)에는〈현종 경술년(11년, 1670)에 세우고 숙종 정묘년(13년, 1687)에 편액을 하사하였다〉 최산두(崔山斗)〈자(字)는 경앙(景仰)이고 호(號)는 신재(新齋)이며 본관은 광양(光陽)이다. 중종 기묘년(14년, 1519)에 본 동복현(同福縣)에 귀양을 왔다가 무술년(21년, 1526)에 세상을 떠났다. 관직은 사인(舍人)을 역임하였다〉·임억령(林億齡)〈자는 대수(大樹)이고 호는 석천(石川)이며 본관은 선산(善山)이다. 관직은 강원감사(江原監司)를 역임하였다〉·정구(鄭逑)〈충주(忠州) 조항에 보인다〉·안방준(安邦俊)〈보성(寶城) 조항에 보인다〉을 모시고 있다.

『전고』(典故)

고려 우왕(禑王) 4년(1378)에 왜적이 동복(同福)을 노략질하였다. 우왕 10년(1384)에 왜적이 동복을 노략질하자 도순문사(都巡問使) 윤유린(尹有麟) 등이 왜적과 싸워 9급을 목베었다.

6. 화순현(和順縣)

『연혁』(沿革)

본래 백제의 잉리아(仍利阿)였다. 신라 경덕왕(景德王) 16년(757)에 여미(汝湄)로 고쳐서 능성군(綾城郡)에 소속된 영현으로 하였다. 고려 태조 23년(940)에 화순으로 고쳤다. 현종(顯宗) 9년(1018)에 나주(羅州)에 소속시켰다가 후에 다시 능성현(綾城縣)에 소속시켰다. 공양왕(恭讓王) 2년(1390)에 감무(監務)를 두고 남평현(南平縣)의 업무까지 겸하여 보게 하였다. 조선 태조 3년(1394)에 두 현을 분할하고 동복감무(同福監務)로 하여금 화순의 업무를 맡아보게 하였다. 태종 5년(1405)에 동복을 화순과 합쳤고 7년(1407)에 복순(福順)으로 명칭을 바꾸었으며 13년(1413)에 현감을 두었고 16년(1416)에 동복을 나누어 두고 본 화순현은 능성(綾城)과 합쳐서 순성(順城)이라고 칭하였다. 태종 18년(1418)에 다시 본 화순현을 두었다. 선조 27년(1594)에 또 능성에 합쳤다가 광해군 3년(1611)에 다시 따로 화순현을 두었다. 효종 6년(1655)에 동복을 화순현에 병합하였다가 현종 5년(1664)에 분할하였다.

「읍호」(邑號)

오성(烏城)

서양(瑞陽)

산양(山陽)

「관원」(官員)

현감(縣監)이〈순천진관병마절제도위(順天鎭管兵馬節制都尉)를 겸한다〉 1명이다.

『방면』(坊面)

읍내면(邑內面)〈읍치로부터 10리에서 끝난다〉

동면(東面)〈읍치로부터 10리에서 시작하여 30리에서 끝난다〉

서면(西面)〈읍치로부터 5리에서 시작하여 20리에서 끝난다〉

남면(南面)〈읍치로부터 10리에서 시작하여 10리에서 끝난다〉【육면(六面)이 있다】

『산수』(山水)

나한산(羅漢山)〈읍치로부터 북쪽으로 5리에 있다〉

무등산(無等山)〈읍치로부터 서북쪽으로 15레 있는데, 광주(光州) 조항에 자세하다〉

천운산(天雲山)〈읍치로부터 동남쪽으로 25리에 있는데, 동복(同福)과의 경계이다〉

대암산(大巖山)〈읍치로부터 동쪽으로 20리에 있다〉

경산(景山)〈읍치로부터 동쪽으로 25리에 있는데, 동복(同福)과의 경계이다〉

산산(蒜山)〈읍치로부터 남쪽으로 2리에 있는데, 우뚝하게 솟아올라 구릉을 형성하고 있다. 산의 서쪽 모퉁이에 10개의 우물이 있는데, 모두가 맑고 차다〉

차화산(茶花山)〈읍치로부터 동쪽으로 5리에 있다〉

종가산(鍾笳山)〈혹은 각암산(角巖山)이라고도 한다. 읍치로부터 서쪽으로 15리에 있는데, 능주(綾州)와의 경계이다〉

불선산(佛仙山)〈읍치로부터 남쪽으로 5리에 있다〉

쌍계산(雙溪山)〈읍치로부터 서북쪽으로 10리에 있다〉

대봉산(大鳳山)〈읍치로부터 서쪽으로 10리에 있다〉

섬등(蟾磴)〈읍치로부터 남쪽으로 15리에 있는데, 능주(綾州)와의 경계이다〉

서암(西巖)〈읍치로부터 동쪽으로 15리에 있는데, 냉천(冷川)이 그 아래로 흐른다〉

「영로」(嶺路)

흑토점(黑土岾)〈읍치로부터 동쪽으로 25에 있는데, 흑토가 산출된다〉

주로치(周老峙)〈읍치로부터 동쪽으로 30리에 있는데, 동복(同福)과의 경계이며 아울러 동복으로 통하는 길이다〉

두음벌치(豆音伐峙)〈읍치로부터 동쪽으로 10리에 있다〉

염치(鹽峙)〈읍치로부터 서쪽으로 20리에 있는데, 남평(南平)과의 경계이다〉

판치(板峙)〈읍치로부터 북쪽으로 10리에 있는데, 광주(光州)와의 경계이다〉

신전치(薪田峙)〈읍치로부터 동남쪽으로 25리에 있는데, 동복(同福)과의 경계이다〉【수석치(水石峙)가 있다】

○도천(道川)〈읍치로부터 남쪽으로 5리에 있다. 원류는 무등산(無等山)에서 나온다. 남쪽으로 흐르다가 냉천(冷川)이 되고, 10리를 지나 도천이 된다. 동쪽으로 흐르다가 서쪽으로 꺾여서 화순현(和順縣)의 동쪽에 이른다. 지소천(紙所川)을 지나 삼천(三川)이 된다. 벌고천(伐古川) 서쪽을 지나 죽청천(竹靑川)이 된다. 남평(南平)과의 경계에 이르러 성탄(成灘)이 되는데, 즉 지석강(砥石江) 상류이다〉

냉천(冷川)〈읍치로부터 북쪽으로 10리에 있다〉

십천(十川)〈읍치로부터 동쪽으로 20리에 있다. 원류는 천운산(天雲山)에서 나오는데, 냉천(冷川)으로 들어간다〉

지소천(紙所川)〈읍치로부터 동쪽으로 5리에 있다. 원류는 나한산(羅漢山)에서 나오는데,

도천(道川)으로 들어간다〉

삼천(三川)〈읍치로부터 남쪽으로 3리에 있다. 도천(道川) 하류로 흐른다〉

벌고천(伐古川)〈읍치로부터 서쪽으로 5리에 있다. 원류는 무등산(無等山)에서 나오는데, 삼천(三川)으로 들어간다〉【제언(堤堰)이 2이다】

『성지』(城池)

오성(烏城)〈읍치로부터 동쪽으로 8리에 있는데, 오성산(烏城山)이라고 칭하며 3리에 이르는 고성(古城) 터가 있고 그 터는 모두 석벽이다. 산의 동쪽에는 옥동(玉洞)이 있다〉

『역참』(驛站)

가림역(加林驛)〈읍치로부터 남쪽으로 12리에 있다〉

『교량』(橋梁)

대교(大橋)〈읍치로부터 남쪽으로 3리의 삼수(三水) 하류에 있다〉【차군자정(此君子亭)이 읍내에 있다】

『토산』(土產)

대나무·옻나무·닥나무·뽕나무·감·석류·차·송이버섯[송심(松蕈)]·벌꿀·철이다.

『장시』(場市)

읍내의 장날은 3일과 8일이다.

『전고』(典故)

고려 우왕(禑王) 6년(1380)에 왜적이 화순(和順)을 노략질하였다.

7. 구례현(求禮縣)

『연혁』(沿革)

본래 백제의 구차례(求次禮)였다. 신라 경덕왕(景德王) 16년(757)에 구례로 고쳐서 곡성군(谷城郡)에 소속된 영현으로 하였다. 고려 현종(顯宗) 9년(1018)에 남원(南原)에 소속시켰다. 고려 인종(仁宗) 21년(1143)에 감무(監務)를 두었다. 조선 태종 13년(1413)에 현감(縣監)을 두었다. 연산군 5년(1499)에 현감을 폐지하고 유곡부곡(楡谷部曲)으로 하여 남원(南原)에 소속시켰다.〈구례현의 사람 배인목(裵仁目)이 참언서(讖言書)를 위조하여 역모를 도모하다가 잡혀서 죽었기 때문이었다〉 중종 2년(1507)에 다시 현감을 설치하였다.

「읍호」(邑號)

봉성(鳳城)

「관원」(官員)

현감(縣監)이〈순천진관병마절제도위(順天鎭管兵馬節制都尉)를 겸한다〉 1명이다.〈구읍지(舊邑址)는 방광면(放光面) 지즉평(旨卽坪)에 있다〉

『방면』(坊面)

읍내면(邑內面)〈읍치로부터 5리에서 끝난다〉

마산면(馬山面)〈읍치로부터 동쪽으로 5리에서 시작하여 20리에서 끝난다〉

계치면(界峙面)〈읍치로부터 남쪽으로 5리에서 시작하여 30리에서 끝난다〉

토음면(吐音面)〈본래 토음처(吐音處)였다. 읍치로부터 동쪽으로 10리에서 시작한다〉

간전면(艮田面)〈읍치로부터 동남쪽으로 30리에서 시작하여 40리에서 끝난다〉

용천면(龍泉面)〈읍치로부터 북쪽으로 5리에서 시작하여 10리에서 끝난다〉

방광면(放光面)〈본래 방광소(放光所)였다. 읍치로부터 북쪽으로 5리에서 시작하여 15리에서 끝난다〉

문척면(文尺面)〈읍치로부터 남쪽으로 7리에서 시작하여 15리에서 끝난다. ○유곡부곡(楡谷部曲)은 읍치로부터 서쪽으로 15리에 있었다. 사등촌부곡(沙等村部曲)은 읍치로부터 동쪽으로 5리에 있었다. 남전소(南田所)는 읍치로부터 북쪽으로 6리에 있었다〉

『산수』(山水)

지리산(智異山)〈읍치로부터 동쪽으로 20리에 있는데, 남원(南原) 조항에 자세하다. ○화엄사(華嚴寺)는 읍치로부터 동쪽으로 10리에 있다. 절 앞에는 커다란 개울이 있으며 동쪽에는 일유봉(日留峯)이 있고 서쪽에는 월유봉(月留峯)이 있다. 연곡사(鷰谷寺)는 읍치로부터 동쪽으로 40리에 있다. 섬강(蟾江) 구곡(九谷)이 연곡사의 남쪽을 빙 두르고 있다〉

계족산(鷄足山)〈읍치로부터 동남쪽으로 40리에 있는데, 광양(光陽)과의 경계이다〉

오산(鰲山)〈읍치로부터 남쪽으로 15리에 있다. 산꼭대기에 하나의 바위가 있는데, 바위 사이의 틈이 깊게 있어서 그 깊이를 측량할 수 없을 정도이다〉

봉성산(鳳城山)〈읍치로부터 서쪽으로 1리에 있다〉

백운산(白雲山)〈읍치로부터 동남쪽으로 40리에 있는데, 광양(光陽)과의 경계이다. 산의 북쪽에 청계사(淸溪寺)가 있는데, 읍치로부터 동쪽으로 35리이다〉

오봉산(五峯山)〈읍치로부터 동쪽으로 10리에 있다〉

병방산(丙方山)〈읍치로부터 남쪽으로 10리에 있다. 산 아래에 잔수진(潺水津)이 있다〉

영취산(靈鷲山)〈읍치로부터 동쪽으로 50리에 있는데, 율목봉산(栗木封山: 밤나무를 벌목하지 못하게 금지한 산/역자주)이다〉

수락산(水落山)〈읍치로부터 동쪽으로 30리에 있다〉

응봉(鷹峯)〈읍치로부터 서쪽으로 10리에 있다〉

석주동(石柱洞)〈읍치로부터 동쪽으로 20리에 있다〉

봉동(鳳洞)〈읍치로부터 서쪽으로 1리에 있는데, 자연의 경치가 매우 아름답다〉

하천동(下泉洞)〈간전면(艮田面)에 있다〉【송봉산(松封山: 소나무를 벌목하지 못하게 금지한 산/역자주)이 2이고, 율목봉산(栗木封山: 밤나무를 벌목하지 못하게 금지한 산/역자주)이 있다】

「영로」(嶺路)

오치(烏峙)〈읍치로부터 서쪽으로 5리에 있다〉

율현(栗峴)〈읍치로부터 남쪽으로 10리에 있는데, 순천(順天)으로 통하는 중요한 지점이다〉

○섬강(蟾江)〈남원(南原)의 순자강(鶉子江)과 순천(順天)의 낙수(洛水)가 합쳐 흘러서 압록진(鴨綠津)이 되었다가 구례현(求禮縣)의 동쪽으로 들어온다. 동쪽으로 흐르다가 잔수진(潺水津)이 되고 죽연(竹淵)이 된다. 왼쪽으로 소아천(所兒川)을 지나 구연(九淵)이 되고 화개동

(花開洞)의 조수가 들어오는 곳에 이른다. 왼쪽으로 쌍계(雙溪)를 지나 하동(河東)과 광양(光陽)의 경계지역으로 들어가서 호남과 영남을 가르게 된다〉

죽연(竹淵)〈읍치로부터 남쪽으로 10리에 있는데, 잔수진(潺水津)의 하류이다〉

구연(九淵)〈혹은 구만(九灣)이라고도 한다. 읍치로부터 동쪽으로 10리의 죽연(竹淵) 하류에 있다. 연못에는 위태위태한 바위가 있는데, 1,000척에 이르는 바위가 병풍처럼 구불구불하게 둘러싸고 있다. 지리산(智異山)의 서쪽 지맥에 있는 잔수(潺水)가 빙 둘러싸고 있다. 강 밖의 다섯 봉우리가 남쪽을 마주하여 끼여있다. 영남과 호남 사이의 화물들이 이곳을 통해 운송된다. 벌판은 넓으며 토지는 비옥하다. 강을 따라 가면 임실(任實)에 이르는데, 곳곳이 명승지이며 큰 촌락도 많다. 그런데 오직 구만촌(九灣村)이 계곡의 상류에 위치하여 강과 산의 경치와 토지의 비옥, 그리고 선박과 물고기 및 소금의 이익을 누리고 있다〉

용토연(龍土淵)〈읍치로부터 동쪽으로 30리의 구연(九淵) 하류에 있는데, 하동(河東) 화개동(花開洞)과의 경계이다〉

쌍계(雙溪)〈읍치로부터 동쪽으로 35리에 있는데, 하동(河東) 조항에 보인다〉

소아천(所兒川)〈읍치로부터 동북쪽으로 3리에 있다. 원류는 남원(南原) 지역의 지리산 서쪽 지맥인 율령(栗嶺)에서 나온다. 남쪽으로 흐르다가 섬강(蟾江)으로 들어간다〉【제언(堤堰)이 3이다】

『성지』(城池)

읍성(邑城)〈주위는 4,681척이며 우물이 9이다〉

마봉고성(馬峯古城)〈읍치로부터 북쪽으로 5리에 있다. 그 성터에는 기와조각들이 쌓여있다〉

석주관(石柱關)〈읍치로부터 동쪽으로 25리에 있다. 좌우의 산세가 험준하다. 강을 따라 길이 있는데, 겨우 사람과 말이 통할 수 있다. 남쪽과 북쪽이 모두 커다란 협곡인데, 중간에 큰 강이 있어서 거의 수십리에 이른다. 고려 말에 왜적을 막기 위해 관을 설치했다. 강의 남북에는 산을 따라서 성을 쌓았는데, 지금은 퇴락하여 단지 돌로 만든 성문터만 남아있다. 이곳은 호남과 영남의 인후에 해당하는 요충지이다〉

『창고』(倉庫)

읍창(邑倉)

해창(海倉)〈읍치로부터 동쪽으로 30리에 있다〉

『역참』(驛站)

잔수역(潺水驛)〈옛날의 이름은 찬수(鑽燧)였다. 잔수진(潺水津)의 언덕에 있다〉

『진도』(津渡)

잔수진(潺水津)〈읍치로부터 남쪽으로 10리의 요충지에 있는데, 순천(順天)으로 통하는 대로이다〉

압록진(鴨綠津)〈읍치로부터 서쪽으로 29리에 있는데, 곡성(谷城)으로 통한다〉

『교량』(橋梁)

수각교(水閣橋)〈읍치로부터 남쪽으로 3리에 있다〉

무초교(茂草橋)〈읍치로부터 북쪽으로 2리에 있다〉

소아천교(所兒川橋)〈읍치로부터 북쪽으로 3리에 있다〉

연곡교(鷰谷橋)〈읍치로부터 동쪽으로 30리에 있다〉

『토산』(土產)

황죽(篁竹)·전죽(箭竹)·닥나무·옻나무·감·석류·치자나무·송이버섯[송심(松蕈)]·표고버섯[향심(香蕈)]·잣[해송자(海松子)]·호도·오미자·벌꿀·은어[은구어(銀口魚)]·비단·인어(鱗魚)·즉어(鯽魚)·자라이다.

『장시』(場市)

읍내의 장날은 3일과 8일이다. 해창(海倉)의 장날은 1일과 6일이다.

『전고』(典故)

고려 충정왕(忠定王) 2년(1350) 4월에 왜적이 구례(求禮) 조운선을 약탈하였다. 우왕(禑王) 10년(1384)에 왜적이 구례를 함락시켰다. 창왕(昌王) 때에 왜적이 구례 등의 지역을 노략질하였다.

○조선 선조 26년(1593)에 왜적이 구례(求禮)의 성지(城池)를 함락시켰는데, 백성들이 모두 피살되었다. 선조 30년(1597) 8월에 구례현감 이원춘(李元春)이 석주(石柱)를 보존하지 못하고 구례현이 성으로 돌아와 창고를 불태우고 남원(南原)으로 옮겨갔다. 그 다음날 왜적이 구례로 들어왔다.〈이원춘은 남원에서 사망하였다〉

8. 광양현(光陽縣)

『연혁』(沿革)

본래 백제의 마로(馬老)였다. 신라 경덕왕(景德王) 16년(757)에 희양(晞陽)으로 고쳐서 승평군(昇平郡)에 소속된 영현으로 하였다. 고려 태조 23년(940)에 광양(光陽)으로 고쳤다. 현종(顯宗) 9년(1018)에 그대로 속하게 하였다가 명종(明宗) 때에 감무(監務)를 두었다. 조선 태종 13년(1413)에 현감(縣監)으로 고쳤다. 선조 31년(1598)에 순천(順天)에 합쳤다가 얼마 안되어서 다시 현감으로 설치했다.

「관원」(官員)

현감(縣監)이〈순천진관병마절제도위(順天鎭管兵馬節制都尉)를 겸한다〉 1명이다.

『방면』(坊面)

우장면(牛莊面)〈읍치로부터 동쪽으로 3리에 있다〉

칠성면(七星面)〈읍치로부터 서쪽으로 3리에 있다〉

사라곡면(沙羅谷面)〈본래 사어곡부곡(沙於谷部曲)이었다. 읍치로부터 동쪽으로 10리에서 시작하여 20리에서 끝난다〉

골약면(骨若面)〈본래 골약리부곡(骨若里部曲)이었다. 읍치로부터 동쪽으로 15리에서 시작하여 30리에서 끝난다〉

월포면(月浦面)〈읍치로부터 동쪽으로 50리에서 시작하여 60리에서 끝난다〉

진상면(津上面)〈읍치로부터 동쪽으로 35리에서 시작하여 60리에서 끝난다〉

진하면(津下面)〈읍치로부터 동쪽으로 45리에서 시작하여 60리에서 끝난다〉

옥곡면(玉谷面)〈본래 옥곡소(玉谷所)였다. 읍치로부터 동쪽으로 25리에서 시작하여 35리

에서 끝난다〉

미내면(彌內面)〈읍치로부터 북쪽으로 5리에서 시작하여 30리에서 끝난다〉

인덕면(仁德面)〈읍치로부터 남쪽으로 1리에서 시작하여 30리에서 끝난다〉

옥룡면(玉龍面)〈읍치로부터 북쪽으로 5리에서 시작하여 30리에서 끝난다〉

다압면(多鴨面)〈읍치로부터 동북쪽으로 50리에서 시작하여 90리에서 끝난다. ○본정향(本井鄕)은 읍치로부터 동쪽으로 10리에 있었다. 아마대부곡(阿麽代部曲)은 읍치로부터 동쪽으로 25리에 있었다. 율곡부곡(栗谷部曲)은 읍치로부터 동쪽으로 5리에 있었다. 대곡소(大谷所)는 읍치로부터 동쪽으로 15리에 있었다. 다사촌소(多沙村所)는 읍치로부터 동쪽으로 65리에 있었다. 문현소(蚊峴所)는 읍치로부터 동쪽으로 60리에 있었다. 차의포소(車衣浦所)는 읍치로부터 동쪽으로 46리에 있었다. 구량포소(仇良浦所)는 읍치로부터 동쪽으로 45리에 있었다. 공촌소(孔村所)·공을도소(孔乙道所)가 있었다〉

『산수』(山水)

백계산(白鷄山)〈읍치로부터 북쪽으로 20리에 있다. 산 위에 바위가 있고, 그 바위 아래에 샘물이 있다. ○옥룡사(玉龍寺)는 읍치로부터 북쪽으로 25리에 있는데, 당(唐)나라 함통(咸通) 5년(864: 신라 경문왕(景文王) 4년/역자주)에 스님 도선(道詵)이 창건하고 이곳에 거처하며 호를 옥룡자(玉龍子)라고 하였다. 도선은 신라말 고려초의 유명한 스님이다. 속성(俗姓)은 김씨로서 신라 영암군(靈巖郡) 사람이다. 일찍이 당나라에 들어가 일행(一行)에게 배웠다고 한다. 고려 평장사(平章事) 최유청(崔惟淸)이 도선비(道詵碑)를 찬술하였다. ○송천사(松川寺)가 있다〉

백운산(白雲山)〈읍치로부터 북쪽으로 35리에 있는데, 자연경관이 매우 뛰어나다. ○황룡사(黃龍寺)가 있다〉

도솔산(兜率山)〈읍치로부터 북쪽으로 30리에 있다. 서쪽으로는 계족산(鷄足山)에 연결된다〉

계족산(鷄足山)〈읍치로부터 서북쪽으로 30리에 있는데, 순천(順天)·구례(求禮)와의 경계이다〉

가요산(歌謠山)〈혹은 가야산(加耶山)이라고도 한다. 읍치로부터 동쪽으로 30리에 있다〉

증산(甑山)〈읍치로부터 동쪽으로 30리에 있다〉

업굴산(業窟山)〈읍치로부터 동북쪽으로 30리에 있는데, 백운산(白雲山)의 동쪽 지맥이다〉

읍봉(揖峯)〈읍치로부터 북쪽으로 30리에 있는데, 백운산(白雲山)의 남쪽 지맥이다〉

용문(龍門)〈읍치로부터 서쪽으로 5리에 있다. 푸른 절벽이 우뚝 솟은 것이 마치 거꾸로 매달린 것과 같다. 폭포가 쏟아지는 소리가 마치 우레와 같다〉【송봉산(松封山: 소나무를 벌목하지 못하게 금지한 산/역자주)이 7이다】

「영로」(嶺路)

웅치(熊峙)〈읍치로부터 동쪽으로 20리에 있다. 사방의 산이 우뚝 솟아있는데, 험한 것이 15리나 된다〉

대치(大峙)〈방언에서는 한치(汗峙)라고도 한다. 읍치로부터 동북쪽으로 40리에서부터 산봉우리들이 사방주변을 에워싸서 서쪽으로 20리에까지 이른다〉

매치(埋峙(〈읍치로부터 동쪽으로 통하는 길이다〉

송현(松峴)〈읍치로부터 동쪽으로 통하는 길이다〉

○해(海)〈읍치로부터 남쪽으로 10리에 있다〉

동천(東川)〈읍치로부터 동쪽으로 5리에 있다. 원류는 백운산(白雲山)에서 나온다. 남쪽으로 흐르다가 바다로 들어간다〉

서천(西川)〈읍치로부터 서쪽으로 4리에 있다. 원류는 백계산(白鷄山)에서 나온다. 남쪽으로 흐르다가 바다로 들어간다〉

섬강(蟾江)〈읍치로부터 동쪽으로 60리에 있다. 그 동쪽은 하동(河東)과의 경계이다〉

초남포(草南浦)〈읍치로부터 동남쪽으로 50리에 있다〉

골약포(骨若浦)〈읍치로부터 동남쪽으로 30리에 있다〉

섬거포(蟾居浦)〈읍치로부터 동남쪽으로 40리에 있다. 원류는 백운산(白雲山)에서 나온다. 남쪽으로 흐르다가 섬거역(蟾居驛)을 지나 바다로 들어간다〉

보살포(菩薩浦)〈읍치로부터 동쪽으로 58리에 있다〉

천포(穿浦)〈읍치로부터 동쪽으로 60리에 있다〉

흑룡담(黑龍潭)〈읍치로부터 동북쪽으로 50리에 있는데, 주위가 200보이다〉【제언(堤堰)이 1이다】

「도서」(島嶼)

운도(雲島)〈광양현(光陽縣)의 남쪽에 있다〉

전경도(田耕島)〈광양현(光陽縣)의 남쪽에 있다〉

송도(松島)〈광양현(光陽縣)의 남쪽에 있다〉

외도(外島)〈옛 광양현(光陽縣)의 남쪽에 있다〉

거차도(居次島)〈광양현(光陽縣)의 동쪽에 있다〉

우도(牛島)〈광양현(光陽縣)의 동쪽에 있다〉

아지도(阿只島)〈광양현(光陽縣)의 동쪽에 있다〉

대안도(大安島)〈광양현(光陽縣)의 동쪽에 있다〉

소안도(小安島)〈광양현(光陽縣)의 동쪽에 있다〉

알대도(乶代島)〈광양현(光陽縣)의 동쪽에 있다〉

사도(蛇島)〈광양현(光陽縣)의 동쪽에 있다〉

마조도(馬槽島)〈광양현(光陽縣)의 동쪽에 있다〉

소치도(所致島)〈대소치도(大所致島)·중소치도(中所致島)·소소치도(小所致島)가 있다〉

태인도(太仁島)〈광양현(光陽縣)의 동남쪽에 있다〉

고도(古島)〈광양현(光陽縣)의 동남쪽에 있다〉

대도(代島)〈광양현(光陽縣)의 동남쪽에 있다〉

무응우리도(無應于里島)〈광양현(光陽縣)의 동남쪽에 있다〉

부용서(芙蓉嶼)

운서(雲嶼)

유자서(柚子嶼)

『성지』(城池)

읍성(邑城)〈주위는 985보이다. 옹성(甕城: 성문으로 공격해오는 적을 방어하기 위해 성문 앞에 둥그렇게 쌓은 성/역자주)이 5, 치성(雉城: 성벽에 달라붙은 적을 공격하기 위해 툭불거지게 쌓은 성/역자주)이 4이다. 연못이 5이고 우물이 2이다〉【주변루(籌邊樓)·남문(南門)이 있다】

마로고성(馬老古城)〈읍치로부터 동쪽으로 7리에 있다. 주위는 600척이다〉

중흥산고성(中興山古城)〈읍치로부터 북쪽으로 10리에 있다〉

불암산고성(佛巖山古城)〈읍치로부터 동쪽으로 50리에 있다〉

『진보』(鎭堡)

섬진보(蟾津堡)〈읍치로부터 동쪽으로 60리의 섬강(蟾江) 입구에 있다. ○별장(別將)이 1명이며, 통영(統營)에서 관할한다〉

『봉수』(烽燧)

건대산봉수(件臺山烽燧)〈읍치로부터 남쪽으로 10리에 있는데, 단지 본 광양현(光陽縣)에만 보고한다〉

『창고』(倉庫)

창(倉)이 3이다.〈읍내에 있다〉

외창(外倉)〈읍치로부터 동쪽으로 40리에 있다〉

선소창(船所倉)〈읍치로부터 동쪽으로 50리에 있다〉

『역참』(驛站)

익신역(益申驛)〈읍치로부터 동쪽으로 10리에 있다〉

섬거역(蟾居驛)〈읍치로부터 동쪽으로 40리에 있다〉

『진도』(津渡)

섬진(蟾津)〈읍치로부터 동쪽으로 60리에 있는데, 곧 하동(河東) 두치진(豆治津)이다〉

『토산』(土産)

황죽(篁竹)·전죽(箭竹)·닥나무·옻나무·뽕나무·철·감·유자나무·석류·차·표고버섯[향심(香蕈)]·석이버섯[석심(石蕈)]·송이버섯[송심(松蕈)]·벌꿀·미역·감태(甘苔)·해태(海苔)·소금·복어·홍합 등 어물 15종이다.

『전고』(典故)

조선 선조 30년(1597)에 왜적이 광양(光陽)을 함락시켰다.

9. 흥양군(興陽郡)

『연혁』(沿革)

본래 장흥부(長興府)의 고이부곡(高伊部曲)이었다.〈지금 치소(治所)로부터 동쪽으로 15리에 있었다〉 고려 충렬왕(忠烈王) 11년(1285)에 고흥현(高興縣)으로 승격하고〈옛날의 치소(治所)는 읍치로부터 남쪽으로 1리에 있었다〉 감무(監務)를 두었다.〈이 지역의 주민 유청신(柳淸臣)이 통역관으로 원(元)나라에 가서 공을 세웠기 때문에 현으로 승격시켰다. 유청신의 처음 이름은 비(庇)였다〉 조선 태조 4년(1395)에 고흥현의 사람들이 보성군(寶城郡)의 조양현(兆陽縣) 지역으로 옮겨서 거주하였다.〈왜구의 침략 때문이었다〉 태조 6년(1397)에 진(鎭)을 설치하고 병마사(兵馬使)로 하여금 판현사(判縣事)를 겸하게 하여다. 세종 5년(1423)에 첨절제사(僉節制使)로 고쳤다가 세종 23년(1441)에 또 장흥부(長興府)의 두원현(荳原縣)으로 옮겼으며, 보성군의 남양현(南陽縣)을 분할하여 병합하고〈또한 태강(泰江)·두원(荳原)·도화(道化)·풍안(豐安)·도양(道陽)도 옮겨서 소속시켰다〉 흥양(興陽)으로 고쳐서 지금의 치소(治所)로 옮겼다. 고종 10년(1873)에 군(郡)으로 승격하였다.

「읍호」(邑號)

고양(高陽)

「관원」(官員)

군수(郡守)가〈순천진관병마동첨절제사(順天鎭管兵馬同僉節制使)를 겸한다〉 1명이다.

『고읍』(古邑)

남양현(南陽縣)〈읍치로부터 북쪽으로 50리에 있었다. 본래 백제의 조조례(助助禮)였다. 신라 경덕왕(景德王) 16년(757)에 충렬(忠烈)로 고쳐서 분령군(分嶺郡)에 소속된 영현으로 하였다. 고려 태조 23년(940)에 남양(南陽)으로 고쳤다. 고려 현종(顯宗) 9년(1018)에 보성군(寶城郡)에 소속시켰다〉

태강현(泰江縣)〈읍치로부터 북쪽으로 70리에 있었다. 본래 백제의 비사(比史)였다. 신라 경덕왕(景德王) 16년(757)에 백주(柏舟)로 고쳐서 분령군(分嶺郡)에 소속된 영현으로 하였다. 고려 태조 23년(940)에 태강으로 고쳤다. 고려 현종(顯宗) 9년에 흥양(興陽)으로 옮겨서 소속시켰다〉

두원현(荳原縣)〈읍치로부터 서쪽으로 15리에 있었다. 본래 백제의 두승(荳勝)이었다. 신라 경덕왕(景德王) 16년(757)에 강원(薑原)으로 고쳐서 분령군(分嶺郡)에 소속된 영현으로 하였다. 고려 태조 23년(940)에 두원으로 고쳤다. 현종 9년(1018)에 보성군(寶城郡)에 소속시켰다. 인종(仁宗) 21년(1143)에 감무(監務)를 두었다가 다시 장흥부(長興府)에 옮겨서 소속시켰다〉

도화현(道化縣)〈읍치로부터 남쪽으로 30리에 있었다. 본래 보성군(寶城郡)의 타주부곡(他州部曲)이었다. 고려 선종(宣宗) 5년(1088)에 도화현으로 승격하였다〉

풍안현(豐安縣)〈읍치로부터 남쪽으로 25리에 있었다. 본래 보성군(寶城郡)의 식촌부곡(食村部曲)이었다. 고려 충선왕(忠宣王) 2년(1310)에 원(元)나라에 들어간 환관 이대순(李大順)의 요청으로 말미암아 풍안현으로 승격시켰다〉

도양현(道陽縣)〈읍치로부터 서남쪽으로 30리에 있었다. 본래 장흥부(長興府)의 도량부곡(道良北曲)이었다. 고려 때에 도양현으로 승격하였다. 이상의 6현은 조선 세종 23년(1441)에 흥양(興陽)으로 옮겨서 소속시켰다〉

『방면』(坊面)

읍내면(邑內面)〈읍치로부터 7리에서 끝난다〉

고읍면(古邑面)〈읍치로부터 서쪽으로 20리에서 끝난다〉

점암면(占巖面)〈읍치로부터 동쪽으로 20리에서 시작하여 50리에서 끝난다〉

포두면(浦頭面)〈읍치로부터 동쪽으로 10리에서 시작하여 40리에서 끝난다〉

남서면(南西面)〈읍치로부터 북쪽으로 50리에서 시작하여 70리에서 끝난다〉

태강면(泰江面)〈읍치로부터 북쪽으로 60리에서 시작하여 70리에서 끝난다〉

태동면(泰東面)〈읍치로부터 북쪽으로 60리에서 시작하여 70리에서 끝난다〉

태서면(泰西面)〈읍치로부터 북쪽으로 60리에서 시작하여 70리에서 끝난다〉

남양면(南陽面)〈읍치로부터 북쪽으로 35에서 시작하여 50리에서 끝난다〉

두원면(荳原面)〈읍치로부터 서쪽으로 10리에서 시작하여 40리에서 끝난다〉

도화면(道化面)〈읍치로부터 남쪽으로 30리에서 시작하여 40리에서 끝난다〉

남면(南面)〈읍치로부터 남쪽으로 30리에서 시작하여 40리에서 끝난다〉

도양면(道陽面)〈읍치로부터 서남쪽으로 20리에서 시작하여 40리에서 끝난다. ○고다산부곡(古多山部曲)은 읍치로부터 북쪽으로 35리에 있었다. 서천부곡(紓川部曲)은 읍치로부터 동쪽으로 30리에 있었는데, 본래는 보성(寶城)에 속했다가 세종 23년(1441)에 흥양(興陽)으로 옮겨서 소속시켰다. 갈평향(乫坪鄕)·자곡부곡(慈谷部曲)·초도소(酢桃所)의 3곳은 본래 남양(南陽)에 속해 있었다. 신개소(神箇所)가 있었다〉

『산수』(山水)

소이산(所伊山)〈읍치로부터 북쪽으로 3리에 있다〉

팔전산(八巓山)〈혹은 팔령산(八靈山)이라고도 한다. 읍치로부터 동쪽으로 30리의 바다입구에 있다. 마치 섬처럼 8개의 돌봉우리가 늘어서 있는데, 푸른 그림자가 검푸른 바다에 드리운다. 동쪽 산기슭이 바다에 임해 있는데, 용추(龍湫)가 있다. 또한 석벽이 있는데, 그 중에 깊이를 헤아릴 수 없는 깊은 구멍이 있다. 동풍이 불어 거친 파도가 바위 구멍으로 몰아칠 때마다 그 소리가 크게 나서 멀리까지 들리므로 명두(鳴竇)라고 부른다. 골짜기가 깊어서 세상에서는 복지(福地)라고 부른다. ○용암(龍巖)이 명두(鳴竇)의 오른쪽으로 수백보 되는 해변에 있는데, 바위 아래에 석대(石臺)가 있다. 석대는 깎은 듯이 평평하고 넓어서 가히 1,000명의 사람이 설 수 있다. ○쌍주석(雙柱石)은 명두의 동남쪽 큰 바다속 15리에 있는데, 두 개의 바위가 우뚝 솟아서 서로 마주하고 있다. 높이는 수백척이 되는데 세속에서는 혜돌암(惠乭巖)이라고 부른다. ○능가사(楞伽寺)·만경암(萬頃庵)이 있다〉

천등산(天燈山)〈읍치로부터 남쪽으로 20리에 있다. 동쪽으로 신라문무왕태봉(新羅文武王胎封)이 있다. ○금탑사(金塔寺)가 있다〉

장기산(帳機山)〈읍치로부터 서남쪽으로 30리에 있는데, 녹도진(鹿島鎭)의 진산(鎭山)이다〉

마북산(馬北山)〈읍치로부터 동쪽으로 30리에 있다. 여러 봉우리들이 층층이 늘어서 있는데, 암석이 기이하고 험준하다〉

유주산(楡朱山)〈읍치로부터 남쪽으로 40리에 있다〉

조계산(曹溪山)〈읍치로부터 남쪽으로 5리에 있다〉

수덕산(修德山)〈읍치로부터 서쪽으로 5리에 있다〉

운암산(雲巖山)〈읍치로부터 동쪽으로 10리에 있다〉

봉황산(鳳凰山)〈읍치로부터 남쪽으로 3리에 있다〉

오무산(吾毋山)〈읍치로부터 서쪽으로 8리에 있다〉

지래산(智來山)〈읍치로부터 북쪽으로 80리에 있는데, 낙안(樂安)의 경계이다〉

첨산(尖山)〈읍치로부터 북쪽으로 75리에 있다〉

망주산(望主山)〈읍치로부터 북쪽으로 60리에 있다〉

간둔산(看芚山)〈읍치로부터 북쪽으로 15리에 있다〉

금성산(錦城山)〈읍치로부터 북쪽으로 50리에 있다〉

다락산(多樂山)〈읍치로부터 북쪽으로 50리에 있다〉

금대산(金岱山)〈읍치로부터 서쪽으로 30리에 있다〉

화덕산(和德山)〈천등산(天燈山) 동남쪽에 있다〉

별학산(別鶴山)〈천등산(天燈山) 서남쪽에 있다〉【송봉산(松封山: 소나무를 벌목하지 못하게 금지한 산/역자주)이 12이고 황장봉산(黃腸封山: 국상이 났을 경우 관곽으로 사용할 재목으로 쓰기 위해 벌목하지 못하게 금지한 산/역자주)이 1이다】

「영로」(嶺路)

마치(馬峙)〈읍치로부터 북쪽으로 70리에 있는데, 보성(寶城)과의 경계이다〉

송현(松峴)〈읍치로부터 북쪽으로 5리에 있다〉

열가치(悅加峙)〈읍치로부터 낙안(落安)으로 통하는 길이다〉

○해(海)〈바다가 삼면을 빙 둘러서 있으며 섬들이 별처럼 늘어서 있고 오직 북쪽만이 육지로 연결된다〉

종천(鍾川)〈혹은 종침강(鍾沈江)이라고도 한다. 원류는 운암산(雲巖山)에서 나온다. 서쪽으로 흐르다가 흥양현(興陽縣)의 남쪽 1리를 지나 바다고 들어간다〉

탄포(炭浦)〈읍치로부터 북쪽으로 60리에 있다〉

각회포(礐會浦)〈읍치로부터 북쪽으로 15리에 있다〉

장선포(長先浦)〈읍치로부터 북쪽으로 80리에 있다〉

구포(狗浦)〈읍치로부터 서쪽으로 30리에 있다〉

고읍포(古邑浦)〈읍치로부터 남쪽으로 15리에 있다〉

우포(又浦)〈읍치로부터 남쪽으로 15리에 있다〉

양강포(楊江浦)〈읍치로부터 북쪽으로 50리에 있다〉【제언(堤堰)이 5이다】

「도서」(島嶼)

고도(姑島)〈읍치로부터 서북쪽으로 있는데, 보성(寶城)으로 통하는 길이다〉

절이도(折爾島)〈읍치로부터 남쪽에 있다. 주위는 60리이며 황장봉산(黃腸封山: 국상이 났을 경우 쓸 관곽의 재료로 쓰기 위해 벌목을 금지한 산/역자주)이 있다. 민호(民戶)가 380이다〉

외라노도(外羅老島)〈민호가 350이다. 읍치로부터 동쪽에 있다〉

내라노도(內羅老島)〈민호가 350이다. 읍치로부터 동쪽에 있다〉

계이도(界爾島)〈읍치로부터 동쪽에 있다〉

박길도(朴吉島)〈읍치로부터 북쪽에 있다〉

춘자도(春子島)〈읍치로부터 북쪽에 있다〉

노일도(老日島)〈읍치로부터 북쪽에 있다〉

죽도(竹島)〈읍치로부터 북쪽에 있다〉

시중도(侍中島)〈읍치로부터 북쪽에 있다〉

손죽도(損竹島)〈읍치로부터 남쪽에 있다〉

초도(草島)〈읍치로부터 남쪽에 있다〉

시산도(時山島)〈읍치로부터 남쪽에 있다〉

삼도(三島)〈시산도(時山島)와 삼도의 민호(民戶)에는 기와집이 많다. 배를 만드는 방법은 머리부분이 크고 꼬리부분이 작은데 이것을 주선(周船)이라고 한다. 오른쪽 주변에 녹도(鹿島)와 감목소(監牧所)가 있다. 읍치로부터 남쪽에 있다〉

수약도(水藥島)〈읍치로부터 남쪽에 있다〉

목도(읍치로부터 남쪽에 있다〉

다옥도(多玉島)〈읍치로부터 남쪽에 있다〉

옹도(甕島)

염도(鹽島)

평도(平島)〈대평도(大平島)와 소평도(小平島)가 있다〉

삼도(三島)〈대삼도(大三島)와 소삼도(小三島)가 있다〉

화도(花島)

여기도(女妓島)

와도(蝸島)

원도(圓島)

백도(白島)

용도(龍島)

상도(床島)

탁무도(卓武島)

장군도(將軍島)

애도(艾島)

사량(四梁)

구령도(九令島)

저도(猪島)

증자도(曾子島)

목미도(木米島)

거문도(巨文島)

발이도(鉢伊島)

골석(乭石)〈상골석(上乭石)과 하골석(下乭石)이 있다〉

항도(項島)〈내항도(內項島)와 외항도(外項島)가 있다〉

가도(駕島)

소록도(小鹿島)

장재도(壯才島)

송도(松島)

하도(鰕島)〈상하도(上鰕島)와 하하도(下鰕島)가 있다〉

관도(觀島)

야도(冶島)

형제도(兄弟島)

지오도(地五島)

작도(鵲島)

역만도(亦萬島)

소송도(小松島)

백도(栢島)

사평도(沙平島)

우기도(牛耆島)

사도(蛇島)

왜도(倭島)

구도(龜島)

응도(鷹島)

적도(狄島)

정도(鼎島)

금가도(金哥島)

노은도(老隱島)

광서(廣嶼)

고서(高嶼)

초서(草嶼)

흑두서(黑頭嶼)【우도(牛島)·화오도(禾五島)·원주도(元珠島)·첨도(尖島)·오동도(梧桐島)·안산도(案山島)·중돌(中乭)이 있다】

『성지』(城池)

읍성(邑城)〈주위는 3,800척이다. 옹성(甕城: 적의 공격으로부터 성문을 보호하기 위해 성문 앞에 둥그렇게 쌓은 성/역자주)이 2이고, 곡성(曲城)이 13이며 성문이 4이다〉

남양고현성(南陽古縣城)〈주위는 1,160척이다〉

백석포장성(白石浦長城)〈길이가 1,106척이다〉

풍안평장성(豐安坪長城)〈길이가 400척이다. 백석포장성(白石浦長城)과 풍안평장성은 중종 18년(1523)에 순찰사(巡察使) 고형산(高荊山)이 왜적들이 공격해오는 요충지라고 하여 쌓았다〉

『진보』(鎭堡)

사도진(蛇渡鎭)〈읍치로부터 동쪽으로 40리에 있다. 성의 주위는 1,800척이다. ○수군첨절제사(水軍僉節制使)가 1명이다〉

녹도진(鹿島鎭)〈읍치로부터 서남쪽으로 40리에 있다. 성의 주위는 1,400척이다. ○수군만호(水軍萬戶)가 1명이다〉

여도진(呂島鎭)〈읍치로부터 동북쪽으로 50리에 있다. 성의 주위는 1,100척이다. ○수군만호(水軍萬戶)가 1명이다〉

발포진(鉢浦鎭)〈읍치로부터 남쪽으로 40리에 있다. 성의 주위는 1,200척이다. ○수군만호(水軍萬戶)가 1명이다〉【사도진(蛇渡鎭)·녹도진(鹿島鎭)·여도진(呂島鎭)·발포진에는 창(倉)이 각각 2이다】

『봉수』(烽燧)

장기산봉수(帳機山烽燧)

천등산봉수(天燈山烽燧)

마차산봉수(馬此山烽燧)

팔전산봉수(八巓山烽燧)〈장기산봉수(帳機山烽燧)·천등산봉수(天燈山烽燧)·마북산봉수(馬北山烽燧)·팔전산봉수는 모두 원봉(元烽: 본래의 봉수/역자주)이다〉

수덕산봉수(修德山烽燧)〈임시로 설치한 봉수이다〉

『창고』(倉庫)

창(倉)이 2이고, 고(庫)가 3이다.〈모두 읍내에 있다〉

송창(松倉)〈읍치로부터 북쪽으로 70리의 포구 주변에 있다〉

해창(海倉)〈읍치로부터 동쪽으로 15리의 포구 주변에 있다〉

선소창(船所倉)〈읍치로부터 남쪽으로 40리에 있다〉

『역참』(驛站)

양강역(楊江驛)〈읍치로부터 북쪽으로 50리에 있다〉

『목장』(牧場)

도양장(道陽場)〈읍치로부터 서남쪽으로 40리에 있다. ○감목관(監牧官)이 1명이다〉【창(倉)이 2이다】

「속장」(屬場)

소록도장(小鹿島場)

절이도장(折爾島場)

시산도장(時山島場)

나로도장(羅老島場)

『교량』(橋梁)

홍석교(虹石橋)〈읍치로부터 북쪽으로 30리에 있다〉

『토산』(土産)

황죽(篁竹)·전죽(箭竹)·유자나무·치자나무·석류·표고버섯[향심(香蕈)]·송이버섯[송심(松蕈)]·김·미역·매산(莓山)·감태(甘苔)·황각(黃角)·차·복어·해삼·홍합 등 어물 수십 종이다.

『장시』(場市)

읍내의 장날은 4일과 9일이다. 죽천(竹川)의 장날은 2일과 7일이다. 가화(加禾)의 장날은 3일과 8일이다. 과역(過驛)의 장날은 5일과 10일이다. 유둔(油芚)의 장날은 1일과 6일이다. 도양(道陽)의 장날은 7일인데, 한달에 장이 세 번 선다.

『사원』(祠院)

쌍충사(雙忠祠)에는〈선조 정해년(20년, 1587)에 세우고 숙종 계해년(9년, 1683)에 편액을 하사하였다〉 이대원(李大源)〈자(字)는 호연(浩然)이고 본관은 함평(咸平)이다. 선조 정해년(20년, 1587)에 녹도만호(鹿島萬戶)로서 전사하였다. 관직은 전라수사(全羅水使)를 역임하였다. 병조참판(兵曹參判)에 추증되었다〉·정운(鄭運)〈영암(靈巖) 조항에 보인다〉을 모시고 있다.

『전고』(典故)

고려 창왕(昌王) 때에 왜적이 고흥(高興)·풍안(豐安)을 노략질하였다.

○조선 선조 20년(1587)에 왜적이 전라도 녹도(鹿島)를 노략질하였다. 만호(萬戶) 이대원(李大源)이 손죽도(損竹島)〈방언에 죽(竹)을 대(大)라고 한다〉에서 적은 병사들을 거느리고 힘

껏 싸우다가 원조가 끊어져 전사하였다. 선조 30년(1597)에 왜적이 흥양(興陽)을 함락시켰다.

10. 장흥도호부(長興都護府)

『연혁』(沿革)

본래 백제의 마차(馬次)였다. 신라 경덕왕(景德王) 16년(757)에 오아(烏兒)로 고쳐서 보성군(寶城郡)에 소속된 영현으로 하였다. 태조 23년(940)에 정안(定安)으로 고쳤다. 고려 현종(顯宗) 때에 지장흥부사(知長興府事)로 승격시켰다.〈혹은 고려 인종(仁宗) 때에 공예왕후 임씨(恭睿王后 任氏: 인종(仁宗)의 왕비/역자주)의 고향이어서 승격시켰다고도 하였다. ○속현이 4였는데, 수녕현(遂寧縣)·회령현(會寧縣)·장택현(長澤縣)·탐진현(耽津縣)이었다〉 원종(元宗) 6년(1265)에 회주목(懷州牧)으로 승격시켰다. 충선왕(忠宣王) 2년(1310)에 장흥부(長興府)로 강등시켰다.〈여러 목(牧)을 도태했기 때문이었다〉 후에 왜구로 말미암아 주민들이 내지로 옮겨갔다.〈오아시고읍(烏兒時古邑)은 천관산(天冠山)의 남쪽에 있는데, 고장흥(古長興)이라고 한다〉 조선 태조 1년(1392)에 수녕현(遂寧縣)의 중녕산(中寧山)에 성을 쌓고 치소(治所)로 삼았다. 태종 13년(1413)에 도호부(都護府)로 승격시켰다가 이듬해에 성이 좁다고 하여 치소를 수녕고현(遂寧古縣)으로 옮겼다. 세조 12년(1466)에 진(鎭)을 두었다.〈관하는 3읍이었다〉

「읍호」(邑號)

정주(定州)〈고려 성종 때에 정한 것이었다〉

관산(冠山)

「관원」(官員)

도호부사(都護府使)가〈장흥진병마첨절제사(長興鎭兵馬僉節制使)를 겸한다〉 1명이다.

『고읍』(古邑)

수녕현(遂寧縣)〈지금 장흥도호부(長興都護府)의 치소(治所)이다. 본래 백제의 고마미지(古馬彌知)였다. 신라 경덕왕(景德王) 16년(757)에 마읍(馬邑)으로 고쳐서 보성군(寶城郡)에 영현으로 하였다. 고려 태조 23년(940)에 수녕으로 고쳐서 영암(靈巖)에 소속시켰다〉

회령현(會寧縣)〈읍치로부터 동남쪽으로 32리에 있었다. 본래 백제의 마사량(馬師良)이었다. 당(唐)나라가 귀화(歸化)로 고쳤다. 신라 경덕왕(景德王) 16년(757)에 대로(代勞)로 고쳐서 보성군(寶城郡)에 영현으로 하였다. 고려 태조 23년(940)에 회령으로 고쳤다〉

장택현(長澤縣)〈읍치로부터 동북쪽으로 41리에 있었다. 본래 백제의 계천(季川)이었다. 신라 경덕왕(景德王) 16년(757)에 계수(季水)로 고쳐서 보성군(寶城郡)에 영현으로 하였다. 고려 태조 23년(940)에 장택으로 고쳤다. 수녕현(遂寧縣)·회령현(會寧縣)·장택현의 3현은 고려 현종(顯宗) 9년(1018)에 장흥(長興)으로 옮겨서 소속시켰다〉

『방면』(坊面)

부내면(府內面)

부동면(府東面)〈읍치로부터 1리에서 시작하여 15리에서 끝난다〉

부서면(府西面)〈읍치로부터 5리에서 시작하여 10리에서 끝난다〉

남면(南面)〈읍치로부터 15리에서 시작하여 40리에서 끝난다〉

안량면(安良面)〈본래 안양향(安壤鄕)이었다. 읍치로부터 동쪽으로 15리에서 시작하여 40리에서 끝난다〉

고읍면(古邑面)〈읍치로부터 남쪽으로 40리에서 시작하여 50리에서 끝난다〉

회령면(會寧面)〈읍치로부터 남쪽으로 40리에서 시작하여 50리에서 끝난다〉

대흥면(大興面)〈읍치로부터 남쪽으로 50리에서 시작하여 70리에서 끝난다〉

천포면(泉浦面)〈읍치로부터 동쪽으로 50리에서 시작하여 70리에서 끝난다〉

부평면(富平面)〈읍치로부터 동쪽으로 40리에서 시작하여 50리에서 끝난다〉

웅치면(熊峙面)〈본래 웅점소(熊岾所)였다. 읍치로부터 동쪽으로 15리에서 시작하여 30리에서 끝난다〉

용계면(龍溪面)〈읍치로부터 북쪽으로 10리에서 시작하여 20리에서 끝난다〉

부산면(夫山面)〈읍치로부터 북쪽으로 5리에서 시작하여 15리에서 끝난다〉

유치면(有恥面)〈본래 유치향(有峙鄕)이었다. 읍치로부터 북쪽으로 15리에서 시작하여 60리에서 끝난다〉

장동면(長東面)〈읍치로부터 북동쪽으로 30리에서 시작하여 40리에서 끝난다〉

장서면(長西面)〈읍치로부터 동북쪽으로 40리에서 시작하여 50리에서 끝난다〉

내덕도면(來德島面)

산일도면(山日島面)

평일도면(平日島面)

금당도면(金塘島面)〈내덕산면(來德山面)·산일도면(山日島面)·평일도면(平日島面)·금당도면의 4면은 모두 장흥도호부(長興都護府)의 남쪽 바다 속에 있다. ○어산향(語山鄕)은 읍치로부터 남쪽으로 15리에 있었다. 도내산향(徒內山鄕)은 읍치로부터 남쪽으로 35리에 있었다. 아서향(阿西鄕)은 읍치로부터 서쪽으로 41리에 있었다. 전랑소(餞狼所)는 읍치로부터 남쪽으로 35리에 있었다. 수태소(守太所)는 읍치로부터 동쪽으로 10리에 있었다. 칠백유소(七百乳所)는 읍치로부터 동쪽으로 20리에 있었다. 정산소(井山所)는 읍치로부터 동쪽으로 20리에 있었다. 운고소(雲膏所)는 읍치로부터 북쪽으로 20리에 있었다. 정화소(丁火所)는 읍치로부터 동쪽으로 5리에 있었다. 창거소(昌居所)는 읍치로부터 북쪽으로 20리에 있었다. 가좌소(加佐所)는 읍치로부터 북쪽으로 30리에 있었다. 거개소(居開所)는 읍치로부터 북쪽으로 20리에 있었다. 갈평소(乫坪所)는 읍치로부터 동쪽으로 30리에 있었다. 향여소(香余所)는 읍치로부터 북쪽으로 20리에 있었다〉

『산수』(山水〉

수인산(修因山)〈읍치로부터 서북쪽으로 10리에 있는데, 강진(康津) 조항에 보인다〉

중녕산(中寧山)〈읍치로부터 동쪽으로 5리에 있다〉

억불산(億佛山)〈읍치로부터 동쪽으로 15리에 있다. 산의 허리에 부암(婦巖)이 있는데, 혹은 망부석(望夫石)이라고도 한다〉

천관산(天冠山)〈읍치로부터 남쪽으로 70리의 해변에 있다. 옛날의 이름은 천풍산(天風山) 혹은 지제산(支提山)이라고 하였다. 남쪽으로 큰 바다에 임해 있다. 하늘 위로 높이 솟았다가 다시 가라앉는 등 산의 형세가 매우 기이하고 아름다우며 험하다. 맨 꼭대기의 봉우리는 구룡봉(九龍峯)이다. 서쪽에 영통대(靈通臺)가 있는데, 영통대의 동쪽 절벽에 대석탑(大石塔)이 있다. 또한 그 서쪽에 청포봉(靑蒲峯)이 있으며, 청포봉의 꼭대기에 세 개의 바위가 마치 솥처럼 서있는데, 곡식이 1석 정도 들어갈 정도의 크기이고 그곳에서 신령한 샘물이 나오며 구절창포(九節菖蒲)가 산출된다. 또한 불영봉(佛影峯)·당암(幢巖)·고암(鼓巖)·신중암(神衆巖)·측립암(側立巖)·사자암(獅子巖)·향적암(香積巖)·사나암(舍那巖)·문수암(文殊巖)·보현암(普

賢巖) 그리고 구정암(九精庵)·금강굴(金剛窟)·반야대(般若臺)·환희대(歡喜臺)·선암사(仙巖寺)·천관사(天冠寺)·옥룡사(玉龍寺)가 있다〉

봉미산(鳳尾山)〈읍치로부터 북쪽으로 50리에 있는데, 능주(綾州)와의 경계이다〉

일림산(日林山)〈읍치로부터 동쪽으로 40리에 있다〉

사자산(獅子山)〈읍치로부터 동쪽으로 20리에 있다〉

가지산(迦智山)〈읍치로부터 북쪽으로 40리에 있다. ○보림사(寶林寺)가 있다〉

용두산(龍頭山)〈읍치로부터 동북쪽으로 20리에 있다. ○금장사(金藏寺)가 있다〉

착두산(錯頭山)〈읍치로부터 동쪽으로 15리에 있다〉

벽옥산(碧玉山)〈장택고현(長澤古縣)의 북쪽에 있다〉

장원봉(壯元峯)〈장흥도호부(長興都護府)의 성 서쪽에 있다〉

사인암(舍人巖)〈읍치로부터 서쪽으로 10리에 있다〉【송봉산(松封山: 소나무를 벌목하지 못하게 금지한 산/역자주)이 4이다】

「영로」(嶺路)

웅치(熊峙)〈읍치로부터 동쪽으로 20리에 있는데, 흥양(興陽)으로 통하는 길이다〉

웅치(熊峙)〈읍치로부터 북쪽으로 40리에 있는데, 능주(綾州)와의 경계이다〉

가리치(加里峙)〈읍치로부터 북쪽으로 60리에 있는데, 나주(羅州)와의 경계이다〉

율치(栗峙)〈읍치로부터 북쪽으로 10리에 있다〉

면치(眠峙)〈읍치로부터 남쪽으로 10리에 있다〉

계치(界峙)〈읍치로부터 서남쪽으로 50리에 있다〉【왜치(倭峙)가 있다】

○해(海)〈읍치로부터 동남쪽으로 20리, 남쪽으로 70리에 있다〉

예양강(汭陽江)〈혹은 수녕천(遂寧川)이라고도 한다. 원류는 나주(羅州) 쌍계산(雙溪山)에서 나온다. 동남쪽으로 흐르다가 가지산(迦智山)을 지나면서 꺾여서 남쪽으로 흐른다. 장흥도호부(長興都護府)의 남쪽을 빙 돌아서 서쪽으로 흘러 예양강(汭陽江)이 된다. 사인암(舍人巖)에 이르러 오른쪽으로 강진(康津) 작천(鵲川)을 지나고 강진 남쪽을 통과해 오른쪽으로 주교천(舟橋川)을 지난다. 남쪽으로 흘러서 구십포(九十浦)가 되는데, 곧 탐진(耽津)의 바다로 들어가는 곳이다. 완도(莞島)가 그 남쪽을 막고 있다〉

감천(甘川)〈혹은 감호(甘湖)라고도 한다. 읍치로부터 서쪽으로 5리에 있다〉

천포(泉浦)〈읍치로부터 동쪽으로 40리에 있다〉

죽포(竹浦)〈천관산(天冠山) 남쪽에 있다〉

관음포(觀音浦)〈천관산(天冠山) 남쪽에 있다〉

둔도두포(遯道頭浦)〈천관산(天冠山) 남쪽에 있다〉【제언(堤堰)이 4이다】

「도서」(島嶼)

금당도(金塘島)

산일도(山日島)

평일도(平日島)

내덕도(來德島)

벌라도(伐羅島)

득량도(得良島)

횡간도(橫看島)

동도(童島)

대랑도(大狼島)

소랑도(小狼島)

대화도(大花島)

소화도(小花島)

대저도(大猪島)

소저도(小猪島)

우도(牛島)

장재도(壯才島)

두리도(斗里島)

황제도(皇帝島)

신도(身島)

장도(長島)〈이상의 여러 섬들은 읍치로부터 동남쪽 바다에 있다. 횡간도(橫看島) 이하의 14도는 모두 작은 섬이다〉

『형승』(形勝)

천관산(天冠山)이 얕아지면서 바다로 이어지고 예양강(汭陽江)이 성을 감싸고 있다. 산천이 수려하며 들판이 매우 비옥하여 남쪽 지방의 바다와 육지의 요충지가 된다.

『성지』(城池)

읍성(邑城)〈혹은 장녕성(長寧城)이라고도 한다. 주위는 9,004척이다. 동문·남문·북문의 3문이 있으며 샘물이 14, 연못이 3이다〉

황보성(皇甫城)〈고려 말에 황보덕(皇甫德)이 쌓은 것인데, 장흥도호부(長興都護府)의 남쪽으로 30리에 쌓았다. 주위는 1,500척이다〉

고읍성(古邑城)〈중녕산(中寧山)에 있는데, 태조 1년(1392)에 쌓았다〉

『진보』(鎭堡)

회녕포진(會寧浦鎭)〈읍치로부터 남쪽으로 70리의 해변에 있다. 남쪽으로 고금도(古今島)와 마주하고 있다. 주위는 1,990척이며 우물이 3이다. ○수군만호(水軍萬戶)가 1명이다〉【창(倉)이 2이다】

『봉수』(烽燧)

천관산봉수(天冠山烽燧)

전일산봉수(全日山烽燧)〈읍치로부터 동쪽으로 35리에 있다〉

억불산봉수(億佛山烽燧)〈읍치로부터 동쪽으로 10리에 있다. ○임시로 설치한 것이다〉

『창고』(倉庫)

창(倉)이 2이다.〈읍내에 있다〉

사창(社倉)〈장택고현(長澤古縣)에 있다〉

해창(海倉)〈읍치로부터 동남쪽으로 30리에 있다〉

남창(南倉)

『역참』(驛站)

벽사도(碧沙道)〈읍치로부터 동쪽으로 5리에 있다. 속역(屬驛)이 9이다. ○찰방(察訪)이 1명이다〉【창(倉)이 1이다】

『진도』(津渡)

우도진(牛島津)

해창진(海倉津)

『교량』(橋梁)

예양강교(汭陽江橋)〈읍치로부터 동쪽으로 2리에 있다〉

행원교(杏園橋)〈읍치로부터 북쪽으로 5리에 있다〉

감천교(甘川橋)〈읍치로부터 서쪽으로 5리에 있다〉

『목장』(牧場)

득량도목장(得良島牧場)

내덕도목장(來德島牧場)

장내도목장(帳內島牧場)

『토산』(土産)

대나무·전죽(箭竹)·닥나무·뽕나무·옻나무·유자나무·비자나무·치자나무·석류·매화·차·표고버섯[향심(香蕈)]·송이버섯[송심(松蕈)]·벌꿀·생강·소금·미역·김·감태(甘苔)·매산(莓山)·황각(黃角)·우모(牛毛)·세모(細毛)·전복·홍합 등 어물 10여종·수달(水獺)이다.

『장시』(場市)

읍내의 장날은 2일과 7일이다. 고읍(古邑)의 장날은 3일과 8일이다. 대흥(大興)의 장날은 1일과 5일이다. 유치(有恥)의 장날은 4일과 9일이다. 안량(安良)의 장날은 5일과 10일이다. 수문포(水門浦)의 장날은 1일과 6일이다. 장동(長東)의 장날은 5일과 10일이다. 장서(長西)의 장날은 6일인데, 한달에 세 번 장을 선다. 부평(富平)의 장날은 1일인데, 한달에 세 번 장이 열린다. 웅치(熊峙)의 장날은 3일과 8일이다. 천포(泉浦)의 장날은 2일과 7일이다. 회녕(會寧)의 장날은 4일과 9일이다.

『누정』(樓亭)

동정(東亭)〈예양강(汭陽江) 동쪽 언덕에 있다〉

규양루(葵陽樓)〈장흥도호부(長興都護府) 안에 있다〉

『사원』(祠院)

연곡서원(淵谷書院)에는〈숙종 무인년(24년, 1698)에 세우고 영조 병오년(2년, 1726)에 편액을 하사하였다〉 민정중(閔鼎重)〈양주(楊州) 조항에 보인다〉·민유중(閔維重)〈자(字)는 지숙(持叔)이고 호(號)는 둔촌(屯村)이며 민정중의 동생이다. 관직은 영돈녕(領敦寧)을 역임하였으며, 영양부원군(驪陽府院君)에 봉해졌다〉을 모시고 있다.

○강성서원(江城書院)에는〈숙종 계미년(29년, 1703)에 세우고 정조 을사년(9년, 1785)에 편액을 하사하였다〉 문익점(文益漸)〈단성(丹城) 조항에 보인다〉을 모시고 있다.

○충렬사(忠烈祠)에는〈숙종 계해년(9년, 1683)에 세우고 정조 경자년(4년, 1780)에 편액을 하사하였다〉 정분(鄭苯)〈자는 자유(子由)이고 호는 애일(愛日)이며 본관은 진주(晉州)이다. 단종 계유년(1년, 1453)에 사약을 받았다. 관직은 우의정(右議政)을 역임했으며, 시호(諡號)는 충장(忠壯)이다〉·정광로(鄭光露)〈정분(鄭苯)의 아들이다〉·한온(韓蘊)〈자는 군수(君粹)이고 본관은 청주(淸州)이다. 명종 을묘년(10년, 1555)에 본 장흥도호부사(長興都護府使)로서 전사하였다. 병조판서(兵曹判書)에 추증되었다〉·정명세(鄭名世)〈자는 백시(伯時)이고 호는 독곡(獨谷)이다. 선조 계사년(26년, 1593)에 해미현감(海美縣監)으로서 진주(晉州)에서 전사하였다. 도승지(都承旨)에 추증되었다〉를 모시고 있다.

『전고』(典故)

고려 원종(元宗) 11년(1270)에 삼별초(三別抄)가 장흥부(長興府)를 격하여 관군 20여 인을 죽이고 재물과 곡식을 약탈해갔다. 원종 12년(1271)에 삼별초가 장흥부와 조양현을 또 공격하여 수많은 사람들을 약탈하고 전함을 불태웠다. 원종 13년(1272)에 삼별초의 남은 무리들이 회령현(會寧縣)을 공격하여 조운선 4척을 약탈하였다. 충정왕(忠定王) 2년(1350)에 왜적이 장흥부 안양향(安壤鄕)을 노략질하였고, 4월에 왜적이 장흥부의 조운선을 노략질하였다. 고려 공민왕(恭愍王) 21년(1372)에 왜적이 장흥을 노략질하였다. 우왕(禑王) 3년(1377)에 왜적이 장택현(長澤縣)을 노략질하였는데, 원수(元帥) 지용기(池湧奇)가 격퇴시켰다. 우왕 4년(1378)

에 왜적이 장흥부를 노략질하였는데, 도순문사(都巡問使) 지용기가 탁사청(卓思淸)을 보내어 회령현에서 싸워 9인을 목베었다.

○조선 명종 10년(1555)에 왜적이 장흥을 함락시켰다.

11. 진도군(珍島郡)

『연혁』(沿革)

본래 백제의 인진도(因珍島)였다. 신라 경덕왕(景德王) 16년(757)에 진도로 고쳐서 무안군(務安郡)에 소속된 영현으로 하였다. 고려 현종(顯宗) 9년(1018)에 나주(羅州)에 소속시켰다가 후에 현령(縣令)을 두었다.〈영현이 2였는데, 가흥현(嘉興縣)·임회현(臨淮縣)이었다〉 충정왕(忠定王) 2년(1350)에 왜구로 말미암아 주민들이 내지로 옮겨서 살았다.〈고진도(古珍島)는 지금의 읍치로부터 동북쪽으로 15리에 있었다. ○고진도(古珍島)는 영암군(靈巖郡)의 곤미고현(昆湄古縣) 서명산리(西命山里)에 있었는데, 즉 나주의 서남쪽으로서 지금의 명산면(命山面) 재천(再遷) 지역이라고 한다. ○삼촌포(三寸浦)는 해남현(海南縣) 서쪽 지역에 있었는데, 지금의 삼촌면(三村面) 삼천(三遷) 지역이라고 한다〉 조선 태종 9년(1409)에 해남현과 합쳐 해진군(海珍郡)이라고 불렀다. 세종 19년(1437)에 분할하여 진도군으로 삼았다.

「읍호」(邑號)

옥천(沃川)

「관원」(官員)

군수(郡守)가〈장흥진관병마동첨절제사(長興鎭管兵馬同僉節制使)를 겸한다〉 1명이다.

『고읍』(古邑)

가흥현(嘉興縣)〈읍치로부터 북쪽으로 10리에 있었다. 본래 백제의 추산(抽山)이었는데, 혹은 원산(猿山)이라고도 하였다. 당(唐)나라가 백제를 멸망시키고 도산(徒山)으로 고쳐서 대방주(帶方州)에 소속된 영현으로 하였다. 신라 경덕왕(景德王) 16년(757)에 뇌산군(牢山郡)으로 고쳐서 무주(武州)에 예속시켰는데, 영현이 1로서 첨탐현(瞻耽縣)이었다. 고려 태조 23년(940)에 가흥으로 고쳤다. 현종(顯宗) 9년(1018)에 진도군(珍島郡)으로 옮겨서 소속시켰다〉

임회현(臨淮縣)〈읍치로부터 남쪽으로 35리에 있었다. 본래 백제의 매구리(買仇里)였다. 신라 경덕왕(景德王) 16년(757)에 첨탐(瞻耽)으로 고쳐서 뇌산군(牢山郡)에 영현으로 하였다. 고려 태조 23년(940)에 임회로 고쳤다. 현종(顯宗) 9년(1018)에 진도군(珍島郡)으로 옮겨서 소속시켰다〉

『방면』(坊面)

군내면(郡內面)〈읍치로부터 북쪽으로 10리에서 시작하여 40리에서 끝난다〉

고군내면(古郡內面)〈읍치로부터 동쪽으로 15리에서 시작하여 30리에서 끝난다〉

읍내면(邑內面)〈읍치로부터 10리에서 끝난다〉

의신면(義新面)〈본래 의신향(義新鄕)이었다. 읍치로부터 동남쪽으로 10리에서 시작하여 35리에서 끝난다〉

임회면(臨淮面)〈읍치로부터 남쪽으로 20리에서 시작하여 40리에서 끝난다〉

목장면(牧場面)〈읍치로부터 서남쪽으로 30리에서 시작하여 50리에서 끝난다〉

명산면(命山面)〈고려 충정왕(忠定王) 때에 왜적으로 말미암아 거주지를 잃은 이주민들이 거주하던 곳으로서 영암(靈巖)·나주(羅州) 지역에 넘어가 있다. 진도군(珍島郡)의 동북쪽으로 수륙 모두 200여리 떨어져 있다〉

삼촌면(三村面)〈해남(海南) 지역에 넘어가 있는데, 진도군(珍島郡)의 동쪽으로 수륙 100여리 떨어져 있다〉

제도면(諸島面)〈진도군(珍島郡)의 서남쪽 큰 바다에 흩어져 있다〉

『산수』(山水)

가흥산(嘉興山)〈읍치로부터 북쪽으로 15리에 있다〉

첨찰산(僉察山)〈읍치로부터 동쪽으로 20리에 있다〉

여귀산(女貴山)〈읍치로부터 남쪽으로 30리에 있다〉

지력산(智力山)〈읍치로부터 서쪽으로 45리에 있다〉

부지산(富智山)〈읍치로부터 서쪽으로 10리에 있다〉

망적산(望敵山)〈읍치로부터 북쪽으로 3리에 있다. 남쪽으로 제주(濟州)가 바라도 보이고 북쪽으로는 수영(水營)과 마주하고 있다〉

금골산(金骨山)〈읍치로부터 북쪽으로 30리에 있다. 중악(中嶽)이 불쑥 솟아있는데, 4면이 모두 암석이다. 바라보면 마치 옥으로 된 부용(芙蓉)과 같다. 동쪽으로는 죽 이어가면서 용장성(龍藏城)이 되고 벽파도(碧波渡)가 된다. 산에는 상굴(上窟)·중굴(中窟)·하굴(下窟)에 3굴이 있다〉

남도중산(南桃中山)〈읍치로부터 남쪽으로 40리에 있다. 한 봉우리가 특히 수려한데, 그 아래는 푸른 바다이다〉【쌍계사(雙溪寺)는 읍치로부터 동쪽으로 10리에 있다】【송봉산(松封山: 소나무를 벌목하지 못하게 금지한 산/역자주)이 11이다】

「영로」(嶺路)

굴치(屈峙)

간치(艮峙)

○해(海)〈사방이 모두 바다인데, 본 진도군(珍島郡)과 임회(臨淮)·가흥(嘉興)이 모두 바다 가운데 있다〉

욕실천(浴實川)〈읍치로부터 남쪽으로 3리에 있다. 원류는 첨찰산(僉察山)에서 나온다. 서쪽으로 흐르다가 바다로 들어간다〉

벽성포(碧城浦)〈읍치로부터 동쪽으로 30리에 있다〉

소가포(所可浦)〈읍치로부터 서쪽으로 15리에 있다〉

사월포(沙月浦)〈읍치로부터 동쪽으로 30리에 있다〉

대사읍곶(大沙邑串)〈읍치로부터 북쪽으로 30리에 있다〉

요곶(蓼串)〈읍치로부터 남쪽으로 30리에 있다〉

명량(鳴梁)〈혹은 위두항(熨斗項)이라고도 한다. 해남(海南) 삼지원(三枝院)에서 벽파정(碧波亭)까지 물길로 30리이다. 물 속에는 암초가 빽빽한 것이 마치 교량처럼 늘어서 있다. 그러나 암초 위아래는 깎아지른 듯한데, 바닷물이 이곳에 이르러 동쪽에서 서쪽으로 떨어지는데, 마치 폭포와 같이 급하게 떨어진다. 또한 해남(海南) 조항에 보인다〉【제언(堤堰)이 7이다】

「도서」(島嶼)

작응도(鵲鷹島)

주가도(朱家島)

월량도(月良島)

수충도(水冲島)〈이상의 섬들은 읍치로부터 북쪽의 바다에 있다〉

목지도(目只島)

가아도(加兒島)

주마도(走馬島)

학도(鶴島)

마비도(磨飛島)

저도(楮島)

주도(注島)

접배도(接盃島)

석남도(石南島)

쟁도(錚島)

고도(鼓島)

노면도(蘆面島)

평도(坪島)

흑길도(黑吉島)

죽항도(竹項島)

맹골도(孟骨島)

마월도(磨月島)〈대마월도(大磨月島)와 소마월도(小磨月島)가 있다〉

조도(鳥島)〈상조도(上鳥島)와 하조도(下鳥島)가 있다〉

마진도(馬津島)

가사도(加沙島)

천팔리도(千八里島)〈대천팔리도(大千八里島)와 소천팔리도(小千八里島)가 있다〉

거차리도(巨次里島)〈동거차리도(東巨次里島)와 서거차리도(西巨次里島)가 있다〉

독거유도(獨巨有島)

구자도(狗子島)

사리도(士里島)

병도(並島)〈내병도(內並島)와 외병도(外並島)가 있다〉

맹성구미도(孟城仇未島)

동곶지도(東串之島)

가도(加島)

장죽도(長竹島)

불도(佛島)

청등도(靑藤島)

장항도(長項島)

옥도(玉島)

슬도(瑟島)

관청도(官廳島)〈이상의 여러 섬들은 읍치로부터 서쪽 바다에 있다〉

양도(壤島)

팟마도(䒥亇島)

금도(金島)

모도(茅島)

금갑도(金甲島)

만재도(滿才島)〈이상의 여러 섬들은 읍치로부터 남쪽 바다에 있다〉

감배도(甘排島)

조갑도(鳥甲島)

송도(松島),이상의 여러 섬들은 읍치로부터 동쪽 바다에 있다〉

고사도(高士島)

평사도(平士島)

병명도(並明島)

나배도(羅拜島)

볼매도(乶梅島)

천도(千島)〈대천도(大千島)와 소천도(小千島)가 있다〉

갑도(甲島)

삼도(三島)

녹도(鹿島)

삼촌도(三寸島)

우암도(牛巖島)〈고벽파진(古碧波津)이다. 뒤에 자세하다〉

『성지』(城池)

읍성(邑城)〈주위는 3,400척이다. 옹성(甕城: 적의 공격으로부터 성문을 방어하기 위해 성문 앞에 둥그렇게 쌓은 성/역자주)이 14이고 성문이 3이다. 샘물이 5이고 연못이 1이다〉

고진도성(古珍島城)〈읍치로부터 동북쪽으로 15리에 있다. 정통(正統: 명(明)나라 영종(英宗)의 연호/역자주) 정사년(세종 19, 1437)에 해남현(海南縣)으로부터 본 진도군(珍島郡)의 외이리(外耳里)로 돌아왔다가 경신년(1440)에 지금의 치소(治所)로 옮겼다. 세속에서는 외이리를 신성(新城)이라고 부른다. 주위는 3,874척이며 샘물이 3이다〉

용장성(龍藏城)〈읍치로부터 동쪽으로 25리에 있다. 주위는 38,741척이다. 고려 원종(元宗) 11년(1270)에 삼별초(三別抄)가 반란을 일으켜 강화부(江華府)에서 배를 타고 남쪽으로 내려와 이 섬에 들어왔다. 성을 쌓고 궁전을 크게 세웠는데, 후에 탐라(耽羅)로 도망쳐 들어갔다〉

『진보』(鎭堡)

금갑도진(金甲島鎭)〈읍치로부터 남쪽으로 30리에 있다. 성의 주위는 1,053척이다. 옹성(甕城: 적의 공격에서 성문을 보호하기 위해 성문 앞에 둥그렇게 쌓은 성/역자주)이 6이고 성문이 3이며 우물이 3이다. ○수군만호(水軍萬戶)가 1명이다〉

남도포진(南桃浦鎭)〈읍치로부터 서남쪽으로 40리에 있다. 구진(舊鎭)은 지금 진의 남쪽으로 7리에 있었다. 성의 주위는 1,040척이며 우물이 2이다. ○수군만호(水軍萬戶)가 1명이다〉

【진(鎭)의 창(倉)이 각각 2이다】

『봉수』(烽燧)

첨찰산봉수(僉察山烽燧)

여귀산봉수(女貴山烽燧)

「권설」(權設)

상당곶봉수(上堂串烽燧)〈읍치로부터 남쪽으로 30리에 있다〉

굴라포봉수(屈羅浦烽燧)〈남도포진(南桃浦鎭)의 남쪽으로 5리에 있다〉

사구미봉수(沙仇未烽燧)〈읍치로부터 남쪽으로 40리에 있었는데, 폐지된 것으로 의심된다〉

『창고』(倉庫)

창(倉)이 2이고 고(庫)가 3이다.〈읍내에 있다〉

해창(海倉)〈읍치로부터 동쪽으로 20리에 있다〉

해창(海倉)〈읍치로부터 40리에 있다〉

명산창(命山倉)〈명산면(命山面)에 있다〉

삼촌창(三寸倉)〈삼촌면(三寸面)에 있다〉

『목장』(牧場)

지력산장(智力山場)〈주위는 130리이다. ○감목관(監牧官)이 1명인데, 남해현(南海縣)의 황원장(黃原場)에 옮겨가 있다〉

「속장」(屬場)

남도포장(南桃浦場)

첨찰산장(僉察山場)

부지산장(富智山場)

『진도』(津渡)

벽파진(碧波津)〈읍치로부터 동쪽으로 30리에 있다. 고려 때에는 대진(大津)이라고 불렀다. 해남현(海南縣)으로 통하는 삼교원(三校院)의 대로이다. ○수진장(守津將)이 1명이다. 10리에서 우수영(右水營)과 통한다〉

『교량』(橋梁)

욕실천교(浴實川橋)〈읍치로부터 남쪽으로 2리에 있다〉

잠실교(蚕室橋)〈읍치로부터 북쪽으로 9리에 있다〉

석교(石橋)〈읍치로부터 북쪽으로 5리에 있다〉

『토산』(土産)

귤·유자나무·석류·비자나무·전죽(箭竹)·미역·황각(黃角)·감태(甘苔)·매산(莓山)·세모(細毛)·우모(牛毛)·표고버섯[향심(香蕈)]·김·전복·홍합·해삼 등 어물 10여종이다.

『장시』(場市)

의신(義新)의 장날은 2일이고, 석현(石峴)의 장날은 5일며, 목장(牧場)의 장날은 7일인데, 모두 한달에 장날이 3번 선다.

『누정』(樓亭)

벽파정(碧波亭)〈벽파진(碧波津) 주변에 있는데, 산과 바다의 경치가 아름답다〉

조종루(朝宗樓)〈성 안에 있다〉

망해루(望海樓)〈남문(南門)에 있다〉【동백정(冬栢亭)이 있다】

『전고』(典故)

신라 효공왕(孝恭王) 11년(907)에 태봉(泰封)의 왕 궁예(弓裔)가 왕건(王建)〈고려의 태조이다〉에게 명하여 전함을 거느리고 진도성(珍島城)을 항복시키게 하였다. 또 고이도성(皐夷島城)을 격파하였다.

○고려 명종(明宗) 즉위 초에 무신(武臣) 정중부(鄭仲夫) 등이 전 임금〈의종(毅宗)〉의 태자를 진도현(珍島縣)에 추방하였다〉 원종(元宗) 11년(1270)에 삼별초(三別抄)가 진도를 점령하고 이곳에 근거하였다. 장군 양동무(楊東茂) 등이 해군으로써 진도를 토벌하였다. 김방경(金方慶)이 몽골(蒙古)의 원수(元帥) 아해(阿海)와 함께 군사 1,000으로써 진도의 삼별초를 토벌하였다. 이때 삼별초의 기세가 치열하여 주변의 주군은 저항도 해보지 못하고 항복하였다. 김방경과 아해가 삼견원(三堅院)〈즉 삼지원(三枝院)이다〉에 이르러 진도를 마주하여 진을 치고 여러 날을 서로 대치하였다. 김방경이 진도로 접근하자 삼별초는 모두 배를 타고 기치를 세워 징과 북을 치니 마치 바다가 들끓듯 하였다. 또한 진도성 위에다가 북을 설치하고 함성을 올리자 몽골의 장수 아해는 겁이 나서 전진하지 못하였다. 김방경이 홀로 병사들을 거느리고 삼별초를 공격하여 깊숙이 들어갔다. 그러나 김방경은 화살과 돌이 다하고 병사들이 거의 전멸하여 패전해 돌아갔다. 원종 12년(1271)에 몽골이 영녕공(永寧公) 준자(綧子), 희옹(熙翁) 등 2명을 보내 병사 400을 거느리게 하고, 홍공구(洪恭丘)는 병사 500을 거느리게 하였다. 고려에서는 장군 변량(邊亮) 등을 보내 해군 300을 거느리게 하였다. 김방경과 몽골의 장수 흔도(忻都) 등이 함께 토벌하자 삼별초는 놀라서 무너졌다. 삼별초 중에서 김통정(金通精)이 남은 무리를 거느리고 탐라(耽羅)로 도망해 들어갔다. 삼별초가 거짓으로 세운 임금인 승화후(承化侯) 온

(溫)의 목을 베었다.

○조선 선조 30년(1597)에 우수사(右水使) 배설(裵楔)이 선박 12척으로써 진도(珍島) 벽파정(碧波亭)으로 후퇴해 있었는데, 이때 이순신(李舜臣)이 다시 삼도통제사(三道統制使)가 되었다. 이순신은 배설이 있는 곳으로 달려왔다. 왜적의 배들이 악양령(嶽陽嶺)의 바닷가 50~60리 사이에 정박해 있었는데, 배들이 해안에 가득했다. 왜장(倭將) 평수가(平秀家)가 섬진(蟾津)을 통해 한산도(閑山島)로 들어가 먼저 1,000여 척의 배를 이끌고 서해로 향하였다. 왜적의 배 수백 척이 먼저 진도에 도착했다. 이순신은 명량(鳴梁)에 머물고 있었는데, 왜적은 아군의 군사들이 미약한 것을 보고 다투어 와서 포위하였다. 아군은 일제히 기치를 올리고 바람을 따라 불화살을 쏘아 왜적의 배들을 모조리 불태우고 수백 급의 목을 베었다. 왜적은 불에 타죽고 물에 빠져 죽은 자들이 헤아릴 수 없을 정도였다. 왜적은 겨우 10척의 배만으로 도망쳤다.

12. 강진현(康津縣)

『연혁』(沿革)

본래 백제의 동음(冬音)이었다. 신라 경덕왕(景德王) 16년(757)에 탐진(耽津)으로 바꾸어 양무군(陽武郡)에 소속된 현으로 하였다. 고려 초에 영암군(靈巖郡)에 소속시켰다. 고려 현종(顯宗) 9년(1018)에 장흥부(長興府)에 소속시켰다가 후에 감무(監務)를 두었다. 조선 태종 17년(1417)에 도강현(道康縣)으로 병마도절제사영(兵馬都節制使營)을 옮기고 도강현을 탐진과 합쳐서 강진현감(康津縣監)으로 하였다.〈탐진의 고치소(古治所)는 읍치로부터 남쪽으로 50리에 있었다. 세종 11년(1429)에 치소를 도강현의 송계(松溪)로 옮겼다. 성종 6년(1475)에 지금의 치소로 옮겼다〉

「읍호」(邑號)

오산(鰲山)

「관원」(官員)

현감(縣監)이〈장흥진관병마절제도위(長興鎭管兵馬節制都尉)를 겸한다〉 1명이다.

『고읍』(古邑)

도강현(道康縣)〈읍치로부터 북쪽으로 20리에 있었다. 본래 백제의 도무(道武)였다. 신라 경덕왕(景德王) 16년(757)에 양무군(陽武郡)으로 고쳤는데, 소속된 영현이 침명현(浸溟縣)·안고현(安固縣)·황원현(黃原縣)·탐진현(耽津縣)의 4현이었으며, 무주(武州)에 예속시켰다. 고려 태조 23년(940)에 도강(道康)으로 고쳤다. 고려 현종(顯宗) 9년(1018)에 영암군(靈巖郡)에 소속시켰다. 명종(明宗) 2년(1172)에 감무(監務)를 두었다. 조선 태종 17년(1417)에 탐진현과 합치고 강진(康津)으로 이름을 고쳤으며 강진현의 북쪽에 병영(兵營)을 두었다. ○읍호(邑號)는 금릉(金陵)이었다〉

『방면』(坊面)

현내면(縣內面)〈읍치로부터 10리에서 끝난다〉

고읍면(古邑面)〈옛날의 송계부곡(松溪部曲)이었다. 읍치로부터 북쪽으로 10리에서 시작하여 30리에서 끝난다〉

고군내면(古郡內面)〈읍치로부터 북쪽으로 30리에서 시작하여 35리에서 끝난다〉

열수면(列樹面)〈읍치로부터 북쪽으로 20리에서 시작하여 30리에서 끝난다〉

나주면(羅州面)〈읍치로부터 북쪽으로 5리에서 시작하여 10리에서 끝난다〉

이음면(梨音面)〈읍치로부터 북쪽으로 10리에서 시작하여 15리에서 끝난다〉

초곡면(草谷面)〈읍치로부터 북쪽으로 25리에서 시작하여 35리에서 끝난다〉

오천면(梧川面)〈읍치로부터 북쪽으로 25리에서 시작하여 40리에서 끝난다〉

지전면(知田面)〈읍치로부터 서쪽으로 5리에서 시작하여 50리에서 끝난다〉

화구면(火口面)〈본래 대구소(大口所)였다. 읍치로부터 남쪽으로 30리에서 시작하여 60리에서 끝난다〉

칠양면(七陽面)〈본래 칠양소(七陽所)였다. 읍치로부터 남쪽으로 15리에서 시작하여 35리에서 끝난다〉

파지대면(波之大面)〈읍치로부터 서쪽으로 7리에서 시작하여 30리에서 끝난다〉

보석면(寶石面)〈읍치로부터 서남쪽으로 15리에서 시작하여 40리에서 끝난다〉

안주면(安住面)〈읍치로부터 서북쪽으로 30리에서 시작하여 45리에서 끝난다〉

백도면(白道面)〈읍치로부터 서남쪽으로 30리에서 시작하여 80리에 있다. 탐진(耽津)의 서

쪽에 있는데, 이곳을 통하여 완도(莞島)로 들어간다〉

군영면(軍營面)〈읍치로부터 남쪽으로 30리에서 시작하여 90리에서 끝난다. 탐진(耽津)의 동쪽에 있는데, 이곳을 통하여 조약도(助藥島)로 들어간다〉

고금도면(古今島面)〈완도(莞島)의 동쪽, 장흥(長興) 회령포(會寧浦)의 남쪽 바다에 있다〉

신지도면(薪智島面)〈고금도(古今島)의 남쪽에 있다〉

완도면(莞島面)〈읍치로부터 남쪽으로 100리에 있다〉

청산도면(青山島面)〈읍치로부터 남쪽으로 200리에 있다〉

조약도면(助藥島面)〈읍치로부터 남쪽으로 100리에 있는데, 고금도(古今島)의 동쪽이다. ○평덕향(平德鄕)은 읍치로부터 동쪽으로 10리에 있었다. 운수부곡(雲水部曲)은 읍치로부터 동쪽으로 20리에 있었다. 좌곡부곡(佐谷部曲)은 읍치로부터 남쪽으로 60리에 있었다. 미포부곡(彌浦部曲)은 읍치로부터 남쪽으로 30리에 있었다. 영가부곡(永可部曲)은 읍치로부터 북쪽으로 15리에 있었다. 부원소(富元所)는 읍치로부터 남쪽으로 15리에 있었다. 구계소(舊溪所)는 읍치로부터 남쪽으로 37리에 있었다. 종옥소(種玉所)는 읍치로부터 남쪽으로 50리에 있었다. 산심소(山深所)는 읍치로부터 서북쪽으로 35리에 있었다. 소계소(小計所)는 읍치로부터 북쪽으로 20리에 있었다〉

『산수』(山水)

보은산(報恩山)〈읍치로부터 동북쪽으로 7리에 있다〉

월출산(月出山)〈읍치로부터 서북쪽으로 40리에 있는데, 영암(靈巖) 조항에 자세하다. ○월남사(月南寺)는 산의 남쪽에 있는데, 고려 때의 스님 진각(眞覺)이 세웠다. ○무위사(無爲寺)는 개운(開運) 3년(946: 고려 정종(定宗) 1년)에 스님 도선(道詵)이 창건했다. 동쪽에 양자암(養子巖)이 있는데, 하나의 바위가 우뚝하게 솟아있고 그 위는 평평하다〉

만덕산(萬德山)〈읍치로부터 서남쪽으로 15리에 있다. 산의 봉우리가 부용꽃과 같이 맑고 푸르게 우뚝 솟았다가 해안에서 멈춘다. ○백련사(白蓮寺)는 남쪽으로 큰 바다에 닿아 있다. 소나무·잣나무·대나무·동백나무·비자나무·치자나무가 골짜기에 가득하게 푸르게 자라는데, 사시사철이 한결같다. ○만덕사(萬德寺)는 읍치로부터 남쪽으로 10리에 있다. 운제사(雲際寺)가 있다〉

좌곡산(佐谷山)〈읍치로부터 서남쪽으로 65리에 있다. 만덕산(萬德山)의 남쪽 지맥으로서

탐진(耽津)의 서쪽으로 쑥 들어가 있다. 서쪽에 해포(海浦)가 있다〉

수인산(修因山)〈읍치로부터 동쪽으로 30리에 있는데, 장흥(長興)의 경계이다. ○수인사(修因寺)가 있다〉

천개산(天蓋山)〈읍치로부터 남쪽으로 40리에 있다. 산 가운데에 흰 돌들이 쌓인 곳으로 물이 흐르는데, 그 물소리가 급한 것이 바람과 우레가 치는 것과 같다. ○천개사(天蓋寺)·정수사(淨水寺)가 있다〉

서기산(瑞氣山)〈읍치로부터 서쪽으로 20리에 있다〉

연기산(烟起山)〈읍치로부터 남쪽으로 20리에 있다〉

이발산(離鉢山)〈읍치로부터 동쪽으로 20리에 있다〉

주작산(朱雀山)〈읍치로부터 서쪽으로 35리에 있다〉

불용산(佛湧山)〈읍치로부터 동남쪽으로 30리에 있다〉

비파산(琵琶山)〈읍치로부터 동쪽으로 7리에 있다〉

금사봉(金沙峯)〈읍치로부터 남쪽으로 10리에 있다〉【송봉산(松封山: 소나무를 벌목하지 못하게 금지한 산/역자주)이 26이다】【만흥사(萬興寺)는 읍치로부터 동쪽으로 20리에 있다】

「영로」(嶺路)

마점(馬岾)〈읍치로부터 서쪽으로 20리에 있는데, 해남(海南)으로 통하는 대로이다〉

사인암치(舍人巖峙)〈읍치로부터 동쪽으로 20리에 있는데, 장흥(長興)으로 통하는 대로이다〉

율치(栗峙)〈읍치로부터 동쪽으로 20리에 있는데, 장흥(長興)과의 경계이다〉

고야치(高也峙)〈읍치로부터 북쪽으로 25리에 있다〉

율치(栗峙)〈읍치로부터 서북쪽으로 25리에 있는데, 영암(靈巖)으로 통한다〉

동치(東峙)〈읍치로부터 서북쪽으로 20리에 있는데, 영암(靈巖)과의 경계이다〉

석문(石門)〈읍치로부터 서쪽으로 15리에 있다. 두 개의 산이 마주하고 있는데, 그 중간으로 시냇물이 흐른다〉【대암치(大巖峙)는 읍치로부터 동쪽에 있다】

○해(海)는 읍치로부터 남쪽으로 70리에 있다.

예양강(汭陽江)〈세속에서 금강(錦江)이라고 한다. 읍치로부터 남쪽으로 15리에 있는데, 탐진(耽津)의 상류이다. ○장흥(長興) 조항에 자세하다〉

주교천(舟橋川)〈읍치로부터 서쪽으로 5리에 있다. 원류는 서기산(瑞氣山)에서 나온다. 동남쪽으로 흐르다가 예양강(汭陽江)으로 들어간다〉

작천(鵲川)〈읍치로부터 북쪽으로 15리에 있다. 원류는 월출산(月出山)의 동쪽에서 나온다. 동쪽으로 흐르다가 송계고읍(松溪古邑)을 지난다. 도강고현(道康古縣)의 남쪽에 이르렀다가 대치천(大峙川)을 지나 장흥(長興) 서쪽에 경계지역에 이르러 금천(錦川)이 된다. 남쪽으로 흘러 예양강(汭陽江)으로 들어간다〉

감물천(甘勿川)〈읍치로부터 남쪽으로 10리에 있다. 원류는 마점(馬岾)에서 나와 예양강(汭陽江)으로 들어간다〉

화치천(火峙川)〈원류는 영암(靈巖) 화치(火峙)에서 나온다. 동쪽으로 흐르다가 병영(兵營)의 남쪽을 지나 작천(鵲川)으로 들어간다〉

송계(松溪)〈읍치로부터 서북쪽으로 20리에 있는데, 즉 작천(鵲川)의 상류이다〉

남원포(南垣浦)〈읍치로부터 남쪽으로 57리에 있다. 바다에 이어져 있는데, 즉 고탐진(古耽津)의 읍터이다〉

구십포(九十浦)〈만덕산(萬德山)의 남쪽에 있다. 즉 예양강(汭陽江) 하류로서 바다에 들어가는 곳이다〉

금곡소석천(金谷小石川)〈읍치로부터 동쪽으로 10리에 있다〉【제언(堤堰)이 10이다】

「도서」(島嶼)

완도(莞島)〈주위는 100리이다. 이진(二津)을 넘어 들어가 있다. 옛날에는 영암(靈巖)·강진(康津)·해남(海南)의 세 고을에 나뉘어서 소속되어 있었다. 고종 5년(1868)에 합하여 본 강진현에 소속시켰다. 황장봉산(黃腸封山: 왕실의 관곽으로 사용하기 위해 나무를 벌목하지 못하게 금지한 산/역자주)이 있다. 섬 중에 상왕봉(象王峯)·천연대(天然臺)·법화암(法華庵)이 있다. 자연의 경관이 매우 아름다운 바다 위의 명승지이다〉

고금도(古今島)〈주위는 100리이다〉

신지도(薪智島)〈주위는 90리이다〉

조약도(助藥島)〈주위는 80리이다〉

가배도(加背島)〈완도(莞島)의 동쪽에 있다〉

소흘도(所訖島)〈신지도(薪智島)의 남쪽에 있다〉

선산도(仙山島)

가우도(駕牛島)

죽도(竹島)

복도(伏島)〈선산도(仙山島)·가우도(駕牛島)·죽도(竹島)·복도는 탐진(耽津)이 바다로 들어가는 곳에 있다〉

청산도(靑山島)

모도(茅島)〈대모도(大茅島)와 소모도(小茅島)가 있다〉

사후도(俟候島)

고마도(古馬島)

대야도(大也島)

동량도(銅梁島)

부인도(富仁島)

은파도(恩波島)

벽랑도(碧浪島)

재마도(載馬島)〈이상의 여러 섬들은 남해에 있다〉

여서도(餘鼠島)〈먼 바다의 남쪽에 있다. 남쪽으로 제주(濟州)와 마주하고 있다〉

완도(莞島) 원동서(院洞嶼)

마도(馬島) 전양서(前洋嶼)

『성지』(城池)

읍성(邑城)〈성종 6년(1475)에 쌓았다. 주위는 8,402척이다. 곡성(曲城)이 8이고, 성문이 4이며 우물이 8이고 연못이 1이다〉

수인산성(修因山城)〈읍치로부터 동북쪽으로 30리, 병영(兵營)으로부터 동쪽으로 10리에 있다. 주위는 3,756척이다. 병영으로부터 성의 남문에 이르기까지 섬의 길이 구불구불하게 있다. 남문 밖에 도달하면 지세가 좁아서 두 사람이 함께 설 수 없을 정도이다. 북문은 남문보다도 더 험준하다. 동문이 적들이 들어오는 곳이 되는데, 문 밖에 수덕동(修德洞)이 있다. 산세가 구릉처럼 되어 있다. 서쪽, 남쪽, 북쪽의 3면은 천험의 요새처럼 되어 있다. 동문이 있는 옛날의 성 밖에 별도로 시냇물을 둘러서 성을 쌓았다. ○원래는 도강고현(道康古縣) 때의 성이었는데, 조선에 들어와 개축하였다. 고려말에 도강(道康)·탐진(耽津)·보성(寶城)·장흥(長興)·영암(靈巖)의 백성들이 모두 이곳에 와서 왜적을 피하였다〉

『영아』(營衙)

조선 태종 때에 병마도절제사영(兵馬都節制使營)을 광주(光州)에 설치했다가 17년(1417)에 도강현(道康縣) 자천(鵲川)으로 옮겼다. 선조 32년(1599)에 장흥(長興)으로 옮겼다가 다시 37년(11604)에 옛날의 성으로 옮겼다.

○성의 주위는 2,820척이다. 성문이 4이고, 옹성(甕城: 성문으로 공격해오는 적을 막기 위해 성문 앞에 둥그렇게 쌓은 성/역자주)이 12이다. 우물이 5이고 연못이 2이다. 진남루(鎭南樓)가 있다.

○남쪽으로 강진현(康津縣)과 27리 떨어져 있다.

「관원」(官員)

전라도병마절도사(全羅道兵馬節度使)·중군(中軍)〈우후(虞侯)를 겸한다〉·심약(審藥)이 각각 1명이다.

「속관」(屬官)

전영(前營)은 순천(順天)이고, 좌영(左營)은 운봉(雲峯)이며 중영(中營)은 전주(全州)이다. 우영(右營)은 나주(羅州)이고 후영(後營)은 여산(礪山)이다.

「산성」(山城)

분암산성(盆巖山城)은 장성(長城)에 있고, 금성산성(金城山城)은 담양(潭陽)에 있다. 적상산성(赤裳山城)은 무주(茂朱)에 있고, 교룡산성(蛟龍山城)은 남원(南原)에 있다.【창(倉)이 4이고 고(庫)가 3이다】

『진보』(鎭堡)

가리포진(加里浦鎭)〈완도(莞島)에 있다. 강진현(康津縣)으로부터 120리 떨어져 있다. 중종 17년(1522)에 왜적을 막을 수 있는 요충지라고 하여 비로서 진(鎭)을 설치하고 달량수진(達梁水津)과 합쳤다. ○성의 주위는 5,380척이고 곡성(曲城)이 6이다. ○수군첨절제사(水軍僉節制使)가 1명이다〉

고금도진(古今島鎭)〈읍치로부터 남쪽으로 80리에 있는데, 1진(一津)을 넘어서 들어간다. 선조 31년(1598)에 이순신(李舜臣)이 이곳으로 옮겨서 주둔하면서 백성들을 모아 경작을 시켰으므로 드디어 커다란 진이 되었다. 숙종 7년(1681)에 진을 설치하였다. ○순군동첨절제사(水軍同僉節制使)가 1명이다〉

마도진(馬島鎭)〈고탐진(古耽津)의 남쪽 50리에 있다. 성의 주위는 890척이다. 곡성(曲城)이 6이다. ○수군만호(水軍萬戶)가 1명이다〉

신지도진(薪智島鎭)〈읍치로부터 남쪽으로 100리에 있는데, 2진(二津)을 넘어서 들어간다. 숙종 7년(1681)에 진을 설치하였다. ○수군만호(水軍萬戶)가 1명이다〉【가리포진(加里浦鎭)·고금도진(古今島鎭)·마도진(馬島鎭)·신지도진에는 창(倉)이 각각 2이다】

○청해진(淸海鎭)〈완도(莞島)에 있었다. 당(唐)나라 보력(寶曆: 당나라 경종(敬宗)의 연호로, 신라 헌덕왕(憲德王) 17년(825)과 신라 흥덕왕(興德王) 1년(826)에 해당함/역자주) 년간에 당나라 사람들이 신라변방의 백성들을 약탈하여 노비로 삼는 일이 많았다. 이에 신라 흥덕왕(興德王)이 장보고(張保皐)를 대사(大使)로 삼아 10,000명을 거느리고 청해(淸海)를 진압하게 하였다. 이로써 중국해적들이 신라백성들을 잡아 노비로 삼는 일이 해소되었다. 신라 문성왕(文聖王) 8년(846)에 장보고는 왕이 자신의 딸을 왕비로 맞이하지 않은 것을 원망하여 청해진에 근거하여 반란을 일으켰다. 신라 문성왕 13년(851)에 청해진을 혁파하였다〉

청산진(靑山鎭)〈옛날에는 별장(別將)을 설치했다〉

『봉수』(烽燧)

원포봉수(垣浦烽燧)〈읍치로부터 남쪽으로 40리에 있다〉

좌곡산봉수(佐谷山烽燧)

완도봉수(莞島烽燧)

「권설」(權設)

수인산봉수(修因山烽燧)

『창고』(倉庫)

창(倉)이 3이다.〈읍내에 있다〉

남창(南倉)

『역참』(驛站)

진원역(鎭原驛)〈병영(兵營)의 성 밖에 있다〉

통로역(通路驛)〈읍치로부터 남쪽으로 2리에 있다〉

『목장』(牧場)

신지도목장(薪智島牧場)

고금도목장(古今島牧場)

조약도목장(助藥島牧場)

완도목장(莞島牧場)〈신지도목장(薪智島牧場)·고금도목장(古今島牧場)·조약도목장(助藥島牧場)·완도목장은 지금 폐지되었다. ○단종 1년(1453)에 계참곶(界站串)의 토지가 비옥하고 풀이 넉넉하여 말을 키우기에 적당하다고 하여 목장을 만들었는데, 주위가 90리였다〉

『교량』(橋梁)

석교(石橋)〈읍치로부터 동쪽으로 10리에 있다〉

작천교(鵲川橋)〈읍치로부터 북쪽으로 20리, 병영(兵營)의 아래에 있다〉

배전각홍교(拜箋閣虹橋)〈읍치로부터 북쪽으로 30리에 있다〉

『토산』(土産)

황죽(篁竹)·전죽(箭竹)·뽕나무·닥나무·옻나무·석류나무·유자나무·비자나무·벌꿀·차·미역·세모(細毛)·우모(牛毛)·황각(黃角)·매산(莓山)·김·감태(甘苔)·표고버섯[향심(香蕈)]·송이버섯[송심(松蕈)]·전복·해삼 등 어물 수십종이다.

『장시』(場市)

금천(錦川)의 장날은 4일과 9일이다. 칠량(七良)의 장날은 6일과 9일이다. 대구(大口)의 장날은 2일과 7일이다. 보암(寶巖)의 장날은 1일과 6일이다. 백도(白道)이 장날은 3일과 8일이다. 고읍(古邑)의 장날은 2일과 7일이다.

『단유』(壇壝)

청해진(淸海鎭)〈『신라사전(新羅祀典)』에는 "청해진은 조음도(助音島)에 있는데, 중사(中祀)에 실려있다."고 하였다〉

『묘전』(廟殿)

탄보묘(誕報廟)에는〈고금도(古今島)에 있다. 선조 정유년(30년, 1597)에 명(明)나라의 도독(都督) 진린(陳璘)이 세웠다. 정조 신축년(5년, 1781)에 편액을 하사하였다〉 관우(關羽)〈경도(京都) 동묘(東廟) 조항에 보인다〉·진린(陳璘)〈자(字)는 명작(明爵)이고 호(號)는 용애(龍崖)이며 중국 광동성(廣東省) 출신의 사람이다. 선조 정유년(1597)에 수군도독(水軍都督)으로서 왜적을 정벌하였다〉·등자룡 (鄧子龍)〈중국 풍성(豐城) 출신의 사람이다. 선조 무술년(31년, 1598)에 부총병(副摠兵)으로 왜적을 정벌하다가 남해(南海)에서 전사하였다. 당시 나이 70이었다〉·이순신(李舜臣)〈아산(牙山) 조항에 보인다. 진린·등자룡·이순신의 3명은 숙종 경인년(36년, 1710)에 별사(別祠)에다 모셨다〉을 모시고 있다.

『전고』(典故)

신라 문성왕(文聖王) 8년(846)에 청해진대사(淸海鎭大使) 장보고(張保皐)가 반란을 일으키자 왕은 자객 염장(閻長)을 보내어 살해하였다. 문성왕 13년(851)에 청해진을 혁파하고 그곳의 주민들은 벽골군(碧骨郡)으로 이주시켰다.

○고려 원종(元宗) 13년(1272)에 삼별초(三別抄)가 탐진현(耽津縣)을 공격하였다. 공민왕(恭愍王) 1년(1352)에 왜적이 만덕사(萬德社)를 노략질하여 사람들을 살육하고 갔다. 전라도 만호(全羅道萬戶)가 날랜 기병들로 추격하여 포로들을 모두 되찾았다. 공민왕 21년(1372)에 왜적이 탐진과 도강(道康)을 노략질하였다. 우왕(禑王) 5년(1379)에 왜적이 도강을 노략질하였다.

○조선 명종 10년(1555)에 왜적이 병영(兵營)을 비롯하여 강진(康津)·마도(馬島)·가리포(加里浦)를 함락시켰다. 선조 30년(1597)에 통제사(統制使) 이순신(李舜臣)이 진도(珍島)에서 대승을 거두고 흩어진 병사들을 거두어 전함들을 수리하고 군량과 무기를 비축하였다. 다음해(1598) 2월에 이순신은 고금도(古今島)로 전진해서 주둔하였는데, 명(明)나라의 도독(都督) 진린(陳璘)이 또한 이곳에 주둔하였다. 이순신이 진린에게 성대하게 잔치를 베풀어주자, 진린은 매우 기뻐하여 선조에게 글을 올렸다. 그 글에 이르기를 "통제사 이순신은 천지를 움직일만한 재능과 하늘의 해를 보좌할 만한 공이 있습니다. 운운" 하였다. 이해(1598) 4월에 왜장(倭將) 평행장(平行長)이 왜선 수백 척을 거느리고 대거 이르러서 고금도를 포위하였다. 이순신은 여러 전함을 인솔하고 적진을 뚫고 들어가 50여 척의 배를 불태우고 100여 급을 목베었다.

왜적은 녹도(鹿島)로 달아났다. 만호(萬戶) 송여종(宋汝悰)이 명(明)나라의 전함과 합세하여 진격하여 왜선 6척과 수급 70을 획득하였다.

13. 해남현(海南縣)

『연혁』(沿革)

본래 백제의 새금(塞琴)이었다. 신라 경덕왕(景德王) 16년(757)에 침명(浸溟)으로 고쳐서 양무군(陽武郡)에 소속된 영현으로 하였다. 고려 태조 23년(940)에 해남으로 고쳤다. 고려 현종(顯宗) 9년(1018)에 영암군(靈巖郡)에 소속시켰다가 후에 감무(監務)를 두었다. 조선 태종 9년(1409)에 진도(珍島)를 해남과 합치고 해진군(海珍郡)으로 하였다가 12년(1412)에 치소(治所)를 영암군에 속현(屬縣)인 옥산현(玉山縣)의 옛 터로 옮겼다.〈옛날의 치소는 두륜산(頭輪山)의 남쪽 지역에 있었는데, 큰 바다에 인접해 있었다〉 세종 19년(1437)에 진도와 해남을 나누어서 해남현감(海南縣監)으로 하였다.

「읍호」(邑號)

투빈(投濱)

「관원」(官員)

현감(縣監)이〈장흥진관병마절제도위(長興鎭管兵馬節制都尉)를 겸한다〉 1명이다.

『고읍』(古邑)

죽산현(竹山縣)〈읍치로부터 북쪽으로 10리에 있었다. 본래 백제의 고서이(古西伊)였다. 신라 경덕왕(景德王) 16년(757)에 고안(固安)으로 고쳐서 영암군(靈巖郡)에 영현으로 하였다. 고려 태조 23년(940)에 죽산으로 고쳤다. 현종(顯宗) 9년(1018)에 그대로 소속시켰다가 조선조에 이르러 해남(海南)으로 옮겨서 소속시켰다〉

황원현(黃原縣)〈읍치로부터 서쪽으로 50리에 있었다. 본래 백제의 황술(黃述)이었다. 신라 경덕왕(景德王) 16년(757)에 황원으로 고쳐서 양무군(陽武郡)에 소속된 영현으로 하였다. 고려 현종(顯宗) 9년(1018)에 영암군(靈巖郡)에 소속시켰다. 조선조에 해남(海南)으로 옮겨서 소속시켰다〉

옥산현(玉山縣)〈읍치로부터 남쪽으로 10리에 있었다. 본래 사라향(紗羅鄕)이었다. 고려 때에 옥산현으로 고쳐서 영암군(靈巖郡)에 소속시켰다가 후에 폐지하고 본 해남현(海南縣)의 치소(治所)로 하였다〉

『방면』(坊面)

현일면(縣一面)〈읍내에 있다〉

현이면(縣二面)〈읍치로부터 서쪽으로 5리에 있다〉

녹산면(綠山面)〈읍치로부터 남쪽으로 10리에서 시작하여 30리에서 끝난다〉

현산면(縣山面)〈읍치로부터 남쪽으로 30리에서 시작하여 50리에서 끝난다〉

은소면(銀所面)〈읍치로부터 남쪽으로 50리에서 시작하여 70리에서 끝난다〉

화일면(花一面)〈읍치로부터 남쪽으로 30리에 있다〉

화이면(花二面)〈읍치로부터 남쪽으로 20리에 있다〉

산일면(山一面)〈읍치로부터 서쪽으로 10리에서 시작하여 40리에서 끝난다〉

산이면(山二面)〈읍치로부터 서쪽으로 30리에서 시작하여 60리에서 끝난다〉

황일면(黃一面)〈읍치로부터 서쪽으로 40리에 있다〉

황이면(黃二面)〈읍치로부터 서쪽으로 70리에 있다〉

비곡면(比谷面)〈읍치로부터 북쪽으로 30리에서 시작하여 40리에서 끝난다〉

마포면(馬浦面)〈읍치로부터 북쪽으로 10리에서 시작하여 30리에서 끝난다〉

청계면(淸溪面)〈읍치로부터 북쪽으로 50리에 있다〉

장동면(場東面)〈읍치로부터 서쪽으로 90리에 있다〉

장서면(場西面)〈읍치로부터 서쪽으로 90리에 있다. ○팔마부곡(八馬部曲)은 읍치로부터 북쪽으로 20리에 있었다. 신갈부곡(神葛部曲)은 읍치로부터 동쪽으로 20리에 있었는데, 정통(正統: 명(明)나라 영종(英宗)의 연호/역자주) 정묘년(1447, 세종 29)에 영암군(靈巖郡)으로부터 해남(海南)으로 옮겨서 소속시켰다. 마봉소(馬峯所)는 읍치로부터 남쪽으로 60리에 있었다〉

『산수』(山水)

금강산(金剛山)〈읍치로부터 동쪽으로 10리에 있다. 층층으로 된 암석이 기이한데, 암석 중에 거꾸로 매달린 듯한 폭포가 있다〉

달마산(達摩山)〈읍치로부터 남쪽으로 60리에 있는데, 영암(靈巖)의 경계이다〉

관자산(館子山)〈읍치로부터 서쪽으로 30리에 있다. 작은 산이 길 옆에 불쑥 솟아있다〉

가학산(駕鶴山)〈혹은 만석산(萬石山)이라고도 한다. 읍치로부터 북쪽으로 25리에 있는데, 영암(靈巖)과의 경계이다〉

두륜산(頭輪山)〈읍치로부터 남쪽으로 30리에 있다. 산에 올라 바라보면 제주(濟州)의 한라산(漢拏山)이 보인다. 산의 남쪽은 토지가 비옥하고 백성들이 풍요롭다. 장춘동(長春洞)이 있는데, 동백(冬栢)이 산에 가득하다. 또한 금쇄동(金鎖洞)·문소동(聞簫洞)·옥녀동(玉女洞)·월출암(月出巖)·상휴대(上休臺)·중휴대(中休臺)·기구대(棄拘臺)가 있다. 또한 커다란 폭포가 있는데, 백운교(白雲橋)가 만 길이나 되는 산에 있어 아래를 내려다보면 끝이 보이지 않는다. ○대둔사(大芚寺)는 백제 무왕(武王) 5년(604)에 세웠다. 골짜기가 깊으며 절의 건물이 웅장하고 화려하다. 물산이 풍부하고 소나무·황죽(篁竹)·귤나무·유자나무·치자나무·비자나무·동백나무 등이 산에 가득하다〉

옥매산(玉梅山)〈읍치로부터 서쪽으로 50리에 있다. 북쪽에는 도장사(道藏寺)가 있는데, 아래는 대양이다〉

남곽산(南郭山)〈읍치로부터 서쪽으로 7리에 있다〉

덕음산(德蔭山)〈읍치로부터 동쪽으로 7리에 있다〉

만대산(萬代山)〈읍치로부터 북쪽으로 15리에 있다〉

선은산(仙隱山)〈두륜산(頭輪山)의 서쪽 지맥이다〉

일성산(日城山)〈황원곶(黃原串)에 있다〉

백방산(白防山)〈선은산(仙隱山) 남쪽 지맥으로서 해변에 있다〉

백치산(白峙山)〈읍치로부터 서쪽으로 20리에 있다. 하나의 지맥이 서쪽으로 달려가서 황이면(黃二面)·황일면(黃一面)·장동면(場東面)·장서면(場西面)이 된다. 이 4개의 면은 바다로 들어간다. 육지가 다하는 곳이 등산곶(登山串)이다〉【송봉산(松封山: 소나무를 벌목하지 못하게 금지한 산/역자주)이 10이다】

「영로」(嶺路)

삼령(三嶺)〈읍치로부터 남쪽으로 10리에 있다〉

우슬치(牛膝峙)〈혹은 혜사현(兮沙峴)이라고도 한다. 읍치로부터 동쪽으로 10리에 있다〉

오도치(吾道峙)〈읍치로부터 남쪽으로 50리에 있다〉

백치(白峙)〈서쪽으로 남리역(南利驛)과 20리 떨어져 있다〉

마치(馬峙)〈읍치로부터 서북쪽으로 50리 떨어져 있는데, 영암(靈巖)의 경계이다〉

○해(海)〈3면이 모두 바다이다〉

남천(南川)〈원류는 금강산(金剛山)에서 나온다. 서쪽으로 흐르다가 해남현(海南縣)의 남쪽을 지나 바다로 들어간다〉

맹진포(孟津浦)〈읍치로부터 서북쪽으로 20리에 있다〉

별진포(別珍浦)〈읍치로부터 북쪽으로 25리에 있는데, 양쪽 언덕이 모두 들판이다〉

삼촌포(三寸浦)〈읍치로부터 서남쪽으로 25리에 있는데, 즉 진도(珍島) 삼촌면(三寸面)의 경계이다〉

어성포(魚成浦)〈삼촌포(三寸浦) 다음에 있다〉

우음토포(亐音吐浦)〈읍치로부터 서쪽으로 10리에 있다〉

고어란포(古於蘭浦)〈읍치로부터 남쪽으로 25리에 있다. 제주(濟州)에 왕래하는 배들이 정박하는 곳이다〉

입임포(笠巖浦)〈읍치로부터 남쪽으로 50리에 있는데, 역시 제주에 왕래하는 배들이 정박하는 곳이다〉

종천포(淙川浦)〈읍치로부터 서남쪽으로 5리에 있다〉

죽성포(竹城浦)〈읍치로부터 북쪽으로 30리에 있다〉

주량(周梁)〈읍치로부터 서쪽으로 75리에 있다〉

관두량(館頭梁)〈읍치로부터 남쪽으로 40리에 있다. 제주에 왕래하는 사람들은 이곳에서 바람을 기다리고 배들은 이곳에 정박한다〉

명량(鳴梁)〈읍치로부터 서쪽으로 60리에 있는데, 우수영(右水營)과 진도(珍島) 사이에 위치한다. 마치 항아리 입과 같이 생겼는데, 노도가 급하게 몰아치면 우뢰와 같은 소리가 난다. 이순신(李舜臣)이 왜적을 유인하여 이곳에 이르러 대승하였다. 진도(珍島) 조항에 보인다〉

노량(路梁)〈읍치로부터 남쪽으로 50리에 있다〉【제언(堤堰)이 10이고 동보(垌洑)가 3이다】

「도서」(島嶼)

부소도(扶蘇島)〈읍치로부터 서쪽으로 15리에 있다. 조수가 물러나면 육지와 연결된다〉

마로도(馬路島)〈해남현(海南縣)의 서쪽 바다 속에 있다. 작은 섬들이 점점이 흩어져 있는 것이 마치 별들과 같다. 다섯 개의 섬이 있는데, 소응마로도(所應馬路島)·소을마로도(所乙馬

路島)·납다마로도(納多馬路島)·석마로도(石馬路島)·고마로도(古馬路島)이다〉

입암도(笠巖島)〈입암포(笠巖浦)의 서쪽에 있다. 돌이 서 있는 것이 마치 거인이 흰 옷과 흰 삿갓을 쓰고 우뚝 서 있는 것과 같다. 벽파진(碧波津)의 남쪽에 있다〉

징이도(澄伊島)〈읍치로부터 서쪽으로 30리에 있다. 조수물이 물러가면 육지와 연결된다〉

소금도(蘇今島)〈읍치로부터 서쪽으로 60리에 있는데, 작은 진(津)이 있다〉

죽도(竹島)〈황원(黃原)에 있다〉

연자도(燕子島)〈읍치로부터 서쪽으로 20리에 있다. 사면이 돌로 된 벽으로 둘러싸여 있다. 육지와 몇리 정도 떨어져 있다. 모래를 모아 길을 만들었으며, 연자호(燕子湖)가 있다〉

양도(羊島)〈읍치로부터 서쪽으로 30리에 있다〉

고도(羔島)〈읍치로부터 서쪽으로 30리에 있다〉

『성지』(城池)

읍성(邑城)〈주위는 2,857척이다. 옹성(甕城: 성문을 공격하는 적을 방어하기 위해 성문 앞에 둥그렇게 쌓은 성/역자주)이 3이고 성문이 3이다. 우물이 12이다. 남문을 정원루(靖遠樓)라고 한다〉

고해남성(古海南城)〈두륜산(頭輪山)의 남쪽에 있다〉

죽산고현성(竹山古縣城)〈주위는 2,640척이다〉

흑석산고성(黑石山古城)〈읍치로부터 북쪽으로 30리에 있다. 주위는 580척이다〉

진산성(珍山城)〈읍치로부터 서쪽으로 20리에 있다. 돌로 만든 성터가 있다〉

녹산성(綠山城)〈읍치로부터 남쪽으로 10리의 녹산역(綠山驛) 옛 터에 있다. 돌로 쌓은 성터가 있다〉

고다산고성(高多山古城)〈읍치로부터 남쪽으로 40리에 있다. 주위는 913척이다〉

죽성포성(竹城浦城)〈읍치로부터 북쪽으로 30리에 있다. 죽성포에 옛날의 성이 있는데, 세상에서는 전세(田稅)를 수납하던 곳이었다고 한다〉

금강산고성(金剛山古城)〈옛 터가 있다〉

『영아』(營衙)

우수영(右水營)〈조선 초에 수군처치사(水軍處置使)를 두고 무안(務安)의 대굴포(大掘浦)

에 수영을 설치했다. 세종 22년(1440)에 본 해남현(海南縣)의 황원곶(黃原串)으로 옮겼는데, 현의 서쪽으로 70리 떨어져 있었다. 세조 10년(1464)에 절도사(節度使)로 승격시켰다. ○성의 주위는 2,848척이다. 옹성(甕城: 성문을 공격하는 적을 방어하기 위해 성문 앞에 둥그렇게 쌓은 성/역자주)이 4이고 참호와 연못이 1이다. 우물이 2이다. 태평정(太平亭)이 있다. 동문 밖에는 충무공승첩비(忠武公勝捷碑: 이순신 장군의 승첩을 기록한 비석/역자주)가 있다〉【창고(倉庫)가 5이다】

「관원」(官員)

전라우도수군절도사(全羅右道水軍節度使)·중군(中軍)〈우후(虞侯)를 겸한다〉이 각 1명이다.

「속읍」(屬邑)

〈나주(羅州)·영암(靈巖)·진도(珍島)·영광(靈光)·해남(海南)·무안(務安)·함평(咸平)이다〉

「속진」(屬鎭)

〈법성포(法聖浦)·군산(群山)·고군산(古群山)·위도(蝟島)·임치도(臨淄島)·고금도(古今島)·가리포(加里浦)·남도포(南桃浦)·금갑도(金甲島)·어란포(於蘭浦)·이진(梨津)·신지도(薪智島)·마도(馬島)·목포(木浦)·다경포(多慶浦)·지도(智島)·임자도(荏子島)·검모포(黔毛浦)이다〉【흑산도(黑山島)는 들어가지 않는다】

본영(本營)과 속읍진(屬邑鎭)에 배치된 각종 선박은 130척이다.〈진선(津船)은 14척이다〉

「누정」(樓亭)

복파관(伏波館)

망해루(望海樓)

『봉수』(烽燧)

관두산봉수(館頭山烽燧)〈읍치로부터 남쪽으로 40리에 있다〉

황원봉수(黃原烽燧)〈혹은 일성산봉수(日城山烽燧)라고도 한다. 읍치로부터 서쪽으로 60리에 있다〉

『창고』(倉庫)

창(倉)이 5이다.〈읍내에 있다〉

해창(海倉)〈읍치로부터 남쪽으로 20리에 있다〉

『역참』(驛站)

녹산역(綠山驛)〈읍치로부터 남쪽으로 5리에 있다〉

남리역(南利驛)〈읍치로부터 서쪽으로 40리에 있다〉

별진역(別珍驛)〈읍치로부터 북쪽으로 30리에 있다〉

『목장』(牧場)

황원장(黃原場)〈해남현(海南縣)에서 90리 떨어져 있다. 진도감목관(珍島監牧官)이 이곳에 옮겨와 있기 때문에 진도에 소속된 목장이 되었다〉

『진도』(津渡)

벽파진(碧波津)〈읍치로부터 서쪽으로 60리에 있다. 진도(珍島)로 통한다〉

등산진(登山津)〈읍치로부터 서북쪽으로 90리에 있다. 무안(務安)으로 통한다. 목포진(木浦鎭)은 물길로 20리이다〉

『교량』(橋梁)

남천교(南川橋)〈해남현(海南縣)의 남문 밖에 있다〉

맹진교(孟津橋)〈읍치로부터 북쪽으로 25리에 있다〉

『토산』(土産)

황죽(篁竹)·전죽(箭竹)·닥나무·모시·감·유자나무·귤·석류·차·백옥(白玉)·굴[석화(石花)]·반석(斑石)·표고버섯[향심(香蕈)]·미역·김·매산(莓山)·감태(甘苔)·황각(黃角)·세모(細毛)·우모(牛毛)·전복·홍합·해삼 등 어물 수십 종이다.

『장시』(場市)

읍내의 장날은 5일과 10일다. 수영(水營)의 장날은 4일과 9일이다. 목장(牧場)의 장날은 5일과 10일이다. 고암(姑巖)의 장날은 6일인데, 한 달에 장날이 세 번 선다. 남리(南利)의 장날은 3일인데, 한달에 장날이 세 번 선다. 녹산농암(綠山籠巖)의 장날은 1일인데, 한달에 장날이 세 번 선다. 화산선창(花山船廠)의 장날은 8일인데, 한달에 장날이 세 번 선다. 은소용당(銀所

龍堂)의 장날은 4일인데, 한달에 장날이 세 번 선다

『사원』(祠院)

표충사(表忠祠)에는〈정조 기유년(13년, 1789)에 특교(特敎)로 사당을 세우게 하고 예관을 보내 제사를 지냈다〉 스님 휴정(休靜)〈밀양(密陽) 조항에 보인다〉·스님 유정(惟靜)〈밀양(密陽) 조항에 보인다〉을 모시고 있다.

『전고』(典故)

고려 공민왕(恭愍王) 8년(1359)에 왜적이 해남현(海南縣)을 노략질하였다.

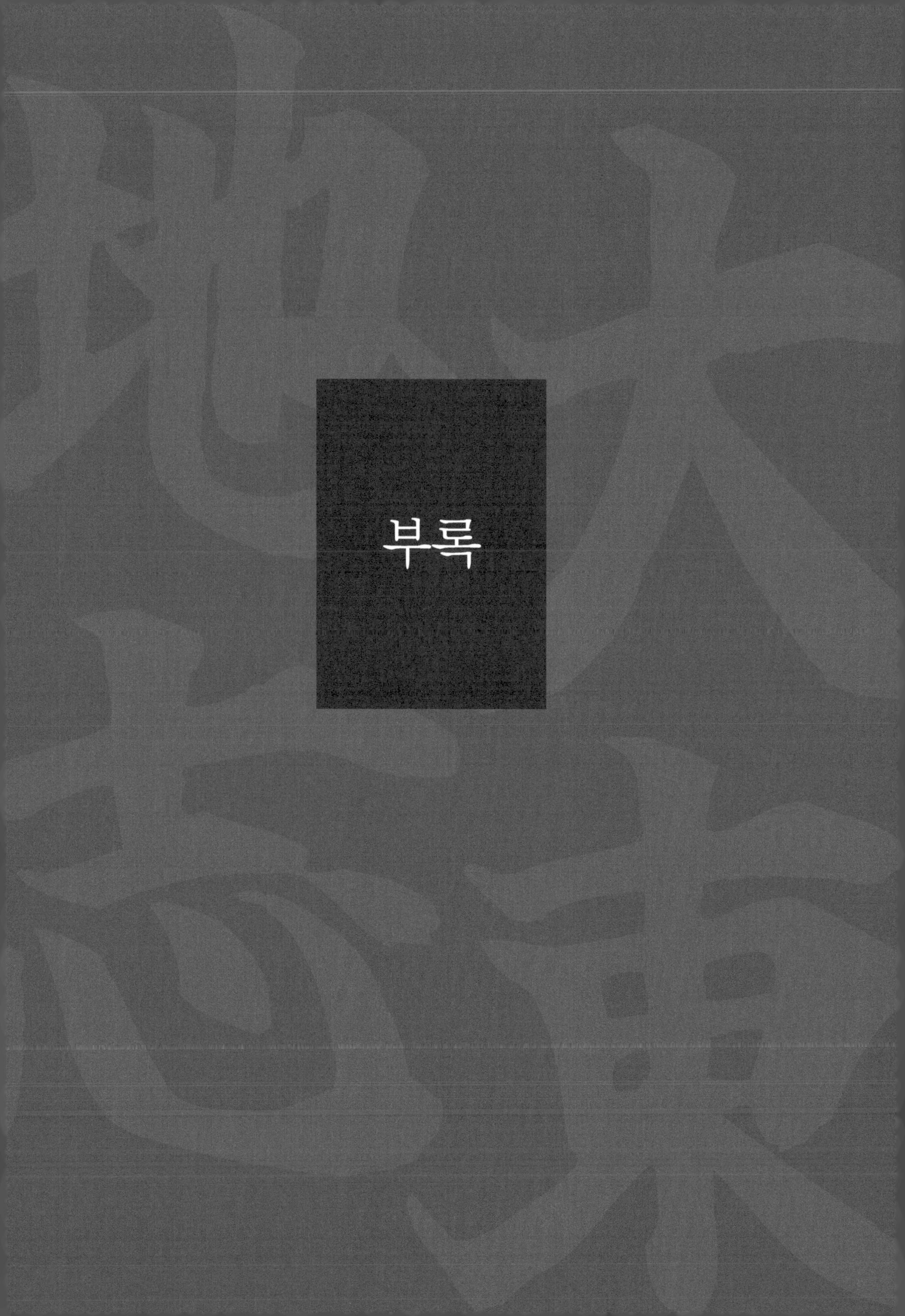

부록

1. 강역(疆域)

구 분	동	동남	남	서남	서	서북	북	동북
전주(全州)	진안45	임실40	40	임실태인60	금구20	금구익산45	여산60	고산40
여산(礪山)	고산10		전주10		익산용안20		은진15	
김제(金堤)	전주30		태인30	고부20	부안25	전주30	전주익산40	
고부(古阜)	태인30		정읍20		부안15		김제태인30	
금산(錦山)	옥천30	무주50	용담35		고산20	진산18	옥천40	
남평(南平)	화순14		능주장흥60		나주24		광주10	
무장(茂長)	흥덕15	고창40	영광20	법성진30	해 30		부안고부40	
제주(濟州)	정의80		해 120		대정80		해 1	
정의(旌義)	해 35		해 15		대정35		제주20	
대정(大靜)	정의57		해10		해 20		제주30	
남원(南原)	운봉30	구례60	곡성30		옥과50 순창40		임실50	장수80
무주(茂朱)	지례60	거창70	금산40 안의50		금산15		옥천15	
담양(潭陽)	순창20		동복60		창평20	장성60	순창40	30
순창(淳昌)	남원30	곡성25	옥과20	담양20	정읍70	태인40	임실30	
용담(龍潭)	금산25	무주20	진안30		고산35		금산20	
임실(任實)	진안15		남원20	순창60	태인금구50		전주30	
진안(鎭安)	장수20		장수임실50		전주30	고산용담40	용담23	
장수(長水)	안의40		남원25		임실35	진안30	무주용담60	
운봉(雲峯)	함양20		하동남원60		남원10		남원15	함양20
곡성(谷城)	남원10	구례30	순천60	동복40	옥과25		남원10	
옥과(玉果)	곡성20		동복30		담양15		순창10	
창평(昌平)	담양10	옥과30	동복화순50		광주10	장성40	담양10	
순천(順天)	광양15	해 83	20		동복90	곡성100	구례70	
능주(綾州)	동복50	보성70	장흥50		남평15		화순15	

구 분	동	동남	남	서남	서	서북	북	동북
낙안(樂安)	순천14		담양25		보성40		순천20	
보성(寶城)	낙안40	흥양40	장흥40		장흥30		동복60 능주30	순천60
동복(同福)	순천15		보성30	능주35	화순20	창평20	옥과40	곡성30
화순(和順)	동복30		능주12		남평20		광주10	창평20
구례(求禮)	하동35	광양40	순천10		남원곡성25		남원10	운봉40
광양(光陽)	하동60	해 60	해 10		순천13		구례35	
장흥(長興)	보성30		해 27		강진15		나주 남평60	능주보성50
진도(珍島)	해남30		해 40		해 45		해 30	
강진(康津)	장흥25		해 60	해남80	25	영암40	나주35	
해남(海南)	영암5		해 70		해 60	해 90	영암30	강진30

2. 전민(田民)

구 분	전답	민호	인구	군보
전주(全州)	20,920결	20,250	60,620	28,762
여산(礪山)	4,437결	2,820	10,430	3,951
익산(益山)	4,480결	4,180	17,120	2,551명
김제(金堤)	10,459결	5,530	26,510	7,312명
고부(古阜)	8,819결	4,870	14,690	2,551명
금산(錦山)	4,792결	5,940	22,160	6,615명
진산(珍山)	1,182결	2,030	8,450	1,353명
만경(萬頃)	4,136결	2,060	12,550	1,625명
임피(臨陂)	7,510결	4,160	21,740	6,590명
금구(金溝)	4,553결	2,610	9,550	3,715명
함열(咸悅)	4,117결	4,510	18,510	4,193명

구 분	전답	민호	인구	군보
고산(高山)	3,410결	3,890	15,530	3,484명
옥구(沃溝)	5,776결	4,580	14,850	3,431명
정읍(井邑)	2,791결	1,600	6,370	2,469명
용안(龍安)	1,853결	1,740	5,740	1,621명
태인(泰仁)	8,853결	7,150	26,500	6,712명
부안(扶安)	8,532결	6,090	31,310	5,330명
흥덕(興德)	3,805결	1,850	7,150	1,882명
나주(羅州)	25,639결	11,650	32,680	19,149명
광주(光州)	11,011결	7,010	20,520	8,175명
장흥(長城)	7,581결	3,670	11,480	4,492명
영광(靈光)	12,828결	7,030	33,830	8,750명
고창(高敞)	2,503결	1,310	5,270	1,315명
무안(務安)	7,040결	3,530	14,000	4,455명
함평(咸平)	6,410결	3,550	11,570	5,333명
남평(南平)	5,245결	4,220	13,170	3,254명
무장(茂長)	8,376결	4,580	15,460	6,134명
제주(濟州	무 양전정세	19,050	60,450	9,730명
정의(旌義)		4,120	20,530	770명
대정(大靜)		3,210	27,020	495명
남원(南原)	12,569결	9,160	44,000	11,434명
무주(茂朱)	3,065결	4,360	13,730	3,932명
담양(潭陽)	5,987결	3,860	11,710	5,263명
순창(淳昌)	5,997결	3,660	11,570	4,764명
용담(龍潭)	1,600결	3,230	13,110	2,391명
임실(任實)	4,498결	4,590	18,790	4,253명
진안(鎭安)	3,339결	4,220	20,110	3,484명
장수(長水)	2,736결	3,740	16,003	2,247명

구 분	전답	민호	인구	군보
운봉(雲峯)	2,123결	1,290	4,490	2,247명
곡성(谷城)	2,825결	2,560	7,370	2,539명
옥과(玉果)	2,339결	1,640	5,700	1,962명
창평(昌平)	2,439결	1,430	4,280	2,204명
순천(順天)	12,123결	10,190	34,580	11,220명
능주(綾州)	4,213결	2,890	10,070	3,917명
낙안(樂安)	3,255결	2,590	8,440	2,747명
보성(寶城)	7,094결	4,710	22,960	4,525명
동복(同福)	2,283결	1,820	4,630	1,913명
화순(和順)	1,750결	1,540	4,961	1,420명
구례(求禮)	2,065결	1,430	6,240	1,420명
광양(光陽)	2,837결	3,460	15,850	2,714명
흥양(興陽)	8,067결	9,420	39,210	7,543명
장흥(長興)	9,255결	8,010	21,243	6,880명
진도(珍島)	5,363결	6,330	23,330	3,655명
강진(康津)	9,255결	7,020	21,890	6,229명
해남(海南)	10,406결	4,270	15,750	5,477명
법성포(法聖浦)	787결	710	3,230	1,196명
고군산(古群山)	52결	560	1,960	250명

3. 역참(驛站)

삼례도(參禮道)는 반석역(半石驛)·앵곡역(鶯谷驛)〈전주(全州)에 있다〉·양재역(良才驛)〈여산(礪山)에 있다〉·임곡역(林谷驛)〈함열(咸悅)에 있다〉·소안역(蘇安驛)〈임피(臨陂)에 있다〉·내재역(內才驛)〈김제(金堤)에 있다〉·부흥역(扶興驛)〈부안(扶安)에 있다〉·영원역(瀛原驛)〈고부(古阜)에 있다〉·천원역(川原驛)〈정읍(井邑)에 있다〉·거산역(居山驛)〈태인(泰仁)에 있다〉·갈담역(葛覃驛)·오원역(烏原驛)〈임실(任實)에 있다〉이다.

○오수도(獒樹道)는 동도역(東道驛)·응령역(應嶺驛)·창활역(昌活驛)〈남원(南原)에 있다〉·인월역(引月驛)〈운봉(雲峯)에 있다〉·지신역(知申驛)〈곡성(谷城)에 있다〉·잔수역(潺水驛)〈구례(求禮)에 있다〉·익신역(益申驛)〈광양(光陽)에 있다〉·낙수역(洛水驛)·양률역(良栗驛)·덕량역(德良驛)〈순천(順天)에 있다〉·섬거역(蟾居驛)〈광양(光陽)에 있다〉이다.

○경양도(景陽道)〈광주(光州)에 있다〉는 가림역(加林驛)〈화순(和順)에 있다〉·인물역(仁物驛)〈능주(綾州)에 있다〉·검부역(黔富驛)〈동복(同福)에 있다〉·대부역(大富驛)〈옥과(玉果)에 있다〉·덕기역(德奇驛)〈담양(潭陽)에 있다〉·창신역(昌新驛)〈순창(淳昌)에 있다〉이다.

○청암도(靑巖道)〈나주(羅州)에 있다〉는 단암역(丹巖驛)·영신역(永申驛)〈장성(長城)에 있다〉·선암역(仙巖驛)〈광주(光州)에 있다〉·신안역(新安驛)〈나주(羅州)에 있다〉·광리역(廣里驛)·오림역(烏林驛)〈남평(南平)에 있다〉·영보역(永保驛)〈영암(靈巖)에 있다〉·청송역(靑松驛)〈무장(茂長)에 있다〉·녹사역(綠紗驛)〈영광(靈光)에 있다〉·가리역(加里驛)〈함평(咸平)에 있다〉·경신역(景申驛)〈무안(務安)에 있다〉이다.

○벽사도(碧沙道)〈장흥(長興)에 있다〉는 가신역(可中驛)·파청역(波靑驛)〈보성(寶城)에 있다〉·낙승역(洛昇驛)〈낙안(樂安)에 있다〉·양강역(楊江驛)〈흥양(興陽)에 있다〉·진원역(鎭原驛)·통로역(通路驛)〈당진(唐津)에 있다〉·녹산역(綠山驛)·별진역(別珍驛)·남리역(南利驛)〈해남(海南)에 있다〉이다.

○제원도(濟原道)〈금산(錦山)에 있다〉는 소천역(所川驛)〈무주(茂朱)에 있다〉·달계역(達溪驛)〈용담(龍潭)에 있다〉·단령역(丹嶺驛)〈진안(鎭安)에 있다〉·옥포역(玉泡驛)〈고산(高山)에 있다〉이다. 이상 역참은 모두 59개이다. 이졸(吏卒: 역참에 소속된 서리와 군졸들/역자주)은 10,797명이다. 삼등마(三等馬)가 501필이다.

4. 봉수(烽燧)

광두원봉수(廣頭院烽燧)〈용안(龍安)에 있다. 북쪽으로 은진(恩津) 강경대봉수(江景臺烽燧)에 전해진다〉

소방산봉수(所防山烽燧)〈함열(咸悅)에 있다〉

불지산봉수(佛智山烽燧)

오성산봉수(五聖山烽燧)〈임피(臨陂)에 있다〉

화산봉수(花山烽燧)〈옥구(沃溝)에 있다. 북쪽으로 서천(舒川) 운은산봉수(雲銀山烽燧)에 전해진다〉

계화도봉수(界火島烽燧)

월고리봉수(月古里烽燧)〈부안(扶安)에 있다〉

소응포봉수(所應浦烽燧)

고리포봉수(古里浦烽燧)〈무장(茂長)에 있다〉

홍농산봉수(弘農山烽燧)

고도도봉수(古道島烽燧)

차음산봉수(次音山烽燧)〈영광(靈光)에 있다〉

해제봉수(海際烽燧)

옹산봉수(甕山烽燧)〈함평(咸平)에 있다〉

고림산봉수(高林山烽燧)〈무안(務安)에 있다〉

군산봉수(群山烽燧)〈나산(羅山)에 있다〉

유달산봉수(鍮達山烽燧)〈무안(務安)에 있다〉

황원봉수(黃原烽燧)〈해남(海南)에 있다〉

첨찰산봉수(僉察山烽燧)

여귀산봉수(女貴山烽燧)〈진도(珍島)에 있다〉

관두산봉수(舘頭山烽燧)〈해남(海南)에 있다〉

달마산봉수(達摩山烽燧)〈영암(靈巖)에 있다〉

완도봉수(莞島烽燧)

좌곡산봉수(佐谷山烽燧)

원포봉수(垣浦烽燧)〈강진(康津)에 있다. ○이상 35곳의 봉수는 우수영(右水營)의 소관이다〉

천관산봉수(天冠山烽燧)

전일산봉수(全日山烽燧)〈장흥(長興)에 있다〉

장기산봉수(帳機山烽燧)

천등산봉수(天燈山烽燧)

마북산봉수(馬北山烽燧)

팔전산봉수(八巓山烽燧)〈흥양(興陽)에 있다〉

백야곶봉수(白也串烽燧)

돌산도봉수(突山島烽燧)〈순천(順天)에 있다. 동쪽으로 남해(南海) 소을산봉수(所乙山烽燧)에 전해진다. ○이상 8곳의 봉수는 좌수영(左水營)에서 소관한다. ○이상은 바다에 연해 있다〉

「권설」(權設)

성황당봉수(城隍堂烽燧)〈순천(順天)에 있다〉

건대산봉수(件代山烽燧)〈광양(光陽)에 있다〉

추례산봉수(追禮山烽燧)〈순천(順天)에 있다. 남쪽으로 돌산도봉수(突山島烽燧)에 전해진다〉

수덕산봉수(修德山烽燧)〈흥양(興陽)에 있다. 남쪽으로 장기산봉수(張機山烽燧)에 전해진다〉

수인산봉수(修因山烽燧)〈강진(康津)에 있다〉

억불산봉수(億佛山烽燧)〈장흥(長興)에 있다. 동쪽으로 전일산봉수(全日山烽燧)에 전해진다〉

정흥동봉봉수(正興東峯烽燧)〈보성(寶城)에 있다. 남쪽으로 전일산봉수(全日山烽燧)에 전해진다〉

굴라포봉수(屈羅浦烽燧)

상당진봉수(上堂津烽燧)〈굴라포봉수(屈羅浦烽燧)와 상당징봉수는 진도(珍島)에 있다. 모두 동쪽으로 여귀산봉수(女貴山烽燧)에 합쳐진다〉

이상 모두 43곳이다.〈원래의 봉수는 33곳이고 임시로 설치한 봉수는 10곳이다〉

5. 총수(總數)

방면(坊面)이 772이고 민호(民戶)는 247,007이다.〈제주(濟州)는 계산에 넣지 않았다〉 인구는 910,900명이고 전답(田畓)은 340,103결(結)이다. 군보(軍保)는 296,420이고 장시(場市)는 241곳이다. 진도(津渡)는 24곳이고 목장(牧場)은 56곳이다.〈제주는 계산에 넣지 않았다〉 제언(堤堰)은 954곳이고 동보(垌洑)는 164곳이다. 황장봉산(黃腸封山: 왕실의 관곽으로 사용하기 위해 산의 나무를 벌목하지 못하게 금지한 산/역자주)이 3곳이고 율목봉산(栗木封山: 밤나무를 벌목하지 못하게 금지한 산/역자주)은 1곳이다. 송전(松田)은 150곳이고 황죽전(篁竹田)

은 45곳이다. 전죽전(箭竹田)은 41곳이고 단유(壇壝)는 3곳이다. 묘전(廟殿)은 2곳이고 사액서원(賜額書院)은 31곳이다. 사액을 받은 사당(祠堂)은 18곳이다. 조창(漕倉)은 3곳이고 제민창(濟民倉)은 2곳이다. 창고(倉庫)는 366곳이다.

원문

전라도
영인본

大東地志目錄

大東地志目錄

大東地志卷十一

古山子 編

全羅道 號湖南

本馬韓之地後爲百濟所有義慈王二十年唐高宗遣蘇定方與新羅合攻百濟滅之析置五都督府 熊津今公州 馬韓今益山 東明今扶餘 德安今恩津 金漣今未詳 各統州縣擢酋長爲都督刺史縣令以理之唐師旣還其地盡歸新羅景德王十六年置全武二州都督府於本道領郡縣眞聖主時爲後百濟所據高麗太祖十九年滅後百濟成宗十四年以全瀛淳馬等州縣爲江南道光羅靜昇貝潭朗等州縣

爲海陽道顯宗九年合二道爲全羅州道 本朝仍稱全羅道 仁祖朝改全南道尋復舊號又改光南道尋復舊號 英宗四年改全光道十二年復舊號 凡五十六邑

巡營 全州府

兵營 康津縣

左水營 順天府

右水營 海南縣

防禦營 濟州牧

討捕營 前營順天 右營羅州 左營雲峯 後營礪山 中營全州

全州鎭管 礪山 益山 金堤 古阜 錦山 珍山 萬頃 臨陂 金溝 咸悅 高山 沃溝 井邑 龍安 泰仁 扶安 興德

羅州鎭管 光州 長城 靈光 靈岩 高敞 務安 咸平 南平 茂長

濟州鎭管 旌義 大靜 明月浦

南原鎭管 茂朱 潭陽 淳昌 龍潭 任實 鎭安 長水 雲峯 谷城 玉果 昌平

順天鎭管 綾州 樂安 寶城 同福 和順 求禮 光陽 興陽

長興鎭管 珍島 康津 海南

法聖浦鎭 舊爲古羣山鎭管

古羣山鎭管 蝟島 羣山浦 黔毛浦

蛇渡鎭管 防踏 會寧浦 呂島 鹿島 鉢浦

臨淄島鎭管 荏子島 多慶浦 木浦 智島 南桃浦

加里浦鎭管 古今島 薪智島 於蘭浦 馬島 金甲島 梨津

全州

沿革 本百濟比斯伐 一云比自火○按昌寧本新羅比自火一云比斯伐眞興王十六年置下州二十六年罷之沿革邑號相同可疑 新羅眞興王十六年置完山州二十六年州廢 載三國史○高麗史地志云百濟威德王元年爲完山州十一年州廢羅濟兩國沿革年紀相同可疑 神文王五年復置完山州置摠管 以龍元爲摠管 稱完山停景德王十六年改爲全州都督府 九州之一 統郡縣 領小京一郡十縣三十一○都督府領縣三金溝杜城高山 孝恭王四年後百濟主甄萱自武州移都于此後爲其子神劒所纂高麗太

祖十九年討平神釰都凡三十七年改安南都護府二十三年
復為全州成宗二年置牧十二牧之一十二年改承化節度
安撫使十四年為全州順義軍節度使十二州節度之一節隸江
南道顯宗九年陞安南大都護府十三年改全州牧八牧
之一〇屬郡一金馬屬縣十一朗山沃野鎮安紆州高山雲梯馬靈礪良利城伊城咸悅忠宣王二
年降知州事沃諸故恭愍王四年降為部曲全羅道按廉使鄉之排田元
御香使埜思不花于全州自詔白王王驚愕下之群巡軍獄仍降為部曲五年復為完山
府本朝太祖元年以璿系本源陞完山府留守
太宗三年改全州府尹世祖十二年置鎮七邑十 **邑號** 莞
山高麗成宗所定 甄城 **官員** 府尹兼觀察使 判官兼全州鎮兵馬節制都尉全州鎮營守城

三

將南固山城守城將〇若刑置府尹則城下世宗三
十二年置端宗二年罷宣祖二十四年復置四十
年罷孝宗六年復置顯宗七年罷十一年復置一員
年復置英宗三十二年罷三十五年復置
古邑 沃野 西北七十里本百濟所力只縣新羅景德王十六年改沃野為金馬郡領縣高麗顯宗九年
來屬明宗六年置監務後復來屬 紆州 西二十五里本百濟于召渚新羅景德王十六年改紆州為金馬
郡領縣高麗顯宗九年來屬 伊城 西二十五里本百濟豆伊一云往武新羅景德王十六年改伊城為金堤郡領縣高麗顯宗九年來屬
全州領縣高麗太祖二十三年 利城 西七十五里本百濟乃利阿新羅景德王十六年改利城為全州領縣高麗顯宗九年改利城為金堤郡屬
坊面 府東 終五十 府西 終五十 府南 終十 府北 終七十 鳳翔 東北初十三終四十 龜
耳洞 南初三十終五十 兩林谷 西南初十終二十 助村 北初十終二十 陽良所
本陽良所也初百十終百三十越在東連草谷 東北初十終二十
山之南珍山之西高山之北恩津之東

山水 乾止山 也太里〇世傳國朝先系墳墓所在云故英宗大年令監司盡發民塚限十里
所陽 東初二十終六十 藏田 南初十二十五終 田浦 北初二十終七十內 龍追 東初
十終三十 上閑 東初十五終五十 五百朱 北初二十五終三十五 紆東 北初三十終五
十 紆西 北初三十終三十五 紆北 北初五十終六十右三面紆州 伊東 北初十二終二十五
伊南 西南初二十終三十 伊西 西初三十終三十五 伊北 西初二十終三十右四面伊城地
利東 西初五十終六十 利西 西初五十終八十 利北 西初二十終七十右三面利城地
東一道 西北初三十終五十 西一道 西北初五十終六十 南一道 北初四十終五十四
南二道 西北初五十終七十 北一道 西北初五十終六十 南二道 北初六十終八十
右大面沃野地〇利城三面東接益山南接金堤萬頃 西接臨陂北接咸悅〇沃野大面南帶泗水接金堤
朗山 西北初二十終三十五 歸 西南初二十終四十〇景明鄉至毛村所止一百利城地

四

西山西坤止山

封標禁養 完山 南三里小山也一云南福山自鼓邑後基撫採 高德山 一云高達山東南十里〇
善光寺南高寺在萬景臺後 母岳山 西南三十里金溝泰仁界 清涼山 一云圓岩山東也四
十里有層瀑布三 西方山 東北三十里高山界五 可連山 西十里至北乳而止絕西
高山 西五里 正覺山 南三十里任實界 胎峰山 南二十里安層宗胎間
獅子山 東五十里安任實界 鎮 錚山 東三里 終南山 東也四十里〇拓廣寺 大
茝山 東北一百二十里陽良所面珍山連山界 黃方山 西高山西支 沃城山 一云連味
山西北七十里沃野倉也二里孤山屹立野中上有奇岩名千樂岩其上可坐五十餘人 麒麟峰 東六
里上有小池 黃華臺 西四里有遊賞之勝 黃鶴臺 南五里石奇立大川田杞 萬景
臺 南六里高德山北麓石峯奇秀狀如層雲其上可坐教十人四面林木森鬱石壁如畫西壁巖山島北對
龍葬成東南負太山乘像萬千〇百降義慈王十年高
句麗盤龍寺僧普德南移完山孤大山〇盤龍寺今祥

堤堰五十九

東盤龍山孤山郎高德山 大鳳凰岩西五里下有淵岩 嶺路 熊峙東四十七里鎮安界大路
炭峴北六十里山界大路 礪梨峙在陽良所面珍山界 礪峴東南四十二里任實界 掃
峙東南四十五里任實大路 鑰店峙 塞墻峙俱南五十里任實界 軒峴南二十五
里通厚邑厚陽大路 履峙 歸信峙俱西南三十里金溝界 白如峙西南十里泰
仁界 ○泗水江源出龍潭珠崖山西北流至高山縣東右過佛明山川雲採山川折而西南流至府
北二十里為雁川良正浦至參禮驛前左過撤川為橫灘西流過參禮東川至金堤益山兩邑界為田浦潮水
至焉右過蓋山之春浦稻泗水任于樂岩右過黃登川至利城倉過利城任東倉至新倉津右過踏陂前川任
五石直鳳山吉串之撤川源出礪峴西北流經葛為閘北入于群山浦海口過溱至府東南抱城西流為南川
西析而北至可連山南川川為撤川右過大也川也至 參禮驛舍于雁川○西南川中宗四年防川石築長六
千尺 大也川源出然峙西北流右過拔兵川至常谷過上閏川西會于撤川其下為五百所 三川

一云寺川南四十里出鑰店峙與高德毋岳西山之水合為溱川北流入于撤川 雁川北二十里 橫
灘西三十里撤川大也川雁川合流處通潮西南舡湊泊 栗潭在雁川之北東扶高山西接良正浦
南有大川水田肥沃皆灌溉有杭稻魚蟹薑芋竹柿之利 德池北十里以府之地勢西北空缺西自可連
山東至乳上山築大堤以止之周九千七十三尺○池之近地平闊盤田於大野地理甚佳 孔德池
西六十里周八千八百三十尺 擩淵東四里有石拉大世傳潭亭拉 童子浦在利城古縣
形勝 左則崇山繞繚右則大坪闊遠北襟錦水南限蘆
嶺田野廣邈物產殷富一道之都會南國之雄藩
城池 邑城國初築英宗十年改築周二千六百十八步雉城十一甕城一砲樓十二城門四井一
百十三壞池一 威鳳山城東北四十里珠崖山之西肅宗元年築周五千九十七把砲樓十一城
門四暗門八井四十五池九○守城將本府判官兼別城一員○屬邑鎮安任實高山益山金堤金溝○行

宮一寺刹十四鹽山一八中有塔峯及大瀑 倉 南固山城南五里高德山上有古石城純祖
十三年改築周二千六百九十三步砲樓四東西二門暗門三井七池二溪一○守城將本府判官兼別將一
員僧將二人寺刹四倉二 萬馬關東南四十里萬馬洞通南原大路純祖十三年築城設關門有
樓左城三十八把右城十九把○守門將一人 三 古城北五里甄萱時築有土城遺址
營衙 監營本朝初置 官員 觀察使兼兵馬水軍節度巡察使全州府尹使 都事
中軍兼討捕使 審藥 檢律各一員○中營仁祖朝置○中營將兼討捕使
一員○東伍屬邑全州金堤古阜鎮安任實金溝萬頃扶安討捕屬邑泰仁井邑
倉庫 三倉一庫本邑 十庫監營城內 在 沃野倉西七十里 利城倉西六
十里 紆州倉北三十里 鳳翔倉東北十里 四 外城倉東三十里 內城倉威鳳
山城 陽良所倉東北一百二十里

倉七

場市
南門外二日
西門外七日
北門外四日
東門外九日
鳳翔五十
參礼三八
沃野四九
利城一六
仁川二七

驛站 參禮道北三十里○屬驛十二○察訪一員 半石驛南三里云旋石 古鷺谷
驛西三十里古云長谷
津渡 新倉津西七十里南距金堤二十里 沙川津在橫灘之下
橋梁 南川橋南二里 撤川橋北十里 大東院橋西三十里 最南橋
西南三十里
土產 竹 楮 漆 桑 柿 榴 薑出良正浦 蜂蜜 葦 魚 鯽魚 蟹
樓亭 護慶樓南川邊大川環于樓下群山列于東南大野兵邈田疇繡錯 萬化樓同上
鎮南樓公館後苑 拱北樓西北五里 梅月亭客館東北
廟殿 肇慶廟府城東門內慶基殿之北英宗四十七年建 奉安 國朝始
祖位版姓李諱翰新羅時官司空配金氏軍尹殷義女新羅太宗十世孫春秋仲朔上旬內擇日

行祀○令別檢各一員○慶基殿府城南門內太宗十年建光海主六年重建奉安
太祖大王御眞宣祖壬辰移安于井邑內藏山之隱寂庵又以船路移安于牙山縣又移安于
江華府又移安于寧邊妙香山之普賢寺光海主六年還安于本殿仁祖十四年以兵亂移安于茂朱之
赤裳山城後還安于本殿享儀同永禧殿○令參奉各一員
祠院 華山書院宣祖戊戌建孝宗戊戌賜額 李彥迪見文廟 宋麟壽見清
州
典故 高麗顯宗元年王避契丹兵南巡宿鷺谷驛節度
使趙容謙等謀欲止王挾以號令以白幟插冠鼓譟而
進智蔡文閉城堅守賊不敢入契丹兵退王自羅州還次全州留七日
明宗十二年全州旗頭竹同等苦其督役煩苛嘯聚官

奴及羣不逞者作亂逐其司錄陳大有按察使朴惟甫
諭以禍福不從於是悉發道內兵討之賊閉城固守攻
城不下四十餘日及其賊平夷其城塹 高宗二十三
年蒙兵至全州古阜之境扶寧人金公烈伏兵於高蘭
寺山路邀擊蒙兵二十騎頗有殺 四十年蒙兵候
騎三百餘至全州城南班石驛別抄指諭李桂擊殺過
半 元宗十一年三別抄分兵圍全州聞金方慶至遂
解圍去 十二年三別抄寇全州執府尹孔愉 禑二
年倭三百餘騎陷全州牧使柳實與戰敗績賊退屯歸
信寺實復擊却之 四年倭又屠燒全州 九年倭將

寇全州全州副元帥皇甫琳戰于礪峴却之 辛昌時倭
寇全州焚官廨○本朝 宣朝二十五年七月倭自錦
山時招討使高敬命戰死於錦山踰熊峙將犯全州權慄遣判官李福
男義兵將黃璞金堤郡守鄭湛等據險迎擊監司李洸
遣兵助戰倭先鋒數千直前福男等冒死血戰賊敗却
翌日倭擧軍大至蒲萄山谷砲聲如雷福男等鏖戰不
敵而退黃璞軍潰入福男軍鄭湛力戰射殺賊將賊披
靡而却既而羅州軍潰餓而賊兵四圍鄭湛兵潰湛及
從事李葧死之福男退屯安德院府東十里賊知有備不敢
踰嶺而止倭聚熊峙陣亡之屍埋路邊作數大塚書其上曰弔朝鮮國忠肝義膽 倭因

熊峙之勝又大擧犯梨峙權慄追兵錦山督同福縣監
黃進提縣兵與魏大器孔時億等據峴大戰賊攀崖而
上進依樹禦丸終日交戰賊兵大敗盡棄器械而走僵
尸滿谷川流盡赤是日進中丸火沮慄督將士繼之故
得捷倭中稱朝鮮三大戰而梨峙爲最云 九月倭犯
全州監司李洸遁于金溝衆兵潰散倭疑其襲後卽夜
遁還茂朱錦山 三十年八月陳愚衷領延綏兵二千
進守全州爲南原聲援罷蛟龍山城爲專力府城也
倭因南原之勝直上全州陳愚衷兵潰而走清正直追
渡錦江秀家行長復下南原義弘向淳昌潭陽所過殘

滅 仁祖五年後金兵來侵命世子南下撫軍駐全州

礪山

(沿革)本百濟只良肖新羅景德王十六年改礪良爲德
殷郡領縣高麗顯宗九年屬全州恭讓王三年置監務
兼任朗山又兼公村皮堤勸農使 本朝 太祖五年
以朗山來屬 定宗二年改號礪山 世宗十八年以
元敬王后閔氏外鄕陞郡貶隷忠淸道二十大年還隷本道 肅宗二
十五年以 定順王后宋氏端宗王后貫鄕陞都護府(號邑)礪
陽臺山(官員)都護府使兼全州鎭管兵馬同僉節制使後營將討捕使一員
(古邑)朗山西八里本百濟閼也山新羅景德王十六年改野山爲金馬郡領縣高麗太祖二十三年礪山

九

坊面在地圖

堤堰十二

改朗山顯宗九年屬全州恭讓王三年以
礪良監務來兼 本朝太祖五年來屬
(坊面)府內終五川東初五終十東初十終十五川西初五終十西二初十終二十西
三初二終三十西四初十終二十五北一十西終北二初十二北三二初十十終合
先北初二終十十皮堤本皮堤部曲北初十五終二十公村本公村部曲初十終二十
(山水)壺山東一十里一云天壺山高山界○一云文殊山文殊寺龍華山西北一里一云彌勒西南二
十里山界 益軍八山南十二里高麗太祖駐軍于此在甑蓋時里花山臨江西北三十里舞峙廣
奇勝彩雲山西二十里界龍岩西八里鵠原西北十二里界(嶺路)門峙
東十里高山路炭峴南十里全州路香嶺東北十里界○篤子川出文殊山西流
高山路經府南一里漏項東七里有川出自高山地西流入壺山麓伏流達西麓爲川穴圖
八恩津江西北二十里入
經大飮 世羅岩浦西北二十里江景浦之下
補龍湫

邑內場一六

(城池)朗山古縣城土城周三千九百尺泉二皮堤古城北十五里有遺址
(營衙)後營仁祖朝置○後營將兼討捕使一員本府使兼○屬邑礪山臨陂沃溝咸悅龍安益山高
山珍山錦
山龍潭
(倉庫)邑倉 羅岩倉在羅岩浦
(驛站)良才驛北六里
(橋梁)船橋邑南之川新橋南四里
(土産)竹 楮 漆 桑 碑石 蟹 鮒魚
(樓亭)皇華亭今皇華臺北十一里忠全兩道界本道新舊監司交龜之所
(祠院)竹林書院仁祖丙寅建肅宗乙巳賜額 趙光祖 李滉 李珥
成渾 金長生 宋時烈俱見文廟

十

(典故)新羅眞智王三年與百濟閼也山城○高麗顯宗
二年王發全州次礪陽縣 辛禑二年倭寇朗山縣元
帥柳濚全州牧使柳實力戰却之射三十餘人奪所掠
牛馬二百餘匹○本朝 宣祖三十年倭陷礪山

益山

(沿革)本百濟今麻只武康王時築城置別都稱金馬渚
唐滅百濟置馬韓都督府五都督府之一領郡縣新羅文武王
十三年封高句麗宗室安勝新唐書作安舜于此爲報德王神
文王四年討平報德之亂景德王十六年改金馬郡領縣
三沃野紆州野山隷全州高麗顯宗九年仍屬忠宣王後五年

陞知益州事以元順帝皇后奇氏外祖李公遂之鄕 本朝太宗十三年改益山 世祖朝改郡守(號邑)馬州(置官)郡守兼金州鎭管兵馬同僉節制使一員 本朝初爲知益州郡事○或云朝鮮侯箕準南遷于此稱馬韓者大誤彌文化縣

(坊面)郡內終三 帝釋東初五終十五 春浦南初二十終三十 豆村 豆川 支石俱西初十終二十 蛇梯西初十五終二十 栗村西初二十終二十五 九文川西北初十五終二十五 蒲勒北初七終二十○ 黑石部曲南十五里

(山水)乾子山北一里 都順山俗稱施茶山東五里 唐山西十里 龍華山一云蒲勒山北十里彌山界○蒲勒寺百濟武康王與妃善花夫人幸于此創是寺造三彌勒像又造大石塔新羅真平王遣百工助之云○獅子寺武康王時迷西岩如壁俯臨無地石逕句連攀緣而作 八峯山西十五里 三箕山西北二十里 春浦山西十七里野中小山 大將軍峯龍華山南

岩上有寶可容油教斛俗稱燈盞石 石檣洞西十里古寺石檣跣立 雙亭坪南二十里

(驛路)

堤堰二十七

炭峴東北二十里礪山路 東邊峙東南之全州路 內山峙東北之里礪山路○ 春浦西南十之里出龍華山西南流入全州泗水江 橫灘一云斜灘在春浦南泗水江見全州 黃登堤一云龜橋堤西二十里長九百步周二十五里蘆旣甚廣 長淵春浦北 上夫淵西十五里 馬龍池五金寺南百餘步 王宮井南五里古宮闕遺址

(城池)古城在龍華山上百濟武康王所築周三千九百尺有泉漢後人稱箕準城者誤 報德城西一里僅有遺址高句麗宗室安勝所都城南有五金寺

(倉庫)邑倉二

(橋梁)上漢橋 下漢橋俱南川 立石橋在春浦金堤路 綿川橋西通咸悅路

邑內毛 古石天

(土產)竹 楮 鯽魚 蟹 白魚 三栗

(陵墓)雙陵在五金寺峯西數百步百濟武康王及妃陵○高麗史云後朝鮮武康王及妃陵一云百濟武王陵○按高麗史以武康王指爲箕準者失考

(祠院)華山書院孝宗甲午建顯宗壬寅賜額 金長生 宋時烈俱見文廟

水臨窮牟二城並未詳

(典故)新羅文武王九年高句麗水臨城人大兄劍牟岑新唐書作長鉗牟岑 大欲圖興復收合殘民自窮牟城至浿江南殺唐官人向新羅至西海史冶島仁川德地島東迎故宗室安勝致漢城爲君遣小兄多式等告新羅願作藩屛十三年王處之金馬渚封爲高句麗報德王賜米馬絹布妻以兄女 神文王二年徵安勝爲蘇判 三年其族子大文留金馬渚謀叛伏誅餘衆殺官吏據報德城又叛 四年王命將士討之幢主逼實死之遂陷其城徙其人於國南以其地爲金馬郡○高麗明宗七年全羅道按察使報彌勒山賊降 忠肅王十六年盜發金馬郡武康王陵 恭愍王元年倭寇全羅道知益州事金輝等領舟師擊之不克 辛禑四年倭再寇益州

金堤

(沿革)本百濟碧骨唐滅百濟改辟城爲古四州領縣新羅景德王十六年改金堤郡領縣四平皋萬頃武邑利城隸全州高麗顯宗時仍屬仁宗二十一年置縣令屬縣一平皋 本朝

太宗三年陞知郡事以入中朝宦者韓帖木兒之請 世祖十二年改郡守

(官員)郡守兼全州鎭管兵馬同僉節制使一員

(古邑)平皐東二十五里本百濟首冬山新羅景德王十六年改平皐為金堤郡領縣高麗顯宗時屬全州仁宗時來屬

(坊面)邑內終五 母村東初二十終三十 月山南初五終十 立川南初五終十五 扶梁南初二十終三十 大井東初十終十五 介吐東初二十終二十五 洪山西南初十五終二十 代村西南初五終十五 半山西初十五終二十 食浦西初二十終三十 白石北初十終二十 木淵 馬川復北初二十終三十本馬川所 延山北初十五終二十五 公洞北初二十終三十 田浦北初三十終四十 金堰同上○鳴良鄉西二十堤見鄉南一 才南所東三十

生中面西初五終十

(山水)鳴良山西二十里孤峯穹窿下臨東津 僧伽山東北十里○興福寺 龍頭洞南二里 大坪跨據金堤萬頃沃野滄尾坪東距全州金溝西距萬頃扶安南距泰仁古阜北距益山咸悅東津貫其中延袤數百里曠邈無際 ○田浦東北三十里全州橫灘下流貫大野而西流至利城古縣界為新倉津 東津浦古云障水又云息障浦西二十五里扶安界 太極浦西十七里出泰仁之象頭母岳諸山西流經碧骨堤為狐浦西南八食浦即東津上流潮水舊澈 孤浦南十里 長信浦北二十里浦西五里 田栗浦田浦之下其下為新倉津 碧骨堤南十里金溝之母岳山泰仁象頭山之水會於堤灌流甚廣堤水所又土皆號沃東晉初百濟始築堤新羅元聖王六年以侍中金宗基增築徵全州等七邑人興役高麗顯宗仁宗時修築後廢本朝太宗朝修築後廢至中葉又修築堤長二千八百尺周八十里產蓮蘋菱芡蓴魚蟹之屬 大堤西一里周一萬三千二十四尺

(城池)古城西一里稱城山僅有遺址

堤堰六十一

邑內場二七 才南場三八 陂基場一六 樓亭場五十

(倉庫)倉二邑內 社倉東二十里 海倉西二十里

(驛站)內才驛南十里

(津渡)東津西二十五里扶安界大路 新倉津北二十里全州地

(橋梁)才南橋東三十里參禮路 禾橋西北十五里通萬頃大路 浦橋南十五里

(土產)蓮菱芡蓴苧鯽魚蟹

(典故)高麗辛禑六年元帥池湧奇與倭戰于鳴良鄉奪所俘百餘人 七年倭寇金堤 辛昌時倭寇金堤

古阜

(沿革)本百濟古沙夫里唐滅百濟置古四州領縣五平倭帶山辟城佐贊淳牟○平倭縣本古沙夫村 新羅景德王十六年改古阜郡領縣三扶寧喜安尚質隷全州 高麗太祖二十三年改瀛州刺史 光宗二年陞為府 顯宗九年復為古阜郡屬郡一太山屬縣六保安扶寧井邑仁義尚質高敞 忠烈王時倂于靈光郡尋復舊 本朝因之 英宗四十一年移治于舊邑城南一里

(官員)郡守兼全州鎭管兵馬同僉節制使一員

(坊面)東部終五 南部初五終十五 西部終十 北部初十終十五 挌琴東 達川東 優德東 當內俱初十終二十 雨日本雨日部曲 代末東 水金本水金鄉俱東初二十終三十 德林本德林所 巨丁西北俱初十五終二十 宮洞北初十終十五 白山北初二十終三十 所井南初十終十五 聲浦南初十終三十 長順東初三十終三十五 富安本富安鄉西初三十終五十越在扶安西南界興德西北界北負邊山西接大海○

松封山二

堤堰二十四

荒調鄉南三十 先邑所南二十 音聲鄉南十八 卽毛助里 毛助部曲南三十

(山水)斗升山古云都順山一云瀛州山其北支曰天台山郡南五里上有九峯其一曰國師峯 勢巍 水光山西十五里 德星山東十里 淨土山東三十里泰仁界 桂東山南二十五里 望帝山東十里右五山皆平野小山 (路嶺)倏里峙西十五里富安牢路 栗峙郡南興德界 興○海西四十里 茅川東十五里井邑鵠川下流左過斗升山之水至泰仁之梨坪右過大角川至訥川北流為扶安之東津江 堤 訥堤川築訥川爲湖堤長一千二百步周四十里源出興德牢登山栗峙北流至郡西八里為此川至白山之北合于茅川 兩日川東十五里 鵲川南三十里 藍橋川東二十五里 猪川南十里 大浦北十里訥堤川下流潮水往來 三浦西三十五里富安西 (嶼島)竹島在富安串之西茂長禪雲浦入海之口

(城池)邑城周二千三百六十九尺井三 斗升山古城周一萬八百十二尺跨于太堅

十五

邑內一六 斗池三八 平橋五十 御山五十 新場三八

(倉庫)邑倉 海倉西北二十里扶安縣茁浦

(驛站)瀛原驛北十里

(橋梁)雙橋北十八里 蘆橋北十里大浦之 訥堤橋西十里 中橋西十五里 平橋北三十里 蓮橋南二十里 九重橋南十五里 佛陽橋南二十里 斗池橋東二十里

(土産)竹 楮 桑 柿 榴 茶 魚物十餘種

(祠院)旌忠祠仁祖壬申建孝宗丁酉賜額 宋象賢見東萊城 申浩見南原 金俊字澄彥彥陽人仁祖丁卯戰亡官安州牧使贈左贊成諡壯武

(典故)百濟溫祚王三十六年築古沙夫里城○高麗高宗二十三年蒙兵至古阜 辛禑二年倭寇古阜等諸縣兵馬使柳實追擊之副令金玄伯舍人閔中行戰死實退屯賊乘夜圍之士卒驚潰實脫身走○本朝 宣祖二十六年七月倭犯古阜郡郡守王景祚等潰走

錦山

(沿革)本百濟進乃一云進仍乙 新羅景德王十六年改進禮郡領縣三伊城丹川清渠 隸全州 高麗因之 顯宗九年降縣令屬縣五富利清渠朱溪茂豐珍同 忠烈王三十一年陞知錦州事以縣人金侁仕元為遼陽行省參政有功於本國 本朝 太宗十三年改錦山郡知郡事 世祖朝改郡守 (邑號)景陽 錦溪 (官員)郡守兼全州鎭管兵馬同僉節制使一員

錦山

十六

(古邑)富利東南六十里本百濟豆尸伊一云富尸伊唐滅百濟改序遅為魯山州領縣新羅景德王十六年改伊城為進禮郡領縣高麗太祖二十三年改富利顯宗九年仍屬明宗五年置監務後復來屬

(坊面)郡一終十 郡二終五 東一初五四十終 西一初五二十終 西二同上 郡北初十五十終 南一初五三十終 南東 南西初十五十終 富東初二十五十終 富南東南初三十終七十 富西東初五終三十 富北南初十終四十右四面富利縣古○大谷所東南六十里

(山水)所山北二里○貞狗節之所 進應進藥山南七里東峯下有石穴入四五里許水聲陷湯深不可測山水連疊間壑幽陰有寺庵四五區 西臺山北五十里珍山川界高圓峙 沃珠 峯山南四十里龍潭高山界極阻 神陰山東北十里 屛山西三十五里 錦城山北十里 月峯山一云月濃峯進藥西支距郡三十里 山月影山一云孝靈山東二十

堤堰 十三

里 祖宗山南五里 翠屏峽東十二里 挂珍坪西五里 延昆坪趙憲七百
義士殉節之所 臥隱坪高敬命殉節立碑之所 毛余坪僧靈圭殉節之所 義塚在從
容祠傍也十里義兵戰亡之地立碑 骨南里也四十里西有西臺之陰東有神陰之周北有金川之溢
南有鵂項之峙中有骨南普光等大村 四山屏圍三川合流周可五六十里 (嶺路)松峙南龍潭路 松
院峙珍山路 骨南峙在骨南川路 抱子峙西高山路 錦山遷月影臺仰
東西對峙兩崖蒼壁如屏錦水由其間縈回 屏曲緣崖有石逕通沃川之陽山倉及沃川 ○廣石江
東三十里茂朱南津之下流西北流 至沃川界爲虎灘赤登江即錦江之源 濟原川源出月華
山東流至郡南爲錦川至濟原驛至翠屏峽爲也七里爲麒麟斷 過新川經陽後川八廣石渡 右新川
東八里出味李山上旨谷統邑後合于沃新川 世流爲麒麟斷川 古川以上諸川左右田土合饒沃易灌 ○
石之勝 厥漲有水

十七

(城池)邑城 高麗恭愍王元年知州事偰眉壽築周一千四十五尺泉四
(倉庫)邑倉二 外倉
倉一
錦南院東七十 柯亭子院東南三十
邑內二七 濟原一大 大谷四九
(驛站)濟原道 東十里○屬驛四 察訪一員
(津渡)召南津 東南四十里茂朱界 廣石津 東三十里冬橋夏船
(橋梁)邑前川橋 南一里 新川橋 東七里
(土產)松蕈 石蕈 海松子 蜂蜜
(樓亭)暎碧樓 記云西臺頭也追樂蔽南西則大芚諸山環峙屏擁錦川之水自西來樓之後引水爲沼山光水色經樹農石 翠香亭 郡東門池中 仙遊亭 在南山
(祠院)星谷書院 光海主丁巳建 顯宗癸卯賜額 金佺 錦山人高麗元宗甲戌征日本戰亡于一岐島凡拜叅政 高麗官左中兵馬使 尹澤 字仲德號栗亭茂松人官政堂文學謚文貞 吉再

見善山 金淨 見清州 高敬命 見光州 趙憲 見金浦 ○從容祠 仁祖丁亥建
建 顯宗癸卯賜額 高敬命 趙憲 俱上見 高因厚 見光州 邊應貞 字文
叔原州人官全羅水使 贈兵曹判書謚忠壯 柳彭老 安瑛 俱見光州 李光輪 字仲
任驪州人官文昭殿叅奉贈執義 趙完基 見沃川 韓楯 字子閑清州人以南平縣監戰亡錦
山贈兵曹判書謚毅壯 霽峯佐幕 重峯佐幕 霽峯士卒 重
峯士卒 僧靈圭 見宗陽亨別祠 靈圭士卒
(典故)新羅真德主二年 百濟義慈王八年 將軍金庾信屠進禮
等九城斬九千餘級虜六百人 ○高麗辛禑六年倭再寇
錦州焚蕩城邑邱墟 ○本朝 宣祖二十五年倭入寇
前府使高敬命學諭柳彭老共起義兵得六千餘人也

十八

上陣于礪山聞倭犯湖南界發兵珍山賊退據錦山白
固敬命等與防禦使郭嶸踰嶺入陰直薄錦山城外郭
嶸攻北門敬命攻西門賊悉衆以出義兵大潰高敬命
及其子因厚柳彭老從事安瑛俱死之敬命麾下義士
名家故卒得八百餘人推知順人前府使崔慶會爲將
湖南士民多附之 義兵將趙憲聞高敬命敗死與義
僧將靈圭率兵直抵錦山陣于城外十里終日薄戰賊
三進三北憲軍矢盡士卒皆赤手博戰憲與其子完基
及僧靈圭等七百人同時死之南平縣監韓楯戰死之
憲之門人收七百屍作一塚表之爲七百義士塚立石
其傍曰一軍殉義碑 ○高麗恭愍王十年紅巾亂上

將軍趙天柱戰亡于安州憲郎其八世孫　海南縣監邊應貞聞趙憲敗死
即提兵獨進至城下格鬪而死之　錦山屯倭疑官軍
繼至乃捲茂朱沃川屯兵燒營夜遁向嶺南自是不敢
復犯湖南湖南人以趙憲等之功可比張睢陽云

珍山

(沿革)本百濟珍同新羅景德王十六年爲黃山郡領縣
高麗顯宗九年屬進禮縣恭讓王二年以高山監務來
兼　本朝　太祖二年陞知珍州事以安御胎于州之萬仞山
太宗十三年改珍山郡(號邑)玉溪(館)郡守兼全州鎭管兵馬同僉節制使
一員古縣基在今治西南十里

珍山　十九

(坊面)郡內終十東一初二十三十五終東二初二十終四十南一初五十五終
南二初十二十終西面初五十五終北面初十四十終○十猿山鄉東三金岳所
東三十橫程所　銅界所北十五
(山水)大芚山西北十五里高山連山界高大雄盤上有石峯列立如簇○大芚寺兜率山
西二十里連山界五臺山一云五女峯西十里右二山與大芚連衍嚴正山南十西里
臺山東四十里山沃川界錦天庇山北三十里萬仞山東北三十里上有星峯土爭水
深峯齊奇狀如蓮花秀達性山東二十里仁大峯南十五里水心臺東五里趙重峯
寃藥所三嘉洞南十里石甚佳泉鈫洞北(嶺路)梨峙西十里全州陽良所面及連山
界郎山之南大芚思睦峙東四十里沃川路松院峙東十五里錦山界車峙東二
十里方峴西連山路長古峙西北二十里連山界新峙北四十公州界里○清瀅

南十里源出錦山月峯山北流與松院峙之水合于淵水心臺前水深不測至郡東北爲柳浦川王龍頭村
爲省川至公官田川東二十里源出萬仞山北流經西州界爲甲川臺山至沃川郡界爲西革川入甲
州甘川東大里源出德井里北流入清瀅淵
(城池)古城北三里山上周回四里
(倉庫)邑倉
(土産)鐵楮漆桑柿蜂蜜松蕈
(典故)高麗辛禑四年倭寇珍同　本朝　宣祖二十五年
倭寇珍山

邑內一六
東面三八
西面二七

萬頃

(沿革)本百濟豆奈知一云豆乃山唐滅百濟改淳牟爲古四

萬頃　二十

州領縣新羅景德王十六年改萬頃爲金堤郡領縣高
麗顯宗九年屬臨陂縣睿宗元年置監務後陞縣令
本朝因之光海主十二年合于金堤郡以凶荒人民盡故十四
年移屬全州　仁祖十五年復置(號邑)杜山(館)縣令兼全州鎭
管兵馬節制都尉一員
(古邑)富潤南十三里本百濟武斤村新羅景德王十六年改武邑爲金堤郡領縣高麗太祖二十三
年改富潤顯宗九年屬臨陂縣後來屬
(坊面)縣內終九南一初七終十南二初八十五終上西初六終十下一西初
十一二十五終下二道西初十終二十五北面初二終七犀坪西南初十五終二十五
○泥波山所西十五

堤堰二十

城內九日三市 城外四日二市 陽之村三八

〔山水〕杜山北二里 追鳳山一作望海山西二十里四水入海之口野中突起數峰高時有落臺 明南山南二里 臥石山北十里 立石山在臥石之東全州利城界 牛山東里以上皆大野中高阜 ○海西三十里 四水北十五里辟全州 愁音浦南十五里 火浦北七里 夢一浦北八里 釜浦西南十里安東津下流 扶羅利浦 愁音浦西 陵堤東二里周一萬八千一百尺 〔嶼島〕望地島 許內島 家外島潮退連陸 夜味島右諸島西海中 吉串西三十里

〔城池〕邑城周二千八百二十尺甕城四門三井六 古城邑城之東有土築古址池二

〔土產〕竹 桑 漆 蓮 菱 芡 蓴 魚物十五種

〔橋梁〕愁音橋通堤 金白終橋南一里 熊橋北七里 山頭橋北

〔典故〕高麗忠肅王十年倭掠會原漕船於群山島又寇

二十一

楸子等島遣內府副令宋頎于全羅道與倭戰斬百餘級 辛禑八年倭船五十艘八鎮浦海道元帥鄭地擊走之追至群山島獲四艘 辟時倭寇萬頃

古群山島鎮

本群山島鎮為海浪賊所侵移富沃溝縣北地鎮浦之邊今群山鎮 仁祖二年置別將於舊鎮稱古群山 肅宗三年陞水軍僉節制使 純祖元年分界為獨鎮〔鎮官〕水軍僉節制使一員〔嶼島〕群山島在縣西海中周六十里傍有諸島列峙隔水相附故名群山中有汊港可藏舟船凡漕運往來皆候風于此一島並石山群峰障後左右環擁前有魚梁每春夏漁採時商船雲集販賣居民多富享其屋宅衣食之豪侈尤於城邑○明一統志云十二峰連絡如城舊有客館

曰群山亭又有五龍廟四商考云至群山島始平達 三島鎮南海門之右漕船商舶來往留泊 獨島鎮南海門之左 蝸洋島鎮西一里 津仇未島鎮南一里連陸 蘭末島在十二峯之西 鎮北二十五里古之通江漸水路設館候風於此 件乃島鎮北越津十五里 橫建島鎮北十里 艾島鎮東北 防築仇未島鎮北越津十五里 深仇未島鎮東越津十五里 毛果仇未島鎮東越津十里 梁橋島一云薪橋里島鎮東越津六里 古之里島鎮西越津十里 葛麥仇末島鎮南一里連陸 十二峯鎮北越津十里峯巒重疊橫障 大海峯下有石穴通穿形如石門 仙遊峯鎮西四里蒼岩特立形如芙蓉峯之南岩穴橫穿狀如跨橋潮退則可容一般潮退則可入千人 莊子峯一云長尺島鎮西越津五里一大奇岩特聳海中石臺層層石泉涓涓越五里許建峯上又有丈石倚然對立 橫月影臺鎮東十里層峯奇岩高聳簇立峯山築石為臺 望主岩鎮之案山也距二里雙岩屹立千仞四面如削其右又有龍出岩一穴橫穿岩

二十二

松封山大

鎮海樓

下汶岡一脉亘塞西溪自作城俗稱十里明沙陽岸海棠 長女妓嶼毛果仇未前 飛鳧嶼 艾島前〔倉庫〕鎮倉 軍餉倉〔道里〕東本縣一百三十里 扶安一百里 南蠲島九十里 北沃溝一百二十里 舒川二百五十里

臨陂

〔沿革〕本百濟屎山一云陂山一云所島 新羅景德王十六年改臨陂郡領縣三沃溝澮尾咸悅隸全州 高麗因之 顯宗九年降縣令屬縣四澮尾富潤沃溝萬頃 本朝因之〔邑號〕鷲城 臨瀛〔官員〕縣令兼全州鎮管兵馬節制都尉一員

〔坊面〕縣內終五 東一初十終二十 東二初十五終 南一同上 南二初二十終三十 南三初二十五終 南四初二十終三十 西三同上 西四初二十終三十 北一

於東山 九折山 鳳凰山 太興山 達章山

拈蓟山三

堤堰二十一

鹿山川 龍頭川 廣法川

初十五終二十 上北 初五十五終 下北 同上 北三 初十五終二十

(山水)莎山(北四里如飛鳳形)五聖山(西二十里特秀異)鷲城山(西四里)孤山(一云公州山北十三里其下即鎭浦居民御此以舟楫為生)南山(南里)投牙山(東十里)佛智山(北二十里)○鎭浦(北二十里馬江下流)白羅里浦(即鎭浦之異名東接咸悦之熊浦西接沃溝之羣山前洋)古汶浦(南二十八里沃溝界泗水下流)泗水(南二十里見全州)西支浦(一云西施浦在五聖山下江開局為舟船停泊之所)逆南川(南三里出鷲城山南流入泗水)孤山堤(東五里)

(城池)邑城(太宗九年築周九百五十二步尾城九曲城一井十池二城門三)莎山古城有遺址

(烽燧)佛智山 五聖山(俱見上)

臨陂 二十三

邑內二七 西施浦三八

(倉庫)邑倉(邑內)新倉(南二十里)海倉(西十里本高麗鎭城倉即十二漕倉之一築土城周十餘里)

(廢革)羅里浦鎭(本朝景宗二年自公州移于此詳見羅州)

(驛站)蘋安驛(西八里)

(津渡)新倉津(南二十里泗水下流通金堤萬頃詳全州)羅里浦津(通韓山)

(橋梁)渴馬浦橋 長柳坪橋 令通坪橋 揷橋

(土產)竹 楮 桑 芡 蟹 鯽魚 白魚 釘魚 眞魚

(壇壝)來陵邊(新羅以西海載中祀高麗廢)

(祠院)鳳岩書院(顯宗甲辰建肅宗乙亥賜額)金集(見文廟)金絿(見禮山)

(典故)高麗恭愍王七年倭寇鎭城倉 辛禑二年倭陷臨陂縣撤橋自固全州牧使柳實潛令作橋都指揮使邊安烈率兵得便設伏橋畔賊望見逆擊我軍敗績

金溝

(沿革)本百濟仇知只山唐滅百濟改唐山為嘗山州領縣新羅景德王十六年改金溝為全州領縣高麗顯宗九年仍屬明宗即位之年陞縣令以李義方外鄉○屬縣一巨野 本朝因之

(邑號)鳳山(官員)縣令兼全州鎭管兵馬節制都尉一員

(古邑)巨野(南十五里本百濟也西伊新羅景德王十六年改野西為太山郡領縣高麗太祖二十三年改巨野顯宗九年屬全州又移屬金堤後又來屬)

(坊面)東道 西道(俱五終)東面(初五終十五)上南 下南(俱初五終十)一北 二北(俱初五終二十)下西(初十五終二十五)攊陽(北初七終二十○古)

政改二字中一字似衍

金溝 二十四

邑址距今治七里 從政(本從政部曲南初十終十七)草處(南初十終二十)水流(南初十終)二十五○大栗部曲(東六)

(山水)母岳山(東二十五里全州泰仁界○金山寺後百濟主甄萱所創細間環繞洞府勢深樓閣)巍煥有丈六佛像○高麗太祖十八年甄萱愛其次子金剛欲立之其長子神劍幽其父於金山寺後金剛西自立萱在金山三朔逃奔羅州由海路歸高麗詳開城 鳳頭山(東二里左有楊妹趣山右有卯山)高山(東七里)揭禪山(南七里)象頭山(南二十五里泰仁界)黃山(一云鳳山西十五里)九成山(南十里)岩光山(西南十里)開野山(南二十五里)院坪(南二十里)

(嶺路)歸信峙(東十五里全州界)炭峙(東十里)栗峙(南二十里)○從政川(源出母岳山一派從水流下南而西流一派經縣西流一派也流經攊陽為洪洞川屈曲而為安川俱會於從政面至金堤界為碧骨堤狐浦詳金堤)仙岩川(東二里)

堤堰十八

邑內三八
院坪一六

〔城池〕古城北五里俗稱山城峯有遺址
〔倉庫〕倉三俱在邑內
〔橋梁〕鶴橋邑內金川橋東十里院坪橋
〔土產〕竹楮苧漆桑榴薑蜂蜜蟹鯽魚

咸悅

〔沿革〕本百濟甘勿阿 唐滅百濟改魯山爲魯山州領縣
新羅景德王十六年改咸悅爲臨陂郡領縣高麗顯宗
九年屬全州明宗六年置監務 本朝 太宗九年合
于龍安稱安悅十六年析之各置縣監〔邑號〕咸羅〔館〕縣監
兼全州鎭管兵馬節制都尉 一員

咸悅 二十五

堤堰二十六
龍山東五里

〔坊面〕縣內終五 東一初五終十 東二初五終二十 東三初十終二十 東四
同上 南一初五終二十 南二初七終十五 西一初七終十 西二初五終十 北一
初十終二十 北二初十終十五 北三初十終二十 ○大位卿南大坪都曲北十五 批
〔山水〕咸羅山西二里山西有黑山之花山北七里末訖山東十五里南堂
山東南 風芳坪南十里通臨陂益山全州 相馬坪東十五里通益山 良橋坪
東十里〔嶺路〕尺嶺西北通熊浦 栗峙西路 ○皮浦北十里 熊浦西北十里右二
處通稱鎭浦而異名 墨池在咸羅山之西周五十尺絕遼馳碧沈石背黑蹋之龍湫 藥井北十里
〔城池〕龍山古城本朝世宗二十二年爲移縣治西藥之末移周三千六百三尺井二池一
〔烽燧〕所防山西三里
〔倉庫〕倉二邑內 海倉在皮浦 聖堂倉北二十里鎭浦邊世宗十年以龍安得戊倉

邑內三八
熊浦一六
黃登寺十
蟹蓴

水路湮塞稅于皮浦 成宗十八年分稅于此○捧南
原雲峯珍山錦山龍潭高山益山咸悅八邑田稅大同
漕至京師○咸悅
縣監監捧領納
〔驛站〕才谷驛南一里 四街院西十四里
〔津渡〕熊浦津通韓山 南堂津北十八里通林川
〔橋梁〕良橋通礪山 相馬橋見上 馬浦橋南十五里
〔土產〕苧楮竹桑漆秀魚紅魚綿魚葦魚白魚鱸魚鯽魚
〔典故〕高麗辛禑三年倭再寇咸悅 六年倭寇咸悅

高山

〔沿革〕本百濟難等良新羅景德王十六年改高山爲全
州領縣高麗顯宗九年仍屬後置監務恭讓王二年兼

高山 二十六

任珍同三年又兼雲梯 本朝 太祖二年析置珍州
太宗十三年改縣監〔邑號〕鳳山〔館〕縣監兼全州鎭管兵馬節制都尉 一
員
〔古邑〕雲梯北二十里本百濟只伐只一云只夫只新羅景德王十六年改雲梯爲德殷郡領縣高麗
顯宗九年屬全州 本朝 太祖元年來屬○邑號雲山
〔坊面〕縣內終十 東面初五終十 南面初五終十 西面初十終三十 北面初五
終三十 雲東北初二十終三十 雲西北初二十終三十 雲北北初四十終五十右三面
雲梯古縣
〔山水〕飛鳳山北一里 珠崒山東四十五里龍潭鎭安錦山界嶺盤峻高聞府連疊幽迴
○花岩寺 兜率山北三十五里○安心寺 大芚山北五十五里連山珍山界 佛明山

北三十里恩津界 雲梯山北二十五里 文殊山西北三十里礪山界 雲岩山東十八里珠峯山西支岩鱗立狀如雲起 天燈山北四十三里 王師峯東北三十里

(嶺路)炭峴東北五十里珍山路距珍山契峙二十里 扭峙東四十里龍潭界 加峙東北三十五里距炭峙十五里龍溪城在其東 拕峙西二十里全州紆州面界 門峙西北三十里礪山界 烏頭峙南十里全州界 龍溪峴北三十五里 萬木峙在雲梯山極險阻

○南川南三里佛明雲梯珠峯之水合于縣東西南流至全州界為雁川良正浦詳泗水江 佛明山川出佛明山南流經玉泡驛至于縣東合于南川 雲梯山川出雲梯山南流經雲梯古縣至于縣東合于南川 珠峯山川山之西南諸流會而西流至于縣東入于南川 玉溪東北五十里出大邑山之西梨峙入于龍溪川 龍溪北四十里出珠峯山之陰炭峴西北流入于恩津界與恩津 龍湫東十里 龍淵雲梯古縣東十五里自湧為池周圍一里

(城池)龍溪古城在龍溪上距炭峴西十里西北距連山界三十里城周一千十四尺

(倉庫)邑倉 山倉威鳳山城

(驛道)玉泡驛北二十里

(橋梁)洗心橋 鳳林橋 虎領橋 居士橋

(土產)竹 楮 漆 桑 亭 柿 榴 松蕈 石蕈 蜂蜜 墨土出西三十里掛金里

(樓亭)鳳棲樓邑內 三奇亭古址東五里有小岡懸崖削立下有長川案田壓敞其西平夷

(典故)高麗辛禑六年倭寇雲梯高山

沃溝

(沿革)本百濟馬西良新羅景德王十六年改沃溝為臨陂郡領縣高麗顯宗九年仍屬 本朝 太祖六年置鎭以兵馬使兼判縣事 世宗五年改為僉節制使後改縣監(邑號)玉山(官員)縣監兼全州鎭管兵馬節制都尉一員

(古邑)澮尾東南十五里本百濟夫夫里新羅景德王十六年改澮尾為臨陂郡領縣高麗顯宗九年仍屬 本朝太宗三年來屬 邑號連江

(坊面)東面終十 西面終十 北面初五終二十 長梯東初十終二十 定只山南初七終二十 朴只山南初五終十五 豐村東初十終二十 米堤西初十終二十

(山水)鉢伊山北里 獅子山西南十里 于房山西二十里 刀津山北二十里 大岩山南十里 月下山同上 南山南二里 新德山東二里 雪林山北二十里 五峯山南十里 七星山西十五里 玉山東一里以上諸山皆高阜平岡 紫邊臺在西海岸地勢平衍泉石可愛

(嶺路)岐嶺西三里 地境峙東十五里臨陂界

○海西二十餘里 鎭浦北二十里白馬江下流入海處 古汝浦南二十五里全州泗水入海處臨陂 見米堤西北十里周一萬九百十尺

(島嶼)莫食島有牧牛場 內草島 加乃島 飛鷹島 舍介島右諸島在縣西海中

(城池)邑城中宗十九年改築周三千三百三十尺甕城四泉六 澮尾古縣城周三千四百九十尺 朴只山古城東十里有古址地險而實

(鎭堡)群山浦鎭北二十里鎭浦邊萬頃群山鎭舊為海浪賊所侵移寓於此為水軍萬户中宗二十六年陞僉使城池今廢○水軍僉節制使一員

(烽燧)花山西二十五里

(倉庫)倉三 邑內 海倉在群山浦 群山倉在群山鎭傍成宗十八年分設龍安得成倉于此○捧沃溝全州鎭安長水金溝泰仁任實七邑田稅大同漕至京師○群山僉使監捧領納

邑內三八 地境一六 京場里五十

(津渡)龍堂津 北二十里闊十餘里通舒川郡

(橋梁)京場里橋 北十五里

(土産)苧竹薑茶魚物二十種

(典故)高麗恭愍王九年倭寇澮尾沃溝 辛禑二年倭寇鎭浦 大年倭船五百艘入鎭浦口散入州郡恣行焚掠屍蔽山野元帥羅世沈德符崔茂宣等至鎭浦用火砲焚其船賊燒死殆盡赴海死者亦衆賊盡殺所俘子女 賊脫死者與量先賊合焚利山永同縣 倭自鎭浦之敗攻陷郡縣焚肆殺掠賊勢益熾三道沿海之地蕭然一空自有倭患未有如此之比 十年倭入鎭浦以小艇載還被虜婦女二十五人 十四年倭船八十餘艘來泊鎭浦寇旁近州郡

二九

井邑

(沿革)本百濟井村新羅景德王十六年改井邑爲太山郡領縣高麗顯宗九年屬古阜郡後置監務 本朝太宗十三年改縣監(邑號)楚山(官員)縣監兼全州鎭管兵馬節制都尉一員

(坊面)縣內終五 東面初七終三十 南一初五終十五 南二初十二終二十七 西一初十終二十七 西二初八終十五 北一初七終十五 北二初十終三十〇 省谷部曲東二十 水谷部曲

堤堰十四

(山水)內藏山 東三十里磅礴雄峙重阻固密〇靈隱寺又有五庵 五峯山 南十里二 半登山 西南三十里與高敞長城界 七寶山 東北十里泰仁界 笠岩山 南三十里長城界 鷹山 北七里 楚山 南一里 望夫石 北十里 (嶺路)蘆嶺 南三十里通長城大路 小蘆嶺 西南三里興德界 阿要峴 東南七里 鞍峙 北十五里泰仁界 赤峙 西北十里通古阜 笠峙 西路 屯月峙 東二十里淳昌界 葛峙 同上 栗峙 西三十里興德界 牛死峙 淳昌界〇 鳴川 南一里出內藏山西流至縣北十里合于北川 木梯川 南十里出笠岩山北流過鳴川至縣北爲北川 北川 北十里西流爲古阜之茅川歸扶安東津江 蘆嶺川 出大小蘆嶺東北流合于木梯川 金川

(防守)蘆嶺堡 嶺路險阨舊時盜賊羣聚白晝殺掠行旅不通 中宗十五年設堡防守後廢

(倉庫)倉五 邑內 山倉 在長城笠岩山城

井邑

三十

邑內三七 川院天九

(驛站)川原驛 南二十五里〇 迎支院 西五里

(橋梁)長橋 在川上

(土産)竹苧柿榴薑蜂蜜鯽魚蟹

(祠院)考岩書院 肅宗乙亥建同年賜額有廟庭碑 宋時烈 見文廟 權尙夏 見忠州

(典故)高麗辛禑六年倭寇井邑縣元帥池湧奇擊之 十三年倭寇井邑縣

龍安

(沿革)本咸悅縣之道乃山銀所 一云倉山所 忠肅王八年陞龍安縣 以土人伯顏夫介有功於元本國 恭讓王三年以全州屬縣豐

堤堰七

堤來屬 本朝 太宗九年合咸悅縣爲安悅縣監務
十三年改縣監十六年析爲二縣(號邑)七城(館)縣監兼全州鎭
管兵馬節制都尉 一員
(古邑)豐堤東五里今堂下里本全州屬恭愍王三年來屬□邑號豐城縣
(坊面)縣內終三 東面初三終十 南面初三終十 北面初三終十 ○東倉山所十
(山水)母山北一里 七城山北三里山後支 母龍頭山北八里山形穹窿互入水
蓮山南有牛膝峯下有自明庵 峯 舞鶴山北十里 彩雲山東北十里孤峯特立野中且有
養陰靈泉碼山恩津 見 廣頭山東十里 黃山北十里石山臨江陡起與恩津之江界里隔小
浦村落阜繁 ○ 菁浦北十里白馬江下流自此至海通補鎭浦 龍頭浦東五里出益山之備
勒山北流爲掘井浦倉山浦入于江 金頭浦北五里

龍安

三十

薍浦嶋二七

(城池)邑城周四千二百四十尺井五池一
(烽燧)廣頭院東十三里
(倉庫)邑倉 ○ 得成倉在金頭浦國初漕倉城捧全州南原等十九邑田稅漕至京師
成宗十八年分移于咸悅聖堂倉沃溝羣山倉
(津渡)菁浦津通林川郡
(橋梁)廣頭橋東八里 雲橋東四里 板橋西三里 薍浦橋北五里 掘
井浦橋
(土產)秀魚 葦魚 白魚 綿魚 鯽魚 蟹
(典故)高麗辛禑二年六月倭寇豐堤

泰仁

(沿革)本百濟大尸山 唐滅百濟改帶山爲古四州領縣
新羅景德王十六年改太山郡一云泰山一云大山領縣三斌城井邑野西
隸全州 高麗顯宗九年屬古阜郡後降縣置監務 本
朝 太宗九年以仁義縣來併改號泰仁移治于居山
驛古治在縣西二十里 十三年改縣監(館)縣監兼全州鎭管兵馬節制都尉 一
員
(古邑)仁義西十里本百濟賓居新羅景德王十六年改斌城爲太山郡領縣高麗太祖二十三年改
仁義顯宗九年屬古阜郡後以太山監務來兼後析置縣監 本朝太宗九年來併
(坊面)縣內終十 東村初三終二十 南村初十終三十 西村初十終三十 北
村初十五終二十五 甕池東初四終十五 古縣內東南初二十終三十 山內東南初
三十終七十 山外東初二十終四十 仁谷北初十終十五 甘山北初二十終十五 汝谷
西北初二十五終三十 銀器洞西北初十七終三十 龍山西北初三十終四十 居山南終
十 興天西初五終十五 ○ 羅鄉東三十西十 開 綾鄉東十 桃田部曲 大谷
部曲東二十五 門部曲東四十
(山水)飡眞山一云竹山北二里寺 象頭山東十五里全州界 雲住山南三十里
南有石窟 母岳山東三十里全州金溝界 雲岩山東三十里任實界 墨方山
壁 東南四十五里 七寶山東南二十里 四文山東南六十里任實淳昌界 詩山東二十里
太山古邑北十里 德星山西南二十里見古阜 流觴臺古縣內面 梨坪西十
里(嶺路)穿峙東南三十里淳昌路 㟥峙東北十五里金溝路 鞍峙南三十里井邑路 雲
岩峙東三十里任實路 沈瑟峙東南五十里淳昌路 白如峙東三十里全州界 杻

泰仁

三十二

堤堰三十

峙　九折峙 路並南○大角川 源出象頭山西流至縣北十里爲大川虎川至縣西十里左過南川爲大角川南川南五里象頭墨方雲任由梨坪會于古阜之茅川川諸山之水會西流入于大角川 碧骨堤 北二十里詳金堤 牛頭堤 西二十里 蓮池 縣南

城池 仁義古縣城 有土築遺址

倉庫 倉三 邑內 南倉 古縣內 山倉 南大十里長城望岩山城

道字似站字之誤

驛道 居山驛 南一里

橋梁 泰居橋 南五里 長灘橋 西五里俱南川下流 虎川橋 北五里虎川下流

土産 竹 楮 漆 桑 礪石 柿 擢亭 薑 茶 蜂蜜 蟹

樓亭 聽絃樓 鎭南樓 披香亭 觀德亭

祠院 南皐書院 宣祖丁丑建 肅宗乙丑賜額 李恒 字恒之號一齋星州人官掌樂院正

邑內 五十
龍頭 一六十
古縣內 三八
嚴池 四九

三十三

金千鎰 見羅州 晉○武城書院 光海主乙卯建 肅宗丙子賜額 崔致遠 見文廟 新羅時爲太山太守 申潛 字元亮號靈川高靈人官尙州牧使 丁克仁 字可宅號不憂軒靈光人官正言贈禮曹參判 宋世琳 字獻仲號醉隱泰山人官校理

典故 高麗 辛禑二年倭寇泰山 七年倭寇仁義 辛禑時倭寇仁義○本朝 英宗四年逆賊李麟佐等陷清州 本縣監朴弼賢爲賊中大魁稱第二大將詐稱勤王忌發本縣兵一千欲直赴清州官吏軍卒盡爲潰散弼賢與其子師濬走尙州營將韓球方領軍赴戰恐有變並斬其父

扶安

沿革 本百濟皆火 一云戒發 新羅景德王十六年改扶寧爲古阜郡領縣 高麗顯宗九年仍屬後置監務兼任保安 辛禑十二年析置保安監務 本朝 太宗十四年復以保安來合 十五年又析之 八月復合之 明年七月又析之 十二月又來合 改號扶安 十七年移興德鎭于本縣以兵馬使兼判縣事 世宗五年改僉節制使 後改縣監 古治在今治西三里

邑號 浪州 扶風

官員 縣監 兼全州鎭管兵馬節制都尉 一員

古邑 保安 南三十里本百濟欣良買 新羅景德王十六年改喜安爲古阜郡領縣 高麗太祖二十三年改保安 顯宗九年仍屬 後以扶寧監務來兼 以下見上

坊面 東道 終五 西道 終十 南上 終十 南下 初二十終 上東 終十 下東 初五終十五 上西 初十終二十 下西 初十終三十 一道 北十終 二道 北初十終二十 塩所 西初十終十五 所山 南初十五終二十五 乾先 南初三十終五十 上 南初二十五終三十五 立下 南初三十終四十 左山內 西初三十終七十 右山內 西初三十五終六十 ○鼓村鄉 南二十七 中德所 東五

扶安

三十四

松封山在邊山

山水 邊山 西三十里一云楞伽山一云瀛州山延袤數百里三面環海[illegible]盤高大千峯萬壑紆回深邃層岩絕巘長谷及崖皆長松參天自高麗至今宮室舟船之材出於此山中多良田沃饒山外至漫夫塩戶西對羣山蝟島得便風西直抗則其去中國不遠山中多罌箭竹如麻亦濱海勝地○島金岩在山巔宮體圓而高大壁之雪色岩下有三窟各有小庵岩上平巴可以登眺○摩天臺望海臺皆峻高登臨處○龍湫西五十里○蘇來寺西南五十里新羅僧惠丘所創○○寶相寺在龍湫東○開岩寺西二十里後有島金岩○臨海寺在黔毛浦○仙巖寺西二十里○月明庵靈隱庵俱在山北庵西有瀑布○元曉庵在萬仞巓上以石

堤堰五十 垌洑大

梯緣路而登○不思議方丈有木梯高可百尺緣梯而
下乃得至於方丈其下皆不測之壑以鐵索引其屋釘
之於岩 幸安山 西五里高麗末安烈破倭于此 遷石佛山 西二十里海環山北 墨方
山 南二十五里 道洞山 南五里 藏智山 南三十里 巴山 南二十五里 上蘇
山 東北一里 終正山 南七里 巨節山 南四十里 首陽山 西十五里 道所山
西五里 望氣山 東三里 ○海 西北十七里 東津江 一云通津一云漳水源出井邑內藏山西流為鵠川經井邑縣西過笠岩山之木擇川北流為古阜之茅川至梨坪會泰仁之大角川至白山會古阜之訥堤川至金堤之食浦會太極浦川至縣東十五里為東津經萬頃犀坪面西流其入海處曰德浦
達加耶浦 西十五里出巨節山北流入海 汝浦 西二十里出山北流入海遷 濟安
浦 南五十里興德之汝津浦下流其下為點毛浦又為出浦西連大海 柳浦 南四十里興德之島川下
流濟安浦之上流 長信浦 西二十五里 德達浦 西二十里 据浦 西二十五里 〔島嶼〕

三十五

蝟島 周三十五里產青魚每歲春夏京外商船湊集 王登島 有上下二島在蝟島之西四面皆石
壁無船泊處有搭及藤蔓 界火島 西北三十里潮退連陸多淺漁戶多居島邊有岩時起其上平夷可
坐百人沃帶諸山及羣山羅列真勝境 豆里島 西北 熊淵島 西南六十里潮退連陸 虎
島 一云凡島西北海中 鴟島 一云飛梁島北海中同二十里 晚坐嶼 西海中
〔城池〕邑城 中宗朝改築周一萬六千四百五十八尺井泉十六城門四南門曰聚遠樓西對邊山北
壁大海東南臨大野 古邑城 西三里周一千五百尺泉大 禹金城 自禹金巖緣山西麓合于
洞周十里妙蒐寺在其中 古壘 保安古縣南七里路傍國初置鎮時防守軍分屯于此
〔鎮堡〕蝟島鎮 西海中水路五十里肅宗八年鎮倉二○水軍同僉節制使一員 設點毛
浦鎮 南五十里城池今廢倉二○水軍萬戶一員 〔廢革〕格浦鎮 西七十里即邊山西支盡處大
海處潮退則成湖潮落則閘 仁祖朝始設鎮置別將
孝宗四年築城後屬監營築堤備水 憲宗九年廢

邑上二七 邑下尺九 中峙夭 胡峙兄 長啚辛 東津夭

坐月樓 候仙樓南門

古軍營 在長信浦南國初本縣置鎮時設營處
〔烽燧〕界火島 見上 月古里 西七十五里格浦廢鎮西
〔倉庫〕倉五 邑內 北倉 北十里 海倉 西三十里 社倉 南三十里
〔驛站〕扶興驛 西二里
〔津渡〕東津 東十五里通金堤全州
〔橋梁〕東津橋 二處 大橋 西十里 中橋 同上 長橋 南十里東津上流
〔土產〕竹漆桑楮苧柿胡桃海松子鹿茸松蕈魚物十五
種
〔典故〕高麗恭愍王七年倭侵點毛浦焚全羅道漕船我
師敗績 辛禑 二年倭船五十餘艘來泊熊淵踰狄峴寇

三十六

扶寧縣燬東津橋使我兵不得進上元帥羅世與邊安
烈等夜築橋分兵擊之賊步騎千餘登幸安山我兵四
面攻之賊徒奔潰遂大破之 七年倭寇保安

興德

〔沿革〕本百濟上柒 一云上村 唐滅百濟改佐贊為古四州領
縣新羅景德王十六年改尚質仍為古阜郡領縣高麗
顯宗九年仍屬後改章德縣監務兼任高敞忠宣王即
位改興德 避王名諱字同音 本朝 太宗元年析置高敞置
鎮于本縣以兵馬使兼判縣事十七年移鎮于扶安縣
仍改縣監〔邑號〕興城〔官員〕縣監 兼全州鎮管兵馬節制都尉

松封山七

堤堰三十六

〔坊面〕縣內終五 一東初十終十五 二東初十五終二十 一南初三終十五 二南初十終二十 一西初七終十五 二西初三終二十 北面初五終二十 ○坐鄉

東八 南調鄉南十三 北調鄉北十

〔山水〕半登山古云方等山南十五里長城井邑高敞界南有龍湫 火矢山西十里高敞界 半登山西支也 支為道遙山 其一 道遙山一云西山西十五里有岌阮絕壁上有龜岩九仞岩鳴玉臺 遊仙臺○月寺 烟起寺 水秀山南十里立遷 遷迤 特 王輪山南十里 寶月山上同 碧梧峯一云白魚峯半登山西支 笠峯南十里 壺岩西二十里石立如壺之上 長淵高麗谷南五里 〔嶺路〕小蘆嶺東十五里大蘆嶺八里 東距 屈峙西南十里通茂長 栗峙東十五里井邑界 梧風峙東北五里 ○海西二十五里 沙津浦西六里出半登山北流為沙津浦 濟安浦 有禪雲浦西二十里茂長界 長淵下流 蟹川南十里 鹽盆 漁箭 商船 湊集 興德

三七

里沙津浦上流 烏川東七里出秀山流入濟安浦 長淵高敞泰橋川下流 禪雲浦上流 土地膏腴 蓮池 邑內 〔島嶼〕竹島在禪雲浦入海處 島也 有鵜卵巖

〔城池〕邑城 周三千尺 ▢▢時 上 辰亂後 移治城外 吳泰城西三里 古城東十五里

〔倉庫〕邑倉 海倉沙津浦東

〔橋梁〕脚高橋西十里 長橋東北十里 烏川橋東五里 石橋西七里

〔土產〕竹 漆 楮 桑 柿 茶 魚物十餘種

〔典故〕高麗▢▢二年倭寇興德

邑內四九

大東地志卷十一

大東地志卷十二

古山子 編

羅州

〔沿革〕本百濟發羅 後改竹軍城 唐滅百濟 置帶方州領縣六 至留軍 邗徒山 半邗竹軍 布賢 以劉仁軌為刺史 後歸其地于新羅 神文王五年 改通義郡 景德王十六年 改錦山郡一云錦城 領縣三 會津 艅艎 鐵冶 隸武州 眞聖主時 為甄萱所有 未幾 郡人附于弓裔 弓裔命王建高麗太祖 為精騎大監 帥舟師攻取之 高麗太祖二十三年 改羅州 成宗二年 置牧之一十二牧 十四年 為羅州鎭海軍節度使十二州節度之一 顯宗元年 避

卷十二 羅州 一

契丹南巡 至州留旬日 契丹敗退 王乃還都 九年 改羅州牧 八牧之一 屬郡五 務安 潭陽 谷城 樂安 南平 屬縣十一 ○ 鐵冶 潘南 安老 伏龍 昌平 長山 會津 珍原 和順 艅艎 忠宣王二年 降知州事 恭愍王五年 復為牧 本朝因之 世祖十二年 置鎭 管邑 內 珍原 太 ▢▢ 仁祖朝 降錦城縣 監 後還陞 英宗四年 降縣 十三年 復陞

〔邑號〕錦城 高麗成宗所定 〔官員〕牧使 兼羅州鎭兵馬僉節制使 一員

〔古邑〕潘南 南四十里 本百濟半奈夫里 唐滅百濟 改半那 為帶方州領縣 新羅景德王十六年 改潘南郡 領縣二 野老 昆湄 高麗初 降縣 顯宗九年 來屬 伏龍 北三十里 本百濟古麻山 新羅景德王十六年 為武州領縣 高麗 唐滅百濟 改龍山 安老 南三十里 本百濟阿老谷 唐滅百濟 改鹵辛 為東明州領縣 新羅景德王十六年 改野老 為潘南郡領縣 高麗太祖二十三年 改安

老顯宗九年來屬

會津 西二十五里本百濟豆肹唐滅百濟改竹軍為帯方州領縣新羅景德王十六年改會津為錦山郡領縣高麗顯宗九年仍屬

餘艎 北四十里本百濟水川一云水入伊新羅景德王十六年改餘艎為錦山郡領縣高麗顯宗九年仍屬

押海 押一作壓西南四十里本百濟阿次山新羅景德王十六年改壓海郡領縣三碣島塩海安波高麗初來屬顯宗九年為靈光郡屬郡後復來屬後因倭失土僑居于此○古邑址在押海島中

長山 南二十里本百濟居知山一云居知山新羅景德王十六年改安波為押海郡領縣高麗太祖二十三年改長山一云安陵顯宗九年來屬後因倭失土僑居于此○古邑址在長山島中

業山 南十里本黑山島入避倭出陸僑寓南浦江邊稱榮山縣高麗恭愍王十二年陞為郡本朝初來屬

(坊面)

東部 西部 俱邑內

伏岩 東初十終二十

三加 東初二十終三十

上谷 南初十終二十五

新村 南初十終十五

知良 南初十五終二十五

田旺 南初二十終三

二

十

技竹 南初二十五終四十

非音 南初三十終四十

馬山 南同上

細花 南初三十終四十五

潘南 南初三十五終五十

金磨 本金磨部曲在安老古縣初五十終七十

終南 本從南鄉古云從義南初五十終六十

元亭 東南初四十終五十

侍郎 西初十五終二十

茅界 西初七十終二十五

水多 本水多所一云橫山西初二十終三十

金莞 西初三十終四十

用文 西初二十五終三十

紆谷 西南初二十終三十

吾山 西南初三十終四十

空樹 西南初四十終四十五

豆間 西南初四十五終五十五

居平 本居平部曲在會津古縣初三十終四十五

曲江 西南初四十五終七十

坪里 本平郎部曲北初二十終三十

官間 北初二十五終三十

島山 北初四十終六十

大化 北初五十終六十

道林 本孫利鄉古彌所山里北初二十五終四十

餘艎 北初三十終四十

撑本 北初四十終五十

赤良 北同上

伊老 西北初十五終二十五

竹浦 西初三十終三十五

三鄉 本犀山極浦任城三部曲越在務安縣南界初

松對山二

堤堰一百七

一百終一百五十里

(山水)

錦城山 北五里端重奇偉有月井峯維摩窟消災同○普光寺北二十里新羅時創神王寺

德龍山 一云雙溪山東南六十里○雙溪寺距七十里

寧臣山 南五里

侍郎山 西十里

湧珍山 北四十里餘艎古縣

都野山 一云白也山北三十里

欽謠山 南十里

伏龍山 北三十四里伏龍古縣

七峯山 北四十里

魚登山 同上

五水山 西北十五里

羅黑山 同上

月井峯 城西

壯元峯 城西北

五道峯 城西右二峯錦城西支四

(嶺路)

嶺院峙 南六十里靈岩界

竹嶺 南四十里

火所峴 南三十里抱州城通靈岩大路

○海 西一百里島嶼羅列

汝湖江 南平之砥石江光州之黃龍川合于王子臺下西流至州東五里為廣灘折而西南流至鸕鷀岩為錦江津為榮山江為南浦西流左過松弓川為四浦至古蓦院右過鵲川為汝湖津入務安界○仰岩一云鸕鷀岩在錦江南岸其下水深莫測○伏岩在庵灘西岸○

三

榮山江通潮而聚商船

興龍寺 在錦江津北高麗初以惠宗誕生之地建寺

鵲川 西三十里源出靈光之高城山南流經靈光社之水右過咸平入于汝湖江

拮只川 南十五里倉入咸平界左過湧珍山滅峙之水至州界為鵲川出雙溪山北流入南浦

長成川 北十里出都野山南流入廣灘

亭子川 西二十五里出錦城山之西南南流入南浦

鶴橋川 出錦城山南流入城中東出入廣灘

浣紗泉 南一里

古幕浦 鵲川下流

(島嶼)

黑山島 本牛耳島○新羅朝鮮時皆於靈岩海上發船一日可直黑山島歷紅衣可佳東北風三日則可達台州○宋史云自明州定海縣海上發船遇便風三日入洋又五日抵黑山入其境云

大黑山島 在黑山島西土甚良沃古使行館舍遺址尚存

紅衣 大黑山西

可佳 紅衣之西北為入中國水路之終境右二島有居民

八甫島 安昌島 荷衣島 苔甫島 都草島 者羅島 其佐島 慈致島 沈致島 大也島 小智島 牛月島 朴只島 高下島 達耳島 沈邑島 押海島 有押海古

落地島 牛岳 廣大 彌 梅花 注之 龍出 牛疊 扶蘇 加次 大彌 小彌 薪 右在地圖

縣址 遺 松島 仇參島 牛默島 蘇文島 牛開島 加蘭島 長山島 有長山古縣遺址 智島 有鎭 慈恩島 恭愍王癸丑賀正使周英贊等船敗于此島溺死 比甫島 岩墮島 新疏島 訥玉島 苫島 上下 長者島 苫士島 飛禽島 土地肥沃 柄間島 牛島 入暮島 許次島 訥島 莫今島 荏每島 草蘭島 如屹島 長柄島 露島 驛島 羅佛島 介島 魯大島 箕島 大小 竹島 斗里 上下 里字下似脫島字 蓊葉島 達島 內外 景致島 秋來嶼 巨次嶼 麻田嶼 介嶼 白花嶼 松嶼 新疏嶼 蔵文嶼

(形勝) 北負錦山 南臨榮江 滄海浸其右 大野暢其前 境壤綿廣 民物繁阜 有秔稻之饒 物產之富

(城池) 邑城 周九千九百六十大尺 城門四 井二十 泉十二 池二 小渠一 四 錦城山城 周二千九百四十一大尺 ○ 西南北三面險阻 東門外一面寬平 為受敵之地 有四井 東曰露積 南曰多福 西曰悟道 北曰定寧 ○ 府後顧相應 東北之支環抱成洞 可以藏兵 ○ 北高南低 城勢欹側 城底山脈勢分 內外洞 不可得相顧 此為兵忌 ○ 高麗顯宗元年避契丹兵駐軍于此 元宗十一年三別抄據珍島時 諸郡入保錦城 攻之不拔

倉二

(營衛) 右營 仁祖朝置 ○ 右營將兼討捕使一員 仁祖九年以綾州牧使兼討捕使 顯宗五年移于右營 ○ 東任屬邑 羅州光州綾州靈岩靈光和順南平務安咸平茂長 討捕屬邑 長城高敞興德

(鎭堡) 智島鎭 在咸平臨淄島之西海中 肅宗八年設鎭 ○ 水軍萬戶兼司僕別將一員 黑山島鎭 在牛耳島中 初設別將 □ 水軍萬戶一員

(烽燧) 羣山 西一百十里

(倉庫) 倉五 邑內 濟民倉 西十里 東倉 東三十里 西倉 西三十里 南倉 南四十里 北倉 北四十里 三鄕倉 三鄕面 狐月倉 南三十里 山城倉 在長

倉四

城笠岩山城 榮山倉 在錦江津岸古榮山縣址 國初置漕倉 蘋倉城牧羅州光州順天康津珍島樂安光陽和順南平同福興陽務安綾州靈岩寶城長興海南等邑田稅于此 漕至京師 中宗七年移漕倉于靈光之法聖浦 羅里鋪倉 為接濟耽羅而設 中宗朝 今只留江倉 設于公州 景宗朝 發于臨陂 英宗朝屬于羣山 又還臨陂 正宗朝移設于本州 濟民倉

(驛站) 青岩道 北五里 ○ 屬驛十一 ○ 察訪一員 移在長城丹岩驛 新安驛 南三十里

(牧場) 望雲場 在靈光望雲面 ○ 監牧官一員 屬場 押海島場 長山島場 慈恩島場 右屬望雲 智島場 屬智島

(津渡) 榮江津 高麗稱南浦 濟倉津 錦江津 南十里 水多津 西三十里 會津江津 西南五里 竹浦津 西三十里 吾山津 西四十里 夢灘津 西南十里 大終南津 西南四十里

五

邑內	南門外	邑屹	都目橋	南倉	朴山	草閑	龍頭	都也	大也	陰山	括衣
二七	四九	二十	四九	二七	五十	三八	夫	天	天	天	天

(橋梁) 鶴橋 城內 榮山橋 在榮山津 歲一修輯 古幕橋 在古幕浦 通務安

(土產) 篁竹 箭竹 楮 漆 桑 苧 榴 梔 柿 薑 茶 蕢 海衣 莓 山甘苔 黃角 牛毛 香蕈 礪石 鰒 海蔘等魚物二十餘種

(樓亭) 望華樓 憑虛亭 內西 州 藏春亭 西竹浦

(壇壝) 南海神壇 南四十五里 載中祀 錦城山壇 高麗忠烈王三年 令本邑致祭 錦城山 本朝以名山載小祀 龍津壇 在錦江北岩與作 巖相對 本邑致祭

(祠院) 景賢書院 宣祖丁未建 顯宗己未賜額 金宏弼 鄭汝昌 趙光祖 李彥迪 李滉 俱見文廟 金誠一 見安東 奇大升 見光州 ○ 月井書院 顯宗甲辰建 己酉賜額 朴淳 見長城 金繼輝 號黃岡 光州人 官大司憲 沈義謙 號巽菴 青松人 青陽君 鄭澈 號松江 延日人 官左議政 ○ 潘溪書院 肅宗

乙支建丑賜額 丁 朴尚衷見城 閔 朴紹見川 陜 朴世采見廟 文 朴齊周

號黎湖紹之後官贊成文景公 ○旌烈祠宣祖丙午建丁未賜額 金千鎰 金象

乾 梁山濤俱見晉州 林檜字公直號觀海平澤人仁祖甲子以廣州牧使被害於李适之亂贈左承旨

(典故)新羅孝恭王五年後百濟主甄萱攻江陽郡不下移軍錦城之南奪沿邊部落而歸 七年泰封主弓裔以王建為精騎大監率舟師抵光州界攻錦城郡拔之擊取十餘郡縣分軍置戍而還 十三年弓裔使王建修戰艦于貞州領兵二千五百往擊光州珍島郡拔之進次臯夷島城中望見不戰而降及至羅州浦口萱親率兵列戰艦自木浦至德真浦兵勢甚盛王建追軍急擊敵船稍却乘風縱火燒溺者太半斬獲五百餘級萱以小舸遁歸 十四年甄萱躬率步騎三千圍羅州城經旬不解弓裔發水軍襲擊之萱引軍而還 神德王三年王建復領水軍就貞州浦口理戰船七十餘艘載兵士二千人至羅州百濟與海上草竊莫敢動○高麗顯宗二年正月王發廣州踰鼻腦驛扈從將士四散王遂幸陽城過蛇山縣至天安府柳宗等奏請往石坡驛供頓以迎遂逃至巴山驛吏皆遁御廚闕膳次礪陽至參禮驛宿長谷驛全州節度使趙容謙等劫駕智蔡文閉門堅守賊不敢入王踰蘆嶺入羅州河拱辰奏契丹退兵状二月王回駕次伏龍驛次古阜郡次金溝縣還至公州按宋史云契丹執康兆誅之王詢出奔平州者即此宋史誤以羅州指為平州 高宗二十四年草賊李延年栗原人嘯聚原栗潭陽無賴之徒擊下海陽等州縣全羅道指揮使金慶孫副使崔璘入羅州賊徒圍州城慶孫率軍奮戰斬延年賊徒大潰四十二年蒙古車羅大將舟師七十艘欲攻押海督戰押海置二砲於大艦待之更移船攻之押海八隨處備砲蒙古遂罷水攻之具 元宗十一年三別抄攻羅州司錄金應德率官吏入保錦城山揷棘為柵及賊圍攻裹瘡死守賊攻城凡七晝夜竟不得拔 辛禑二年倭賊二十餘艘寇全羅道元帥營又寇榮山焚戰艦又寇羅州焚兵船又燒營民户大肆劉掠 七年倭寇潘南縣元帥池湧奇李乙珍與戰却之獲一艘焚之斬九級九年海道副元帥鄭地擊倭大破之○本朝 宣祖三十年倭將盛親入羅州

光州

(沿革)本百濟奴只後改武珍郡新羅文武王十七年置都督以阿飡天訓為武珍州都督 神文王五年改總管景德王十六年改武州都督府九州之一統郡縣領州一郡十五縣四十三○都督府領縣三玄

雄祈陽龍山 真聖主六年甄萱叛據于此稱後百濟孝恭王三年移都全州高麗太祖二十三年改光州成宗十四年置刺史後降海陽縣令高宗四十六年陞知翼州事(以功臣金仁俊外鄉)後陞光州牧忠宣王二年(汰諸牧)降為化平府 恭愍王十一年改茂珍府(避惠宗諱武為茂)二十三年復為光州牧 本朝因之 世宗十二年降茂珍郡(以邑人盧興俊毆牧使辛保安拭興後徒邑) 文宗元年復為光州牧 成宗十二年降光山縣監(以判官禹允功中流矢朝廷疑邑人所為降縣)燕山主七年復為光州牧 仁祖二年降光山縣十二年還陞(撫邑)翼陽瑞

石(官員) 牧使(兼羅州鎮管兵馬同僉節制使光州)一員

八

(坊面) 城內 奇禮 不動 公須(右邑內四面) 上大谷(東初十五終二十) 下大谷(東初二十五終三十) 片方(東初五終十) 般道(南初二十五終三十) 石堤(北初二十五終二十八) 德山(北初二十終二十五) 王所旨 泉谷 牛峙(俱北初三十終三十五) 界村(西初三十終三十五) 所吉(西初二十五終三十) 黑石(西初三十終三十五) 內丁(西初二十終二十五) 當夫(同上) 古內廂(西初三十終三十五) 軍盆(西初十五終二十) 秃山(西初二十五終三十) 巨峙(西北初二十五終三十五) 大峙(同上) 馬池(西北初二十終二十五) 黃界(北初十終十五) 孝友洞(南初十終十五) 柳等谷(西南三十五) 東角(西南初三十終四十五) 馬谷(西南初三十五終四十) 方下洞(西南初二十終三十五) 大枝(西南初二十終四十五) 尾谷(西北十五) 名古龍(西初五十終五十五) 池 漢(南初十五終二十) 葛四(北初五十終五十五) 漆石(西南初三十終三十五) 景陽(東十

碧潭部曲二十

石保(東南初二十五終三十五) 彌十保(東北初二十五終三十) 貫井(南初十五終二十五)

池洞(南十二) 梧峙 釜山 陶泉 ○良花部曲(西十五) 慶旨部曲(西三十)

(山水) 陽林山(西二里) 粉積山(南五里) 三角山(北五里○十信寺北五里平地有梵字碑) 無等山(東三十里和順同福昌平界新羅稱武珍岳高麗稱瑞石山穹窿高大雄盤百餘里登臨觀數百里山川山之西陽崖有石條數十排列雲霄高可百尺如揷笏竪碑山勢峻拔雄壓一道又有石壁長可數十武高可數十丈石紋如波如雲赤白色相雜又有天作石室○生華寺有三石高數百尺名曰二尊石又有十臺曰透下曰廣石曰風穴曰藏秋曰青鶴曰拓廣曰楞嚴曰法華白就法曰隱身○風穴臺在寺之傍石壁下長一尺○舍人岩○有名寺庵十餘區) 佛臺山(西北三十里長城界與無等山相對) 乾止山(南二十五里) 魚登山(西三十里) 金堂山(西南十五里) 養林山(一云白牛山西北四十里) 顧馬山(一云架庵山西北三十里) 竹嶺山(西南三十里) 三聖山(佛臺

九

聖居山

枚牧坪

堤堰四十五 洞洑十三

山西支長城界) 拓貴山(西二十里) 杜元峯(東五里無等山西支) 王祖臺(西三十里高麗太祖留陣之所) 王子臺(西南四十五里新羅王子留陣之所有舊城臺址○按新羅神武王微時避禍往叛清海鎮大使張保皐與武州都督金陽合謀起兵誅亂又正此卽神武王留陣之處) 甄萱臺(北十五里甄萱較兵之地) 鳴岩(在竹嶺高十丈) 鑄釖窟(在無等山) 奇兎洞(北十五里) 平章洞(西北三十里神武王後孫居于此世為平章故名) 極樂坪(西三十里) (嶺路) 枝峙(南二十五里和順界) 獐狒峙(東南里同福界) 里 儲峙(東二十里昌平界) ○ 漆川(西二十里潭陽之滄江至州境西南流至極樂坪黃龍川自北來會為極樂江卽汝湖江之源) 黃龍川(西三十五里詳長城) 九燈川(西二十里出三聖山南流入漆川) 巾川(出無等山西北流經州南五里入于穴浦卽漆川東派) 穴浦(北二十里) 龍淵(南二十五里)

邑大 二七
邑小 四九
仙岩 三八
龍山 三八
西倉 二十
大峙 三八

(城池)邑城周八千二百五十三尺城門四井三十一 古城郡武珍都督時城址五里土築周三萬二千四百四十八尺 古內廂城即古兵營城西三十里周一千六百八十一尺 無等山古城有遺址百濟時城于此山民賴以安樂西歌之俗有無等山曲

(倉庫)倉三邑內 東倉北二十里泉谷 西倉西南三十里方下洞 城倉北一百里長城之笠岩山城

(驛站)景陽道東八里○屬驛大口察訪一負 仙岩驛西四十里

(津渡)生鴨津西三十里水落設橋 極樂津古云碧津西三十里冬則設橋 仙岩津一云昇火老津西四十里 黃龍津西四十里冬則設橋 孔擇橋西三十里漲則用舟

(土產)柿棗栗胡桃榴梅篁竹箭竹楮漆桑茶鐵鯽魚

(樓亭)鏡湖亭東五里 拱北樓北五里 良苽亭 風詠亭俱西二十

十

里 芙蓉亭西南三十里

(壇壝)無等山壇新羅稱武珍岳以名山載小祀高麗元宗十四年命春秋致祭于無等山本朝令本邑春秋致祭 龍津衍所壇西三十里令本邑春秋致祭

(祠院)月峯書院仁祖丙戌建孝宗甲午賜額 奇大升字明彥號高峯幸州人官副提學贈吏曹判書德原君諡文憲 朴祥字昌世號訥齋忠州人官羅州牧使贈吏曹判書諡文簡 朴淳祥之姪見閭城 金長生見文廟 金集見太廟 ○褒忠祠宣祖辛丑建癸卯賜額 高敬命字而順號霽峯長興人宣祖壬辰殉節錦山官工曹參議贈左贊成諡忠烈 高從厚見晉州 柳彭老字君壽號月坡文化人壬辰戰亾錦山官學諭贈左承旨 高因厚字善建號鶴峯敬命子壬辰與父同死官成內權知贈領議政諡毅烈 安瑛字元瑞號思齋順興人壬辰與柳彭老同死贈左承旨 ○義烈祠宣祖甲辰建肅宗辛酉賜額 朴光玉字景瑛號懷齋陰城人官奉常寺正贈都承旨 金德齡字景樹光州人宣祖癸巳以義兵將拜忠勇將軍丙申死獄中贈兵曹判書諡忠壯 吳斗寅見坡州 金德弘官持平 金德普官執義

(典故)新羅眞聖主六年甄萱據州自稱後百濟武州東南郡縣降屬 孝恭王十三年王建以舟師次于武州塩海縣獲萱遣入吳越船而歸 王建至武州西南潘南縣浦口執壓海縣水賊能昌送于裔斬之○高麗高宗四十二年蒙古洪福源屯海陽 四十三年蒙古車羅大屯海陽無等山頂遣兵一千南掠 辛禑四年倭寇光州 六年倭寇光州遣元帥崔公哲等九將禦之 七年倭自智異山逃入無等山樹柵圭峯寺岩

十一

石間三面峭絕唯小逕緣崖僅通一人全羅道都巡問使李乙珍募死士百人乘高下石以火箭焚其柵賊墜崖死者甚衆餘賊走海乘舟而遁少尹羅公彥追擊盡殺之 十三年倭寇光州 辛禑時倭陷光州命皇甫琳等率諸元帥救之○本朝 宣祖三十年倭入光州後掠尤甚其將舟至珍島死于舟上

長城

(沿革)本百濟古尸伊唐滅百濟置沙泮州領縣四牟支無割佐魯多支 新羅景德王十六年改岬城郡領縣二森溪珍原隸武州 高麗太祖二十三年改長城 顯宗九年屬靈光郡 明宗二

年置監務 本朝 太宗十三年改縣監 宣祖丁酉倭亂後本縣及珍原縣俱極凋殘 三十三年以珍原來合移治于聖子山下 舊治在府北二十里金鰲山下 孝宗六年陞都護府

(鎭堡) 鰲山伊城

(館官) 都護府使 兼羅州鎭管兵馬同僉節制使笠岩山城守城將一員

(古邑) 珍原 南二十里本百濟丘斯珍兮唐滅百濟改貴旦爲分嵳州領縣新羅景德王十六年改珍原爲岬城郡領縣高麗顯宗九年屬羅州明宗二年置監務本朝太宗十三年改縣監宣祖庚子來屬

(坊面) 邑東 東南十五 邑西 終十 內東 南初十五終二十五 外東 南一 南二 俱初二十終三十 南三 初十五終三十 西一 初十五終二十 西二 初二十終四十 西三 初十終二十五 北一 初十五終三十 長城 北二 初二十終四十 北上 初十五終四十 十三 北下 東北初十終四十

(驛) 西 北初五終十 〇十馬良部曲 珍原古縣西二

五字下似脫里字

(山水) 聖子山 東一里 金鰲山 北二十里 鷲嶺山 西二十五里高敞界 白岩山 東北四十里淳昌界奇岩叢立石色皆白北有靈泉窟〇白羊寺 半登山 北四十里高敞興德井邑本府四邑之交〇修道寺 笠岩山 北四十里井邑界山勢高峻西峯有岩卓起如人載笠山之南有處容岩 龍頭山 西二十里 佛臺山 東南二十五里光州界寺庵五 加利山 東二十五 新興山 北二里 竹林山 南二十五里 桐山 南十五里 三聖山 南十五里與佛臺山相連 清涼山 東二十里 望屹山 東十里 花山 北二里 佳林山 東二十里 卯山 西十五里 筏山 南二十里 文章山 西十五里 鳳凰山 黃龍川之西 筆岩 文章山之下

(嶺路) 蘆嶺 北四十里井邑界大路要害 松峴 古長城西十五里高敞界 基城峙 東南三十里 汝羅峙 西二十里靈光界 曲道峙 東北四十里淳昌界 月隱峙 北三十五里井邑界 木虎峙 南十五里 牛峴 北十里 白羊峙 月隱峙東 〇黃龍川 西十五里源出白岩笠岩兩山過高平甲鄉川西南流至丹岩驛南爲鳳德淵西折而還府西又南流爲船淵過可川爲鳳凰淵經仙岩驛至極樂坪之王子臺入于光州漆川卯沙湖江上 可川 北十之里原出蘆嶺西南流經古長城至鳳凰岩過文筆川入于黃龍川 文筆川 西十五里出拓峴東南流入于可川 九登川 東南二十五里出三聖山南流至光州界入于漆川 五項川 珍原南十八里出佛臺山之西合于九登川 鳳德淵 北十里淵之左右土池膏沃 船淵 西十里文筆川可川鳳德淵三水所合處 蒙溪 在蘆山山中上有瀑布 鈴泉 東五里 龍湫 西二十里 鳳凰池 在黃龍川西池之左右崖高十餘尺 栗谷池 西五里

(城池) 笠岩山城 北四十里井邑界有古石城遺址宣祖三十年修築孝宗四年改築周二千七百九十五尺砲樓四城門二暗門三溪一池九泉十四〇守城將本府使兼別將一員〇屬邑長城光州羅州高敞井邑泰仁〇有長慶興慶仁慶高慶玉井等五寺僧將一人〇倉六〇山勢峯脊西頭頂四陷四高中寬因其勢自外仰觀莫測其內城中四面無所障礙泉池有洛可飮萬馬險固不及金城而形勢過之東南北三門爲受敵之地笠岩一面俯壓蘆嶺大路形勢尤奇壯 十三 長城古邑城 西北十五里周二千一百尺井三 珍原古邑城 一云丘珍城南十五里佛臺山東麓周一千四百尺井三溪二 望屹山古城 東北十里周二千六百尺池一 利尺城 南十里佛臺山西文周一千五百二十尺井四溪文

(倉庫) 邑倉 邑內 北倉 北二十里 社倉 南二十里 城倉 笠岩山城

(驛站) 丹岩驛 北十里〇羅州青岩道察訪移在于此〇屬驛十一 永申驛 南二十里

(土産) 竹 箭竹 楮 漆 桑 苧 薑 茶 柿 榴 梅 榧 蜂蜜

(祠院) 筆岩書院 宣祖庚寅建顯宗壬寅賜額 金麟厚 見文廟

邑內 乇 黃龍 兄 栗寫島 一大 介川 辛 德峙 三八

(典故)高麗高宗四十二年將軍宋君斐領舟師南下不
得擊蒙兵保笠岩山城蒙兵以爲糧盡引兵至城下君
斐率精銳奮擊敗之殺傷甚多 辛禑五年倭寇珍原
七年倭寇長城

靈光

(沿革)本百濟武尸伊唐滅百濟改年支爲沈泮州領縣
新羅景德王十六年改武靈郡領縣三長沙茂松高敞隸武州高
麗太祖二十三年改靈光屬郡二長城壓海屬縣八咸豐年平長沙茂松海際森溪
臨淄陸昌 本朝因之 仁祖七年降縣以郡人李克授逆獄十六年
復陞 英宗三十一年降縣以郡人爾逆誅李 四十年復陞(號邑)

靈光

貿城 靜州(館) 郡守兼羅州鎭管兵邑同僉節制使一員
(古邑)森溪東三十二里本百濟所非兮一云所乙夫新羅景德王十六年改森溪爲岬城郡領縣
臨淄西二十六里本百濟古祿只一云開要新羅景德王十六年改鹽海爲壓海郡領縣高麗太祖二十三年改臨淄
陸昌南二十五里本百濟阿老一云加位一云何老一云谷野地志云葛草新羅景德王十六年改碣島爲壓海郡領縣高麗太祖二十三年改陸昌以上三縣顯宗九年來屬
(坊面)東部 西部俱終十 佛岬東南初十五終三十 亇山南初十五終二十五
令丁西初十五終二十五 大安本大安鄕東初二十五終三十 奉山西初十五終三十五 黃
良東南初十終三十五 外間南初十終十五 元山西南初二十終三十 九水西初十五
終二十五 馬村北初十終二十 弘農西北初三十終十本弘農部曲四 鹽所西南初四十終
四十五 南竹西十終 館山西初十終十五 道內北初五終十五 亇長東初十終十五

拓封山十四

(坐谷)南初八十終百二十 初 諸島西海中各島共二十一 望雲本望雲部曲越在成平西南界海濱
縣內東初三十終三十五 森南東初三十五終五十 森北東初三十五終
四十 內東同上 外東東初三十五終五十 內西東初二十終三十 外西同上右七面森
溪古縣地 陸昌南初二十終四十 ○陳良西北三十里正宗乙面割屬法聖浦爲獨鎭 ○
陳介部曲北二十二 貢牙部曲南二十九 造紙部曲
(山水)岌山西二十五里 母岳山南二十里咸平界中有龍湫深不可測 佛岬山西十五里
母岳北支間婁形勝○佛岬寺 牛卧山西二里 九水山西二十里 屈頭山西十五里
隨綠山本靈鷲山東北四十五里 磨屿山東二十五里一云鳳停山山高聳如展翼白路陵峻
水退山東三里 三角山南二十里 烟興山南三十里云瑞雲山 一月岩山
佛德山郡城東 大母堂山西十五里 鷹岩西二十里 十五 (嶺路)盤峙

堤堰三十五

東路 磨車峙東十五里 沈羅峙東五十五里長城界 蟬峙南路 ○幽西三十里道
鞭川北十五里出茂長之白石面西流爲拔下川合而入于海 拔下川北一十里出磨峙山西流
合于 道蕎橋川西十五里出母岳烟興磨峙等山西流入于海 鶴橋川北五里出水退
山西流道鞭川入 森溪川東三十里出高城山南流經森溪社倉由咸平之東界至羅州地爲鵲川
大西湖西二十五里一云馬城 九水浦在九水面流沈西三十里海邊有沈成山隨風
(島嶼)七山島一云波市田小島排列者凡七距郡西三十餘里海蕎深近爲沈淤所壅斷淺每潮至不
通滕中央一道如江毋從出行産石首魚青魚每歲春夏京外南船四集打捕販賣 坐雲島在壁
雲面 鼻夷島 安馬島 於義島 唐荀島 毛也島 蟬峙島 臨淄
島 荏子島 鵲島 鮀依島 屛風島 沈外島 水島 在遠島 老
鹿島 落月島 觀島 前後笠帽島 角耳島 邊峙島 石蕎島 沈

倉二 倉二

玉島 音所島 松耳島 掛吉島 壬丙島 向化島 西四十五里 大完黑
龍江人牛之巨亂 萬曆壬辰漂到本
郡 使之居此島 改島名皇朝人村
城池 邑城 本朝 文宗二年築 周一千四百六十九尺 泉九 一 森溪古縣城 南三十里
山上有土築遺址 補高城山
鎮堡 荏子島鎮 西陸路一百十里 水路三十里 ○ 水軍同僉節制使兼監牧官一員 多慶
浦鎮 在望雲面南一百二十里 與羅州押海島相對 中宗十年築城 周九百八十尺 ○ 水軍萬户一員
烽燧 弘農山 西南十里 高道島 西三十里 去虎百步 次音山 西南四十里
倉庫 邑倉二 社倉 森溪古縣 西倉 西二十里 海倉 同上
驛站 綠沙驛 本綠沙部曲 南五里
牧場 多慶串場 一云望雲場 係羅州牧所 甑島場 皐夷島場 臨

十六

淄島場 右二處係荏子島牧所

邑內場 一六 城外 三八 元山 二七 社倉 一六 望雲 三八 九水 二七 佛岬 四九 大安 七日三市

橋梁 鶴橋 邑北 道鞭橋 北十五里 板下橋 北二十里 蒿橋 西十五里
土産 篁竹 箭竹 薑 茶 海衣 甘苔 牛毛 黄角 魚物二十種
樓亭 雲錦樓 鎮南樓 拱北樓 賓暘樓
典故 高麗高宗四十二年 蒙古兵謀攻諸島 遣將軍李
廣宋君斐 領舟師三百 趣靈光 約分道擊之 蒙兵有備
廣還入島 忠定王二年四月 倭船百餘艘 掠靈光漕
船 辛禑三年四年 倭寇靈光 本朝 宣祖三十年九
月 倭焚靈光殺掠
法聖浦鎮

松封山九 堤堰二 牧場三八

本朝 中宗九年設鎮 置水軍萬户 肅宗三十四年
陞僉使 正宗十三年 割本郡之陳良面以與之 為獨
鎮 官員 水軍僉節制使 兼監牧官 漕船領運差使員 一員 山水 白玉山 東十
里 德山 南五里 隱仙庵 後山 北二十里 待統峙 西三里 東嶺峙 西湖
海水潮至 匯渟於鎮前 湖山號名閣 閣掛此 城池 鎮城 中宗九年築 周一千六百八十八尺 井二 ○ 薹
漕樓 道里 東北三十里 長治 東南三十里 本郡治 北 蝟島鎮水路五十里 距毛浦鎮水路一百里
二十里 倉庫 法聖倉 中宗七年移羅州榮山倉于此 今收靈光 光州 潭陽 昌 玉果 高敞 和順 同福
谷城 井邑 昌平 長城 十二邑 法聖一鎮 口 鎮倉 還上庫
稅大同 漕至京師 ○ 法聖僉使監捧領納
漕復庫 內 俱 鎮 橋梁 道鞭橋 東十五里 本郡界 典故 本朝 宣祖三十
年九月 倭陷法聖浦鎮

十七

靈巖

沿革 本百濟月奈 新羅景德王十六年改靈巖郡 領縣一
安 隸武州 高麗成宗十四年改朗州安南都護府 顯宗
九年降靈巖郡 置知郡事 ○ 屬郡二 黄原 道康 屬縣三 昆湄 海南 竹山 本朝
世祖十二年改郡守 鎮管 朗山 官員 郡守 兼羅州鎮管兵馬同僉節制使 一
員
古邑 昆湄 西三十一里 本百濟古彌縣 新羅景德王十六年改昆湄為潘南郡領縣 高麗顯宗九年來 ○ 古
屬 玉泉 南七十里 本冷泉部曲 高麗陞玉泉縣 本朝 世宗三十年併于海南 後復來屬
珍島 高麗忠定王二年 珍島縣因倭寇出僑寓於昆湄縣西 後還舊址 今邑址猶存
坊面 郡始 西五 郡終 東十 二 北一始 初十 二十 北一終 初二十 終三十

北二始初三十終四十北二終同上西始終十五西終終二十昆一始
西終四十昆一終西終九十昆二始西終四十昆二終西終五十玉泉始南初
六十七十終玉泉終南初八十終九十世平始古世平鄉南初百終百十北平終
南初百二十終百三十松吉始古松古鄉終百三十松吉終南終百五十右大西過在
海南南界盡于海露兒島南百八十浦吉島南二百芿巨島同上所安島
同上楸子島南三百右之同陸地置面島○鎮南鄉西二十懷義都曲南十貴仁都曲南九
十松井部曲南一百十深井部曲南一百三十右三處宮在海邊冬栢所東十二
(山水)月出山南五里古云月奈岳一云月生山萬丞峰攢空聳虛望之如千撿羅列清秀峻極疊
雄壯奇巧最高曰九井峯頂有岩屹立高可二丈旁有
一穴僅容一人從其穴而上其巔可坐二十人其平處
有四面斷水如盆可九旱不竭峯下有三石特立層岩
之上高可丈餘周可十圍西付山巔東臨絶壁欲墜而
靈岩
十大

不墜搖之則動謂之動石又有天王峯佛頂峯青青臺
元曉臺火年臺九折巖石勢尖飛但太逼於海且火間
府山之西有鳩林村南有月南村○道岬寺其洞口有
二立石一刻國長生三字一刻皇長生三字○龍岩寺
達摩山南一百四十里海南界北接頭輪南濱大海山腰松操落落圍之如寰上純白石崖巖屹立如
巉如壁如怒虎飛龍遠望則若攢雪浮空慈嶺之東千
仞壁下有彌陀穴如鏟平刀刷可坐三兩人前有層臺
蒼茫海岳併入指顧間自穴南行百餘步高岩之下有
小方池深不可測其水鹹鹵隨潮盈縮西南有挽牽庵
壯觀無比庵北有西方窟西峽有美黃通教二寺北有
文殊庵觀音窟爽塏窈窕真不世境也又有水精窟
葛頭山南一百五十里北接達摩玉泉山南八十里瑞氣山東南三十里康津界駕
鶴山南四十里海南界銀積山西二十里(路鎮)火峴南二十八里康津界栗峙南二
十五里嶺院峙東十里羅州界屯德峙東二十里長興界東峙東南二十五里康津
界馬峙南四十里海南界牛膝峙玉泉山之南鳥巢峙南一西里小芚峙

馬峙之東乾橋峙佛峴路碍南○海西五十里一百五十里南德真浦源出
月出山環郡東北西流入于駐龍浦駐龍浦西三十里出駕鶴山西北流與德真浦合入于務安木浦
都市浦西十里舟楫之會西湖西二十里駐龍浦上流至銀積山下滙為北湖湖心有上下二
島日大孤山小孤山朝隱成海潮落半間其島日北藩湖(島嶼)露兒島所安島浦吉島
餘次羅島花島大小白羅里島一云白日甘勿羅里島一云黑日橫
看島子島一云獅於應浦島一云應巨竹居島界大島達島於蘭浦前
漁火島一云於蔚長佐島左只島修德島芿巨吾島大小二島一云
巨要吾一云鷹鵝方言以鵝謂巨要魚龍島長鼓島鳩島老鹿島末應豆
島末介島內等島小芽只島上楸子島下楸子島右二島舊
屬濟州後來屬高麗忠定王時因倭寇侵掠人民移居濟州之朝貢浦今民戶富庶前次入濟者候風於此島

倉二

今則候風於所安島以上諸島郡南海中水龍島黑島可知島以上郡西海中
(城池)邑城周四千三百六十九尺門四井四
(鎮堡)梨津鎮南一百二十里城周一千四百七十八尺井二○水軍萬戶一員於蘭浦
鎮南一百五十八里城周二千四百七尺井一自海南移屬本郡○水軍萬戶一員(廢革)達梁鎮南一
百五十里中宗十七年移設于莞島加里浦萬戶為措營後廢
(烽燧)達摩山見上
(倉庫)倉四邑內海倉西十五里西倉西四十里玉泉倉南七十里梨倉梨津
(驛站)永保驛也一里
(牧場)露兒島所安島
(津渡)梨倉津在梨津龍堂津通務安木浦鎮

東門外五日十日 德津三日七日 櫓川四日九日 雙橋二日七日 松上十日三市

(橋梁)德眞橋在德眞浦 雙橋南十里

(土産)篁竹 箭竹 柹 柚 榴 漆 甘苔 海衣 牛毛 莓山 黃角 藿 香蕈 薑 茶 鰒 紅蛤等魚物數十種

(樓亭)對月樓邑內 海月樓 梨津南入濟者發船於此至所安島候風 永保亭東十里 會社亭西二十里

(壇壝)月出山壇 新羅稱月奈岳以名山載中祀 本朝令本邑致祭

(祠院)鹿洞書院 仁祖庚午建 肅宗癸巳賜額 崔德之 號烟村迂叟 全州人 官提學 文宗朝官卜居 金壽恒見楊州 崔忠成 字德之 號山堂 德之之父 金昌協見楊州 ○忠節祠 孝宗壬辰建 肅宗辛酉賜額 鄭運 字昌辰 河東人 宣祖壬辰以鹿島萬戶 戰死于巨濟之玉浦 贈兵曹判書 諡忠壯

二十

(典故)高麗恭愍王八年全羅道追捕副使金鋐擊倭于甫吉島擒二十餘級 辛禑二年全羅道元帥柳濚擊倭于靈巖○本朝 明宗十年倭船七十餘艘寇全羅道逐圍達梁鎭節度使元績及長興府使韓蘊靈巖郡守李德堅往救之兵潰皆死之德堅被擄賊連陷於蘭浦馬島加里浦等鎭及長興府兵營康津諸邑敗水使金贇收使李希孫兵發據不可勝記聲言直犯京師乘勝至靈巖時海南縣監邊協嬰城固守都巡察使李浚慶使全州府尹李潤慶領兵三千往救靈巖右防禦使金景錫亦領兵赴援兵使趙安國在防禦使南致勤陣于鵲川康津北十里 潤慶遂引兵出與賊遇於鄉校前賊將以黃旗指揮其軍引槍劒拍手作聲聲動天地潤慶乘風放火箭縱矢擊殺賊衆大潰斬百數十級餘賊棄糧草遁去

高敞

(沿革)本百濟毛良夫里 唐滅百濟改無割為沙泮州領縣 新羅景德王十六年改高敞為武靈郡領縣 高麗顯宗九年屬古阜郡 後以章德監務來兼 本朝太宗元年析之置監務 十三年改縣監 (邑號)牟陽 (官員)縣監兼羅州鎭管兵馬節制都尉一員

高敞

二十一

斗峙

(坊面)川南南初七終十五 川北北初七終十五 吾東東初七終十五 吾西西初七終十五 古汶南初三終二十 水谷西初七終十五 大雅西初七終二十 山內西初三終十五 陶戒部曲北十五 德寶北二十九 大良坪部曲南十五 德岩所古

(山水)半登山東五里 上有元寺 長城井邑興德之界 九王山南二十五 火矢山西十五里 一云牛峙山 東南十里 有文珠寺 鷲靈山 一層青石塔 興德界 西峯下有王子臺 可坐五六人 深數百尺 中有石 鷲靈之時九王火矢四山之間有龍穴 其穴尚在 城下成峙 四面危陡 昔有盤龍洞 水谷洞 在九王山之西 龍穴 半登邑城 高峙 西有盤龍洞

(嶺路)松峴東十里 古汶峙東十五里 並長城界 佐兒峙十一里 一云汶巖峙 興德界

○竹川 西十五里 出鷲靈山 北流經縣西十里 出半登山 西合于恭橋川 道山川 西流 南二十五里 出九王山 北流 合于仁川 十一里 云梨津川 右四川至興德

堤堰二十

德界爲長淵至茂
長北界爲禪雲浦
(城池)邑城 周三千八十尺 井四 池二 城下有龍穴 荒城九 西山城 在大天山之東有一峯特之
出大野中曰古城峯土
墨擴統峯腰周二里
(倉庫)倉五 邑內 山二 倉 堂岩山城 儲置倉
(橋梁)道山川橋 梨津川橋
(土產)竹柿榴茶蜂蜜銀口魚蟹
西門外三日三市 北門外八日三市

務安

(沿革)本百濟勿阿兮 新羅景德王十六年改務安郡 縣領
四 咸豐 多岐 海際 珍島 隸武州 高麗惠宗元年改勿良 成宗十年
復號務安 顯宗九年屬羅州 明宗二年置監務 恭讓王

三年兼城山極浦勸農防禦使 本朝 太宗十三年
改縣監(號邑)綿川 綿城(官員)縣監 兼羅州鎭管兵馬節制都尉 一員
(坊面)邑內 終十 金同 東初二十 終三十 進禮 同上 佐郎 東初二十 終十二 十五 嚴
多山 東初十 終十五 石津 南初二十五 終二十 朴谷 南初十二 終三十 一老村 南初四十 終十
終文十 二老村 南初十三 終大十 外邑 西初十 終二十 一西 初三十 終二十 二西 初十
終二十 玄化 西初十 終二十五 新介老 西初二十 終二十
(山水)僧達山 南二十里 持寺法泉寺 ○ 於 鍮達山 南海邊六十五里 高林山
西南二十五里 會朴山 西南十五里 開闐山 上有闐淵 南十五里 坎方山 西五里
大掘山 東二十里 柄山 西五里 開山 南三十里 駐龍山 南五十里 仁義山
同上 東錦山 東二十里 (嶺路)九里峙 一云二十五里 銅峙 南 鐵所峙 南三十里 得足

堤堰十六

浦 ○海 西七十里 南 邑前川 出邑治潤入屢山 西流環 咸平界 大橋川 西五
里 鶴橋川 邑內 沙陀川 邑西 鵲川 邑南五里 花亭川 南三十里 井橋川
東十五里 出咸平之 水山南流入沙湖江 古幕院川 東三十里 鵲川下流入羅州界 沙湖江
沙湖江 有東二十里 梨山津 羅州 夢灘津 榮山江下流 其入海處 自此入海 倉浦 西大
里 兇足浦 南十三里 大掘浦 東南二十里 古右水營古址 有 頭靈串 南之十里 木浦
入海處
(城池)邑城 周二千七百尺 井九 池二 南山古城 南二里周二千三百二尺 井三 普
平山古城 西五里有土築古址世傳勿良時古基 鐵城 東二十里
(鎭堡)木浦鎭 南六十五里 石城周一千三百尺 井一 池一 ○水軍萬戶一員 ○大唐串 南五
十里 宣祖三十年李舜臣大破倭賊于海南之鳴梁
有都廳 初設於羅州高下島 仁祖二十五年移設于

邑西十一 閑倉十六 長掘兒 山須三八

此備儲軍餉 置別將後廢
(烽燧)高林山 鍮達山 俱見上
(倉庫)邑倉 城內 東倉 東二十里 南倉 南四十里 海倉 東二十里 艇所倉 南二
十里 唐串倉 南六十里 臨海浦
(驛站)景申驛 西三里
(津渡)沙湖津 東十五里 梨山津 南二十里 夢灘津 南三十五里 通羅州界 右
舩龍津 南五十里 通靈岩界 登山津 一云木浦津 通于海南黃原右水營
(橋梁)鶴橋 邑內 燈盞橋 東十里 土橋 東十五里 古幕橋 東三十里 大橋
里 玉金橋 東二十里 塞橋 西門外 沙橋 西十五里
(土產)篁竹 箭竹 鐵 榴 柿 楮 茶 甘苔 魚物十五種

〔壇壝〕龍津溟所壇在頭靈巖右有石山屹立其下為龍津溟所本邑春秋致祭
〔祠院〕松林書院仁祖庚午建肅宗壬戌賜額　金權見清風　俞棨見林川
〔典故〕高麗元宗十三年三別抄寇木浦掠漕船十三艘
○本朝　宣祖三十年倭將家改佐度守舟至務安

咸平

〔沿革〕本百濟屈乃一作屈索唐滅百濟改軍那為帶方州領
縣新羅景德王十六年改咸豐為務安郡領縣高麗顯
宗九年屬靈光郡明宗二年置監務恭讓王三年兼來
豐多慶海際勸農防禦使　本朝　太宗九年以牟平
來合改咸平十三年改縣監〔邑號〕箕城〔官員〕縣監兼羅州鎮管兵馬節
制都尉一員

咸平　二百

〔古邑〕牟平東三十里本百濟夫只唐滅百濟改多只一云多支為沙泮州領縣新羅景德王十六年
改多岐為務安郡領縣高麗太祖二十三年改牟平顯
宗九年屬靈光郡本朝太宗九年來倂○邑號牟陽
海際西七十里本百濟道際一云陰海一云大峯新羅景德王十六年改海際為務安郡領縣高麗顯宗
九年屬靈光郡本
朝太祖元年來倂
〔坊面〕東縣內　西縣內十倶終　平陵東初十終三十　食和東初二十終三
十　葛洞東初三終四十　月岳東初四十終五十　大野洞上同○在七面平野海
保北初三十終四十　大洞北初五終五十　神光北初十終六十　五孫佛北初二十終四
十　永豐本永豐鄉西北初十終二十　多慶本多景部曲西南初三十終五十在務安西界陸入
于海右二處舊屬羅州本朝太祖元年來屬　海際西初五十終八十逕回陸入于海

次乃浦　鶖岩浦
堤堰二十八

〔山水〕箕山北五里　坎方山南十里務安界　高山東七里　君遊山北三十里
母岳山北二十里靈光界　海際山西七十里　紫陽山一云武夷山東三十里　紺
岳山西十里　伊城山北五十里　珍下山西八十里　水山南十里〔嶺路〕雙嶺
南路　外峙東羅州界　楮峙南務安路　減峙　蟬峙西北路靈光界　鼓峙南路○
海西三十里　大橋川東二里出母岳山南流至務安界過水山之土橋川入于次湖江　楮川
東三十里羅州鵝川上流　潁水在箕山之下東流入于大橋川　多慶浦西三十里　酒缸浦
西十里船湊泊　高暑足浦西南四十五里務安界　屈乃浦西十五里北達于靈光七山海
向化津西北四十里靈光向化島之南〔島嶼〕荒楮島　尭楮島　豆知島　栗島
麥島以上五島俱在海際面
〔城池〕箕山古城周一千八百五十尺泉六池一　金城北十五里周一千三百尺有小溪

二十五

松封山五
倉二

邑西二七
蟬峙三八
羅山四九
汝川五十
堇雲一大

海際木柵周一千四百七尺
〔鎮堡〕臨淄島鎮西七十里與靈光郡之臨淄島相對○水軍僉節制使一員
〔烽燧〕海際見上　瓮山西四十里
〔倉庫〕倉庫三邑内　社倉海保面　臨淄倉海際面　海滄　兩税倉與孫
佛面　水軍器庫海際面
〔驛站〕嘉里驛北二十里○歸客院在海保面北靈光邑三十里東南羅州大十里
〔牧場〕珍下山場周四十五里屬于靈光荏子島塲
〔橋梁〕大橋東二里　長城橋在神光面距縣二十五里　猪田橋在食知面距縣三十
里　鵲川橋在月岳面距縣四十里　兩班橋在海際面
〔土產〕竹　楮　箭竹　柿　榴　榧　茶　甘苔　黃角　魚物十五種　鐵

(典故)高麗辛禑三年倭寇咸豊牟平

南平

(沿革)本百濟未冬夫里新羅置未多夫里停景德王十六年改玄雄爲武州領縣高麗太祖二十三年改南平郡一云永年顯宗九年屬羅州明宗二年置監務恭讓王二年以和順監務來兼 本朝 太祖三年別置監務 太宗十三年文縣監(號邑)烏山(館)縣監兼羅州鎭管馬節制都尉兵一員

(古邑)鐵冶南三十里本百濟實於山新羅景德王十六年改鐵冶爲錦山郡領縣高麗顯宗九年仍屬羅州後屬綾城縣本朝太宗十五年來屬

南平 二十六

(坊面)縣內終五 東村東初七終二十 等浦南初十終十五 猪浦南初二十終二十 德谷南初二十五終三十 竹谷南初二十五終二十 道川南初二十終四十 丐谷南初四十終十五 茶所南初三十終六十 頭山西初十終十五 金馬山西初二十終二十五 魚川西初十五終二十五 ○道民部曲西南三十五 雲谷所南三十六 栗村部曲東三

(山水)烏山西五里 楓山南十里 德龍山南四十里羅州界 中峯山東十里 亭子山西五里 馬山西五里 日封山南四十里德龍之北 九峯山日封之東 文岩東五里者池邊 長月延臺郡縣之主峯拓交羅岩石巍秀 竹(嶺路)大峙北十里州界 光行軍嶺南十里 ○砥石江源出綾州之呂峙西北流爲車衣川環綾州治東北流過和順之道川西流左過猪浦川西北流至縣東七里爲砥石江至縣北三里爲城灘西流至王子臺左過魚川至羅州界 魚川西二十里出德龍山北流經西倉入于城灘下流 猪浦爲榮山江上流

川南二十里出綾州熊峙北流至猪浦西入于砥石江上流 馬池馬山下 花堤西南十里

(城池)古城南一里猪城山周五里

(倉庫)邑倉邑內 南倉南三十里德谷面 西倉西二十里魚川面

(驛站)廣里驛北五里 烏林驛南四十里

(橋梁)城灘橋北二里

(土產)烏竹 箭竹 楮 漆 桑 柿 榴 梅 茶 鯽魚

(祠院)蓬山書院孝宗庚寅建顯宗丁未賜額 白仁傑見坡州

邑內一六 大草三八

茂長

(沿革)本百濟上老唐滅百濟改佐魯爲沙泮川領縣新羅景德王十六年改長沙爲武靈郡領縣高麗顯宗九年仍屬後置監務兼任茂松 本朝 太宗十七年以茂松來合改號茂長仍置鎭以兵馬使兼判縣事 世宗五年改僉節制使後改縣監古治在縣北二十里(號邑)沈島(館)縣監兼羅州鎭管馬節制都尉兵一員

茂長 二十七

(古邑)茂松南二十里本百濟松彌知新羅景德王十六年改茂松爲武靈郡領縣高麗顯宗九年仍屬 本朝太宗十七年來合○邑號松山

(坊面)一東終十二 二東終十五 青海北初五終二十 托谷北初四終二十 白石南初八終十五 大梯南初十終十五 大寺洞南初十五終二十 星洞南初十二終二十 元松南初三十終四十 心元北初二十終四十 冬音峙西初十終二十 上龍伏西初十一終三十 下龍伏西初十五終三十 莊子山西初二十終三十 瓦孔西初十終

拯封山十一

三○藥水鄉北三十五有鹽井稱藥水 十○引山泉北二十五

(山水)禪雲山北二十里層巒縈紆西望大海奇岩秀石有泉瀑之勝○禪雲寺 多花山北三十里

高山南二十五里○瑞峯寺 南有龍池池上有水庫庵寺之 德林山東南五里有龍池

九行山南二十五里 兜率山 長沙山長沙古縣 犁津坪東十里 (嶺路)

白鷄峙東北路 ○海西三十里 南川南五里東流入長潤 禪雲浦北三十里興德

界源出高敞半登山西北流爲道山川過竹川叅橋川爲仁川又爲本縣南川爲興德長潤北流經禪雲山之

北爲禪雲浦至水光山會沙律浦入于海 濟安浦北三十里海水爲十餘里之闊北接扶安古阜之界

西施黔堂今勿菁浦在其曲灣 鰲 西施浦北四十里 黔堂浦北三十五里 今勿鰲

浦北三十里 高田浦北二十里 長沙浦西北二十八里古長沙之海渚白沙沙堆如疋練長

二十里 景浦 仇時浦俱西三十里 石橋浦西十五里 鹽井俗稱藥山在黔

二十八

堤堰五十

邑內一大 安子山三八 介甲串九 古縣辛平 鉢山二七

堂浦入海三里許其水白而鹹土人候潮退曝用括[illegible] 汲之煑而爲鹽不勞灑曝多汲其利惟黔堂浦而已

(島嶼)大竹島 小竹島俱在縣北海中三十里

(城池)邑城周二千六百三十九尺泉二池一 茂松古縣城土築遺址 長沙古

縣城石築遺址 蘆山城南二十里周八千一百尺泉三

(烽燧)所應浦北二十里 古里浦西二十里

(倉庫)倉二邑內 南倉南三十里 田稅倉北三十里 大同倉西十五里

(驛站)青松驛南七十里

(土産)竹箭竹楮茶魚物十餘種

(樓亭)冬柏亭北三十里山麓斗入海中三面皆水其上冬柏蔥蘢連亘數里餘

(祠院)忠賢祠宣祖戊申建海親筆賜額 光 李存吾見驪州 柳希春見潭陽

(典故)高麗辛禑三年倭寇長沙

濟州

(沿革)在馬韓之南海中周圍四百二十里初有高良夫

三姓人分處其地稱乇羅乇音托名其所居曰都新羅時

高厚等來朝其後服事百濟新羅文武王二年耽羅即乇

羅聘之來降仍爲屬國高麗太祖二十一年耽羅國主遣

太子末老來朝賜星主王子爵肅宗十年降爲耽羅郡

毅宗時又降爲縣令隸全羅道高宗時置副使元宗十

五年元設招討使于此忠烈王二年元設軍民總管府

三年元立東西阿幕放牛馬駝騾羊遣達魯花赤以監之十年改置軍民

濟州

二十九

安撫使府二十年元還耽羅于高麗王朝元請還耽羅元丞相完澤奏

帝旨還隸高麗二十二年改爲濟州二十八年元立軍民萬戶

府三十一年復還高麗恭愍王十一年元復置萬戶府

元牧子訴于元故也元以副樞文阿但不花爲整治事以理之十六年復還高麗是歲元亡

十八年始以金世奉爲安撫使二十一年石𢀿碑肖古

道甫介並元人等自稱東西哈赤殺害官吏王子文臣輔

遣其弟臣弼以聞二十三年王遣都統使崔瑩討滅哈

赤以金仲老爲萬戶兼牧使安撫使辛禑七年始置判官

本朝 太祖六年減萬戶以牧使兼僉節制使 定宗

二年以判官兼教授 太宗元年復置安撫使兼牧使

二年星主高鳳禮王子文忠世壽以星主王子之號似
涉僭擬請改之以星主為左都知管王子為右都知管
八年革東西阿幕置監牧官十三年置副教授　世宗
十年減監牧官以判官兼之二十五年以安撫使兼牧
使知監牧事二十七年減左右都知管以邑人有職者
為上副鎮撫分掌防禦事　端宗二年以安撫使兼監
牧使　世祖十一年改為兵馬水軍節制使兼牧使又
置鎮(管旌義大靜二邑明月浦一鎮)　睿宗元年復置牧使後又兼防
禦使　仁祖二十年減防禦使後復兼(擬邑)瀛州(官員)牧使
(兼濟州鎮兵馬水軍節制使防禦使)判官(兼濟州鎮兵馬水軍節制都尉教授監牧官)各一員

譯學二員(漢學倭學)審藥　檢律各一員
[古邑]貴日(西二十五里)高內(西四十五里)涯月(西四十里)郭支(西五十里)
歸德(西六十里高麗顯宗七年陞州之石城村為縣)明月(西六十里)新村(東二十五里)咸
德(東三十里)金寧(東五十里)○忠烈王二十六年設東西道縣即
縣村也(大村則設戶長三人城上一人中村則戶長三人小村則一人)
[坊面]東道　西道(都約正約正直月東西道各置三人)二十七面(每面有勸
農(里正各一人每里有座主座上所務各一人)
[山水]漢拏山(南三十里一云圓山山頂圓而平山勢穹
窿雄盤數百里其巔有大池曰白鹿潭經
數百步雲霧恒集絕頂有方岩如人鑿成其下茂草成
路五月雪猶在八月乃襲裘登臨無月出無等天冠
達磨諸山依稀出沒廣鵯椒子斜鼠火脫等島點綴如
黑子○金緻漢拏山紀略云望見則不甚峭峻長山巨

麓橫鎮於一面而已及其上山也躑躅杜鵑照耀於岩
石之間彷彿絶磵蒲堅青林蕙蒲可愛一逵如蛇縈紆
屈曲若竹蒲地喬木參天重岡複嶺路甚危險抵瀛室
洞府頗寬敞千尋蒼壁環擁如屏上有險石狀如羅漢
者五百有餘歷修行窟抵七星臺自臺而東過五里許
仰見石壁劍立撑柱半空者即所謂上峯也蹣跚攀挽
而上危礓綠雲人跡不通滿山皆香木上而葛藟蔽日
下而巖越布絡於岩石之上衆草凡奇不得北根於其
問層巒絶壑冰雪猶在始到絶頂之上坐對火望峯峯
有一竅可以通望四面峯巒環如城郭中有汪潭可丈
餘名曰白鹿于時天光碧鏡海色變純上下洞歷吉無
涯淺聘望東南則峯波琉球南巒日李磨羅如帰亞峽
柘岳山房城山西北則白果青山鯨頭揪子斗鼠飛揭
火服等大小諸島遠近衆山皆入於指點之十三邑列
堡得立碁布曠然在吾眼底疊々若蝶煙之齊半卯陵
但覺天益高海益闊形髣蓋映服男蓋遠而君所登之
峯正淨在空虛森花之間飄想若遺世獨立羽化登仙
無有言語文字之可狀○千佛峯穴望峯々底有而潭
坐碑岩頭陀寺
一云雙淺庵
盤凝岳(東南二十里)長兀岳(東四十五里漢拏山麓凡四峯)

一峯最高大岳頂有池
經可五十步深不可測
元室岳(東十五里峯頂有池有蘋藻龜鼈)感恩
德岳(西南三十四里)御乘生岳(南二十五里其巔有池周百步)倒巔岳(東南三十里)
雲雨路岳(東南二十五里)踏印岳(同上)之奇里岳(東南二十二里)三義讓
岳(南十五里)思義岳(東南四十里)禿岳(東南二十五里)小禿岳(南十三里峯頭有池)
表岳(南二十里)高內岳(西四十里)道內岳(西四十五里)木密岳(西十五里)夜
川岳(東五里)大郎秀岳(東八十里)荒岳(東南二十里)悅安上岳(南二十里)
汝羅岳(東六里)赤岳(南三十里)道圓岳(西十五里)禾北岳(東十四里岳北濱海
巖石奇峭)峯郭支岳(西四十五里)板浦岳(西八十里)箕岳(東南三十五里小形如箕)
黑岳(西五十里峯頭平廣左右有谷)葛岳(東南二十里)猪岳(東七十五里)獐岳(東
六十南六里)相時岳(西六十里)曉星岳(西南五十里)靈通岳(南十五里)夫人岳

東南五十里闘域岳同上跡山西南四十五里笠山東五十里舞有池塹蓮暮頭西
山東四十里洞山南五十五里有九十九谷高古山西南四十里兩峯對峙東巫小
峽古記云即漢拏之東又其東也瀛洲山為世稱耽羅為東瀛洲有財岩在明月浦西三里其形如
屋穹臺其上鋪白沙其下有大穴人以炬入其中寬廣可八十步許産石鍾乳其西北又有二岩其中寬廣可
五十步許産石鍾乳得七星臺在城内有遺址倣斗形築臺名七星圖也龍生窟笠山之南
三姓穴州南二里一云毛興穴滲水洞漢拏山之西長坪西大里高麗元宗時文孝
奴等依亂陣兵于長坪副崔托星主用浩壽討平之使○禾北川東十三里一云別刀川屏
門川州西城外山底川州城東嘉樂泉下右三處旱乾兩陨流大川西三里水到四處為
潞其深無疼長百步踏之龍嗽朝貢川一云水晶川一云都近川西二十里其上流岸壁高陰濺布船
流數十尺其下潛入地中至七八里湧出石間逆成大川下有畔潤口水晶寺在西岸逝川庵在川上涯

三十二

月浦西四十里朝天浦東二十五里○觀音寺○朝天來北二所各有監考誤寮海口出入之人
無愁川西南十八里朝貢川上流兩岸石壁奇陰多勝處感恩德川西九十里拓淡
川東十三里李文京依亂高汝霖等逆於北不孝文京畫設官軍據朝天浦戰代浪浦屏門川下
流道圓浦西十一里鶯浦一云獨浦西八十里東南有月溪寺古址浦口有海輪寺建入
浦東也一□山底川下流東岸有葛壽寺敦衣嶼浦東七十里魚蒼浦東六十里金
寧浦東五十里小浦東四十里釜浦西八十里投浦西八十五里排舲浦西五
十五里歸德浦西五十里嚴莊浦西三十里高内浦西三十五里貴日浦
西二十五里道道里浦西十里咸德浦東三十里浦口有江臨寺元堂浦東
五十里館浦東十五里馬頭浦西七十里無住浦東七十里倭浦東四十五里
古老浦東一里明月浦西六十里海口可泊舟船元時候風於此至中國耆登對哈赤時諸

牧子以三十餘騎拒於此浦大軍齊追奮擊大破之屏風川西三十五里嘉樂泉州南城外
大石下有大穴水湧出深丈許截流別藥重成疲波可斗泉在屏門川之十步其形如斗世傳飲此泉
能辭飛百步胡宗來壓其參逐亡云新月筒東之十七里船石中央有一小穴僅容人身有泉脈人入
其中以小器取汲其味甜佳長汶東五十之里長十五里海浪所淘之汶日西後來風飛積埋沒草搁
至於失其田訃(嶼島)揪子島在州世海中今發屬靈岩郡上下二島也有元時水於古址其主奉日身
島自海南入濟州揪居其半揪以北謂之陸地海水色混濁波浪不高揪以南謂之濟州海水色涇黑無風而
浪高有身島制島之異島勢連亘田汜向餘鼠島如張口之狀身島之間水路中斷自斜鼠島順東風而入則
船路極廣可方大船數百艘自修德島順西風而入則僅容中船二三破外烟臺浦口甚隘故也制島之内有
壹浦可避風藏舶而島口有石嶼峭起来出波面綫數尺運般翹蹄多致傾覆口凡入濟州者發羅州則歷務
安大掘浦靈岩火無帆島瓦島海南於蘭果巨器果至揪子島口發海南則從三寸湧歷巨器果三内島至揪

三十三

修德見靈岩

青山見康津

子島○發康津則從軍營浦歷高子黃魚露島三內島至揪子島○由揪子過斜鼠島大小火脫島泊于涯月
浦及朝天館風針則一日可泊○高麗元宗十一年三別抄自珍島入耽羅發向外城恃懷益揭援全方慶李
兵次揪子島候風進攻大破之耽羅人思其功因名候風島清路島知道島草
蘭島在揪子臺浦之西南數十里兩島之閤水勢壯湧岩石端列行舩甚難作過狂風悍潮者未嘗至焉
滲女島在草蘭西南石角尖突若値晴日遙見北島如張帆巨艦修德島一云積厓島與草蘭
對峙相距五六里石骨屹然東餘鼠島揪子之東屬康津自濟州東邊魚叢浦北距一百五十里
斜鼠島餘鼠之西兩島俱有泉其南魚船全集青山島餘鼠之東自濟州別防鎮北距一百
六十里大火脫島揪子之南自濟州都近川北距百餘里石岸巖峩其巔有泉無樹木有草柔勒
可作器具天欲雨則島形遠望尤高加張巨帆小火脫島大火脫之南自濟州匯月浦也距五十餘
里石峯突立日照則色黃赤兩島閤二水交流波濤汹湧船多漂溺之飛揚島匯月之西水路之里

周十里多箭竹 牛島 旌義之東周三十里島之西南有竇可容一小船稍進則可藏五六船其上大石如屋若有日光浮耀星芒燦列氣甚寒凛其上多楮木

(形勝) 東控日本西直江浙南望琉球北接全羅溟渤渺茫別爲一區家家橘柚處處驊騮地方褊小不能自王古則若周之越裳今則猶漢之儋崖口 地瘠民貧恒以海產木道經紀謀生地多亂石田疇磽确乾燥無水田惟以麰麥豆粟生之無綿麻銅鐵桑楮之屬結涼臺騣帽以爲生天氣常暖春夏雲霧晦暝至秋冬陰霾草木經冬不死地多暴風無虎豹熊羆豺狼狐兎鵂鶹之屬風俗殊別卒悍民蒠捨御爲難

(城池) 邑城 周五千四百八十九尺東西南三門南北水口二門嘉樂泉在南城外退築東城入于城內取汲山底泉在城內口南門曰定遠樓東門曰濟衆樓西門曰白虎樓北水門曰拱辰樓口淸風臺在南門

三四

內 海山臺 在東門內 古城 州城西北有遺址 古土城 西南三十六里周十五里三別抄所築 缸波頭古城 西二十里中有大泉三別抄據此城以拒之金方慶追攻拔之以元兵四百官軍一千留鎮而還 古長城 沿海環築長合三百餘里三別抄叛據珍島王遣侍郞高汝霖等于耽羅領兵一千以備之因築長城口本州東西二百里南北一百二十里環島皆石壁巉嵒布列海船不可泊近恒於川浦之口設石堡以備防禦

(營衛) 防營 設置見上沿革 兵馬水軍防禦使 牧兼使 中軍 判官兼

(鎮堡) 明月浦鎮 西六十里本防護所中宗五年以此地可泊舟船亦飛揚島倭船泊近處牧使張琳築城周三千二十尺有東西南三門大泉一英宗四十年以助防將陞萬戶口水軍萬戶一員城將一人 朝天館鎮 東二十五里城周四百二十八尺只有東門有朝天館候風船泊處 涯月浦鎮 西四十里三別抄築木柵以禦官軍處城周五百四十九尺有西南二門候風船泊處 禾北所鎮 東十里城周六百六十尺 別防所鎮 東八十里中宗五年以此地爲牛島倭船泊近處接金寧防護所于此城周二千三百九十尺有東西二門口以上五鎮皆古之防護所置留鎮軍卒以守之後皆改置防守將并以本州人差口以上四鎮防守將各一員城將各一人 水戰所 健入浦朝天館浦金寧浦以上三處屬左防伐浪浦都近川浦涯月浦明月浦以上四處屬右防口右諸所皆有戰船軍卒防戍凡貢獻渡海用之

(烽燧) 杈浦 時里 道內岳 高內岳 道圓 往可 紗羅 水山 笠山 西山 元堂岳 以上皆有監官及望漢

(倉庫) 倉二庫八 並城內 東別倉 別防所 西別倉 明月浦

(牧場) 自長兀岳至感恩德岳凡六所又有牛屯山屯乙丙別屯淸馬別屯羊找羔圈豬圈 監牧官一員以本州人擬差本凡時東西

三五

凡圍二十二處

哈赤後爲東西阿幕口忠烈王三年元置牧場或遣斷事官或置萬戶以主畜牧

(橋梁) 別刀川橋 大川橋 石梁 都近川 咸德浦石橋 長一百十步橋北海岸高峻壁立 嘉樂橋 東門內 禾北川橋

(土產) 山稻黍稷粟大豆小豆大麥小麥蕎麥菉豆馬牛 黑黃斑數種角甚美可爲觥 麂子麞鹿 惟產此州皮細韌 羊羔猪獐狸香鼠 獺海獺地獺鰒石決明黃蛤海衣牛毛藿烏賊魚銀口魚玉頭魚古刀魚鯊魚刀魚行魚文魚蠙珠貝玳瑁 鸚鵡螺 右三種出牛島及大靜蓋波島 橘 有金橘山橘洞庭橘倭橘青橘五種 柑 有黃柑乳柑數種 榧子 梔子 栗 有赤栗加時栗數種右諸種果俱出果園皆築墻 無患子 葉蒼白實漆黑 橙子 菩提實 有兩種 瀛洲實 生漢拏山上實小黑而甘 鹿角實 樹如紫檀

葉如赤木實小而色丹味甘滑可食 五味子 上品 燕覆子 無灰木 出牛島在海中柔脆
随波上下出水乃堅 山柚子木 唐柚子木 棓木 二年木 有脂香氣 櫨木
加次木 朴寺木 梨木 棟實 蔓香木 生漢拏山形如紫檀 青楊 樹如楊葉
如真松而細撒 金桐木 可作琴 黏木 杜冲 出楸子島 枳角 厚朴 苦練根
蔓陵香 安息香 即黃木汁 漆 香附子 青皮 海桐皮 蜀椒 陳皮
華澄茄 八角香 蕈 俗云蕈拈 木衣 石斛 石鍾乳 白蠟 松寄生
出漢拏山高處 天門冬 麥門冬 蔓荊子 半夏 茴香 仙靈脾 生息
品美佳而至貴 望魚 胎生 鹽 極貴濱海皆殖而有釜者無多故也 草席
(樓亭)望京樓 觀德亭 俱城內
(壇壝)漢拏山壇 本朝肅宗朝始置 廣壤壇 南三里即漢拏護國神壇高麗時封廣壤

三十六

三歲降香祝以祭本朝令本邑致祭 風雲雷雨壇 西三里自古有之中廢本朝肅宗乙亥復設
(祠院)三姓祠 英宗癸未建正宗甲寅賜額 高乙那 良乙那 夫乙
那 ○橘林書院 宣祖戊寅建肅宗壬戌賜額 金淨 宋麟壽 俱見淸州 金
尚憲 見太廟 鄭蘊 見廣州 宋時烈 見文廟 李約東 字春甫號老村碧珍人官
知中樞謚平靖 李情 字子方延安人官牧使○右二人顯宗己酉享于別祠
(典故)新羅[illegible]興王時 高厚高淸兄弟三人來朝 王賜高
厚號星主 淸曰王子 季 失名 曰都內 ○百濟文周王二年
耽羅遣使獻方物 拜其使者爲恩率 三品職 東城王二
十年 以耽羅不修職貢 親征至武珍州 其主聞之 遣使
乞罪乃止 武王時 賜國主佐平爵 佐平一品職 ○新羅文

武王二年 國主佐平徒冬音律來降爲屬國 十九年
發使畧耽羅國 哀莊王二年 耽羅國遣使朝貢 ○
高麗太祖二十一年 耽羅國太子末老來朝 賜星主王
子爵 顯宗三年 耽羅獻大船二艘 二十年 耽羅世
子孤烏弩來朝 文宗元年 倭又寇 安撫使李鳴謙擊
之 十七年 耽羅星主來朝 獻宗即位之年 乇羅高
的等來賀即位 神宗五年 耽羅叛 遣少府少監張允
文等安撫之 斬賊魁 元宗八年 草賊文幸奴構亂 副
使崔托舉兵誅之 十一年 三別抄之下珍島也 全羅
按察使權㫜遣靈岩副使金須以兵二百守耽羅 又遣

三十七

將軍高汝霖以兵七千繼之 三別抄自珍島攻耽羅 須
汝霖等力戰死之 羅州人陳子和斬賊將 復入爲賊所
害 賊來勝盡殺官軍 十三年 三別抄入耽羅 築內外
城 恃其險固 日益猖獗 常出虜掠 濱海蕭然 十四年
金方慶 忻都 蒙將 洪茶丘等 以兵一萬 戰船百六十艘 次
楸子島 候風至耽羅 中軍入咸德浦 左軍自飛揚島直
擣賊壘 賊衆大潰 耽羅遂平 於是留蒙軍五百 本國軍
一千留鎭而還 十一年叛賊金通精領三別抄據珍島翌年入據于此侵掠星主高仁旦王子
文昌祐等以聞越三年王命金方慶等合元兵討平之 元置達魯花赤于耽羅
忠烈王元年 遣府兵四領戍耽羅 二年 耽羅星主

來朝　元遣林惟幹採珠于耽羅不得乃取民所藏百
餘以進　八年元遣蒙漢軍一千四百來戍耽羅　二
十一年賜耽羅星主高仁旦王子文昌祐紅鞓等物
二十二年改耽羅爲濟州置牧使　忠肅王五年草賊
士用嚴卜等起兵作亂王子文公濟等擧兵盡誅之聞
于元復置官吏　忠定王 王字下似有脫字 倭寇貴日村　恭愍王五年
濟州加乙赤忽古托等叛殺都巡問使尹時遇牧使張天
年判官李陽吉　八年倭侵大村　十年濟州牧胡等
以星主高福壽叛殺萬户朴道孫請隸于元元以副樞
文阿但不花爲濟州萬户 十一年元阿但不花與本國賊隸金長老到州拭萬户朴 三人

都孫沉于海〇十五年全羅道都巡問使金庾募兵得百艘
討濟州敗績　十六年元牧子強暴累殺高麗所遣牧
使萬户以叛王奏請令本國自署官擇牧子所養馬以
獻如故事帝從之　十八年濟州降　二十一年以秘
書劉景元爲揀選御馬使往濟州濟州殺景元及牧使
李用藏以叛後濟州人殺叛賊以降　二十三年濟州
叛命崔瑩率諸將往討之戰船三百十四艘銳卒二萬
五千六百至濟州明月浦賊以三千餘騎拒之大軍齊
進大破之斬賊魁三人傳首于京濟州平 元牧子自稱東西哈赤作
亂崔瑩將兵來討牧子等據虎島以拒之瑩聚戰艦
環之縱兵而上討哈赤於明月浦牧子等就擒被誅

辛禑元年濟州人車有玄等焚官廨殺安撫使牧使馬畜
使以叛州人文臣輔星主高實開等起兵誅之　濟州
萬户金仲光斬逆賊哈赤　倭大擧來侵　二年倭賊
二百餘艘寇濟州　八年大明太祖平定雲南發遣梁
王 元之所封 家屬安置濟州　辟時倭寇濟州鎭撫韓元哲
獲一艘斬十八級　恭讓王四年大明太祖置前元梁
王子孫于濟州〇本朝　太宗元年倭寇郭文　四年
倭寇高内及明月　八年倭寇朝貢川　十八年倭入
牛屯牛浦遮歸等地　世祖九年濟州獻白鹿　明宗
八年倭賊哄中國客商等漂到旌義殺死人民被官軍

三九

敗退餘賊三十餘登廣嶺山藏伏潛奪本鎭小船遁去
十年靈岩敗倭遁至濟州將欲勦掠牧使金秀文力
拒倭其退進擊大破之　仁祖十五年投廢立光海君
于濟州 辛巳卒

旌義

(沿革)本濟州東道　本朝　太宗十六年析漢拏山南
數百里之地東爲旌義西爲大靜各置縣監 因濟州安撫使吳湜
啓之　世宗五年移治于晉舍城 古旌義今治東二十七里 (官員)縣監 兼濟州鎭管兵馬節制都尉 一員
(古邑)孤兒 一云孤村西五十里 洪爐 西文十里 兔山 西五十里右三縣高麗忠宣王二十

文年所設

(坊面)五面 每面有約正直月捕盗將各一

(山水)漢拏山 西北五十里 瀛州山 西北三十里 指尾山 東三十五里 水山 東二十五里山之西南即水山坪忠烈王時元放牛馬駱駝羊于此 達山 南九里 兎山 南七十里 達羅山 西五十里 孤根山 西七十五里大静界 鹿山 西里 城山 東二十五里延袤入大海中可五里許勢如蟻石壁削立周布如屛高可千餘丈鑿石成路然後可登其巔平廣二百餘岩雖奇成林有似城居其下地廣可十里許此即渭陽浦 盛恩岳 北二十里 自杯岳 西四十里 水岳 西四十五里峯頭有龍湫深不可測 三每陽岳 西七十五里岳中寬敞有水田數十畝名曰大池 水城岳 西三十里山巔聚石如城中有大池 城板岳 西五十里石壁如城板 鷹岩岳 南二十里 獨子岳 東二十里 成佛岳 北十五里縣城附近恒此岳有泉 閑

坐岳 東七里 斗山 東二十七里 安坐岳 西十五里 水項岳 西三十里其巔有大池深無底 雲之岳 西三十三里 地抗吉 西四十里 靈泉岳 西五十里 積石坡 東南五里 方岩 在漢拏山絶頂其形方正如人 穿石 南十里石立有穴 廣分坪 西八十里 ○餘結川 西十里 盖老川 出漢拏山東經岳間坐岳東南流至東城外二里有深淵居民皆取汲于此川又戌俘川 不等川 西三十里 靈泉川 西六十里 孤村川 西五十里 洪爐川 西七十里下流為西歸浦以上諸川俱源出漢拏山或潛伏地中或流出石間兩岸石壁峻絶中鋪岩石南流入海 法還浦 西八十五里 吾照浦 東三十五里 廣灘 西五十里 正方淵 西歸浦東一里海岸石崖百尺屛拖數里瀑流入海 天帝潭 東三十里三面石壁簇立屛拖 藻淵 西七十里三每陽岳淵多蘋藻又有蟹引水灌水田 天池淵 西歸浦西五里有千層蒼壁上有瀑 兎山浦 西一十里 西歸浦 西七十里 藪浦 東十里 雞浦 東二十里 水望川

果園七處

西三十里 (島嶼)牛島 東四十里見濟州 知歸島 狐村川南 凡島 一云虎島洪爐川南 森島 高險不通 草島 凡島傍 衣脫島 一云禿島右三島列峙 豆落島

(城池)邑城 世宗五年安撫使鄭幹築周二千九百八十大尺井二 古旌義城 東二十五里太宗十六年安撫使吳湜築○元牧子哈赤發濟州萬戶于此

(鎭堡)水山鎭 東二十五里城周一千二百大十四尺左右二門 西歸浦鎭 西七十里城周八百二十五尺井一○右二堡各有防守將城將各一人 水戰所 吾照浦閑雲浦西歸浦

(烽燧)獨子岳 南山 達山 自杯山 狐村 三每陽岳 兎山 指尾 城山

(倉庫)邑倉 西別倉 西歸鎭

(牧場)三所 羊棧

四十一

(典故)高麗忠肅王五年耽羅賊魁金成等叛以襃廷芝為存撫使討之 忠惠王後二年倭寇旌義 翌年以七百餘艘來侵安撫使李元恒判官陳遵領兵船往擊之賊乃遁○本朝 太宗六年七月倭賊來侵自旌義列艦至竹島

大静

(沿革)本濟州西道 本朝 太宗十六年置大静縣 詳旌義

(官員)縣監 兼濟州鎭管兵馬節制都尉 一員

(古邑)猊來 東二十五里 山房 東十里 遮歸 西二十五里右三縣高麗忠烈王二十六年所設

〔坊面〕三面(每面有約正直月捕盜將各一)

〔山水〕漢拏山(東北四十里) 堀山(一云懷山東二十五里有九十九谷) 弓山(東四十里) 紺山(東二十里) 蕈山(南五里山下有石泉城中遇旱川渴則取汲于此) 山房山(東十里穹窿高峙其南崖有大石窟水自石上懸滴而為泉窟中有小庵又其南有石穴名暗門東西五十餘尺其上又有大穴深不可測) 把古山(西五里) 狐根山(東六十里旌義界山巔有大穴直下深不可測) 瑞山(高麗穆宗五年六月耽羅山開四孔赤水湧出五日而止其水皆成瓦石十年瑞山湧出海中山之始出也雲霧晦冥地動如雷凡七晝夜始開霽山高可百餘丈周圍可四十餘里無草木烟氣冪其上望之如石硫黃人恐懼不敢近王遣太學博士田拱之往視之拱之躬至山下圖形以進) 松岳(俗稱貯別峯南十五里山之東西南濱海石壁環列山巔有池經可百餘步) 龜岳(東四十五里) 並岳(東北二十五里兩山並立) 摹瑟岳(西南五里) 大靜 遮歸岳(一云堂山西二十六里) 柿木岳(北二十五里岳南有泉) 龍泰岳 ○ 塞達川(東三十五里出漢拏山流為里山川中為大帝潭岩壁斗絕自成洞府清泉一道噴出石灘流而為瀑其下灌溉水田) 紺山川(東二十五里下流為大浦) 大加內川 小加內川(俱東五十餘里以上水源俱出漢拏山西岸石壁峭絕中鋪岩石水勢直下南入于海海口有銀口奧) 金露浦(東十里) 塞浦(東五十七里) 遮歸浦(西二十七里) 摹瑟浦(摹瑟岳東南) 西林浦(西二十里) 尾浦(西三十里) 友浦(西三十二里) 猊來浦(東二十五里) 唐浦(東) 敦浦(西) 牛頭浦(西北)

〔島嶼〕摩羅島(南) 竹島(西四面皆石壁東南有泊舟處) 貫島(東南有石南北對峙其東又有大石峙立有穴如城門) 蓋波島(南) 兄弟島(東) 維島(東) 丞峽島(西)

〔城池〕邑城(太宗十八年縣監俞信築周四千八百九十尺甕城四井一池一) 猊來縣城(周四百九十八尺)

〔鎭堡〕遮歸所鎭(西二十五里城周一千四百六十六尺○防守將一人) 摹瑟浦鎭(南十里地形三面枕海城周五百五十尺○防守將一人) 海防鎭(東四十五里城周五百十一尺泉一中宗五年移加內防護所于此○陞正一人) 防護所(塞浦友浦) 水戰所(摹瑟浦中塞浦東友浦西)

〔烽燧〕龜岳 懷山 松岳 摹瑟浦 遮歸所

果園大靜

〔倉庫〕邑倉 庫一

〔牧場〕一所 羊棧 羔屯

〔橋梁〕紺山川橋 塞達川橋 木橋(有二在大小加內川)

〔典故〕高麗恭愍王元年倭寇友浦

大東地志卷十二

大東地志卷十三

南原　　古山子 編

(沿革)本百濟古龍唐滅百濟以劉仁軌為檢校帶方州刺史留鎮熊州又於此築城以劉仁軌鎮之唐滅百濟以羅州為帶方州而劉仁軌為刺史始鎮公州次鎮南原故稱南原為帶方者此也後歸其地于新羅神文王五年始置南原小京徙諸州郡民戶分居之景德王十六年隸全州高麗太祖二十三年降為府顯宗九年改知府事屬郡二任實淳昌屬縣七長溪赤城居寧九皐長水雲峯求禮忠宣王二年降帶方郡後改南原郡恭愍王九年陞為府 本朝 太宗十三年改都護府 世祖十二年置鎮一管十邑 英宗十五年降一新縣二十六年復陞 憲宗十年降縣 哲宗四年復陞(邑號)龍城(官員)都護府使兼南原鎮兵馬僉節制使蛟龍山城守城將一員

(古邑)居寧東北五十里本百濟居斯勿新羅景德王十六年改青雄為任實郡領縣高麗太祖二十三年改居寧顯宗九年來屬邑號寧城

西楠坊

(坊面)通漢邑內 長興初一終三 萬福西初二終五 白波東初十終二十 米村東初七終二十 內山洞東初三十終四十 外山洞東初四十終五十 所義東初五十終六十 中方同上 黑城南初十終二十 周浦南初十五終二十五 松內同上 水旨南初二十終四十 豆洞南初二十終三十 金岩南初四十終五十 大谷同上豆洞 草郎西南初四十終五十 源川東初十五終五十 機池西南初二十終三十 生鳥代同上 草郎 者省西初二十終三十 伊彦西初十終二十 迪果北初二十終三十 高節同上 古達南初四十終六十 德古介北初四十終五十 乭古介同上 只沙北初五十終七十 未川北初四十終六十 葛峙東北初十終十五 普賢東北初三十終五十 時羅山西初十終二十 山東東北初三十終四十 屯德西初二十終四十 靈溪西初三十終四十 蛇洞西北初二十終三十 城南西北初三十終四十 吾枝西北初五十終六十 見所谷西初四十終六十 阿山初四十終五十 王之田初十終二十 梅岩初十終二十 內真田北初五十終七十 外真田北初七十終九十 上磻岩東北初九十終百十 一下蟠岩東北初五十終九十 棲鳳 向岩

末牙鄉東九十 才仁所北四十 居利鄉居寧 東南今城餘伊 宝有鄉西六十 京積鄉北十今 白也谷 白波鄉今高梁坊 德城鄉東七 道知鄉南五 稱文多山 守道鄉東五 今未伊旨 南安鄉南二 今野井池 亭部曲北四十 嗚洞部曲南四十五 今內外山洞 凉川部曲東二十 金老部曲西三十 金城所東十五 楊川所南八 岐村所南三十 申內洞所南七 龍鳳所東二十 熊陰所南四十 豆加所南六十 背火所南五十

(山水)百工山東八里禪院寺 智異山東南六十里雄盤高大延袤甚廣洞府盤回深邃土性寬厚膏沃一山皆宜人居內多百里長谷外挾內廣氣候溫暖山中多竹又柿栗極多自開自落撒柰栗於高峯之上迎不茂茁○山之南有岳陽花開二洞山水甚佳有神凝雙溪二寺長興七佛二庵並河東地○山之西有華嚴燕谷二寺蟾江九曲環其南並求禮地○山之北有靈源龍遊二洞君子安國二寺碧雲樹城二洞鍮店村俱為勝地而並咸陽地嚴川瀧在山之北而沿溪上下潭瀑岩石皆絶奇而深阻山之最高者東有天王峯西有般若峯二峯相距五六十里其外奇峯峭壁不可勝數山腰或有雲雨雷電其上則晴朗又詳晋州○波根寺東三十里○烟觀寺南三十里歸政寺東四十里○天彥寺南五十里○梅溪古名青鶴洞 麒麟山西十里○萬福寺高麗文宗時刱今廢有五層殿內有銅佛像長三十五尺 寶蓮山西四十里 長法山東七里 犬首山南四十五里 注之山東三十里 高正山西三十里 月溪山西北三十里 普賢山一云萬行山北四十里 向雲山 靈龍鬪山鷲山俱在上磻岩坊 楓岳北五里 栗林府南二里 井田唐劉仁軌為刺史撫都督時邑

內里壓取法井田畫爲九區至今遺址尙存

（嶺路）屯山峙南三十里宿星峙南栗寺上有宿星峙下有屯山峙右三峙並通求禮栗峙北十里通全州飛鴻峴西二十五里淳昌界柳峙東北五十里雲峯界女院峙東三十里通雲峯水分峙東北五十里長水界大路介峙北路任實界本月峙東北百里一流峙龍岩峙並雲峯界沙

福星峙雁峙

峙外真田坊終境長水界〇蟾江自任實葛潭南流左過鶉川爲淳昌赤城江又南流右過淳昌伊川爲淵灘東南流左過鏊川爲谷城鶉子江鴨綠津入于求禮縣地鶉川源出長水聖壽山及介峙西南流爲坪堂院川經鶉隅坪爲鶉川經契樹驛左過居寧川爲三川湊入于赤城江之花澗爲磻岩川鏊川源出長水六十峙之南長安山西南流經分水峙爲磻岩川至府東通源川至府南一里爲鏊川析而南流入鶉子江口川中有岩形如牛名牛岩川之上下土地膏沃易灌漑居寧川北五十里出介峙西南流至契樹西南入于鶉川源川東二十里出般若峯西北流至百工山南入于鏊川丑川在府東北有水

堤堰十

衝激設邑時作鐵牛以鎭之因名丑川其牛猶存有緣崖絶壁所兕川出智異山栗峙北流至山洞析而南流至求禮地入于龍王淵豆可川在古達坊淵灘西南六十里淳昌猪灘下流龍淵南四十五里智異山西支祖母川南四里東帳藪東七里昌活藪在昌活驛

（形勝）湖南之要衝海陸之樞轄東鎭智異西帶蟾江北距完山南引順天山川秀麗民物富繁沃野百里天府用武之地

（城池）邑城新羅神文王十一年築南原城後改築本朝宣祖三十年天將駱尙志修築八月府使尹安性用役夫一千七百鑿城壕五日畢而城周八千一百九十九尺甕城十六城門四井泉七十一口柳仁軌城在府內周數里今有舊址蛟龍山城蛟龍卽古龍之轉有古城遺址宣祖三十年正月倭大來入冦府使崔瀛等聚七邑兵修築周五千七百十七尺城門四井八小湊一北有密德福德兩峯突兀撑天西峻東低南北遮隔不能指揮東門爲受賊之地後面平衍可以藏兵倉三〇守城將本府使兼別將一人〇城中有龍泉寺

（倉庫）邑倉紙惠倉賑恤倉俱府城內東倉四十里西倉四十里舊南倉四十里新南倉三十里舊北倉四十里新北倉三十里山倉蛟龍山城

（驛站）契樹道北四十里〇屬驛十一〇察訪一員東道驛東七里雁嶺驛東二十里昌活驛南三十里

（津渡）鶉子津一云中津南三十里通谷城大路赤城津西四十里通淳昌大路

（橋梁）金石橋西五里龍頭亭橋西十里兩水亭橋南五里乫魚口橋東十里金川橋東五十里栗川橋北三十里月川橋南三十里烏鵲

邑內場兕磻岩一六山洞五十契樹二七阿山三八東花三八

橋乘槎橋俱在廣漢樓前

（土產）柹栗胡桃楮紙品上漆五味子海松子梔子石榴香葦石蕈松蕈蜂蜜竹箭竹銀口魚蟹茶鷹二種產智異山

（樓亭）廣寒樓南二里高遠敞闊連平野雲捲遠岑水丑川亭丑川西岸龍頭亭西十里奇岩矗立狀如龍頭

（廟殿）誕報廟西門外劉綎建宣祖己亥摠兵正宗辛丑揭額關羽見京都東廟李新芳摠府中軍蔣表摠府千摠毛承先摠府千摠右三人丁酉倭亂出來戰亡于本府肅宗丙申並配享三將

（壇壝）智異山壇東南六十四里所義坊新羅以南岳載中祀係康州高麗本朝俱因之移係本府躋中祀〇高麗忠烈王命洪子藩祀智異山

〔祠院〕寧川書院 光海主己未建 肅宗丙寅賜額 安處順 字順之號思齋順興人官奉常判官 丁煥 字用晦號檜山昌原人官慶尚都事 丁熿 字季晦號游軒煥之弟 明宗庚申謫寧官舍人贈禮曹判書謚忠簡 李大邑 字景引號話溪慶州人官刑曹佐郎 ○露峯書院 仁朝己丑建 肅宗丁丑賜額 金麟厚 見文廟 洪順福 字子綏號顧庵南陽人 中宗庚辰被禍 崔尚重 字汝厚號未能齋朔寧人官司諫贈大司憲 吳廷吉 字亨甫號海西海州人官校書正字 崔蘊 字輝叔號砥齋尚重子官同副承旨 崔徽之 字子琴號鰲洲蘊之姪官翊衛 ○忠烈祠 光海主壬子建 孝宗癸巳賜額 李福男 羽溪人官全羅兵使贈左贊成謚忠壯 鄭期遠 字士重號見山東萊人以楊元接伴使死於乱軍官右副承旨贈左贊成萊城君 申浩 字彥源平山人官長興府使贈刑曹判書謚武莊 李德恢 字景烈龍仁人官本府判官贈刑曹參議 李元春 官求禮縣監贈兵曹參議 吳興業 軍餉有司以上 宣祖丁酉戰亡于本府 ○愍忠祠 肅宗己丑建 癸巳賜額 黃進 見晉州 高得賚 武科義兵將 宣祖癸巳戰亡晉州官平昌郡守賜漢城右尹 安瑛 見光州

〔典故〕新羅文武王三年金欽純等攻百濟居勿城 即居寧 降之○高麗忠定王二年四月倭掠南原漕船 辛禑三年我 太祖擊倭于智異山大破之賊衆登山臨崖露刃垂槊如蝟毛官軍不得上 太祖與我 定宗及麾下士攀附齊進奮擊之賊墜崖死者太半遂擊餘賊殲焉 五年倭再寇南原全羅道都巡問使池湧奇擊倭斬八級又與倭戰于鷹嶺驛力戰中矢 六年倭攻南原山城不克 八年倭寇南原元帥沈于老斬三級

九年倭陷居寧 辛昌時都指揮使鄭地等擊倭於南原大敗之 時倭寇三道自夏及秋屠燒州縣晉州牧使李贇戰死倭又自咸陽踰雲峰八羅峴 即八良峙 至南原鄭地督諸元帥奮擊大破之斬五十八級獲馬六千餘匹賊夜遁○本朝 宣祖二十五年倭入寇本道防禦使郭嶸留鎭南原 十一月築城使求禮縣監李元春率兵把守 土賊高波金希等劉掠雲峯官軍乘夜進圍賊徒高喊突圍官軍潰走 嶺南土賊年傑年盡屠智異山寺刹山郡道路始通 二十六年駱尚志宋大贇屯南原倭兵數千向宿星嶺李廣洪李男之軍皆潰賊渡鶉子江焚谷城村落南原守城軍民一時潰散 南原儒生趙慶男避兵于智異山波根寺起義兵多殺零倭以救避兵之民九月斬倭三十六級 二十七年駱尚志等撤兵還遼東劉綎自八莒 今漆谷 率五千人移鎭南原 三十年七月倭寇龍潭向長水助防將李由義等棄師而遁守兵皆潰由義潰軍入南原城掠取帑藏 八月楊元領遼東兵三千下南原以南原據湖嶺之衝城頗堅完駱尚志嘗補築缺壞又有蛟龍山城為可守之地修城增埤 城處築羊馬墻鑿深壕塹 行長等入南原境楊元出往源

川至宿星嶺觀兵而還分軍守堞全羅兵使李福男自
順天來到所領之兵亦散仍入府城行將義智等先上
訪岩峯建旗放砲分三道以進將倭至上山峯結陣指
揮楊元與李新芳在東門千摠蔣表在南門千夫毛承
先在西門李福男在北門倭數萬自漆場進於城外百
步之地倭又自宿星原漫山而下百里之間烟氣蔽天
賊連日攻城前後死者五千餘人城遂陷城內外公私
家舍盡被焚吏李新芳蔣表毛承先接伴使鄭期遠兵
使李福男防禦使吳應井助防將金敬老別將申浩府
使任鉉判官李德恢求禮縣監李元春等皆死之楊元
七

以五十騎潰圍而出時陳愚衷在全州楊元告急乞援
不既發兵經理楊鎬恭奏拏去元軍楊元陳愚衷後皆
被誅傳首本國

茂朱

(沿革)本百濟赤川新羅景德王十六年改丹川爲進禮
郡領縣高麗太祖二十三年改朱溪顯宗九年仍屬進
禮縣明宗六年以茂豐監務來兼恭讓王三年併于茂
豐 本朝 太宗十四年改茂朱縣監以朱溪爲治所
顯宗十五年割錦山郡之安城橫川二面來屬陞都護
肅宗癸未兼討捕
府(官員)都護府使兼南原鎭管兵馬同僉節制使赤裳山城守城將討捕使 一員

(古邑)茂豐東六十五里本新羅茂山景德王十六年改茂豐爲開寧郡領縣高麗顯宗九年屬進禮
縣明宗二年置監務六年兼任朱溪
恭讓王三年以朱溪來併改号茂朱
(坊面)府內 身東東初十終四十 西面初五終十五 北面初十二十 終柳野
東南初三十終四十 一安南初四十終五十 二安南初三十終四十二面安城所分 右橫
川東南初三十終七十本橫川所 裳谷南初十終三十 豐東東初六十終八十 豐南南初
四十初六十 豐西東初四十終五十右三面茂豐古縣
(山水)香爐山北三里○北固寺景月寺 大德山東七十里茂豐南七里知禮界 白雲
山東五十里茂豐北十五里○佛頭寺 赤裳山南十五里四面層岩壁立峻削如發古人因險設城
僅有二路可上其中平坦寬廣土地肥沃水泉四出眞
天險之地昔蒙古及倭亂傍近諸邑民據此山得全
彌磨山南三十五里 德裕山南五十里安義長水之界峻極高大重疊雄盤土厚水深西有
茂朱 八

九泉洞洞壑深邃岡巒周疊九瀑流於此東連知禮居
昌南接安義長水西接鎭安龍潭北聯茂豐赤裳洞府
之外傍一山田土饒沃○有三峯曰鳳凰佛影香積也
又有七佛香爐二峯向岩峯之北有強祖窟○有九泉
清凉向蓮圓通佛華上元等寺 如意山 向華山俱在府東 香積山德裕北支 三
峯山德裕東支 七佛山德裕北支 三道峯東五十里知禮界 黃按廉岩在赤
裳山頂長數丈上可以坐數十人東望加耶南望智異
西望大海北望華岳昔丹兵入寇按廉使避亂于此因
名之漆岩西十里 (嶺路)古里峙 於隔峙 召甫峙南路山界 錦釜
項嶺 馬峙 朱峙東路知禮界 孤嶺東北路沃川界 素沙嶺東路 德
裕峙南路 草岾 皙目岾並東南路 兎峴南路 長向岾 都磨峙
並東路 ○赤川一云朱溪源出大德山北流右過茂豐古縣之水左過德裕山之水爲薩川經橫川
及豐西身東兩面左過赤裳山之水右過都磨峙之水
衍廻十折西流經府南至漆岩入于召甫津○川之上

堤堰八

下溪山絶勝土地膏腴宜木綿杭稻而易灌漑 九淵洞川 南四十里出德裕山西流至龍潭界入錦江上流 水城水滙 東五十里

(城池)赤裳山城 南十五里有古石城遺址仁祖十七年從巡撫使朴潢之言修築周四千九百二十八步外西石壁如裳池四井二十三處湖嶺三道之交素稱天險為要衝仁祖十九年建璿源閣光海主六年建史庫有山城寺護國寺高境寺○守城將本府使兼史庫叅奉二人摠攝增一人 茂豐古縣城 周五百三十一尺

(倉庫)邑倉 府內 城倉 山城 西倉 西南二十里 北倉 北十五里 茂豐倉 東六十里 安城倉 南四十里

(驛站)所川驛 東四十五里

(津渡)呂甬津 西十四里錦山界通錦山大路○津之下流有灘十五皆激湍峻流洄洑屈曲斷崖

九

硨兀詭狀奇勢殆不可彈

(橋梁)南橋 在赤川上 大川橋 在赤川上

邑內一六 茂豐四九 所川二七 安城五十

(土産)鐵 楮 漆 桑 松蕈 石蕈 蜂蜜 海松子 五味子

(樓亭)寒風樓 喚睡亭 俱赤川上 挹翠樓

(壇壝)冬老岳 未詳新羅祀典云冬老岳在進禮郡丹川縣以名山載小祀

(典故)新羅眞德主元年百濟將軍義直率步騎三千進攻茂山甘勿 金山縈海 桐山峑三城主遣金庾信率步騎一萬以拒之苦戰力竭其麾下丕寧子赴敵死之其子擧眞亦死於敵其奴合節又死於敵於是衆皆奮擊斬三千餘級○高麗辛禑十年倭寇朱溪茂豐等縣安城所川驛○本朝 宣祖二十五年倭寇茂朱

潭陽

(沿革)本百濟秋子兮唐滅百濟改皐西為分嵯州領縣新羅景德王十六年改秋城郡 領縣二栗原玉果 隸武州高麗成宗十四年為潭州都團練使後改潭陽郡顯宗九年屬羅州明宗二年置監務恭讓王三年兼任原栗 本朝 太祖四年陞為郡 以國師祖卽之鄕 定宗卽位之年以中宮金氏 定安王后 外鄕陞為府 太宗十三年為都護府英宗四年降縣 以逆賊美龜胎邑 十四年復陞三十八年降縣四十七年復陞

(官員)都護府使 兼南原鎭管兵馬同僉節制使金城山城守城將

潭陽 十

一員

(古邑)原栗 東十五里本百濟栗支縣新羅景德王十六年改栗原為秋城郡領縣高麗太祖二十三年改原栗顯宗九年屬羅州恭讓王三年以潭陽監務兼任本朝仍屬本府

(坊面)東邊 西邊 並府內 古之山 東初五終二十 貞石 東初二十終三十六 貞石鄕曲 無伊洞 東初五終十五 乫乙谷 南初十五終二十 大谷 南初二十終三十 豆毛谷 西初五終二十 牛峙 西初十五終二十 山幕谷 西北初十終四十 千八谷 北初十終二十 木山 西初五終十五 甾谷 南初十五終四十 泉洞 北初五終十 龍泉 北初二十終四十

(山水)秋月山 西北二十里險峻高大○烟洞寺菩提庵 龍泉山 北四十五里○龍泉寺有龍湫 金城山 北十五里右三山連紆為勢 羊角山 北十里 廣岩山 西四十里 潭

州山南二十里 萬德山南四十二里 玉泉山一云法雲山南四十里玉果界○玉泉寺内院庵 馬隱峯東十五里 石檣東十里檣高百餘尺大一圍以鐵索鎖之冠其上今改竪木檣又有石塔高五十餘尺古寺址也

【嶺路】滅峙北四十里通井邑 積峙北三十里大小二峙有 暮牛峙東二十里右四處淳昌界 牛順峙西北四十里長城界 把守峙西三十里昌平界

○原栗川出龍泉山之龍淵南流左過浣沙川至府東北十里爲原栗川環府北爲北川折而西南流爲竹綠川右過薪川左過大橋川又西南流爲濠江入于昌平界爲沙湖江上流 浣沙川出玉果界西流入原栗川 薪川西十五里出秋月山南流入原栗川 大橋川南十里出玉泉山北流至府南三里爲南川西流入于原栗川 龍淵在秋月山之東有二石潭潭下有巨岩水自岩穴流注飛湍洒空而下成大澤謂之龍淵噴所

堤堰九

遮面池南二十里

【城池】金城山城北二十里有古石城 宣祖三十年改築緣岡爲城 孝宗四年重修內城周六百十步外城周四千九百四十步荒城七十二壕池五井二十九有內外東門內外南門內城南門西北二門東西南三門爲受敵之地自潭陽以上路出山脊一線百轉盤回六七里始達南門南門之外兩傍皆絶壁東門外六七十步有石側立斜睨城中西門兩傍山皆峭壁東北西南壁立千仞城形奇壯闊遠四高中凹外無峻峯難以窺瞰城門四面線路脉布眞形勢之地城中有蟠積峯金城寺西門外有龜岩寺○屬邑潭陽淳昌玉果昌平倉六○守城將本府使兼 別將一員 備城一人 秋月山石壁石壁削立四圍如城周九十餘尺其西北惟徒行者可通中有淡澗縈紆又有十三泉

【倉庫】倉五俱在邑內 外倉南三十里峀谷 山城倉

【驛站】德奇驛東南十里

三支川八日一朔三市

【橋梁】錦江橋東十里 大川橋西十里 大橋南二十里

西門外四九 北門外二七

【土産】楮漆篁竹箭竹石榴胡桃柿梅實茶苧

十一

倪仰亭南十里

【祠院】義岩書院宣祖丁未建顯宗己酉賜額 柳希春字仁仲號眉岩善山人官行大司憲贈左贊成謚文節

【典故】高麗高宗四十二年蒙古車羅大永寧公綧屯潭陽縣 辛禑四年倭寇潭陽縣鄭地與戰斬十六級○本朝 宣祖三十年倭陷潭陽

淳昌

【沿革】本百濟道實新羅景德王十六年改淳化郡領縣二赤城九皐隸全州高麗太祖二十三年改淳昌一云淳州顯宗九年屬南原明宗五年置監務忠肅王元年陞知郡事以國師僧丁午之鄕 本朝因之 世祖十二年改郡守【邑號】烏山 玉川

淳昌 十二

【官員】郡守兼南原鎭管兵馬同僉節制使一員

【古邑】赤城東十五里本百濟礫坪新羅景德王十六年改赤城爲淳化郡領縣高麗顯宗九年屬南原後自福興移淳昌于今治以本縣東屬

【坊面】左部東終七里 右部西終十里 柳等古柳等所東初六終三十 赤城本古縣初十五終三十 木瓜南初十終三十 金洞南初十五終三十 品谷南初十終二十五 德進南初十終二十 八等西初十終十五 上置等本置等所西初三十終六十 下置等西初五十終九十 福興西初五十終八十 鰲山東南初七終二十 茂林西北初二十五終四十 河東東初三十終五十 龜岩北初二十五終五十 仁化北初十五終三十 虎溪北初十終二十五 ○高力岩所東二十四 甘勿吐所東十

【山水】追山北三里 回文山北三十里泰仁界○金藏寺神光寺 福興山西三十里

峭壁四圍溪水東流爲天險之地○靈隱寺大同山一云環刀山東六里鰲山西二里即追山西支山南有岩如鰲
琮龍山東二十五里○鷲岩寺廣德山又云剛泉山西二十里○福泉
寺赤城山一云花山東二十里三峯聳出石壁岩城郭其高千仞中峰之上有石窟及小庵武
夷山北二十里峨眉山一云陪尾山西十里山頂有大岩如冠栢房山又城房山西北
五十里四面回抱中藏大野無量山東北三十里玉出山南十五里鐵馬山西七
十里華蓋山西六十里(嶺路)牛峙南二十五里玉果界玉果路熊峙東十五南原路鷲
峙溫越峙葛峙西七十里井邑界右並井邑路屯月峙同上屈峙
沙瑟峙北三十里右二處泰仁界蘆峙北二十七里通全州○赤城江任實之萬灘下
流至赤城山下稱花閘又至郡南二十里爲楮灘至南原界爲澗灘並蟾江上流鮎岩川西北五十
里出井邑內藏山之東東流爲岑溪經福興古邑爲鮎岩川折而北流經回文山東流入萬潭鶴川源出

乾止山東
將德山東

堤堰九

十三

廣德武夷兩山至郡西五里爲鶴川至三里爲鏡川至郡南爲大橋川東南流會伊川入于赤城江下流伊
川東十里流入鶴川艾谷池東十里
(城池)古城一云劍尾城西四里周七百八十尺泉一池一古城在玉出山有土築遺址古
城桶城山北二十四里有遺址蘆峴城北三十里古防守處
(倉庫)倉五邑內郡城倉西三十里潭陽金城山城社倉西五十里上置等西
(驛站)昌新馹東五里
(津渡)赤城津東二十里通南原大川
(橋梁)大橋邑內石造鶴川橋南二里東岸橋東三里松亭子北五里
樓橋北十里榛子橋南十里風景橋東十五里
(土產)竹篁竹箭竹楮桑漆銀口魚蜂蜜茶

邑內六六
燕山四九
三時三八
綠沙五十
避老里二七

(樓亭)漱玉樓　萬緑亭　歸來亭南三里
(典故)本朝　宣祖二十五年倭亂任實土賊亦劉掠官
軍屢敗南原等七邑軍圍田文山所聚之賊焚其山棄
夜捕殺田文山路始通　三十年倭陷淳昌

龍潭

(沿革)本百濟勿居新羅景德王十六年改清渠爲進禮
郡領縣高麗顯宗九年仍屬進禮縣忠宣王五年改龍
潭縣令　本朝因之　仁祖二十四年降縣監　孝宗
七年(邑號)玉川(官員)縣令兼南原鎮管兵馬節制都尉一員
(坊面)邑內　東一終二十　東二終四十　南一終三十　南二終四十

龍潭
十四

西面終四十北一終四十北二終三十○銅鄉所東南三十五
(山水)珠崒山西三十里高山鎮安錦山之界雄盤高大北有半月岩西有懸源寺九峯山
西二十里○崇岩寺長古山東三十里茂朱界龍岡山北三里玉女峯南十里
四美臺東四十里島岩東北十五里(嶺路)松峴北二十五里錦山路栗峙東三十里
通茂豐柑峙西四十里高山界通高山古南峙南十五里長水鎮安通汗米嶺西路
虎峙東路○朱子川即珠崒川西二十里出珠崒之陰北流經臥龍岩東南流經縣南爲壽成
川入于龍湫有溪山之致土地之饒川北有梯天臺壽成川朱子川下流東流入達溪川南有道遷臺
達溪川東十里即錦江上流程子川南十五里出珠崒山東流入達溪上顏子川東二
十里出長古山西流經顏子洞入達溪上伊川南十里馬山潭東十二里兩水交會間楠龍湫
(城池)古城東十三里山上周一千二百十一尺石棧古柵東北三里高麗辛禑時倭入嶺

堤堰一

浦侵掠州郡縣令皮元亮樹柵縣南石棧乘高累石六
町候其入欲下石碎之賊覘其有備莫敢近遂遁去

(倉庫)倉三 邑內 外倉

(驛站)達溪驛 在達溪北

(橋梁)竹川橋 在達溪 大川橋 東十里

(土産)柿 榛 漆 桑 松 蕈 石蕈 蜂蜜

(樓亭)待仙樓 太古亭 峯巒聳秀溪流環繞松栢茂密

(壇壝)熊津溟所壇 在馬山潭春秋本邑致祭

(祠院)三川書院 顯宗丁未建 肅宗乙亥賜額 顏子 程伯子 程叔子 朱子 俱見文廟 諸葛亮 見南陽

(典故)本朝 宣祖丁酉倭寇龍潭

邑內四九 東面二七 南面三八

十五

任實

(沿革)本百濟仍朕新羅景德王十六年改任實郡 領縣二 青雄 馬靈 隷全州 高麗顯宗九年屬南原 明宗二年置監務 古邑址在縣北三十里下北面芳洞 本朝 太宗十三年改縣監 (邑號)雲水 (官員)縣監 兼南原鎭管兵馬節制都尉 一員

(古邑)九皐 西三十里 本百濟埃坪 新羅景德王十六年改九皐爲淳化郡領縣 高麗顯宗九年屬南原 恭愍王三年以縣人林紫古不花入元使於本國有功陞爲郡 本朝太祖三年來屬

(坊面)縣內 大谷 東初五 終十 德峙 西南初三十五 終六十 上東 初七 終三十 下東 初十 終二十 里仁 南初五 終二十 玉田 南初十 終二十五 九皐 西初二十 終三十 上新德 西初十五 終三十五 下新德 西初三十 終五十 上雲 西初二十 終三十五 下雲 西初三十 終六十 新安 西初五 終十五 江津 西初三十 終五十 上北 初五 終二十 下北 初二十 終四十 新坪 北初十五 終三十 醉仁部曲 西十

(山水)龍繞山 北三里 高達山 東三十里 鎭安界 斗滿山 南十里 回文山 西南六十里淳昌界 山勢高大有大石如屛 白蓮山 一云靈鷲山 西三十里 白雲靈鷲皆寺名 白雲山 聖壽山 東五十里長水鎭安界 獅子山 北二十里全州界 〇新興寺 鎭安 圓通山 南四十里 〇水落寺 來接山 南五十里 翼波山 西五十里 四仙臺 北二十里 (嶺路)沙峴 西十里 瑟峙 大峙 西北三十里全州界 末峙 東南十里大路 終山峙 西六十里泰仁縣 金堂峙 東二十里鎭安界 唐峙 西四十里 栗峙 西右二處自全州通葛覃大路 塞墻峙 西北全州界 代用岾 東三十里 烏原川 北二十里鎭安西川下流至縣北左過葛川爲烏原川 經塞墻之陽右過良發川南流右過鮎岩川經葛覃左

深源寺東三十 上尊庵東四十

任實 十六

過九皐川東南流左過鶉川至 斗滿川 出斗滿山北流 經縣東南轉而流
淳昌界爲赤城江 即鶉江上流
東北流入葛川 南入于斗滿川
于烏原川 經良發川 西三十里出白雲山南流
入烏原川 九皐川 西南三十里出沙峴 白蓮山 雲岩川 西五十里
原川 經葛覃入赤城江上流
烏原川 坪堂院川 南十五里出聖壽山西 鶉川 南二十五里
下流 南流爲鶉川見南原
九星淵 九皐川上流 龍湫 南五里

(城池)古城 古土築遺址 龍繞山上有

(倉庫)倉二 庫二 邑內 西倉 西三十里 北倉 北三十里 外山倉 北一百十里 全州威鳳山城

(驛站)葛覃驛 西南四十里 烏原驛 北二十里

(橋梁)烏原橋 葛覃橋 雲岩 冬橋夏船 廣濟橋 南一里

邑內一六 馬原四九 葛覃二七 九皐五十 良發里三八 獨橋院六日 一朔三市

(土產)柿梨栗銀杏木瓜胡桃楮苧漆蕈石蕈蜂蜜紫草

(樓亭)鳳凰樓 碧雲樓縣內

(典故)本朝 太宗十三年講武于任實

鎭安

(沿革)本百濟難珍阿一云難知可 新羅景德王十六年改鎭安爲壁谿郡領縣高麗顯宗九年屬全州後置監務恭讓王三年兼任馬靈 本朝 太宗十三年改縣監(邑號)越浪一云月良

(官員)縣監兼南原鎭管兵馬節制都尉一員

(古邑)馬靈西南三十里本百濟馬突一云馬珍一云馬等良新羅景德王十六年改馬靈爲任實郡領縣高麗顯宗九年屬全州恭讓王三年以鎭安監務來兼 本朝太宗十三年仍屬 邑號顒川

鎭安 十七

(坊面)邑內 邑下終十 馬靈初十五終三十 呑田南初十終三十 上道即邑內終三十 一東初十五終三十 二東初三十終四十 斗尾南初十終二十 興面東初十終二十 一西初三十終四十 二西初四十終五十 一北初七二十終 二北西北初二十終四十 三北西三十 ○剛珠所在馬靈

(山水)富貴山北三里 高達山南五十里任實界西汶有盤龍寺 馬耳山南七里石山峻高而雙峯聳出名渟出峯東曰父西曰毋相對如削成高可千仞其頂擁木森鬱四面峻絶人不能升惟毋峯北崖可升東峯上有小池西峯上平濶有泉○鳳頭窟在山之西石峯高可數百仞○華嚴窟在山之腰○成道窟修行窟羅漢窟○上元寺穴岩寺 醒壽山南五十里任實長水界北有中臺寺南有金堂寺 珠萃山西北四十里高山龍潭界 萊東山南三十里 轝壤山東十里宣祖丁酉天將劉綎陣于此山 美方山南十里 白雲山南二十里 僉德山南三十里 獅子山西南四十里全州任實界 萬德山

(嶺路)熊峙西三十里全州界通全州大路 栗峙東南二十九里長水界大路 件隱峙西北三十里全州界通威鳳山城及高山 賊川峙西十里距熊峙 金堂峙南五十里任實界 馬峙西南三十五里全州界 銘峙北二十里龍潭界我 太祖雲峯大捷後幸于此路下有滄江布盤石全百步攀躋撫緣命石工鑱鑿通道 鋤古峙長水路 對戎峙任實路 山影峙龍潭路 鶴頂峙高山界 ○南川南十里出馬耳山東流入長水松灘下流 東川東五里出馬耳山東峯東流入龍潭馬山潭右二水錦江之源 西川西十里出馬耳山西峯南流會熊峙中臺之水西南流至任實界爲馬原川即蟾江之源 盤龍川源出盤龍寺洞入于西川下流 甑淵在馬靈古縣東有大賚上通山頂人轉石則直下於淵水氣常餘餾若蒸炊然

松林峙 求神峙 竹木峴 歡坎峙 斗南川 鶴川 衣岩川 照林川 伊浦 堤堰六

(倉庫)倉二邑內 外倉西南三十里 東倉 十八 城倉在威鳳山城

(驛站)丹嶺驛東五里

邑內五十 馬靈三八

(土產)苧楮桑漆松蕈石蕈蜂蜜紫草柿

(樓亭)羽化亭縣南 鎭南樓縣內

(壇壝)馬耳山壇新羅祀典云西多山在伯海郡難知可縣以名山載小祀高麗因之 本朝 太宗十三年南幸次山下遣官致祭賜名馬耳山今本邑春秋致祭

(典故)本朝 宣祖二十五年倭陷鎭安

長水

(沿革)本百濟雨坪新羅景德王十六年改高澤爲壁谿郡領縣高麗太祖二十三年改長水顯宗九年屬南原恭讓王三年以長溪監務來兼 本朝 太祖元年復

析爲長水縣兼任長溪 太宗十三年改縣監(邑號)長川
(官員)縣監 兼南原鎭管兵馬節制都尉 一員 古長水西七里
(古邑)長溪 北三十里本百濟伯海新羅景德王十六年改壁溪郡領縣二高澤鎭安隸全州高麗太祖二十三年改長溪顯宗九年屬南原恭讓王三年置監務兼任長水本朝太祖元年析置長水縣來屬
(坊面)邑內 終十 身南 南初五終三十 身西 西初二十終三十 身北 北初十終三十
水內 自邑終十五 任縣內 北初三十終四十 任南 北初十五終三十五 任北 北初四十終六十右三面長澤古縣 陽岳所北六十里 天鷲所北十五 ○梨方所北三十 福興所西二十
(山水)靈鷲山 一云長安山東二十里 盤據南原安義本邑界 德裕山 世五十里山世茂朱界山南長水安義界
聖壽山 一云聖迹山西南十五里鎭安任實西邑界○雲岾寺新羅真平王時重修○八功庵
白華山 東北二十里 最高山 德裕西支 天方山 北三十里 瓦洞

山 南二十里 香積峯 德裕 動靜臺 北三十里 (嶺路)水分峴 南二十五里南原界一派水向南原一派水向本縣 中臺峙 西北三十里 粟峙 西北三十里並鎭安界 六十
峙 東北五十里安義界自羅濟時爲要害 柤峙 北 龍潭路 砧峙 一云防阿峴西北三十里
猫峴 北 龍潭路 中峙 東安義路 漢興峙 南路 沙峙 介峙 馬
峙 蒲香峙 滅峙 蘆峙 並南原路 獄峙 羅峙 並在長溪古縣
○西川 源出水分峴北流經縣西三里至龍宕左過南川爲松灘右過狐川入于鎭安界爲錦江之源
南川 一云菊川出靈鷲山西流入西川 東川 出靈鷲山西北流入松灘 狐川 北四十五里出向華山北流入龍潭界 龍湫 東南二十靈鷲山下
(城池)古城 在聖壽山周九百七十尺 食川古城 砧峙古城
(倉庫)邑倉 邑內 西倉 三十里身西面 溪倉 三十里任縣內 北倉 二十里身北面
堤堰五

(橋梁)碑前橋 西南一里 松灘橋 西北三十里 院越墻 南四里 洪福橋 北三十里 翫景橋 北五十里 大坪橋 北三十里
(土産)楮桑漆柿五味子紫草石蕈蜂蜜
(樓亭)凝碧亭 邑內 清心亭 北二十里
(典故)高麗 辛禑 九年倭陷長水 十年倭寇天鷲所
邑內五十 長溪一六 蔽景三七 松灘二七

雲峯

(沿革)本新羅母山 一云阿莫城○莫當作暮 神文王五年置貘山停 景德王十六年改雲峯爲天嶺郡領縣高麗顯宗九年屬南原恭讓王三年兼阿容谷 容一作要 勸農兵馬使 本朝 太祖元年置監務 太宗十三年改縣監 宣祖

三十三年合于南原 以經倭屢凋殘 光海主三年復置(邑號)雲城
(官員)縣監 兼南原鎭管兵馬節都尉左營將討捕使 一員
(坊面)邑內 終十 東面 初十終二十 西面 終十 南面 初八終二十 北上 初十終二十 北下 初二十終三十 山內 南初二十終五十 ○阿要谷郡曲北十五馬川所
(山水)智異山 南六十里詳南原○源水寺寶相寺俱在北支 花水山 東八里邑誌云山前有碑殿 荒山 東十五里我太祖破倭處也山之南有碑殿殿之東南川邊有血岩水聲庵 鼎山 北十里即荒山北麓辛禑時倭分屠州郡屯引月驛我太祖率諸將大破倭賊于鼎山下有大捷碑有碑殿
鉢山 南七里 赤山 西九里 霜山 東二十里咸陽界 鵠山 西北十里南原界 馬山 女院峙東 水清山 東十五里引月驛南○百丈寺 來接山 南十里 般若峯 智異西支興天王峯東西對峙 萬水洞 今九品臺 黃嶺洞 俱智異北支 星閣 頗有溪山之致
碑殿有別將

堤堰八

自昱園南至求禮界通為一野多水田

(嶺路)八良峙東二十里咸陽界大路為湖嶺咽喉本縣地勢四面周遭中開平野女院峙柳峙八良峙自平地陡起上背數十餘里而此三條嶺路嶮岩险阻 女院峙西七里南原大路通 柳峙西北七里 柿峙北七里 牛峴北八里 無峙北二十里

鳴猪峙北十五里 鄭峙南十五里 走峙南里右八處邑南原界 釘峙咸陽界

○楓川東十五里出般若峰下猪淵北流為萬水洞川由黃嶺洞至實相寺前為釜淵至引月馹右水源来自飛鳥峙過赤山之廣川東南流從馬川所山內洞至咸陽界為臨川上流祥咸陽 東川東一里出女院峙東流入于楓川 廣川北七里出赤山東流過荒山合于楓川 猪淵在般若峰下北流為馬川至實相寺下為楓川上流 釜淵實相寺前

(城池)古城北二里小山之上城山有土築遺址 稱牛峴古城峴上遺址 有八良關自羅濟時築城防守今有遺址

二十一

(營衙)左營 仁祖朝置于南原 肅宗三十四年移于本縣○左營將本縣監兼○東伍屬邑雲峰南原谷城長水昌平玉果求禮以上兼討捕 討捕屬邑潭陽淳昌

(倉庫)邑倉邑內 北倉邑北二十里

(驛站)引月驛東十五里

邑內五十 引月三八

(土產)楮漆柿栗紫草蜂蜜五味子海松子松蕈石蕈

(典故)新羅伐休王五年百濟攻母山城王命波珍飡仇道拒之 眞平王二十四年 百濟武王三年 百濟出兵圍阿莫城 一名母山城 新羅遣精騎數千拒戰濟軍大敗新羅築小陁畏石泉山甕岑四城侵逼百濟境界濟王令佐平解讎帥步騎四萬進攻其四城新羅將軍武殷乾品拒戰濟軍大敗橫屍滿野濟軍退於泉山西大澤中伏兵以待之武殷追至大澤伏發急擊武殷墜馬其子少監貴山與小將箒項力鬪以死羅兵奮擊濟軍大敗解讎僅以身免 三十三年 百濟武王十二年 濟王命達率苩奇領兵八千攻母山城 三十八年 百濟武王十七年 百濟來攻母山城○高麗 禑辛六年倭攻南原山城不克退焚雲峰縣屯引月驛聲言穀馬于光之金城北上中外大震以我太祖為楊廣全羅慶尚三道都巡察使領八元帥擊倭于雲峰縣至荒山西北登鼎山峯凡三遇鏖戰殲之賊鋒盡斃棄馬登山諸軍乘勝大破之川流盡赤餘賊七

二十二

十餘人奔智異山 七年南秩擊智異山餘倭斬四級○本朝 宣祖二十六年七月命全羅兵使李福男守雲峯八良新城 卽八良關

谷城

(沿革)本百濟欲乃新羅景德王十六年改谷城郡 領縣三 同福求福富有 隷武州高麗初為昇平屬郡顯宗九年屬羅州明宗二年置監務 本朝 太宗十三年改縣監 宣祖三十年合于南原 以倭寇蕩殘 光海主元年復置

(邑號)浴川

(官員)縣監 兼南原鎮管 馬節制都尉 一員

(坊面)道上終十 東山南初五終十 竹谷南初三十終六十 木寺洞南初五十

終六十 牛谷 南初五終十五 梧枝 東南初十終三十 三岐 西南初十五終二十五 石谷 西南初四十終六十 ○栗谷鄕 曲西十五

(山水)動樂山 一云鵰山西十里玉果界 桐裏山 南六十里順天界○泰安寺 天德山 東南十里 九峯山 西南四十五里 通明山 南二十五里 華藏山 南五十里○華藏寺 清溪山 北十里 西溪山 西四里石絶勝 泉東山 東十里中斗起 野飛來山 南四十五里 峩眉山 南五十里 大明山 西南四十五里 馬輪臺 東十里左江右山傍多阻隘長谷四十里至求禮瀑水可以備禦 (嶺路)猫峙 西南三十里 指東峙 東南二十里 ○南川 南十里出動樂山東流入 鶿子江 北十里赤城江下流經縣北爲中津析西南流入求禮界 大荒川 南四十五里順天洛水下流會于鴨綠津之下

(城池)古城 東五里 堂山壘 南四里宣祖三十年天將留鎭處有二壘

堤堰三

谷城 二十三

(倉庫)邑倉 邑內 外倉 南四十五里

(驛站)知申驛 南五里

(津渡)大荒津 南四十五里 鴨綠津 東南三十里求禮界大路 鶿子津 一云中津北十里南原界大路 大荒津鶿子津冬則設橋

(橋梁)猫川橋 東十里 龍界橋 西南三十里

(土産)楮竹漆桑柿石榴松蕈蜂蜜銀口魚

(祠院)德陽祠 宣祖己丑建肅宗乙亥賜額 申崇謙 見麻田本生于谷城

(典故)高麗 辛禑五年倭寇谷城○本朝 宣祖二十六年倭渡鶿子江焚谷城村落

邑內三八 石谷院五十 三岐百兩 三市

玉果

(沿革)本百濟果支 一云菓兮 新羅景德王十六年改玉果爲秋城郡領縣 高麗顯宗九年屬寶城郡 明宗二年置監務 本朝 太宗十三年改縣監 (邑號)雪山 (官員)縣監 兼南原鎭管兵馬節制都尉 一員

(坊面)縣內 立坪 東初十終三十 兼房 南初十五終二十 只佑谷 南初十終二十 立石 南初五終三十 水火谷 北初八終十五 ○興福鄕 南十五里 利仁鄕 東十七 金山部曲 東二十二 鶚谷所在鶚山下

(山水)雪山 西北十里石峯嶙峋有兩山西補果寶山○蘿岩寺 聖德山 南三十里 鶚山 東十五里 動樂山 東二十三里谷城界 玉泉山 南三十里潭陽界 黑宗山 南二十里 荒山 南十里 國壽岩 在鶚山半頂下尖上大高可數百尺周可數十圍石根不托於沙而自立磧石之上若可傾覆岩下有祈雨壇壇傍有一鐵馬 蓮花洞 果峙東南有古縣遺址名蓮花洞洞口出遯上有蓮花臺古寺墟傍有鳳頭窟可容百餘人盤石之下有懸瀑瀑下有小池俗號龍湫 (嶺路)藍峙 南三十里同福界 果峙 西十里 騎牛峙 西十二里並潭陽界 ○仙脚川 東三里出聖德玉泉兩山北流經縣南東流入于方梯川 方梯川 東二十三里淳昌淵灘下流東流至南原界爲鶿子江即蠑江上流○高麗史地志云玉果縣下有小乃鳥島大乃鳥島析音島

(城池)古城 在雪山東南石壁對中呀如門上有周城一千六百六十尺池三

堤堰十五

(倉庫)倉三 邑內 山倉 金城山城

(驛站)大富驛 東六里

(土産)楮竹桑漆柿松蕈銀口魚

(樓亭)數惠樓 環鏡樓 清水觀

邑內四八 院登場百兩 三市

玉果 二十四

(典故)高麗禑辛四年倭寇順天兵馬使鄭地追及於玉果縣賊入循羅寺我軍圍之縱火奮擊賊自焚死獲馬百餘匹○本朝 宣祖三十年八月倭兵入光陽兵使李福男退屯玉果

昌平

(沿革)本百濟屈支新羅景德王十六年改祈陽爲武州領縣高麗太祖二十三年改昌平顯宗九年屬羅州後陞縣令恭讓王三年兼長平甲鄉勸農使 本朝因之成宗五年革屬光州以縣人凌辱縣令十年復舊 正宗十七年移治于盤龍山下古邑在高山東五里(邑號)鳴陽龍洲(官員)縣令兼南原鎮管兵馬節制都尉一員

(坊面)古縣內西十 東面初五終二十 內南面初五終二十 外南面終三十 西面終十五 北面終十 長南北初二十終三十 長北北初三十終四十右二面古長平部曲 甲鄉北初二十終五十古甲鄉高麗移屬羅州又移光州恭讓三年復來屬

(山水)高山一云鎮壓山西七里○高山寺 撫等山南二十里詳光州○瑞峯寺 夢仙山西三十里○上元峯 盤龍山東三里月影寺○龍龜山北五十里山下有金雞泉○龍興木麥山西北十里 月峯山西三里 星山南十里 壯元峯西十里 蕭灑園南二十五里 龍潭臺南一里山麓有奇岩高可百尺南望瑞石下瞰澄潭 石燈南十五里高丈餘大二圍層十級新羅時建 (嶺路)留屯峙路東南方下峙南十五里同福界

○三岐川東南十里出撫等山之瑞峯竪東北流至縣北十五里爲高山川爲桐江右過盤石川至縣西北三十里興潭陽原栗川會而爲沙湖江上流 盤石川一云環碧川傍有盤岩出撫等山北流至縣西十里爲甑岩川合于三岐川 甑岩川石壁矗立下有澄潭下流有萬德橋 鏡池西五里

屯虎山

堤堰七

(倉庫)邑倉 外倉北三十里 城倉北五十里金城山城

邑內四九 三岐川四日無

(土產)楮漆桑竹柿棗石榴鐵

(樓亭)息影亭南二十里

(祠院)松江書院肅宗甲戌建丙戌賜額 鄭澈見延日

大東地志卷十三

大東地志卷十四

古山子 編

順天

（沿革）本百濟沙平一云武平誤作歃平新羅景德王十六年改昇平郡領縣三海邑盧山晞陽隸武州高麗太祖二十三年改昇州一云昇化成宗二年置牧十二牧之一十四年置昇州兖海軍節度使十二節度之一顯宗三年改按撫使靖宗二年復爲昇平郡屬縣四富有突山麗水光陽忠宣王元年陞昇州牧二年降順天府沐諸牧本朝太宗十三年陞都護府世祖朝置鎭管八邑孝宗朝降縣尋復陞正宗十年降縣翌年

復陞（邑號）平陽（官員）都護府使兼順天鎭兵馬僉節制使前營將討捕使一員

（古邑）麗水東南六十里本百濟猿村新羅景德王十六年改海邑爲昇平郡領縣高麗太祖二十三年改麗水顯宗九年仍屬忠定王二年置縣令本朝太祖五年來屬 突山東南八十里島中本百濟突山新羅景德王十六年改廬山爲昇平郡領縣高麗初改突山顯宗九年仍屬 富有西北六十里本百濟遁支新羅景德王十六年改富有爲谷城郡領縣高麗顯宗九年來屬

（坊面）海村東初十終二十 蘊安自府距東終二十 長平西十終 道里南初五終十五 上沙西初十五終三十本上伊沙所 下沙西南初十五終二十本下伊沙所 黃田北初二十五終四十 雙岩北初三十終六十 月燈北初四十終六十 別良西南初二十終四十本別良部曲 龍頭南初十五終四十 台羅浦東南初三十終三十本台羅浦部曲 三日浦東南初五十終八十本三日浦鄕 麗水東面初六十終一百本麗水縣 栗村東南初四十終七十本栗村部部曲

西面西北初十終三十 佳岩面西北初六十終九十 松廣西初六十終一百◯進禮部曲麗水東二十五嘉音部曲西九十松林部曲南二十五里梨村部曲西十十竹青部曲北二十赤良部曲三日浦東古方鄕北七十豆仍只所南六十月谷所富有縣東豆坪所調海所調水所右三所俱麗水縣

（山水）麟蹄山一云建達山南四里 曹溪山西七十里雄盤高大泉石淨潔幽邃奇聳明麗峭直四面境界端妙窈窕◯松廣寺佛宇僧寮宏壯華麗物力富繁人衆 雞足山東北五十里求禮光陽界◯定慧寺 洞裏山北五十里◯大興寺 鸞鳳山西四里 圓山北六里有三峯 母后山西八十里同福界◯大光寺 尖山南三十里高截入雲 海龍山東南七十里 龍山南十里 靈鷲山東南八十里前水營◯興國寺 有天白山青溪山北 戟肩山洞裏山西

仙岩寺西卅 香林寺北五 萬興寺東南八十

黃腸封若區處 島 松封山五 屯田一

（嶺路）分界峙北五十里求禮界險阻要害 栗峴北四十里 松院峙北三

十里泉石奇怪一云松峴 鳩峴北三十里谷城路 雲峙西五十里 雲月峙西北八十里同福界 樓峙西六十里 盤村峴東南六十里小菩路 吾道峙西路◯海東三十里東南八十里二十里潮

洛水源出長興北熊峙及寶城北中條山會于長澤古縣南流至加耶山之西折而北流經寶城郡西爲亭子川過同福縣之赤壁江經浴水驛西爲浴水津東北流經谷城之石谷院至鴨綠院爲大荒津會于蟾江 玉川出鸞鳳山東流經府南入廣灘 廣灘一出松峴一出鳩峴南流合于圓山經府東太過玉川爲東川入于海 西川出鳩峴南流經府西入于海 望海臺東南三十里海遶宣祖三十年倭屯據其地築壘城拒守累石爲臺俗稱倭橋明史稱曳橋李睟光改今名 成生浦東四十五里 松浦東南七十里 龍頭浦東二十里 東山浦東二十五里 萬興浦 城倉浦 助音浦東南六十里 馬頭浦東三十里 龍門浦東南五十五里 彌浦東南六十里 伏浦東南四十五里 梧桐浦在水營東有岩石遊觀之勝

堤堰六

沙岸浦 東南三十里 長生浦 東南六十里高麗恭愍王時倭入寇至此柳濯將兵擊之倭望見引去 荒浦 南三十八里 禾老浦 東南四十里 (島嶼) 突山島 水營東南海中東對南海錦山周一百三十里 愁太島 突山之西 白也島 白也串南 齊里島 白也串東 蓋島 齊里東 你只島 蓋島南有大小二島 金珠島 雲八伊島 俱白也島南 鯨島 彌浦南有大小二島 多里島 鯨島東 乃發島 多里南有大小二島 橫看島 有大小二島 巨磨島 楠金鰲島俱在小乃發之南周三十里有松封山 甘勿鹿安鹿島 俱在突山 伊老島 白也串西 蹴島 葛島 俱伏浦東南 加乙末島 伏浦南 多老島 伏浦北 加氏島 有大小二島俱在彌浦南 彌消島 長鼓島 俱在彌浦西 加藏島 大小二島 鹿島 牛島 俱彌浦東 長佐島 所里島 俱彌浦東南 笆島 白也串西 猪島 白也串北 猫島 彌浦東三十里 周下丂山島 東山浦東 上丂山島 東山浦北 末介島 彌浦北 槲島 弓島 沙岸島 俱沙岸浦東 丂兒里島 沙岸浦西 伐蕩島 沙岸浦西北 獐島 猫島西 將軍島 水營前 大花島 小花島 谷島 浪島 豆音方島 俱白也串西南 自峯島 斗里島 梧桐島 高麗史地志有吳島伊島丂介島安才島樸島俱係麗水縣○仁宗二年流崔弘宰于昇州樗地島

三

(形勝) 山連西北海環東南郊原間錯浦漵徼巀峰縈紆萬島環列地界遼闊民物富繁

(城池) 邑城 周三千三百八十三尺門四井四池二 麒蹄山古城 鸞鳳山古城 俱有遺址 海龍倉古城 有土築遺址 將軍島城 成宗甲寅水使李良築

(營衙) 左水營 東南八十里成宗十一年置水軍節度營于內禮浦○城周三千三百三十六尺甕城九門四井七池一倉十庫三 (官員) 全羅左道水軍節度使 中軍 水軍虞候各一員 (屬邑) 順天長興樂安興陽光陽寶城 (屬鎮) 防踏蛇渡呂島鹿島鉢浦會寧浦古突山 (樓亭) 綏輕樓望海樓挽河亭待變亭姑蘇臺鎮南館 本營及屬邑屬鎮各樣戰船八十艘 ○前營 仁祖朝置○前營將一員哲宗甲寅以本府使兼○屬邑順天長興樂安寶城珍島康津同福興陽光陽海南

(鎮堡) 防踏鎮 在突山島中距府一百二十里水營東南四十里中宗十八年以要衝設鎮築城倉二○水軍同僉節制使一員 古突山堡 東南七十五里成宗十九年設鎮築城周二千三百十三尺中宗十八年革萬戶置權管後改別將○水軍別將一員 (革廢) 內禮浦鎮 成宗十一年革萬戶設左水營 麗水堡 在麗水古縣城周一千四百七十九尺井三中宗十七年革合于突山堡

(烽燧) 白也串 東南一百里 突山島 見上 (權設) 進禮山 東南七十里 城隍堂 東十里只報本府

四

倉二

邑內二七 海倉四九 富有二七 雙岩三八 大谷一六 黃田四九 別良三八 石堡五十

(倉庫) 倉七 府內 北倉 北四十里 海倉 外倉 俱南二十里 石堡倉 麗水古縣 濟民倉 英宗癸未設屬九邑今廢

(驛站) 良櫟驛 南十里 德陽驛 東南六十里 洛水驛 西八十里

(牧場) 曲華場 南八十里○監牧官一員 突山島場 猫島場

(津渡) 潺水津 北六十里求禮界蟾津下流要害處 鴨洛水津 西北七十里亭子川下流

(橋梁) 燕子橋 南門外 喚仙橋 東門外 同燈橋 北四十里 廣清橋 西八十里 伊沙川橋 西南五里 東床浦橋 東南四十里

(土產) 竹楮桑漆苧柚榴梅榛梔薑茶香蕈松蕈雚海衣海參鰒紅蛤等魚物數十種鹽柿榧

(樓亭)觀風樓 望京樓 籌邊樓在邑內 燕子樓玉川邊 喚仙亭東二里 翫月亭麗水古縣南

(祠院)玉川書院明宗甲子建仁祖戊辰賜額 金宏弼見文 ○忠愍祠宣祖庚子建同年賜額 李舜臣見牙山 李億祺全州人宣祖丁酉以全羅右水使戰亡贈兵曹判書 安弘國順興人丁酉以寶城郡守戰亡贈左贊成謚忠顯 ○旌忠祠肅宗甲子建丙寅賜額 張潤見晉州

(典故)新羅文武王三年金欽純等攻百濟沙平城降之 景哀王四年康州所管突山等四鄕歸於高麗○高麗忠定王二年五月倭船六十六艘寇順天我兵追獲一艘斬十三級 恭愍王二十一年倭寇順天 辛禑三年

五

倭寇順天等處兵馬使鄭地斬十八級又斬四十餘級 五年倭寇順天等處鄭地與戰敗績 六年倭寇順天松廣寺○本朝宣祖三十一年倭將平行長自古今島之敗斂兵據險陣於順天之倭橋倭橋見上望海臺○時倭分據南邊行長據順天之倭橋石蔓子據泗川通洋浦清正據蔚山之島山相爲聲援稱三窟 統制使李舜臣距倭橋百里而陣 七月都督陳璘以水兵五千與舜臣合陣劉綎以留兵一萬五千陣於順天之東將水陸齊進 九月劉綎陣于倭橋五里之外王之翰等從 光陽進兵行長驚駭走入城天兵三路合擊左協李芳春先遮賊路斬九十八級天兵被害亦多陳璘率水軍千餘艘以李舜臣爲先鋒自猫島鼓譟而進泊倭城之北出入挑戰賊又於城北海口夜築新城城上多設砲樓爲力戰計劉綎令大軍進薄賊兵從城穴亂斫盡燒攻城之具天兵死者八百餘人劉綎密通陳璘水陸夾攻陳璘乘潮肉薄水寨忽潮退賊亂入泥濘圍而亂殺天兵力屈遂自焚其船四十三艘綎令大軍盡棄糧械還屯富有賊出城焚燒粮一萬石本國諸將皆會富有璘與舜臣泊海岸日日挑戰賊不出綎又自鰒岩府西四十里移陣佛隅山復領大軍進向倭橋賊船十餘艘先渡猫島我舟師盡殺之賊將退去先發數船李舜臣邀擊殺之

六

十二月劉綎留五千兵于倭橋領諸將還龍頭山○通鑑輯覽云萬曆二十六年戊戌十一月總兵劉綎方攻行長奪曳橋砦在朝鮮慶州西南順天城外 璘以舟師夾擊復焚其舟百餘行長黨石蔓子引舟師來救璘邀之半洋擊殺之于是諸倭揚帆盡去秀吉死故也

綾州

(沿革)本百濟尒陵夫里一云竹樹夫里又仁夫里又連 新羅景德王十六年改陵城郡領縣二富里汝湄 隷武州高麗太祖二十三年改綾城顯宗九年屬羅州仁宗二十一年置縣令本朝 太宗十六年以和順來併改順成縣十八年復

置和順 宣祖二十七年又以和順來合光海主三年
析之 仁祖十年以仁獻王后具氏貫鄉陞綾州牧
(邑號)甬陵(官員)牧使兼順天鎮管兵馬同僉節制使一員
(坊面)州內終五 金鰲東終四十 雲龍東終三十五 人物東南終五十 雙峯西南終三
東南終五十五 熊南西南終五十 石亭南終二十五 開天南終三十 天台西南終三
十五 虎岩西南四十 終 望海西終十五 北面終五十 ○忠坪所南三十
(山水)雲山南一里 連珠山東一里 金鰲山東十里 龍岩山東 支中條
山東南五十里城界○雙峯寺 寶石泉山北二十里 千佛山南三十里○開天寺雲住寺
之左右山脊石佛石塔各一 千 又有石室二石佛相背而坐 天雲山東二十里 華岳山南四
十五 海望山南二十里 飛鳳山西三里 望日山南二十五里 鍾笳山

綾州 七

玄鶴山北十五里 天台山西南二十里 (嶺路)猪岾東同福界里 倭峙 呂岾 鍮岾一云
東南大十里並寶城界 熊峙南五十里長興界大路 ○車衣川源出呂岾北流經東倉松
石亭至州東北五里和順縣之道川自北來會為車衣
川合水處有仁物島環州北西流為羅州榮山江上流
詳南平縣之砥石江
(城池)金鰲山古城有石築遺址 古城西三里有土築遺址 古城南十五里高麗
時因防倭而築故名倭城有石築遺址
(倉庫)邑倉 東倉東南二十里人物面 西倉西三十里天台面
(驛站)仁物驛南二十五里
(橋梁)大橋北五里 屯田橋東五里 笠橋南二十里
(土產)篁竹 箭竹 楮 桑 漆 柿 榴 蜂蜜 香蕈 松蕈 茶

堤堰五

(樓亭)暎碧亭連珠山下 鳳棲樓州內 清興樓北三里
(祠院)竹樹書院宣祖庚午建同年賜額 趙光祖見文廟 梁彭孫字大春號
學圃濟州人官校理贈吏曹判書 ○褒忠祠光海主己酉建同年賜額 崔慶會見晉州
曺顯字希慶號月軒綾城人明宗乙卯以達梁權管殉節遺山贈兵曹參議
(典故)高麗辛禑六年倭寇綾城 ○本朝 宣祖三十年倭
將平秀家入綾城和順

樂安

(沿革)本百濟波知城一云分沙或夫沙 唐滅百濟置分嵯州領縣
四貴旦首原皋西軍支 新羅景德王十六年改分嶺郡領縣四兆陽忠烈柏
舟原 董隸武州 高麗太祖二十三年改樂安一云陽岳 顯宗九

樂安 八

年屬羅州 明宗二年置監務 後陞知郡 本朝 世祖
十二年改郡守 中宗十年降縣以郡人弑毋 後復陞 明
宗十年降縣以私奴弑主 宣祖八年復陞 (邑號)浮槎 洛川 (官員)
郡守兼順天鎮管兵馬同僉節制使一員 古邑址西十里
(坊面)邑內終十 東面初三終十五 草川東初十終二十 古邑西十 南上西南
三十 南下南二十 西面二十 ○軍知部曲唐滅百濟置軍支為嵯州領縣南二十五里 加用
所南三十三 品魚所東二十九 草川所東十五今為面 開寧所東十
(山水)金錢山北一里 開雲山東十里 桐華山 ○金華山西三十里澄光寺為
濱海巨刹 滅惡山東五里 油芚山南十八里 伯夷山西五里 玉山南五里
龍石山東 (嶺路)火峙滅惡山之南 分界峙西北二十里 周老峙西南

松封山七
峯嵐山

堤堰三

南門提清樓

路大峙東十五里順天路 瑩峙西四十里寶城路 炭峙南二十里興陽路 分沙峙北五里 吾古峙郡東五里火峙山腰有石如屋其內可坐十餘人壁有一穴有水著盞

○海南十五里 東川出金錢山南流經郡東二里至郡南與西川合 西川源出金錢山南流經郡西五里與東川合 開谷川西十里出金華山東流入于善根川 善根川南十五里右三水合流為此入于海 水 向亭川西十五里出金華山南流入善根川 場岩浦南三十里 真石浦南二十五里肅宗十三年自寶城龍頭浦移船廠于北 大浦一云橋浦 新興島 獐島 蜘蛛島 汝音走島大小二島 長鼓島 蟹島 加次羅島 男妹友島 鷹島 帰沙羅島 月音島 伊火走只島 末仇之島 末介島 如自島大小二島以上郡南海中皆小島

〔城池〕邑城古土築本朝改石築周一千五百九十二尺甕城六城門二井二池二

九

〔倉庫〕邑倉邑內 海倉 船所倉俱郡南海邊

〔驛站〕洛昇驛西九里

〔牧場〕獐島牧馬 蜘蛛島牧牛

〔橋梁〕石橋東門外 斷橋古邑西 善根橋南下面

〔土産〕篁竹 箭竹 漆 楮 桑 柚 榴 柿 梅 梔 胡桃 香蕈 松蕈 茶 海衣 魚物十餘種

邑內二七 代橋四日 一朔三市 長佐村九日 一朔三市

〔典故〕高麗辛禑元年三年五年倭寇樂安 十一年海道副元帥曺彥擊倭于汝音走島獲船一艘 辛昌時倭寇樂安屠燒民戶

寶城

〔沿革〕本百濟伏忽新羅景德王十六年改寶城郡領縣四烏兒馬邑季水代勞隸武州 高麗成宗十四年改貝州刺史 顯宗時復為寶城郡屬縣七同福兆陽福城南陽玉果泰江荳原 本朝 世祖十二年改郡守 〔邑號〕山陽 〔官員〕郡守兼順天鎮管兵馬同僉節制使一員

〔古邑〕兆陽東三十里本百濟冬老新羅景德王十六年改兆陽為分嶺郡領縣高麗顯宗九年屬寶城郡本朝太祖四年屬高興縣世宗二十三年復來屬 福城北三十里本百濟波夫里新羅景德王十六年改富星為陵城郡領縣高麗太祖二十三年改福城顯宗九年來屬

〔坊面〕龍門終五 兆內東初二十五終三十 無於東初十五終三十 松谷南初十終二十 蘆洞西初十終二十 玉岩西初五終二十 大谷東初三十終四十 道村南初二十五終五十 福內北初二十終五十 代如北初四十終五十 栗於東北初五終四十 猶

寶城

十

升谷東

天鳳山 大龍山 石席山 宗溪山 青岩山

松封山六

勒北初五終二十 文田一云積田北初四十終六十 向也 ○沙於鄉南六 加澗鄉西七 狄村鄉南二十 彌勒所北十五 个為面 蒲谷所南二十 金谷所東十 也村部曲南十

〔山水〕德山北五里 福治山北三十里 ○神興寺 加耶山南五十里 ○己興寺 中峯山北四十里元寺鳳岬寺 ○大中條山北三十里綾州界 舟越山一云方丈山東二十七里 尊者山東二十七里樂安金華山西支 夢中山西十里長興界 五峯山南二十里○五峯寺開興寺 鳳頭山 東界畔山 南斜只山東四十五里

〔嶺路〕森鉢峙南四十里長興界 大元峙北六十里 送卧峙一云日處峙並同福界 道里峙東樂安路 並峴東路 北山峙長興界 竹方峙 加耶峙 蘆洞峙並綾州路

○海東南三十里 亭子川一云竹川北八里源出中條中峯兩山以長興熊峙會而南流析而北流經郡西為順天洛水源 南川南五里 兆陽浦 龍頭浦俱東

堤堰八

二十八里 倭津浦 東三十里 安波浦 東南三十里 溫突串 南三十里 (島嶼) 甥妹
島 古名兔島在東南海中○高麗史地志有話山島兔島係兆陽縣
(城池) 邑城 周五千九百二十四尺門二東門曰啓陽樓井四池二 兆陽縣城 周二千七
百五十五尺井二
(烽燧) 正興寺東峯 南十里權設
(倉庫) 邑倉 竹林倉 北 社倉 東北 倉 福內面 海倉 般所
倉 俱東南海邊
(驛站) 波青驛 東二十里 可申驛 西十二里 (革廢) 軍知驛 北三十里 民知驛
南五里
(橋梁) 東院橋 亭子川橋

十一

邑內二日三市 牛幕七日三市 福內四九 烏城院三八 海倉一六 可田二七 旗亭三八 東門外五十
(土產) 柿 柚 榴 榧 礪石 篁竹 箭竹 楮 漆 桑 藿 甘苔 莼 山海
衣 茶 苧 香蕈 松蕈 魚物十餘種
(祠院) 龍山書院 宣祖丁未建肅宗丁亥賜額 朴光前 字顯哉號竹川珍原人官軍資
監正贈左承旨 ○ 大溪書院 孝宗丁酉建肅宗甲申賜額 安邦俊 字士彥號隱峯竹山
人官工曹參議贈吏曹參判 ○ 旌忠祠 肅宗丁巳建庚午賜額 安弘國 見順天 ○
五忠祠 純祖庚寅賜額 宣允祉 按廉使 宣炯 功臣城君 宣居怡 兵使 宣
世綱 安東營將 宣若海 水使
(典故) 高麗 辛禑 四年遣使日本請禁海賊日本九州節度
使源了俊使僧信弘率六十九人來捕倭賊信弘與倭
戰于兆陽浦獲一艘盡斬之還被虜婦女二十餘人

元年倭寇寶城 五年倭寇兆陽 六年倭寇寶城
同福
(沿革) 本百濟豆夫只 新羅景德王十六年改同福為谷
城郡領縣 高麗顯宗九年屬寶城郡 後置監務 以僧祖球之鄉
本朝 太祖三年兼任和順 太宗五年合于和順 七
年改號福順 十六年析之置縣監 孝宗六年合于和
順 以火延殿牌 顯宗五年復置 水村古邑址北二十里 鴨谷古邑址北二十五里
(邑號) 龜城 甕城 福川 (官員) 縣監 兼順天鎮管兵馬節制都尉 一員
(坊面) 邑內 四方十里 內南 初十終二十 外南 西南初二十終三十 內西 初十終二
十 外西 西北初二十終三十 內北 東北初二十終三十 外北 北終四十 ○ 瓦村所北二十
同福

十二

勃隱峙 現瑞峙
(山水) 毋后山 一云蘿蕾山東十五里順天界山勢雄秀○維摩寺 白鵝山 東北二十五里
山多白石 無等山 西北二十五里州界○安心寺 先 九峯山 西南十八里○靈鳳寺 天
雲山 西南二十五里和順界 大元山 南二十里 甕城山 北十五里山之東北有三岩形
如甕峯巒鼎峙西山上又有石柱石闕 鷲 有萬景臺高可百餘尺臨古俗傳古佛殿遺址○穴岩寺 城 耳
站山 北三十五里 天鳳山 南二十五里 安陽山 西三十里 南山 南三里 赤
壁 在甕城山之西屹立潭邊徽赤甚奇高可數百尺 石 石燈 在官門外四十八簡 (嶺路) 雲門
峙 東十五里順天界 斗峙 一云束巨峙東二十里順天界 南 猪站 西南三十五里綾州界
日屢峙 西南三十里寶城界 刀磨峴 南二十五里 新田峴 鋤亭峴
屯方峴 鍮津嶺 周老峙 西和順界右五處縣 鋪峙 西北十里昌平界
方下峙 上同 鹿峙 東路 ○ 赤壁江 本達川南九里源出潭陽萬德山南流經爲餘洞爲

堤堰一

耳岾川左過裵存川南洄爲勿染滄浪稼淵之水右過靈神川經赤壁之勝至萬景臺左過檢川南爲龍眼星岩之淵會于浴水耳岾川西北二十五里出無等山爲赤壁江源裵存川北三十里出白鵝山南流縈紆爲勿染淵滄浪淵赤壁姑媳淵鳳凰淵別鶴淵武深武灣合入于寶城亭子川靈神川西三十里出光州長佛嶺東流入赤壁江檢川北五里出州后山雲月峙西流入赤壁江尾峕川出松峴至北十五里入赤壁江上流勿染淵北二十里存川下流裵滄浪淵北十五里勿染淵下流龍眼淵南二十里赤壁江下流赤鼇灘南三十五里出猪岾入龍眼淵

(城池)甕城北十里周三千八百七十四尺不廷縈迴遶八跡逕出崖下人從城上俯臨徃來城外僅十餘步尖峯對峙間有鳥道人不得並立自南迤西自東至北皆全石爲壁削立萬仞中有七井一溪南有兩門爲受賊之地黃進爲縣時橫截東北西一隅築爲內城

(倉庫)邑倉 外倉北四十里

十三

(驛站)黔富驛南五里

(土産)竹楮桑漆柿栗榴胡桃香蕈茶蜂蜜銀口魚鐵

(樓亭)凝翠樓 挾仙樓並邑內 騁勝亭西五里 勿染亭北二十里 滄浪亭北十里 赤壁亭甕城西麓 喚鶴亭赤壁西岸 降仙臺赤壁北岸

(祠院)道源書院顯宗庚戌建肅宗丁卯賜額 崔山斗字景仰號新齋光陽人中宗己卯謫本縣戊卒官舍人 林億齡字大樹號石川善山人官江原監司 鄭述見忠州 安邦俊見寶城

(典故)高麗辛禑四年倭寇同福 十年倭寇同福都巡問使尹有麟等與戰斬九級

邑內一六 石淋二七 沙坪五十 藍岾四九

和順

(沿革)本百濟仍利阿新羅景德王十六年改汝湄爲陵城郡領縣高麗太祖二十三年改和順顯宗九年屬羅州後還屬綾城縣恭讓王三年置監務兼任南平縣

本朝 太祖三年析之以同福監務來兼 太宗五年以同福來合七年改稱福順十三年改縣監十六年析置同福以本縣合于綾城稱順城十八年復置本縣

宣祖二十七年又合于綾城光海主三年復置 孝宗六年以同福來合 顯宗五年析之

(邑號)烏城瑞陽山陽

(官員)縣監兼順天鎮管兵馬節制都尉一員

(坊面)邑內終十 東面初十終三十 西面初五終二十 南面初十終十

六面

和順 十四

(山水)羅漢山北五里 無等山西北十五里詳光州 天雲山東南二十五里同福界 大岩山東二十里 景山東二十五里同福界 蘇山南二里山之四陽有隱然成邨十井皆清洌 茶花山東五里 鍾茄山東十一里一云角岩山西十五里綾州界 佛仙山南五里 雙溪山西北十里 大鳳山西十里 蟾磴南十五里綾州界 西岩東十五里冷川下流

其(嶺路)黑土岾東二十五里產黑土 周老峙東三十里並同福界 伐峙東十里 鹽峙西二十里南平界 板峙北十里光州界 新田峙東南二十五里同福界

○道川南五里源出無等山南流爲冷川過紙所川十里爲道川東流而西折至縣東三川過伐古川西爲竹青川至南平界爲成灘即砥石江上流 冷川北十里 十川東二十里出天雲山入紙所川 紙所川東五里出漢山入道川 羅三川南三里下流道伐古川 西五里出無等山入三川

水石峙

堤堰二

(城池)烏城 東八里補烏城山有古城遺址三里皆石壁山之東有玉洞

(驛路)加林驛 南十二里

此君子亭 邑內

(橋梁)大橋 南三里三川下流

邑內三八

(土産)竹漆楮桑柿榴茶松蕈蜂蜜鐵

(典故)高麗辛禑六年倭寇和順

求禮

(沿革)本百濟求次禮新羅景德王十六年改求禮爲谷城郡領縣高麗顯宗九年屬南原仁宗二十一年置監務 本朝 太宗十三年改縣監燕山主五年廢爲楡谷部曲屬南原 以縣民裵仁目偶作讖言謀逆伏誅 中宗二年復置(邑號)

求禮 十五

松封山二 栗木封山

鳳城(官員)縣監 兼順天鎭管兵馬節制都尉 一員 舊邑址在放光面古郞坪

(坊面)邑內 終五 馬山 東初五終二十 界峙 南初十五終三十 吐音 本吐音處東初十終四十 艮田 東南初三十終四十 龍泉 北初五終十 放光 本放光所北初五終十五 文尺 南初七終十五 ○楡谷部曲 西十五 南田所北六 沙等村部曲 東五

(山水)智異山 東二十里詳南原○華嚴寺東十里寺前有大湲東有日留峯西有月留峯鷰谷寺 蟾江 東四十里九曲環其南 雞足山 東南四十里界光陽 鼇山 南十五里山頂有一岩岩有空 北際深不可測 鳳城山 西一里 白雲山 東南四十里光陽界 有淸溪寺 東三十五里 五峯山 東十里 丙方山 南十里下有潺水津 靈鷲山 東五十里栗木封山 水落山 東三十里 鷹峯 西十里 石柱洞 東二十里 鳳洞 西一里有泉石之勝 下泉洞

(嶺路)艮嶺 在田面 烏峙 西五里 栗峴 南十里順天路要害 ○蟾江 南原鶉子江順天洛水合

堤堰三

流爲鴨綠津入縣界東流爲潺水津爲竹洞左過所見川爲九洞至花開洞潮水至爲左過雙溪入于河東光陽兩邑界湖嶺分疆爲竹洞 南十里潺水津下流 九洞 一云九灣東十里竹洞下流洞上有茂石千尺遡邈如屏在智異山之西支潺水回抱江外五峯南對介二道間貨物委輸野廣而土腴沿江至于仕實多名區勝槩又多大村塢惟九灣村臨溪水上有江山之致土地之饒舟楫魚鹽之利 就土洞 東三十里九洞下流河東花開洞界 雙溪 東三十五里見河東 所見川 東北三里出南原界智異山之西支衆嶺南流入蟾江

(城池)邑城 周四千六百八十一尺井九 馬峰古城 北五里其城址尺碟堆積 石柱關 東二十五里左右山勢峭崛緣江岸有路僅過人馬南北皆巨峽中有大江數十里高麗末爲防倭而設江之南北因山爲城今頹圮只有石門遺址爲湖嶺咽喉

(倉庫)邑倉 海倉 東三十里

十六

邑內三八 海倉一六

(驛站)潺水驛 古名鑽燧在潺水津岸

(津渡)潺水津 南十里要害通順天大路 鴨綠津 西二十九里通谷城

(橋梁)水閣橋 南三里 茂草橋 北二里 所見川橋 北三里 鷲谷橋 東三十里

(土産)篁竹箭竹楮漆柿榴梔松蕈香蕈海松子胡桃五味子蜂蜜銀口魚錦鱗魚鯽魚鼈

(典故)高麗忠定王二年四月倭掠求禮漕船 辛禑十年倭陷求禮 辛昌時倭寇求禮等處○本朝 宣祖二十六年倭陷求禮城池人民盡被屠戮 三十年八月本縣監李元春不能保石柱退還本城焚倉庫赴南原翌

日倭入求禮李元春死於南原

光陽

〔沿革〕本百濟馬老新羅景德王十六年改晞陽爲昇平郡領縣高麗太祖二十三年改光陽顯宗九年仍屬明宗置監務 本朝 太宗十三年改縣監 宣祖三十一年合于順天尋復置〔官員〕縣監兼順天鎭管兵馬節制都尉一員

〔坊曲〕牛莊東三七星西三沙羅谷本沙於谷部曲東初十終二十骨若本骨若里部曲東初十五終三十円浦東初五十終六十津上東初三十五終六十津下東初四十五終六十玉谷本玉谷所東初二十五終三十五彌內北初五終三十仁德南初一終三十玉龍北初五終三十多鴨東北初五十終九十○本井鄕東十部曲東二十五阿慶代栗谷

部曲東五　大谷所東十五　多沙村所東六十五

蚊峴所東六十　車衣浦所東四十六　仇良浦所東四十五　孔乙道所　孔村所

〔山水〕白雞山北二十里山頂有岩岩下有泉○玉龍寺北二十五里唐咸通五年僧道詵所栖住此號玉龍子道詵者羅末麗初名僧也俗姓金氏新羅靈岩郡人嘗入唐學於一行云高麗平章事崔惟清撰道詵碑松川寺○向雲山北三十五里泉石奇勝○黃龍寺兜率山北三十里西連雞足雞足山西北三十里順天求禮界歟謠山一云加耶山甑山俱東三十里業窟山東北三十里白雲山東支揖峯北三十里白雲南支龍門西五里蒼崖特立斗絶如懸飛瀑走下聲如雷〔嶺路〕熊峙東二十里四山斗起險阻十五里大峙方言汗峙東北四十里峯巒四圍周匝二十里埋峙　松峴俱東路○海南十里東川東五里出白雲山南流入海西川西四里出白雞山南流入海蟾江東六十里其東爲河東界草南浦東南五十里

松封山七

堤堰一　骨若浦東南三十里蟾居浦東南四十里出白雲山南流經蟾居驛入于海菩薩浦東五十八里穿浦東六十里黑龍潭東北五十里周二百步〔島嶼〕雲島田耕島松島外島右縣南居次島牛島阿只島大安島小安島巴代島蛇島馬槽島右縣東所致島大中小三島太仁島古島代島無應于里島右縣東南芙蓉嶼雲嶼柚子嶼

籌邊樓南門

〔城池〕邑城周九百八十五步五雉城四池五井二甕城馬老古城東七里周八百尺中興山古城北十里佛岩山古城東五十里

〔鎭堡〕蟾津堡東六十里別將一員蟾江之口統營所管

〔烽燧〕件臺山南十里只報本邑

〔倉庫〕倉三邑內外倉東四十里船所倉東五十里

〔驛站〕益申驛東十里蟾居驛東四十里

〔津渡〕蟾津東六十里即河東豆治津

〔土産〕篁竹箭竹楮漆桑鐵柿柚榴茶香蕈石蕈松蕈蜂蜜藿甘苔海衣鹽鰒紅蛤等魚物十五種

〔典故〕本朝 宣祖三十年倭陷光陽

興陽

〔沿革〕本長興府之高伊部曲今在治東十五里高麗忠烈王十一年陞高興縣古治在南一里置監務以土人柳清臣以譯語通事于元以其功陞縣清臣初名庇 本朝 太祖四年僑寓寶城郡之北陽縣地以倭寇侵掠六年置鎭以兵馬使兼判縣事 世宗五年改

僉節制使一十三年又還于長興府之荳原縣地割寶城郡之南陽縣来合 文以泰江荳原道化豊安陽来屬 改興陽移于今治 當宁十年陞郡
號邑 高陽
官員 郡守 兼順天鎮管兵馬同僉節制使一員

(古邑) 南陽 北五十里本百濟助助禮新羅景德王十六年改忠烈爲分嶺郡領縣高麗太祖二十三年改南陽顯宗九年屬寶城郡 泰江 北七十里本百濟比史新羅景德王十六年改柏舟爲分嶺郡領縣高麗太祖二十三年改泰江顯宗九年來屬 荳原 西十五里本百濟豆肹新羅景德王十六年改荳原爲分嶺郡領縣高麗太祖二十三年改荳原顯宗九年屬寶城郡仁宗二十一年置監務後移屬長興府 改董 道化 南三十里本寶城郡之他州部曲高麗宣宗五年陞道化縣 豊安 南二十五里本寶城郡之官村部曲高麗忠宣王二年以元官者李大順之請陞豊安縣 入 興陽 道陽 西南三十里本長興府之道良

十九

部曲高麗陞道陽縣以上六縣本朝 世宗二十三年来屬

(坊面) 邑內 終七 古邑 西終二十 占岩 東初二十終五十 清頭 東初十終四十 南西 北初五十終七十 泰江 泰東 泰西 東北初六十終七十 南陽 北初三十 荳原 西初十終四十 道化 南面 東南初三十終四十 道陽 西南初二十終四十 ○古多乃部曲北三十五 寶城 世宗二十三年来屬 紆川部曲東三十本屬 㘽坪鄉 慈谷部曲 神簡所 酢桃所 右三處本屬南陽

(山水) 所伊山 北三里 八巓山 一云八靈山東三十里入海如島有八石峯列立聳翠影落瀉海東巃臨海有龍湫又有石壁中有大穴深不可測每遇東風怒濤撞舂其聲大而遠謂之鳴寶洞府深邃世稱福地 ○龍岩在鳴寶之右數百步海邊岩下有石瑩平廣如削可立千人 ○雙柱石在鳴寶東南大洋十五里兩石屹立相對高可數百尺俗稱鳧原岩 ○楞伽寺萬景庵 天燈山 南二十里東有新羅文武

松封山十二 黃腸封山一

堤堰五

王胎封 ○金塔寺 帳巖山 西南三十里鹿島鎮鎮山 馬北山 東三十里羣峯層列岩石奇峭 榆朱山 南四十里 雪淡山 南五里 修德山 西五里 雲岩山 東十里 鳳凰山 南三里 吾母山 西八里 智来山 北八十里樂安界 尖山 北七十五里 瑝主山 北六十里 看花山 北十五里 錦城山 北五十里 多樂山 同上 金岱山 西三十里 和德山 天燈山東南 別鶴山 天燈山西南 (嶺路) 馬峙 北七十里寶城界 松峴 北五里 悅加峙 樂安路 ○海 環其三面地界透迴陝八島嶼星羅惟北連陸

鍾川 一云鍾沉江源出雲岩山西流經縣南一里入海 炭浦 北六十里 礜會浦 北十五里 長先浦 北八十里 狗浦 西三十里 古邑浦 南十五里 乂浦 同上 楊江浦 北五十里 (島嶼) 姑島 西北寶城路 析角島 南周六十里有黃腸封山民戶三百八十 外羅老島 內羅老島 右二島民戶三百五十 界角島 右俱東 朴吉島 春

二十

牛島 末五島 亢珠島 尖島 梧桐島 案山島 仵乞

子島 老日島 竹島 侍中島 右俱北 横竹島 草島 時山島 三島 右二島民户多瓦家舡制頭大尾長名周舡左邊有鹿島及监牧所以上四島俱南 水藥島 木島 多玉島 俱南 莞島 塩島 平島 大小 三島 大小 花島 女妓島 蛙島 圓島 白島 龍島 床島 卓武島 將軍島 艾島 四梁 九令島 猪島 曾子島 木米島 巨文島 鉢伊島 乭石 上下項內外 駕島 小鹿島 壯才島 松島 蝦島 上下 觀島 冶島 兄弟島 地五島 鵲島 六萬島 小松島 柏島 沙平島 牛耆島 蛇島 倭島 龜島 鷹島 狄島 鼎島 金哥島 老隱島 廣嶼

高興 草嶼 黒頭嶼

(城池)邑城 周三千八百尺瓮城二曲城十三門四 南陽古縣城 周一千一百六尺 白石浦長城 長一千六百十一尺 豐安坪長城 長四百尺右二城中宗十八年巡察使高荆山以賊路要害築之

(鎮堡)蛇渡鎮 東四十里城周一千八百尺○水軍僉節制使一員 鹿島鎮 西南四十里城周一千四百尺○水軍萬戶一員 呂島鎮 東北五十里城周一千一百尺○水軍萬戶一員 鉢浦鎮 四鎮兼並 南四十里城周一千二百尺○水軍萬戶一員

(烽燧)帳機山 天燈山 馬北山 八巓山 烽右元 修德山 權設

(倉庫)倉二庫三 俱邑內 松倉 北七十里浦邊 海倉 東十五里浦邊 船所倉 南四十里 倉二

(驛站)楊江驛 北五十里

(牧場)道陽場 西南四十里監牧官一員 ○(屬場)小鹿島場 折爾島場 時山島場 羅老島場

(橋梁)虹石橋 北三十里

邑內場二七 竹川場三七 加禾場三八 過驛場五十 油芚場一六 道陽場七日 一朔三市

(土産)篁竹 箭竹 柚 榧 榴 香蕈 松蕈 海衣 藿 蓴 山 甘苔 黃角 茶 鰒 海蔘 紅蛤 等魚物數十種

(祠院)雙忠祠 宣祖丁亥建 肅宗癸亥賜額 李大源 字浩然咸平人 宣祖丁亥以鹿島萬戶戰亡官全羅水使贈兵曹參判 鄭運 見靈岩

(典故)高麗 辛昌 時倭寇高興豐安○本朝 宣祖二十年倭寇全羅道鹿島萬戶李大源以孤軍力戰 丁摃竹島 方言稱竹曰大 援絶敗死 三十年倭陷興陽

長興

(沿革)本百濟馬次新羅景德王十六年改烏兒爲寶城郡領縣高麗太祖二十三年改定安顯宗陞知長興府事 一云仁宗時以恭睿王后任氏之鄕陞府○屬縣四遂寧會寧長澤耽津 元宗六年陞懷州牧忠宣王二年降爲長興府 牧汰諸 後因倭寇僑徙內地 鳥兒時古邑在天冠山之南稱古長興 本朝 太祖元年築城于遂寧縣之中寧山以爲治所 太宗十三年陞都護府明年以城隘又移治于遂寧古縣地 世祖十二年置鎮

管三邑 (邑號)定州 高麗成宗所定 冠山 (官員)都護府使 兼長興鎮兵馬僉節制使 一員

(古邑)遂寧 今府治本百濟古馬彌知新羅景德王十六年改馬邑爲寶城郡領縣高麗太祖二十三年改遂寧屬靈岩 會寧 東南三十二里本百濟馬師良唐改歸化新羅景德王十六年改代勞爲寶城郡領縣高麗太祖二十三年改會寧 長澤 東北四十一里本百濟季川新羅景德王十六年改季水爲寶城郡領縣高麗太祖二十三年改長澤以上三縣顯宗九年來屬

(坊面)府內 府東 初一終十五 府西 初五終十五 南面 初十五終四十 安良 本安壤鄉東初十五終四十 古邑 會寧 俱南初四十終五十 大興 南初五十終七十 泉浦 東初五十終七十 富平 東初四十終五十 熊峙 本熊岾所東初十五終二十 龍溪 北初十終二十 夫山 北初五終十五 有恥 本有峙鄉北初十五終六十 長東 北東初三

十終四十長東北初四西十終五十来德島　山日島　平日島　金
墥島右四西俱○語山鄉南十五徒內山鄉南三十府南海中五阿西鄉西四十一饒狼所南
三十五守太所東十七百乳所東二十井山所東三十雲膏所北二十丁火所東五昌居所北
二十加佐所北三十居開所北二十架坪所東三十香余所北二十
（山水）修因山西北十里見康津　中寧山東五里　億佛山東十里山腰有婦岩
一云瑾夫石　天冠山南七十里海邊舊名天風或稱支提南臨大洋起伏穹窿石勢奇勝峻險上峯
四九龍西有靈通臺臺之東崖有大石塔又其西有青蒲峯峯上有三石跨如鼎可深一石靈泉泓澄生九節
菖蒲又有佛影峯幢岩鼓岩神衆岩側立岩獅子岩香積岩舍那岩文殊岩普賢岩九精庵金剛窟般若臺歡
喜臺仙岩寺冠寺玉龍寺　鳳尾山北五十里綾州界　日林山東四十里　獅子山
東二十里　迦智山北四十里○寶林寺　龍頭山東北二十里○金藏寺　錯頭山東十

二十三

松封山四　倭峙　堤堰四

五里　碧玉山長澤古縣北　壯元峯府西城　舍人岩西十里（嶺路）熊峙東二
十里陽路　興熊峙北四十里綾州界　加里峙北六十里羅州界　栗峙北十里眠
峙里南十界峙西南十里五○海東南二十里南七十里　汭陽江一云寧川遂涼
出羅州獲溪山東南流經迦智山轉而南流經府南而西流爲汭陽江至舍人岩右過康津鵲川經康津南右
過舟檣川南流爲九十浦耽津入海處莞島蔽其南　即甘川西五里一云甘湖　泉浦東四十里
竹浦　觀音浦　邈道頭浦右三處並天冠山南（島嶼）金塘島　山
日島　平日島　来德島　伐羅島　得良島　横看
島　童島　大狼島　小狼島　大花島　小花島
大猪島　小猪島　牛島　壯才島　斗里島　黄帝
島　身島　長島以上諸島在東南海中横看以下十四島皆小島

倉二　倉一

（形勝）天冠磅礴而臨海汭陽田環而抱城山川秀拔田
野肥饒爲南藩海陸之要衝
（城池）邑城一云長寧城周九千四尺東南北三門泉十四池三　皇甫城高麗末皇甫德所築
府南三十里築周一千五百尺　古邑城在中寧山太祖元年築
（鎭堡）會寧浦鎭南七十里海邊南對古今島城周一千九百九十尺井三○水軍萬戶一員
（烽燧）天冠山　全日山東三十五里　億佛山東十里○權設
（倉庫）倉二邑內　社倉長澤古縣　海倉東南二十里　南倉
（驛站）碧沙道東五里屬驛九○察訪一員
（津渡）牛島津　海倉津
（橋梁）汭陽江橋東二里　杏園橋北五里　甘川橋西五里

二十四

邑內二七　古邑三八　大興一五　有耻四九　安良五十　水門浦一六　長東五十　長西六日三市　富平一日三市　熊峙三八　泉浦二七　會寧四九

（牧場）得良島　来德島　帳内串
（土産）竹箭竹楮桑漆柚榧梔榴梅茶香蕈松蕈蜂蜜
益藿海衣甘苔海苔山黄角牛毛細毛鰒紅蛤等魚物十
餘種　水獺
（樓亭）東亭汭陽江東岸　癸陽樓府內
（祠院）淵谷書院肅宗戊寅建英宗丙午賜額　閔鼎重見楊州　閔維重字持
叔號屯村鼎重弟官領敦寧驪陽府院君　○江城書院肅宗癸未建正宗乙巳賜額
文益漸見丹城　○忠烈祠肅宗癸亥建正宗庚子賜額　鄭沐字毘號叟日晉州
人端宗癸酉賜死官右議政諡忠壯　鄭光露子茶　韓蘊字君粹清州人明宗乙卯以本府
使戰亡贈兵曹判書　鄭名世字伯時號龍谷宣祖癸巳以海美縣監戰亡晉州贈都承旨

(典故)高麗元宗十一年三別抄入長興府殺官軍二十餘人劉掠財穀 十二年三別抄寇長興府兆陽縣虜掠甚衆焚燒戰艦 十三年三別抄餘黨寇會寧縣掠漕船四艘 忠定王二年倭寇長興府安壤鄉 四月倭掠長興漕船 恭愍王二十一年倭寇長興 辛禑三年倭寇長澤縣元帥池湧奇擊走之 四年倭寇長興府都巡問使池湧奇遣卓思請戰于會寧縣擒斬九人 ○本朝 明宗十年倭陷長興

珍島

(沿革)本百濟因珍島新羅景德王十六年改珍島爲務安郡領縣高麗顯宗九年屬羅州後置縣令(屬縣二嘉興臨淮)忠定王二年因倭寇僑于內地(古珍島在今治東北十五里○古珍島在靈岩郡之昆湄古縣西命山里即羅州西南界今稱命山面弄遷之地○三寸浦在海南縣西界今稱三寸面三遷之地) 本朝 太宗九年合于海南縣稱海珍郡 世宗十九年析之爲珍島郡(邑號)沃州(官員)郡守(兼長興鎮管兵馬同僉節制使)一員

(古邑)嘉興(北十里本百濟抽山一云㯼山唐滅百濟改徒山爲帶方州領縣新羅景德王十六年改牢山郡隷武州領縣一瞻耽高麗太祖二十三年改嘉興顯宗九年來屬) 臨淮(南三十五里本百濟買仇里新羅景德王十六年改瞻耽爲牢山郡領縣高麗太祖二十三年改臨淮顯宗九年來屬)

(坊面)郡內(北初十終四十) 古郡內(東初十五終三十) 邑內(終十) 義新(本義新鄉)

(東南初十終三十五) 臨淮(南初二十終四十) 牧場(西南初三十終五十) 命山(忠定王時因倭失土僑寓之地越在靈岩羅州之界) 三寸(越在海南地距郡東水陸程里並二百餘里) 諸島(散在郡西南大洋中)

(山水)嘉興山(北十五里) 僉察山(東二十里) 女貴山(南三十里) 智力山(西四十五里) 富智山(西十里) 望敵山(北三里南望濟州北對水營) 金骨山(北三十里中岳峻急四面皆石望之若玉芙蓉東迤爲龍藏城爲碧波渡山有上中下三窟) 南桃中山(南四十里一峯特秀下臨滄海)(嶺路)屈峙 良峙 ○海(四方皆海本郡及臨淮嘉興在其中) 浴實川(南三里出僉察山西流入海) 碧城浦(東三十里) 所可浦(正十五里) 沙月浦(東三十里) 大沙邑串(北三十里) 蔘串(南三十里) 鳴梁海(一云尉斗項自南三枝院至碧波亭水路三十里水中石嶼森立橫亘如閃而梁之上下截如階級海水至此自東趨西如建瀑之甚急又見海南)

渡溪寺東十里

松封山十一

堤堰七

(島嶼)鶻鷹島 朱家島 月良島 水冲島(右北海) 目只島 加䬇島 支馬島 鶴島 靡飛島 楮島 注島 接盃島 石南島 靜島 鼓島 蘆面島 坪島 黑吉島 竹項島 孟骨島 磨月島(大小) 鳥島(上下) 馬津島 加沙島 千八里島(大小) 巨次里島(東西) 獨巨有島 狗子島 士里島 並島(內外) 孟城仇未島 東串之島 加島 長竹島 佛島 青藤島 長項島 玉島 琵島 官瀛島(右西海) 壤島 昆乃島 金島 茅島 金甲島 蒲才島(右南海) 甘排島 島甲島 松島(右東海) 高士島 平士島 並明島 羅拜島 乾梅島 千島 甲島(大小) 三島 鹿島 三寸島 牛岩島(古碧波津後詳)

(城池)邑城(周三千四百尺甕城十四門三泉五池一) 古珍島城(東北十五里正統丁酉自

海南縣還于本郡之外耳里庚申移于今治俗稱外耳里為新城周三千八百七十四尺泉三
龍藏城
東二十五里周三萬八千七百四十一尺高麗元宗十一年三別抄叛自江華府乘舟南下入據此島築城大營宮殿後奔入耽羅

鎭倉各二
(鎭堡)金甲島鎭南三十里城周一千五十三尺荒城六城門三井三○水軍萬户一員
南桃浦鎭西南四十里舊鎭在今鎭南七里城周一千四十尺井二○水軍萬户一員
(烽燧)僉察山南五里　女貴山　(權設)上堂串南三十里　屈羅浦南桃浦鎭　沙仇未南四十里毁廢
(倉庫)邑倉二庫三邑內　海倉東二十里　海倉四十里　命山倉在命山西　三寸倉在三寸面
(牧場)智力山場周一百三十里○監牧官一員移在海南縣黃原場　(屬場)南桃浦

二十七

僉察山　富智山
(津渡)碧波津東三十里高麗稱大津通海南縣之三枝院大路○守津將一員
十里通右水營
(橋梁)浴寶川橋南二里　蚕室橋北九里　石橋北五里
並一朔三市義新二日石峴五日牧場七日
(土産)橘柚榴榧箭竹藿黃角甘苔海山細毛牛毛香蕈海衣鰒紅蛤海蔘等魚物十餘種
(樓亭)碧波亭在津邊有山海之勝　朝宗樓城內　望海樓南門　冬栢亭
(典故)新羅孝恭王十一年泰封主弓裔命王建高麗太祖領兵船降珍島城又破皐夷島城○高麗明宗即位初武臣鄭仲夫等放前王毅宗太子于珍島縣　元宗十一年

三別抄賊入據珍島將軍楊東茂等以舟師討珍島金方慶與蒙古元帥阿海以兵一千討珍島賊時賊勢甚熾州郡望風迎降方慶阿海屯三堅院即三枝院對珍島而陣曠日相持　金方慶至珍島賊皆乘舟張旗幟鉦鼓沸海又於城上鼓譟大呼蒙將阿海怯不進方慶獨率師攻之深入賊中矢石俱盡軍皆殊死戰賊乃解去
十二年蒙古遣永寧公綧子熙雍等二人領兵四百洪茶丘領兵五百高麗遣將軍邊亮等領舟師三百金方慶及蒙將忻都等共討珍島賊驚潰賊黨金通精率餘衆竄入耽羅斬僞王承化侯溫○本朝　宣祖三十

二十八

年右水使裵楔以十二船退保珍島碧波亭時李舜臣復為三道統制使馳赴裵楔賊船進泊岳陽嶺海五六十里之間舟揖彌滿倭將平秀家由蟾津入閑山島先以千餘艘向西海賊船數百先至珍島李舜臣留陣鳴梁賊見我師勢弱争來掩圍我軍旗麾齊擧因風縱火盡焚賊船斬數百餘級燒溺死者不可勝計賊僅以十餘艘遁去

康津

(沿革)本百濟冬音新羅景德王十六年改耽津為陽武郡領縣高麗初屬靈岩郡顯宗九年屬長興府後置監

務　本朝　太宗十七年移設兵馬都節制使營于道康縣以道康來合改爲康津縣監耽津古治在南五十里世宗十一年移治于道康縣之松溪成宗六年移于今治〔邑號〕鰲山〔官員〕縣監兼長興鎮管兵馬節制都尉一員

〔古邑〕道康北二十里本百濟道武新羅景德王十六年改陽武郡領縣三浸溟安國黃原耽津隸武州高麗太祖二十三年改道康顯宗九年屬于靈岩郡明宗二年置監務本朝太宗十七年合于耽津改號康津置兵營于本縣地○邑號金陵

〔坊面〕縣內終十　古邑古松溪部曲北初十終三十　古郡內北初三十五終三十　列樹北初二十五終三十　羅州北初五終十　梨音北初十終十五　草谷北初二十五終三十五　梧川北初二十五終四十　知田西初五終五十二十九　火口本大口所南初七三十終六十

陽本七陽所南初十五終三十五　波之大西初七終三十　寶石西南初十五終四十　安住西北初三十終四十五　向道西南初三十終八十耽津之西由此入莞島　軍營南初三十終九　十在耽津之東由此入助藥島　古今島莞島之東會寧浦之南長興海　新智島古今島之南

莞島南一百里　青山島南二百里　助藥島古今島東南一百里　○平德鄉東十雲水

部曲東二十　永可部曲北十五　佐谷部曲南六十　富元所南十五　補浦部曲南三十　舊溪所南三十　七種玉所南五十　山深所西北三十五　小計所北二十

〔山水〕報恩山東北七里　月出山西北四十里詳靈岩○月南寺在山南高麗僧眞覺所創○無爲寺開運三年僧道詵所創　萬德山西南十五里石峰如芙蓉東有養子岩一岩高峙其上平廣清秀突兀上于海岸○白蓮寺南臨大海松柏篠蕩冬栢椎檜繡洞蒼翠四時如一○萬德寺南十里雲除寺　佐谷山西南六十五里萬德山南支陡入于耽津之西　看海浦　修因山東三十里長興界○

松封山二十六

萬興寺東于

大岩峙東

堤堰十

修因寺　天蓋山南四十里中有白磧磷磷水聲隱隱如風雷之吼○天蓋寺淨水寺　瑞氣山　烟起山西二十里　離鉢山南二十里　朱雀山東二十里　佛湧山西三十五里　琵琶山東南三十里　金沙峯東七里　〔嶺路〕馬峙南十里　西二十里通海南大路　舍人岩峙東二十里通長興大路　栗峴東二十里長興界　高也峙北二十五里　栗峙西北二十五里通靈岩　東峙西北二十里靈岩界　石門對峙西十五里二山川流其中

○海南七十里　汭陽江俗稱錦江南十五里耽津上流○詳長興　丹橋川西五里出瑞氣山小東南流入汭陽江　鵲川北十五里源出月出山上之東東流經松溪古邑至道康古縣南過火峙川流至長興西界爲錦川南流入汭陽江　甘勿川南十里出馬火峙川入汭陽江　火峙川出靈岩火峙東流經長兵營南入鵲川　松溪西北二十里即鵲川上流　南垣浦南五十七里即古耽津邑址　濱海　九十浦在萬德山之陽即汭陽江下流入海處　金谷　小石川東十里　〔島嶼〕莞島周二

康津　三十

百里越二津而入舊分屬靈岩康津海南三邑當守五年合屬本縣有黃腸封山島內有象王峰天然臺法華庵泉石不絶勝六海上名區　古今島周一百里　薪智島周九十里　助藥島周八十里右四島在耽津入海處　加背島莞島東　所訖島薪智島南　仙山島　駕牛島　竹島　伏島　青山島　斧島　大侯島小侯島　古馬島　大也島　銅梁島　富仁島　恩波島　碧浪島　載馬島以上南海　餘鼠島在外洋之南　對濟州　莞島院洞嶼　馬島前洋嶼

〔城池〕邑城成宗六年築周八千四百二尺曲城八城門四井八池一　修因山城東北三十里兵營東十里周三千七百五十六尺自兵營至城之南門島道盤回抵門外地勢偪側人不並立北門九險絶東門爲受賊之地門外有修德洞山勢陡陟西南北三面爲天險東門舊城外別爲環溪等城○本道康古縣時城　本朝改築　高麗末道康耽津寶城長興靈岩之民皆避倭寇于此

本朝 太宗朝置兵馬都節制使營于光州
營衙 十七年移營于道康縣鶴川之上 宣祖三十二年移于長興三十七年復還舊城○城周二千八百二十尺城門四甕城十二井五池二有鎮南樓○南距本縣二十七里
官員 全羅道兵馬節度使 中軍兼虞侯審藥各一員
倉四庫三
屬營 前營順天左營雲峯中營全州右營羅州後營礪山
山城 笠岩長城金城潭陽赤裳茂朱蛟龍南原
鎮堡 加里浦鎮 在莞島距縣一百二十里中宗十七年以倭寇要衝始設鎮合達梁水津○城周五千三百八十尺曲城六○水軍僉節制使一員
古今島鎮 南九十里越一津而八 宣祖三十一年李舜臣移屯于此募民屯耕遂為大鎮 肅宗六年設鎮○水軍同僉節制使一員
馬島鎮 在古耽津南五十里城周八百九十尺曲城六○水軍萬戶一員
新智島鎮 南一百里越二津而入 肅宗七年設鎮○水軍萬戶一員
四鎮倉四
○清海鎮 在莞島唐寶曆間唐人多掠新羅邊民為奴婢興德王以張保皐為大使與卒萬人鎮清海以禦中國寇鈔人 文聖王八年保皐怨王不納女遂據鎮叛十三年罷鎮
三十一

青山鎮 舊設別將
錦川四十 七良六九 大口二七 寶岩一六 白道三八 古邑二七
烽燧 垣浦 南四十里 佐谷山 莞島 權設 修因山
倉庫 倉三 邑內 南倉
驛站 鎮原驛 兵營城外 通路驛 南二里
牧場 新智島 古今島 助藥島 莞島 右四處廢○端宗元年界站串土肥草饒宜養馬築牧場周九十里
橋梁 石橋 東十里 鶴川橋 北二十里兵營下 拜箋閣虹橋 北三十里
土産 篁竹箭竹桑楮漆榴柚榧蜂蜜茶藿細毛牛毛黃角莖山海衣付苔香蕈松蕈鰒海蔘等魚物數十種
壇壝 清海鎮 新羅祀典云清海鎮在助音島載中祀

聽潮樓
廟殿 誕報廟 在古今島 宣祖丁酉都督陳璘建 正宗辛丑揭額 關羽 見京都東廟
陳璘 字明爵號龍崖廣東人丁酉以水軍都督征倭 鄧子龍 豐城人戊戌以副摠兵征倭戰死于南海時年七十 李舜臣 見牙山以上三人肅宗庚寅享于別祠
典故 新羅文聖王八年清海鎮大使張保皐叛王遣刺客閻長殺之 十三年罷清海鎮徙其人於碧骨郡○高麗元宗十三年三別抄焚掠耽津縣 恭愍王元年倭寇萬德社殺掠而去全羅道萬戶以輕騎逐之悉還其俘 二十一年倭寇耽津道康 辛禑五年倭寇道康○本朝 明宗十年倭陷兵營康津馬島加里浦 宣祖三十年統制使李舜臣大捷珍島收散兵治戰艦備
三十二

粮械翌年二月進陣于古今島時陳璘亦留屯于此舜臣宴享甚盛璘大喜上書於 上曰統制使有經天緯地之才補天浴日之功云云 四月倭將平行長領數百船大至圍古今島舜臣領羣船穿入賊中連燒五十餘艘斬百餘級賊遁還鹿島萬戶宋汝悰與漢船俱進獲賊船六艘首級七十

海南
沿革 本百濟塞琴新羅景德王十六年改浸溟為陽武郡領縣高麗太祖二十三年改海南顯宗九年屬靈岩郡後置監務 本朝 太宗九年以珍島來合為海珍

郡十二年移治于靈岩郡屬縣玉山古址古治在頭輪山之南地濱大海世宗十九年析之為海南縣監邑號投濱官員縣監兼長興鎮管兵馬節制都尉一員
古邑竹山北十里本百濟古西伊新羅景德王十六年改固安為靈岩郡領縣高麗太祖二十三年改竹山顯宗九年仍屬本朝來屬黃原西五十里本百濟黃述新羅景德王十六年改黃原為陽武郡領縣高麗顯宗九年屬靈岩郡本朝來屬玉山南十里本紗羅鄉高麗改玉山縣屬靈岩郡後廢為本縣治所
坊面縣一邑內縣二西五綠山南初十終三十縣山南初三十終五十銀所南初五十終七十花一南三十花二南二十山一西初十終四十山二西初三十終六十黃一西四十黃二西七十比谷北初三十終四十馬浦北初十終三十

清溪北五十場東西九十場西西九十○八馬部曲北二十神嵩部曲東二十正統丁卯自靈岩郡來屬馬峰所南六十
山水金剛山東十里多屬岩奇石中有縣瀑達摩山南六十里靈岩界舘子山西三十里小山突起路邊駕鶴山一云萬石山北二十五里靈岩界頭輪山南三十里登臨望濟州漢拏山之南土沃民饒有長春洞冬栢蒲山又有金鎖洞閑鴛洞玉女洞月出岩上休臺中休大臺枸臺又有大瀑白雲橋在萬仞之上下臨無地○大芚寺百濟武王五年建洞府深邃殿宇壯麗物力富饒松篁橘柚梔椎冬栢之屬蒲山玉梅山西五十里北有藏寺俯臨大洋道南郭山西七里德蔭山東七里萬代山北十五里仙隱山頭輪山西支日城山在黃原串白防山仙隱山南支海邊向峙山西二十里一麓西支為黃二黃一場東場西四面陸入于海其處盡為登山串
嶺路三嶺南十里半騰峙一云亐沙峴東十里吾道峙南五十里

白峙西距南利驛二十里馬峙西北五十里靈岩界○海三面倶海南川出金剛山西流經縣南入于海孟津浦西北二十里別珍浦北二十五里兩岸皆野二寸浦西南二十里即珍島三寸西界魚成浦三寸之次浦亐音吐浦西十里古於蘭浦南二十五里濟州來往船泊處笠岩浦南五十里亦濟州船泊處淙川浦西南五里竹城浦北三十里周梁西七十五里舘頭梁南四十里濟州往來者候風船泊於此鳴梁西六十里在右水營珍島之間有若甕口怒濤湍鳴如沸雷李舜臣引倭至此而大捷見珍島急路梁南五十里
島嶼扶蘇島西十五里潮退連陸馬路島在縣西海中彈丸小島星列有五田所應馬路所乙馬路納多馬路石馬路古馬路笠岩島在笠岩浦之西立石吃如巨人白衣白笠之形在碧波津之南澄伊島西三十里潮退連陸蘇今島西六十里有小津竹島在黃原燕子島西二十里四面石壁距陸數里聚沙成路有燕子湖羊島羔島倶西三十里

城池邑城周二千八百五十七尺甕城三城門三井十二南門曰靖遠樓古海南城在頭輪山之南竹山古縣城周二千六百四十尺黑石山古城北二十里周五百八十尺珍山城西二十里有石城址綠山城南十里綠山驛古址石築遺址高多山古城南四十里周九百十三尺竹城浦城北三十里浦上有古城世傳倭納田稅之所金剛山古城有遺址
營衙右水營國初置水軍處置使設營于務安之大掘浦世宗二十二年移設于本縣之黃原串距本縣西七十里世祖十年陞節度使城周二千八百四十八尺甕城四壕池一井二有太平亭東門外有忠武公勝捷碑
官員全羅右道水軍節度使中軍兼虞候各一員
屬邑羅州靈岩珍島靈光海南務安咸平
屬鎮法聖浦群山古群山蝟島臨淄島古今島加里浦南桃浦金甲島於蘭浦梨津新智島馬島木浦多慶浦智島荏子島黔毛浦本營及屬邑鎮各樣

倉二

一百三十艘 津船二十四艘

(樓亭)伏波舘 望海樓

(烽燧)館頭山 南四十里 黃原 一云日城山 西六十里

(倉庫)倉五 邑內 海倉 南二十里

(驛站)綠山驛 南五里 南利驛 西四十里 別珍驛 北三十里

(牧場)黃原場 距縣九十里珍島監牧官移在于此故爲珍島屬場

(津渡)碧波津 西六十里 通珍島 登山津 西北九十里 木浦津 水路二十里 通務安

(橋梁)南川橋 縣南門外 孟津橋 北二十五里

(土産)篁竹 箭竹 楮 苧 柿 柚 橘 榴 茶 白玉石 花斑石 香蕈 藿 海衣 海苔 甘苔 黃角 牛毛 細毛 鰒 紅蛤 海蔘 等魚物

邑內五十 水營四九 牧場五十 結岩六日三市 南利三日三市 綠山龍岩一日三市 於船廠八日三市 銀所龍堂四日三市

數十種

(祠院)表忠祠 正宗己酉特敎建 祠遣禮官致祭 釋休靜 釋惟政 俱見密陽

(典故)高麗恭愍王八年倭寇海南縣

疆域

	全州	礪山	益山	金堤	古阜	錦山
東	鎭安四十五	高山十	全州十	全州三十 金溝十五	泰仁三十	沃川三十
東南	任實四十					茂朱五十
南	五十	全州十	全州二十	泰仁三十	井邑二十 興德二十	龍潭三十五
西南	任實 泰仁 金溝 六十		金堤二十	古阜二十		
西	金溝二十	益山三十 龍安二十	全州二十 咸悅二十	扶安二十五 萬頃十五	扶安十五	高山二十
西北	金溝 益山 三十五		龍安二十	全州利城二十		珍山十八
北	礪山六十	恩津十五	礪山十	全州 益山 四十	扶安 金堤 泰仁 三十	珍山 沃川 四十
東北	高山四十					

疆域

	珍山	萬頃	臨陂	金溝	咸悅	高山	沃溝	井邑	龍安	泰仁
東	沃川四十 錦山二十	金堤十	咸悅十五	全州十五	龍安 益山 十五	龍潭四十	臨陂十五	淳昌二十	礪山十五	任實二十五
東南				全州 任實 泰仁 三十五		鎭安 全州 四十五				任實 淳昌 六十
南	錦山二十	金堤二十	全州利城二十	泰仁二十	全州二十	全州十	萬頃二十	長城三十	益山十	淳昌 井邑 三十
西南	高山十五	扶安二十五	萬頃二十							
西	全州十 連山二十	海三十	沃溝二十	金堤二十	臨陂十五	全州十五	海二十五	興德二十	咸悅五	古阜二十
西北		沃溝二十 水泗隔			韓山十 浦隔	全州 礪山三十 恩津四十		古阜十五		古阜 金堤 四十
北	鎭岑三十 公州四十五	臨陂十	韓山二十 浦隔	金堤 全州 二十	林川二十 浦隔	全州五十五 陽良府 連山五十	舒川二十 浦隔	泰仁十五	林川十 浦隔	金堤二十 金溝十五
東北	公州三十	全州利城十				珍山六十				

	扶安	興德	羅州	光州	長城	靈光	靈巖	高敞	務安	咸平
東	金堤十五	古阜十五 井邑十五	光州十 南平	昌平二十	昌平二十五	長城五十五	羅州十五 康津二十	長城十五	羅州二十 川隔	羅州三十
東南			長興七十	和順三十		羅州五十				
南	古阜十五 興德五十	高敞二十	康津 靈岩 六十	和順 南平 三十	光州三十	咸平二十五	海南四十	靈光二十五	靈岩六十 木浦隔	務安五
西南			務安六十 江隔	羅州四十五	羅州三十					
西	海七十	茂長二十	三十 川隔	三十五	靈光二十	海三十 四十五	海五十	茂長二十	咸平八 望雲牧場二十	海 十 三十 七十
西北			咸平四十		興德 高敞 四十		務安四十			
北	萬頃十 浦隔	扶安二十	靈光 長城 六十	長城三十	井邑四十	茂長二十五	羅州三十	興德十	咸平十	靈光二十五
東北			光州十五		淳昌 潭陽 四十	高敞二十				

南平	和順十四 綾州十八		綾州 長興六十 羅州		羅州三十四		光州十	
茂長	興德十五 高敞	高敞 靈光四十	靈光三十	法聖鎮三十	海三十		扶安 古阜 四十 海隔浦	
濟州	旌義八十		海百二十		大靜八十		海一	
旌義	海三十五		海十五		大靜七十五		濟州二十	
大靜	旌義五十七		海十		海二十		濟州三十	
南原	雲峯三十	雲峯 求禮六十	求禮六十 谷城三十		玉果五十 淳昌四十		任實五十	長水八十 安義百
茂朱	知禮六十	居昌七十	錦山四十 安義六十 長水五十		錦山十五		錦山 沃川十五	永同四十 黃澗三十
潭陽	淳昌二十 玉果三十		同福六十 昌平三十		昌平三十	長城六十	淳昌四十	三十
淳昌	南原三十	谷城二十五	玉果二十	潭陽二十	井邑七十	泰仁四十	任實三十	
龍潭	錦山二十五	茂朱四十	鎭安三十 長水四十		高山三十五		錦山二十	

三十七

任實	鎭安十五 長水三十		南原二十 二十	淳昌六十	泰仁五十 金溝全州六十		全州三十	
鎭安	長水二十		長水 任實五十		全州三十	全州 高山 龍潭四十	龍潭二十三	
長水	安義四十		南原二十五		任實三十五	鎭安三十	茂朱 龍潭五十	
雲峯	咸陽二十		咸陽河東六十 求禮南原		南原十		南原十五	南原 咸陽二十
谷城	南原十	求禮三十	順天六十	同福四十	玉果二十五		南原十	
玉果	谷城三十 南原二十五		同福三十		潭陽十五		淳昌十	
昌平	潭陽十	玉果三十	同福 和順四十		光州十	長城四十	潭陽十	
順天	光陽十五	海八十三十	二十		同福九十 樂安三十 六十	同福 谷城一百	求禮七十 谷城四十	
綾州	同福五十	寶城七十	長興五十		南平十五		和順十五	
樂安	順天十四		海十五 潭陽二十五		寶城四十		順天二十	

寶城	樂安四十	興陽四十	長興 四十 二十		長興三十		同福六十 綾州三十	順天六十
同福	順天十五		寶城三十	綾州三十五	和順二十	昌平二十 潭陽二十五	玉果四十	谷城三十
和順	同福三十		綾州十二		南平二十		光州十	昌平三十
求禮	河東三十五	光陽四十	順天十		南原 谷城二十五		南原十	南原 雲峯四十
光陽	河東六十	海六十	海十		順天十三		求禮三十五	
興陽	海十 四十	海	海四十	海	海十 四十	海	寶城七十 樂安八十	海
長興	寶城三十 興陽七十		海二十 七十		康津十五		羅州 南平 綾州 六十	綾州 寶城五十
珍島	海南三十 海隔浦		海三四十		海 二十 四十五		海二十	
康津	長興二十五		海六十	海南八十	二十五	靈岩四十	羅州三十五	
海南	靈岩五		海七十		海六十	海九十	靈岩三十	康津三十

三十八

田民

	田畓	民戶	人口	軍保
全州	二萬九百二十結	二萬二百五十	六萬六百二十	二萬八千七百六十三名
礪山	四千四百三十七	二千八百二十	一萬四百三十	三千九百五十一
益山	四千四百八十	四千一百八十	一萬七千一百二十	二千五百五十一
金堤	一萬四百五十九	五千五百三十	二萬六千五百十	七千三百十二
古阜	八千八百十九	四千八百七十	一萬四千六百九十	五千一百八十五
錦山	四千七百九十二	五千九百四十	二萬二千一百六十	六千六百十五
珍山	一千一百八十二	二千三十	八千四百五十	一千三百五十三
萬頃	四千一百三十六	二千六十	一萬二千五百五十	一千六百二十五

臨陂	七千五百十	四千一百六十	二萬一千七百四十	六千五百九十
金溝	四千五百五十三	二千六百十	九千五百五十	三千七百十五
咸悅	四千一百十七	四千五百十	一萬八千五百十	四千一百九十三
高山	三千四百丨	三千八百九十	一萬五千五百三十	三千四百八十四
沃溝	五千七百十十六	四千五百八十	一萬四千八百五十	三千四百三十一
井邑	二千七百九十一	一千六百	六千三百七十	二千四百六十九
龍安	一千八百五十三	一千七百四十	五千七百四十	一千六百二十一
泰仁	八千八百五十三	七千一百五十	二萬六千五百	六千七百十二
扶安	八千五百[illegible]十二	六千九十	三萬一千三百十	五千三百三十
興德	三千八百五	一千八百五十	七千一百五十	一千八百八十二

羅州	二萬五千六百三十九	一萬一千六百五十	三萬二千六百八十	一萬九千一百四十九
光州	一萬一千十一	七千十	二萬五百二十	八千一百七十五
長興	七千五百八十一	三千六百七十	一萬一千四百八十	四千四百九十二
靈光	一萬二千八百二十八	七千三十	三萬三千八百三十	八千七百五十
靈巖	一萬二千丨五	七千一百四十	二萬四千三百	七千六十八
高敞	二千五百[illegible]三	一千三百十	五千二百七十	一千三百十五
務安	七千四十	三千五百三十	一萬四千	四千四百五十五
咸平	六千四百十	三千五百五十	一萬一千五百七十	五千三百三十三
南平	五千二百[illegible]十五	四千二百二十	一萬三千一百七十	三千二百五十四
茂長	八千三百七十六	四千五百八十	一萬五千四百六十	六千一百三十四

濟州	自古無量田定税	一萬九千五十	六萬四百五十	防營九千七百三十 三邑九鎭七千一百五十
旌義		四千一百二十	二萬五百三十	七百七十
大靜		三千二百十	二萬七千二十	四百九十五
南原	一萬二千五百六十九	九千一百六十	四萬四千	一萬一千四百三十四
茂朱	三千六十五	四千三百六十	一萬三千七百三十	三千九百三十二
潭陽	五千九百八十七	三千八百六十	一萬一千七百十	五千二百六十三
淳昌	五千九百九十七	三千六百六十	一萬一千五百七十	四千七百六十四
龍潭	一千六百	三千二百三十	一萬三千一百十	二千三百九十一
任實	四千四百九十八	四千五百九十	一萬八千七百九十	四千二百五十三
鎭安	三千三百三十九	四千二百二十	二萬一百十	三千四百八十四

長水	二千七百三十六	三千七百四十	一萬六千三	二千二百四十七
雲峰	二千一百二十三	一千二百九十	四千四百九十	二千六百四
谷城	二千八百二十五	二千五百六十	七千三百七十	二千五百三十九
玉果	二千三百三十九	一千六百四十	五千七百	一千九百六十二
昌平	二千四百三十九	一千四百三十	四千二百八十	二千二百四
順天	一萬二千一百二十三	一萬一百九十	三萬四千五百八十	一萬一千二百二十
綾州	四千二百十三	二千八百九十	一萬七十	三千九百十七
樂安	三千二百五十五	二千五百九十	八千四百四十	二千七百四十七
寶城	七千九十四	四千七百十	二萬二千九百六十	四千五百二十五
同福	二千二百八十三	一千八百二十	四千六百三十	一千九百十三

和順	一千七百五十	一千五百四十	四千九百六十一	一千四百二十
求禮	二千六十五	一千四百三十	六千二百四十	一千二百三十二
光陽	二千八百三十七	三千四百六十	一萬五千八百五十	二千七百十四
興陽	八千六十七	九千四百二十	三萬九千二百十	七千五百四十三
長興	九千三百二十四	八千十	二萬一千二百四十	六千八百八十
珍島	五千三百六十三	六千三百三十	二萬三千三百三十	三千六百五十五
康津	九千二百五十五	七千二十	二萬一千八百九十	六千二百二十九
海南	一萬四百六	四千二百七十	一萬五千七百五十	五千四百七十七
法聖浦	七百八十七	七百十	三千二百三十	一千六百九十六
古群山	五十二	五百六十	一千九百六十	二百五十

牧場田畓
羅州場 五百十結
順天場 六百九十六
珍島場 一千二百三十二
興陽場 一千二百五十

驛站

參禮道　半石　鷲谷全州　良才礪山　林谷咸悅　蘇安臨陂　內才
金堤扶興扶安　灜原古阜　川原井邑　居山泰仁　葛覃　烏原任實○獒
樹道　東道　應嶺　昌活南原　引月雲峯　知申谷城　灘水求禮
益申光陽　洛水　良栗　德良順天　蠕居光陽○景陽道光州　加
林和順　仁物綾州　黔富同福　大富玉果　德奇潭陽　昌新淳昌○青岩道
羅州丹岩　永申長城　仙岩光州　新安羅州　廣里　烏林南平　永保
靈岩青松　茂長綠紗　靈光加里　咸平景申　務安○碧沙道長興　可申
波青寶城　洛昇樂安　楊江興陽　鎮原　通路康津　綠山　別珍
南利海南○濟原道錦山　所川茂朱　達溪龍潭　丹嶺鎮安　玉泡高山

共五十九驛吏卒一萬七百九十七名　三等馬五百一匹

烽燧

廣頭院龍安北準津江景臺　恩所防山咸悅　佛智山　五聖山臨陂　花
山沃溝北準川雲銀山　紆界火島　月古里扶安　所應浦　古里浦
茂長弘農山　古道島　次音山靈光　海際　瓮山咸平　高林
山務安　羣山羅州　鍮達山務安　黃原海南　僉察山　女貴山珍島　館
頭山海南　達摩山靈岩　莞島　佐谷山　垣浦康津○右二十五處右水
營所管　天冠山　全日山長興　帳機山　天燈山　馬北山
八巔山興陽　向也串　突山島順天東準南海所乙山○右六處左水營所管

○以上沿海權設　城隍堂順天　件代山光陽　進禮山順天南準突山島　修德
山興陽南準張機山　修因山康津　億佛山長興東準全日山　正興寺東峯
寶城南準全日山　居羅浦　上堂津右二處珍島並東合女貴山　共四十
三處元烽三十三處權設十處

總數

坊面七百七十二　民戶二十四萬七千七濟州不入　人
口九十一萬九百　田畓三十四萬一百三結　軍保
二十九萬六千四百二十　場市二百四十　津渡
二十四　牧場五十六濟州不入　堤堰九百五十四　垌
洑一百六十四　黃腸封山三　栗木封山　松田

一百五十 篁竹田四十五 箭竹田四十一 壇壝三 廟殿二 賜額書院三十一祠十八 漕倉三濟民倉二倉庫三百六十六

大東地志卷十四